AF315674

LA PATHOLOGIE

DES

RACES HUMAINES

ET LE

PROBLÈME DE LA COLONISATION

ÉTUDE ANTHROPOLOGIQUE ET ÉCONOMIQUE
FAITE A LA GUYANE FRANÇAISE

PAR

J. ORGEAS

Docteur en médecine de la Faculté de Paris, ancien médecin de la marine,
lauréat du prix annuel de médecine navale
(Médaille d'or de 500 francs)

> Il est, ou plutôt il se croit cosmopolite;
> il ose affronter tous les climats où d'autres
> hommes peuvent vivre, et ses colonies
> lointaines constituent de véritables expé-
> riences dont la Science doit étudier les
> résultats.
>
> Paul BROCA.

PARIS

OCTAVE DOIN, ÉDITEUR

8, PLACE DE L'ODÉON, 8

1886

LA PATHOLOGIE

DES

RACES HUMAINES

ET LE

PROBLÈME DE LA COLONISATION

LA PATHOLOGIE

DES

RACES HUMAINES

ET LE

PROBLÈME DE LA COLONISATION

ÉTUDE ANTHROPOLOGIQUE ET ÉCONOMIQUE
FAITE A LA GUYANE FRANÇAISE

PAR

J. ORGEAS

Docteur en médecine de la Faculté de Paris, ancien médecin de la marine,
lauréat du prix annuel de médecine navale
(Médaille d'or de 500 francs)

> Il est, ou plutôt il se croit cosmopolite ;
> il ose affronter tous les climats où d'autres
> hommes peuvent vivre, et ses colonies
> lointaines constituent de véritables expé-
> riences dont la Science doit étudier les
> résultats.
>
> Paul BROCA.

PARIS

OCTAVE DOIN, ÉDITEUR

8, PLACE DE L'ODÉON, 8

1886

INTRODUCTION

Les caractères pathologiques des races humaines constituent l'un des points les plus complexes et les plus obscurs de l'anthropologie. On sait vaguement que les races indigènes des colonies sont, jusqu'à un certain point, réfractaires aux maladies endémiques et épidémiques qui rendent le séjour des régions intertropicales si redoutable pour les Européens; mais cette immunité, exagérée par les uns, atténuée par les autres, est loin d'être bien précisée. Bien des recherches sont encore à faire, bien des documents restent à réunir par les observateurs sur cette importante question. Ce sujet, à peine ébauché jusqu'ici, mérite cependant, au plus haut degré, d'attirer l'attention de l'anthropologiste, du médecin et de l'hygiéniste; il n'intéresse pas moins le sociologiste, l'économiste, l'administrateur et l'homme d'État.

« Les caractères pathologiques des races humaines, dit
« le Dʳ Paul Topinard, forment un sujet entièrement
« neuf que nous signalons à l'attention de nos chirur-
« giens de marine. Dans les traités de pathologie, ils
« trouveront bien traitée l'influence de l'âge, du sexe, du
« tempérament sur les maladies, de bonnes descriptions
« écourtées des affections propres à certains pays, mais

« presque rien sur l'influence de race proprement dite.
« C'est une lacune à combler (1). »

« La pathologie des races, dit le Dr J. Rochard, est
« encore dans son enfance; c'est une des lacunes que la
« géographie médicale aura le plus de peine à com-
« bler (2). »

Le Dr Bertillon, de son côté, traitant le même sujet,
constate la pénurie de documents touchant cette question.
« Dans nos colonies, dit-il, où les populations de races
« diverses subissent longuement les mêmes influences
« mésologiques, les maladies communes à ces types
« divers ne sévissent pas sur chacun avec la même fré-
« quence ni la même gravité, et chaque type, comme
« chaque âge, a ses chances particulières d'être atteint,
« de guérir ou de succomber à chaque unité patholo-
« gique. Il est vrai que nous n'avons pas encore de docu-
« ments chiffrés qui nous permettent de prouver directe-
« ment et de mesurer les amplitudes de ces divergences
« pour des types aussi éloignés l'un de l'autre que l'Eu-
« ropéen et le nègre africain. » Et, après avoir constaté
que les documents démographiques allemands ont una-
nimement mis en lumière des différences pathologiques
considérables entre des types aussi voisins l'un de l'autre
que l'Aryen européen et le Sémite juif, il ajoute : « Que
« serait-ce donc si nous pouvions mesurer les divergences
« pathologiques qui séparent, au jugement de tous les
« praticiens de nos colonies, l'Européen du nègre afri-
« cain? (3) »

La Guyane française, où nous avons été appelé à
séjourner pendant deux ans, est peut-être, dans le monde
entier, le pays qui se prête le mieux à des recherches

(1) Paul Topinard. — L'*Anthropologie*, — Paris, 1884, page 426.
(2) J. Rochard. Article *Climat*, in Dict. de méd. et chirur. pratiques.
(3) Bertillon. Article *Aptitudes et Immunités pathologiques*, in Dict.
encycl. des sciences méd.

sur la pathologie comparée des races humaines. Nulle part, en effet, il n'existe une telle variété de types humains vivant ensemble sur le même sol et subissant l'influence du même climat. A côté du Peau-Rouge, l'habitant primitif, est venu s'établir le blanc d'Europe traînant à sa suite le nègre d'Afrique. Plus tard ont été amenés des Hindous et des Chinois. Enfin, la transportation a donné encore à la Guyane des Arabes et des Annamites. Ces types humains si divers, soumis au même climat, ces transportés de différentes races qui, dans les pénitenciers, mènent *à peu près* le même genre de vie, réagissent-ils de la même manière et succombent-ils aux mêmes maladies ? C'est là le sujet que je me propose d'étudier.

Mon attention fut attirée sur cette question dès les premiers mois de mon séjour à la Guyane. A l'hôpital de Saint-Laurent du Maroni, j'étais chargé du service médical des transportés arabes et *noirs*, nom sous lequel sont comprises, en langage administratif, toutes les races colorées. Je n'avais dans mes salles que des Arabes, des nègres, des Hindous, des Chinois et des Annamites. Plus d'une fois, je fus frappé par certains faits qui se présentèrent à mon observation. Je me rendais en même temps, deux fois par semaine, à l'usine à sucre de Saint-Maurice, dont le personnel se composait mi-partie de nègres et mi-partie d'Arabes. Je ne tardai pas à remarquer que les Arabes étaient presque tous atteints de fièvre intermittente, tandis que les nègres étaient indemnes. A mon retour au chef-lieu de la colonie, je résolus de faire des recherches et de réunir des documents pour une étude sur cette question.

Toutes les fois que, laissant de côté l'étude de l'individu, on se propose de faire porter ses recherches sur les collectivités, on ne peut arriver à des conclusions dignes de confiance, qu'à la condition de faire intervenir les chiffres et de s'appuyer exclusivement sur eux. L'observation de ce qui se passe autour de nous, sur les individus isolés, ne suffit pas : il faut étudier les phénomènes sur des groupes nombreux et à travers un laps de temps considérable.

En faisant des recherches dans les archives de l'hôpital militaire de Cayenne, j'ai pu avoir le relevé de tous les décès qui ont eu lieu dans cet établissement, depuis le 1er janvier 1854 jusqu'au 1er janvier 1884, soit pendant une période de trente années. Ces décès montent au chiffre de 3889. Les individus décédés appartiennent à toutes les races qui vivent à la Guyane, excepté les Peaux-Rouges ; mais, malheureusement, les différentes races sont représentées en proportions très inégales. Lors de l'inscription des décès, le diagnostic est donné par le médecin qui a suivi la maladie ; j'ai remarqué que souvent le diagnostic a été inscrit ou corrigé, après autopsie des sujets. Ces 3889 décès sont classés, suivant les maladies et suivant les races, dans le tableau que je donne ci-après.

Je me propose d'étudier les maladies de la Guyane, en mettant en relief les différences pathologiques que présentent les diverses races habitant cette colonie. Cependant, je n'ai pas cru devoir réunir, dans un groupe unique, des individus qui, bien qu'appartenant à la même race, mènent un genre de vie absolument différent. J'ai séparé les forçats des soldats et des fonctionnaires. Les Européens sont donc divisés en deux groupes : *Européens libres* et *transportés européens*. J'ai fait la même division pour les *nègres* et j'en exposerai plus loin les raisons.

Ces décès se rapportent presque exclusivement à des individus adultes du sexe masculin. L'hôpital militaire de Cayenne reçoit cependant des femmes dans un local spécial; mais elles n'y sont jamais qu'en très petit nombre. En effet, sur ces 3889 décès, il n'y en a que 169 se rapportant à des femmes.

Pendant que je faisais le relevé des décès observés à l'hôpital de Cayenne, j'ai pu parcourir la plupart des rapports des médecins de la marine, chefs du service de santé à la Guyane, et notamment les rapports pleins d'intérêt qui sont relatifs aux premières années de la transportation. Les notes que j'ai prises en parcourant ces rapports sont, en quelque sorte, le commentaire de mon *tableau des décès*, et je ferai, dans la suite de ce travail, de nombreux emprunts à ces notes.

Il est bien difficile de présenter une division nosologique qui ne prête aisément à la critique. Celle à laquelle je me suis arrêté, est loin d'avoir la prétention d'être irréprochable; elle n'a d'autre but que d'aider à mettre en lumière les conclusions qui découlent des chiffres.

La première partie de ce travail sera l'analyse de notre *tableau des décès*. Nous examinerons successivement la pathologie des *Européens libres*, des *transportés européens*, des *nègres* et *métis libres*, des *transportés nègres*, des *Arabes*, des *Hindous*, des *Chinois* et *Annamites*. Après avoir passé en revue la pathologie de chaque groupe, nous en ferons l'étude comparée. Enfin des résultats de cette étude comparée nous tirerons quelques conclusions et, dans une deuxième partie, nous exposerons quelques considérations générales sur la colonisation.

TABLEAU DES DÉCÈS ENREGISTRÉS A L'HOPITAL MILITAIRE DE CAYENNE
DU 1ᵉʳ JANVIER 1883 AU 1ᵉʳ JANVIER 1884

Dans ce tableau, chaque catégorie de maladies groupe par accolade ses sous-rubriques ; le nombre porté dans l'accolade est le total partiel (ligne « ensemble »). Les colonnes « Proportion » des Transportés européens et les colonnes « Nombre absolu » des Nègres et métis libres sont en partie masquées par une déchirure du cliché (cellules notées [ill.]).

MALADIES		EUROPÉENS LIBRES		TRANSPORTÉS EUROPÉENS		NÈGRES ET MÉTIS LIBRES		TRANSPORTÉS NÈGRES		ARABES		HINDOUS		CHINOIS ET ANNAMITES	
		Nombre absolu	Proportion 0/0	Nombre absolu	Proportion 0/0	Nombre absolu	Proportion 0/0	Nombre absolu	Proportion 0/0	Nombre absolu	Proportion 0/0	Nombre absolu	Proportion 0/0	Nombre absolu	Proportion 0/0
Impaludisme.	Accès pernicieux	130	11,5	377	27,8	[ill.]	11,6	15	15,5	46	13,9	62	12,8	2	5,4
	Fièvres bilieuses	38	3,4	86	6,2	[ill.]	0,5	—	—	12	3,6	1	0,2	—	—
	Cachexie paludéenne	36	3,2	68	4,9	[ill.]	2,2	1	1,0	41	12,3	17	3,5	3	8,1
	(ensemble)	204	18,1	531	[ill.]	[ill.]	14,3	16	16,5	99	29,7	80	16,5	5	13,5
Maladies infectieuses.	Fièvre jaune	526	46,6	63	[ill.]	[ill.]	0,5	—	—	8	2,4	16	3,3	—	—
	Fièvre typhoïde	56	5,0	20	[ill.]	[ill.]	1,9	—	—	7	2,1	4	0,8	—	—
	Autres maladies infectieuses	4	0,3	[ill.]	[ill.]	[ill.]	0,5	—	—	[ill.]	—	1	0,2	—	—
	(ensemble)	586	31,9	83	[ill.]	12	2,9	—	—	15	4,5	21	4,3	—	—
Maladies constitutionnelles.	Anémie tropicale	38	3,3	140	[ill.]	[ill.]	13,1	7	7,2	38	11,4	49	10,1	1	2,7
	Hydropisie, ascite	18	1,6	53	[ill.]	[ill.]	6,5	1	1,0	5	1,5	12	2,5	2	5,4
	Autres maladies constitut...	2	0,2	3	[ill.]	[ill.]	0,2	2	2,1	2	0,6	19	3,9	1	2,7
	(ensemble)	58	5,4	196	[ill.]	82	19,8	10	10,3	45	13,5	80	16,5	4	10,8
Appareil circulatoire.	Maladies diverses	7	0,6	42	[ill.]	[ill.]	2,2	1	1,1	2	0,6	4	0,8	1	2,7
	(ensemble)	—	0,6	43	[ill.]	9	2,2	1	1,1	2	0,6	4	0,8	1	2,7
Appareil respiratoire.	Tuberculose pulmonaire	72	6,4	145	[ill.]	[ill.]	10,9	17	17,5	54	16,3	47	9,7	9	24,4
	Pneumonie et autres maladies	17	1,5	109	[ill.]	[ill.]	7,7	25	25,8	39	11,7	41	8,5	1	2,7
	(ensemble)	89	7,9	224	[ill.]	77	18,6	42	43,3	93	28,0	88	18,2	10	27,1
Appareil digestif.	Maladies du tube digestif	58	5,1	143	[ill.]	[ill.]	13,5	13	13,4	34	9,3	82	16,9	4	10,8
	Maladies du foie	17	1,5	21	[ill.]	[ill.]	0,5	2	2,1	3	0,9	4	0,9	1	2,7
	Maladies du péritoine	3	0,3	5	[ill.]	[ill.]	1,7	—	—	1	0,3	2	0,4	—	—
	(ensemble)	78	6,9	169	[ill.]	65	15,7	15	15,5	38	10,5	88	18,2	5	13,5
Appareil génito-urinaire.	Maladies diverses	3	0,3	8	[ill.]	[ill.]	1,0	1	1,0	7	2,1	16	3,3	2	5,4
	(ensemble)	3	0,3	8	[ill.]	4	1,0	1	1,0	7	2,1	16	3,3	2	5,4
Appareil d'innervation.	Mal. de l'encéph. et du bulbe	24	2,1	28	[ill.]	[ill.]	6,3	3	3,1	8	2,4	11	2,3	1	2,7
	Maladies de la moelle	4	0,4	2	[ill.]	[ill.]	0,2	1	1,0	1	0,3	1	0,2	1	2,7
	Tétanos	8	0,7	12	[ill.]	[ill.]	2,4	2	2,1	7	2,1	5	1,0	2	5,4
	(ensemble)	36	3,2	42	[ill.]	37	8,9	6	6,7	15	4,5	17	3,5	4	10,8
Appareil locomoteur.	Maladies des os et des articulations	2	0,2	4	[ill.]	[ill.]	1,7	1	1,0	1	0,3	3	0,6	1	2,7
	(ensemble)	2	0,2	4	[ill.]	7	1,7	1	1,6	1	0,3	3	0,6	1	2,7
Auto-infection.	Ulcères, infection putride, etc.	23	2,0	54	[ill.]	[ill.]	3,6	1	1,0	12	3,6	68	14,0	3	8,1
	(ensemble)	23	2,0	54	[ill.]	53	3,6	1	1,0	12	3,6	68	14,0	3	8,1
Néoplasmes.	Cancer, tumeurs diverses	7	0,6	7	[ill.]	6	1,1	—	—	—	—	2	0,4	—	—
	(ensemble)	7	0,6	7	[ill.]	6	1,1	—	—	—	—	2	0,4	—	—
Intoxications.	Alcoolisme, saturnisme, etc.	6	0,5	8	[ill.]	1	0,2	1	1,0	1	0,3	2	0,4	1	2,7
	(ensemble)	6	0,5	8	[ill.]	1	0,2	1	1,0	1	0,3	2	0,4	1	2,7
Traumatismes.	Traumatismes divers	26	2,3	44	[ill.]	[ill.]	5,8	2	2,1	6	1,8	9	1,9	1	2,7
	Traumatismes chirurgicaux	2	0,2	6	[ill.]	[ill.]	1,7	1	1,0	2	0,6	7	1,4	1	2,7
	(ensemble)	28	2,5	50	[ill.]	31	7,3	3	3,1	8	2,4	16	3,3	—	5,4
Causes mal définies		2	0,2	6	[ill.]	1	0,2	—	—	—	—	—	—	—	—
Totaux		1129	100	1394	100	1444	100	97	100	333	100	485	100	37	100

I

EUROPÉENS LIBRES

I. ORIGINE ET NATURE DU PERSONNEL

Le personnel militaire et les fonctionnaires de tout ordre constituent l'élément principal du groupe que nous appelons *Européens libres*. Cependant l'hôpital militaire de Cayenne, entretenu par le budget du département de la Marine et des Colonies, n'est pas exclusivement réservé aux fonctionnaires militaires et civils; on y admet aussi, contre remboursement des frais de séjour, les particuliers qui en font la demande. Il en résulte que ce groupe comprend, indépendamment du personnel militaire et des fonctionnaires, un certain nombre d'autres Européens : colons, commerçants, marins du commerce, employés des mines d'or, etc. L'exploitation des mines d'or, qui date d'une trentaine d'années, a attiré à la Guyane quelques Européens. Ce personnel des *placers*, surtout les *prospecteurs*, en raison du genre de vie très pénible et très dangereux qu'il mène, fournit beaucoup d'entrées à l'hôpital militaire et aussi un certain nombre de décès.

Le personnel militaire de la Guyane se compose actuellement de six compagnies d'infanterie, d'une demi-batterie d'artillerie et d'un détachement de gendarmerie, ce qui fait un total d'un peu moins de 1000 individus. Sur les six compagnies d'infanterie, quatre seulement séjournent à Cayenne; les deux autres sont, l'une aux îles du Salut et l'autre au Maroni. En ajoutant au personnel militaire les fonctionnaires de tout ordre, les surveillants militaires, le personnel de la station navale, les religieuses, etc., on arriverait à un total d'environ 1400 personnes. Les Européens non fonctionnaires, nés en Europe ou créoles de race pure, ayant leur résidence fixe dans la colonie, sont en très petite minorité : on pourrait facilement les compter en les désignant par leur nom (1).

Il n'est pas inutile de faire remarquer que cette population est essentiellement flottante. La durée de séjour colonial des troupes est fixée à deux ans, depuis 1881. Cette durée était auparavant de trois ans. Pendant ce laps de temps, en dehors des épidémies, le personnel militaire fournit beaucoup d'entrées à l'hôpital, mais peu de décès (2). Si l'on considère que

(1) D'après les *Notices coloniales publiées à l'occasion de l'exposition universelle d'Anvers*, par le ministère de la Marine (*Paris, Imprimerie nationale, 1885*, tome III), les *blancs français* qui ne sont ni transportés ni fonctionnaires sont au nombre de 63 (53 hommes et 10 femmes). En y ajoutant quelques Américains, Anglais, Hollandais, on atteindrait peut-être le chiffre de 75 *blancs;* mais nous croyons qu'il faudrait bien chercher pour arriver à ce total.

(2) Voici un tableau donnant, pour une période de sept années, la *morbidité* et la *mortalité* du bataillon d'infanterie de marine en garnison à la Guyane. Sur les six compagnies qui le composent, quatre, comme nous l'avons dit, sont à Cayenne; les deux autres sont au Maroni et aux îles du Salut.

ANNÉES	ÉPIDÉMIES	Effectif moyen du bataillon.	Nombre d'entrées à l'hôpital.	Nombre de décès.	Proportion de décès pour cent.	Nombre de malades renvoyés en France.
1872		665	482	8	1.20	8
1873	Fièvre jaune à Cayenne et aux îles du Salut.	598	468	74	12,37	12
1874	Fièvre typhoïde (*fièvre jaune*) à Cayenne .	560	401	47	8.39	14
1875	Fièvre jaune au Maroni.	620	217	21	3.38	1
1876	Fièvre jaune au Maroni, ...	610	345	38	6,22	7
1877	Fièvre jaune à Cayenne, aux îles et au Maroni.	633	566	67	10,58	28
1878		588	481	6	1,02	53

On voit que la *morbidité* ne présente pas de très grandes variations et que ces variations sont loin d'être parallèles aux variations de la *mortalité*. Ainsi, l'année 1873, qui présente le maximum de décès, a, pour un effectif à peu près semblable, un nombre d'entrées à l'hôpital inférieur au nombre d'entrées de l'année 1878, laquelle présente la mortalité minima.

les phthisiques, les convalescents de maladies aiguës, sont rapatriés avant l'expiration de leur temps de séjour réglementaire, il n'y a pas lieu de s'étonner que la mortalité de la troupe, à la Guyane, ne soit pas, en temps normal, sensiblement supérieure à la mortalité de l'infanterie de marine dans les ports militaires, en France. Cette population flottante fournit des décès surtout pendant les épidémies (fièvre typhoïde et surtout fièvre jaune). Aussi, sur les 1129 décès que nous présente ce groupe, pendant une période de trente ans, 526 sont dus à la fièvre jaune.

Les surveillants militaires de l'administration pénitentiaire, les gendarmes et les fonctionnaires civils séjournent dans la colonie plus longtemps que le personnel militaire. Aussi, quoique jouissant du bénéfice du rapatriement pour cause de maladie, cette partie du personnel libre, par suite de sa position plus sédentaire, fournit-elle proportionnellement plus de décès que la troupe.

Sur les 1129 décès de ce groupe, il n'y a que 27 décès de femmes.

II. IMPALUDISME (204 Décès).

L'impaludisme constitue le fond de la pathologie de la Guyane. 204 décès sur 1129 sont imputables uniquement à cette cause. Mais parmi les Européens qui sont morts à la Guyane à la suite de maladies diverses, sauf peut-être parmi ceux qui ont succombé à la fièvre jaune, le plus grand nombre avaient été atteints de fièvre paludéenne. En d'autres termes, si la fièvre paludéenne n'est pas la principale cause de la mortalité de ce groupe, elle est certainement la cause principale de sa morbidité. Quelques chiffres suffiront pour fixer les idées à ce sujet. Sur 2590 cas de maladies internes, traitées à l'hôpital de Cayenne pendant l'année 1859, il y avait 2501 cas de maladies endémiques, et, sur ce dernier nombre, 1642 cas appartenaient exclusivement à l'impaludisme (1). Les maladies

(1) Ces chiffres comprennent des malades de toutes les races, mais les Européens, libres et transportés, constituent la très grande majorité.

considérées comme endémiques à la Guyane sont : l'impaludisme, l'anémie, la dysenterie, l'hépatite, la colique sèche et le tétanos spontané. En 1861, sur 2140 cas de pathologie interne, traités à l'hôpital de Cayenne, il y avait 1653 cas de maladies endémiques, dont 1267 revenaient à l'impaludisme seul. Enfin, sur 29,178 cas de maladies internes et externes, traités à l'hôpital de Cayenne, de 1858 à 1867, 16,666 appartenaient aux maladies endémiques et 12,512 aux autres divisions du cadre nosologique.

Nulle part le miasme paludéen ne mérite mieux son épithète de protéiforme qu'à la Guyane, dit le Dr Maurel (1). Fièvres continues, rémittentes, intermittentes, fièvres normales et anormales, fièvres compliquées de toutes sortes, toutes les formes connues s'y rencontrent. Les types les plus fréquents sont le type irrégulier et le type quotidien. D'après les statistiques réunies par Maurel, sur un total de 8444 cas de fièvre paludéenne, 6118 appartenaient aux fièvres irrégulières ou atypiques, 1713 au type quotidien, 283 au type tierce et 22 seulement au type quarte. Les autres 308 cas se rapportaient aux formes graves et comprenaient 31 cas de fièvres bilieuses et 269 cas d'accès pernicieux.

1° **Accès pernicieux (130 D.).** — Je ne m'arrêterai pas aux formes ordinaires de la fièvre paludéenne et j'arriverai tout de suite aux formes anormales graves, c'est-à-dire aux accès pernicieux qui ont causé 130 décès parmi les *Européens libres*. C'est la localisation de l'action du poison malarien sur un organe important, point *minoris resistentiæ*, qui détermine la forme de l'accès pernicieux. La fièvre pernicieuse n'est que rarement, à la Guyane comme partout ailleurs, une forme primitive de l'intoxication malarienne. Les hommes qui succombent aux accès pernicieux sont généralement depuis longtemps impaludés et anémiés; ce sont des individus dont l'organisme, débilité par des accès antérieurs et par la chaleur du climat, n'a plus d'énergie pour réagir contre le poison; en un mot, la plupart du temps, la perniciosité est moins due à la quantité et à la qualité du poison absorbé qu'au défaut de

______

(1) Dr E. Maurel, médecin de 1re cl. de la marine. — *Traité des maladies paludéennes à la Guyane.* — Paris, Octave Doin, 1883.

résistance et de réaction vitales du sujet. Nous verrons, un peu plus loin, que cette faible résistance vitale des individus anémiés et impaludés ne se manifeste pas seulement vis-à-vis du miasme paludéen ; elle se révèle encore en face de presque toutes les causes morbifiques ; elle a particulièrement une influence très marquée sur l'aptitude à contracter les maladies aiguës de la poitrine, et aggrave singulièrement le pronostic de ces maladies.

Il arrive assez souvent que l'accès pernicieux survient après que le malade a quitté les lieux d'infection où la fièvre a été contractée.

Des hommes évacués des pénitenciers ou des *placers* arrivent à Cayenne ; la fièvre cède ; les accès semblent avoir cessé, lorsque tout à coup, à Cayenne, sur le navire qui rapatrie les malades, ou même en France, survient un accès pernicieux fatal. Il ne faudrait pas croire, en effet, que les hommes qui ont fourni les accès pernicieux enregistrés à l'hôpital de Cayenne, ont tous contracté la fièvre au chef-lieu de la colonie. La plupart ont été impaludés sur les pénitenciers, où ils avaient séjourné antérieurement. L'impaludisme a toujours bien moins sévi au chef-lieu que sur les pénitenciers, et surtout sur les premiers pénitenciers de l'intérieur de la Guyane, successivement fondés et abandonnés pendant les huit ou dix premières années de la transportation.

C'est pendant la saison sèche, qui commence en juin pour finir en novembre, mais qui se prolonge quelquefois jusqu'à la fin de décembre, que les fièvres paludéennes et les accès pernicieux sont le plus fréquents. Le Dr Maurel, réunissant les cas de maladies endémiques observés à la Guyane pendant huit années, trouve que le total du premier semestre est toujours inférieur au total du second semestre. La supériorité numérique du second semestre est encore plus évidente lorsqu'on ne prend que les maladies paludéennes. Le résultat est le même lorsqu'on ne considère que les décès par accès pernicieux. Sur 162 cas d'accès pernicieux mortels, observés dans l'espace de quatre ans, 61 se sont présentés pendant les premiers semestres et 101 pendant les seconds semestres.

Je donne, dans le tableau ci-après, pour tous les groupes, la division des 680 cas d'accès pernicieux mortels, enregistrés à l'hôpital de Cayenne dans l'espace de trente ans.

DIVISION DES DÉCÈS PAR ACCÈS PERNICIEUX

FORME DE L'ACCÈS	Européens libres.	Transportés européens.	Nègres et métis libres.	Transportés nègres.	Arabes.	Hindous.	Chinois et Annamites.
Forme comateuse	30	122	17	4	8	18	
— algide.	21	76	7	4	6	12	1
— ataxique	11	21	1			3	
— tétanique.	2	4				3	
— délirante	6	6	2				
— congestive	1	7	1			1	
— apoplectiforme	2	5					
— adynamique.	1	5					
— syncopale.		6			1		
— convulsive et épileptiforme.	7	6				2	
— pneumonique, thoracique .	6	20	5	1	4	3	
— cholériforme	5	3					
— dysentérique	2	7	3				
— indéterminée	36	89	12	6	27	20	1
TOTAUX. . .	130	377	48	15	46	62	2

680

On voit que toutes les formes sont représentées dans ce tableau. Dans un grand nombre de cas, la forme n'était pas déterminée.

La forme comateuse (30 D.) est la première comme cause de mortalité. Viennent ensuite, pour le groupe des *Européens libres*, la forme algide (21 D.), la forme ataxique (11 D.), à laquelle on pourrait joindre la forme délirante (6 D.).

Quoique ne venant qu'en deuxième ligne comme cause de mortalité, la forme algide tient le premier rang comme fréquence ; il s'ensuit qu'elle est d'un pronostic moins grave que la comateuse. D'après les chiffres réunis par Maurel, la forme ataxique, qui vient en troisième ligne comme cause de décès, est d'un pronostic encore plus grave que la comateuse. Ces trois formes principales des fièvres pernicieuses à la Guyane méritent donc d'être classées de la manière suivante : au point de vue de la fréquence algide, comateuse, ataxique ; au point de vue du nombre absolu des décès : comateuse, algide, ataxique ; au point de vue du nombre relatif des décès, c'est-à-dire au point de vue de la gravité du pronostic : ataxique, comateuse, algide.

La forme pneumonique (6 D.) s'observe spécialement sur les individus très débilités par un long séjour colonial ; aussi est-elle plus fréquente chez les transportés. La forme tétanique (2 D.) est remarquable par sa gravité ; les cas observés ont été à peu près tous mortels. La fièvre pernicieuse cholériforme représente, on ne peut plus fidèlement, le tableau symptomatique d'une attaque de choléra épidémique : algidité de la périphérie du corps, cyanose, crampes, yeux excavés, nez effilé, vomissements, selles riziformes, rien n'y manque. J'ai eu occasion, aux îles du Salut, d'en observer deux cas, l'un sur un Européen, l'autre sur un Arabe. L'attaque eut lieu le matin, à la suite d'un abaissement subit de température produit par un orage qui avait éclaté pendant la nuit. De plus, l'un de ces deux hommes avait mangé des goyaves, le matin de bonne heure. L'état de ces deux transportés fut grave, mais ils guérirent tous les deux.

Parmi ces cinq cas mortels d'*accès pernicieux cholériformes*, deux portaient le diagnostic de *choléra sporadique*. J'ai réuni ces deux cas aux trois autres portant le diagnostic d'*accès pernicieux cholériformes*, d'abord, parce que le choléra asiatique, épidémique, n'a jamais été importé à la Guyane française, et ensuite parce que les cas qu'on qualifie d'*accès pernicieux cholériformes* ne diffèrent en rien du choléra sporadique. Ces deux cas de *choléra sporadique* sont relatés dans le rapport du second trimestre de l'année 1869. L'un fut observé le 20 mai, et l'autre le 23. Le premier cas appartenait au capitaine du navire de commerce *l'Assomption* arrivé, depuis deux jours seulement, de Marseille ; le second cas fut observé sur le boulanger de l'aviso à vapeur *le Narval*. Ces deux hommes furent apportés à l'hôpital dans un état désespéré et succombèrent. Il est à remarquer que tous les deux provenaient de la rade. Le rapport dit qu'ils avaient été pris tous les deux de diarrhée et de vomissement, à la suite d'un écart de régime, et n'avaient pas été soignés sur-le-champ. Ces deux cas furent absolument isolés.

Nous avons dit que la Guyane française n'a jamais eu d'épi-

démie de choléra asiatique et que cette maladie n'y a jamais
été importée. Cependant le choléra, dans ses migrations à
travers le monde, est arrivé jusqu'aux portes mêmes de la colonie. En 1854, le véritable choléra asiatique se montra à la
Guyane hollandaise ; il avait été importé de Démérary, chef-lieu
de la Guyane anglaise. La maladie sévit épidémiquement parmi
les nègres du district de Nickerie, aux mois de juillet, août et
septembre 1854. Sur un total de 68 personnes atteintes, 43 succombèrent (1).

2° Fièvres bilieuses (38 D.). — Les fièvres compliquées de
teinte ictérique, apparaissant à l'état sporadique, s'observent
assez fréquemment à la Guyane où on les désigne sous le nom
de *fièvres bilieuses, fièvres rémittentes bilieuses* (2). La nature
malarienne de ces fièvres a été attaquée par Rufz de Lavison (3),
Lota (4), et surtout Bérenger-Feraud (5) et Burot (6). Sous le
nom de *fièvre bilieuse inflammatoire*, ils ont voulu les rattacher
à l'infectieux amaril. Il faut avouer qu'il n'existe pas de caractère différentiel bien tranché, surtout chez les nouveaux venus,
entre ces fièvres bilieuses sporadiques et les formes légères de
la fièvre jaune épidémique. Il ne manque à la fièvre inflammatoire, pour devenir fièvre jaune, que la cause épidémique, dit
Dutrouleau. D'après la théorie de Bérenger-Feraud et Burot,
dans les pays qui ont été visités par des épidémies de fièvre
jaune, il existerait des fièvres particulières à ces pays, fièvres
qui sont désignées sous le nom de *fièvres bilieuses inflammatoires*. Ces fièvres sporadiques, qui ressemblent aux formes
légères de la fièvre jaune, seraient réellement de nature amarile : elles seraient dues au même principe infectieux que la
fièvre jaune, mais le poison serait atténué et souvent combiné
avec l'infectieux palustre. Ces fièvres jaunes bâtardes sont à

(1) Dr Van Leent. — *La Guyane néerlandaise.* In *Archives de médecine
navale* (février 1881 et numéros suivants).
(2) Sur ces 38 décès par *fièvres bilieuses,* le diagnostic était : *fièvre rémittente bilieuse* dans 31 cas, et *fièvre bilieuse* dans les 7 autres.
(3) Rufz de Lavison. — *Chronologie des maladies de la ville de Saint-
Pierre (Archives de médecine navale,* 2° semestre 1869, pages 119 et suivantes).
— *Sur les immunités de la fièvre jaune (Gazette médicale, 1864).*
(4) Lota. — *De l'immunité des créoles à l'égard de la fièvre jaune (Archives de médecine navale,* 2° semestre 1870).
(5) *De la fièvre dite bilieuse inflammatoire des Antilles.* — Paris, 1878.
(6) P. Burot. — *De la fièvre dite bilieuse inflammatoire à la Guyane.* —
Paris, 1880.

la fièvre jaune épidémique ce que la fièvre muqueuse est à la fièvre typhoïde dans nos climats, ce que le choléra sporadique est au choléra asiatique dans les pays qui ont eu des épidémies de cette dernière maladie. Ces *fièvres bilieuses inflammatoires* précèdent et suivent généralement les épidémies de fièvre jaune, mais elles existent aussi à l'état sporadique, en dehors des épidémies.

Nous croyons qu'il y a beaucoup de vrai dans cette théorie. A la suite et surtout à l'origine des épidémies de fièvre jaune, beaucoup de fièvres ont été considérées comme étant de nature paludéenne, alors qu'elles étaient, en réalité, de nature amarile. Lorsque nous aurons fait l'historique de la fièvre jaune à la Guyane française, on verra qu'il en a été souvent ainsi, notamment au Maroni, de 1874 à 1878, et aux îles du Salut, au début de l'épidémie de l'année dernière. Toutefois, la généralisation de la théorie de Bérenger-Feraud et Burot à toutes les fièvres compliquées d'ictère qu'on observe, à l'état sporadique, à la Guyane et aux Antilles, a contre elle des arguments sérieux. Nous avons la conviction qu'il existe, à la Guyane française, des fièvres bilieuses sporadiques, ressemblant à la fièvre jaune légère, qui ne sont pas cependant de nature amarile. En effet, des fièvres semblables ont été observées dans des contrées où la fièvre jaune n'a jamais été vue ; ces fièvres ne sont certainement pas contagieuses ; elles sont plus fréquentes, ou du moins plus graves, chez les acclimatés que chez les nouveaux venus. Nous reviendrons, du reste, sur cette question des fièvres bilieuses, à propos de l'étude comparée de la pathologie des différents groupes.

La fièvre bilieuse hématurique (ictéro-hémorrhagique) et la fièvre bilieuse mélanurique, qui sont fréquentes à la côte occidentale d'Afrique, sont extrêmement rares à la Guyane. Je n'ai pas eu occasion d'en observer un seul cas. Le Dr Maurel n'en a pas observé non plus pendant les deux années qu'il a passées dans les différents postes de la colonie. Je n'ai pas relevé un seul décès dû à ces fièvres dans le groupe des Européens libres ; trois cas mortels seulement ont été fournis par des transportés européens.

3° **Cachexie paludéenne (36 D.).** — Lorsqu'un Européen a été attaqué à la Guyane par de nombreux accès de fièvre, s'il a été assez heureux pour échapper à l'accès pernicieux, il ne tarde pas à présenter l'ensemble des symptômes constituant la cachexie paludéenne dont je n'ai pas l'intention d'essayer, après tant d'autres, de retracer ici le tableau. La cachexie paludéenne, à un degré un peu avancé, est rare aujourd'hui chez les soldats. Elle était plus fréquente autrefois, lorsque existaient les postes malsains de la Comté, de l'Oyapock, de la Montagne d'argent, et que la période de séjour colonial était de trois ans. Malgré le rapatriement, sans lequel bon nombre d'impaludés seraient venus augmenter le total de cette colonne, on voit que les décès par cachexie paludéenne présentés par le groupe dont nous nous occupons, montent encore à un nombre respectable.

III. MALADIES INFECTIEUSES (586 Décès).

1° **Fièvre jaune (526 D.).** — La fièvre jaune est la cause principale de la mortalité des Européens libres; c'est à elle qu'est due près de la moitié des décès de ce groupe.

Il est admis que la fièvre jaune ne naît pas sur place à la Guyane française et qu'elle y a toujours été importée, bien qu'on n'ait pas pu découvrir d'une manière certaine, à l'origine de toutes les épidémies, la voie par laquelle la maladie avait été introduite.

Puisque la fièvre jaune ne naît pas sur place à la Guyane française, à quelle époque y a-t-elle été importée pour la première fois? Indépendamment de son intérêt historique, cette question a une certaine importance au point de vue des idées que nous nous proposons de développer dans la dernière partie de ce travail. Il s'agit, en effet, de savoir si la fièvre jaune a joué un rôle dans le désastre de la colonie de Kourou, en 1764. On sait que cette entreprise de Kourou fit périr plus de dix mille Français que le Gouvernement avait introduits à la Guyane dans le but de réparer la perte du Canada, en créant sur les bords de la rivière de Kourou une grande colonie peuplée, non de nègres esclaves, mais de travailleurs européens et libres. Cette colonie devait, grâce à sa population nationale,

servir de boulevard, de centre de défense, à tous les établissements français d'Amérique. La question est donc assez importante pour que nous nous y arrêtions un instant.

L'auteur le plus compétent dans les questions de pathologie
historique et géographique, Hirsch (1), dans la première édition de son livre (1859), dit que la fièvre jaune a paru à
Cayenne, pour la première fois, en 1802. Voici, du reste, la
traduction du passage qui a trait à l'historique de la fièvre
jaune dans les Guyanes. « Jusqu'à ces dix dernières années,
« la fièvre jaune a eu, dans l'Amérique du Sud, une expansion
« beaucoup plus restreinte que dans les contrées déjà nommées,
« Dans les Guyanes (Démérary, Guyane anglaise), la maladie,
« venue des Antilles, doit avoir paru pour la première fois,
« en 1793 (2). Plus tard, elle apparut encore en 1800, mais ne
« fut plus observée jusqu'en 1837 (3). Pour ce qui est de Suri-
« nam (Guyane hollandaise), en dehors des épidémies de 1836
« et 1851, on ne connaît rien sur l'existence de la fièvre jaune
« dans cette colonie. Tous les documents antérieurs sont abso-
« lument muets sur ce point particulier. Cayenne (4) semble
« aussi avoir été tout à fait épargné par la fièvre jaune jus-
« qu'au commencement de ce siècle. Nous devons considérer
« comme absolument établi que la maladie a paru pour la
« première fois dans cette ville en 1802, que, ensuite, elle ne
« s'y est plus montrée jusqu'en 1850, et que c'est seulement
« dans le courant de cette année-là, que Cayenne a été visité
« pour la seconde fois par la fièvre jaune, importée du
« Brésil (5). »

Dans la nouvelle édition, complètement remaniée, de l'ou-

(1) Handbuch der historisch-geographischen pathologie, von August
Hirsch — 1re édition, Erlangen (1859), 2 volumes — 2e édition, Stuttgart
(1881, 1883 et 1886), 3 volumes.

(2) *Chisholm*, Essay on the malign pestil. fever, vol. II, p. 210. — *Beane*
in the proc. of the London med. Soc., vol. V, page 333. — *Eymann* in
Hafel's Journal, XV, p. 105.

(3) *Fraser* in London med Gaz., XXI, p. 639. — *Blair* acc of the last
yellow epidemic in Guiana.

(4) Bajon et Campet, dit Hirsch, décrivent sous le nom de fièvre jaune
une maladie qui a régné épidémiquement à la Guyane française en
1763, mais que je ne puis pas accepter comme fièvre jaune. Segond *(Revue
médicale*, mai 1834 et novembre 1836) est du même avis. Cet auteur
déclare que, à l'exception de l'épidémie de 1802, où la fièvre jaune fut
importée des Antilles, cette maladie, ni antérieurement, ni postérieure-
ment à cette date, n'a jamais été observée à la Guyane française à l'état
épidémique pas plus qu'à l'état sporadique.

(5) Hirsch — première édition, tome Ier, page 73.

vrage de Hirsch, ce passage a été supprimé. Le texte du chapitre relatif à la fièvre jaune a été très écourté, mais Hirsch y a introduit deux tableaux synoptiques des épidémies de fièvre jaune aux Antilles et sur les côtes d'Amérique. Adoptant l'opinion de Moreau de Jonnès, dont nous parlerons plus loin, Hirsch assigne à la première épidémie de fièvre jaune à Cayenne la date de 1763-65. Il place également en 1760 la première épidémie de fièvre jaune à Surinam, et il donne l'année 1794 comme date de la première épidémie à la Guyane anglaise.

Nous verrons tout à l'heure si Hirsch a eu tort ou raison en modifiant son historique de la fièvre jaune à la Guyane française.

En assignant la date de 1763-65 à la première épidémie de fièvre jaune à Cayenne, Hirsch cite l'autorité de Bajon et de Campet. Il ne s'est certainement pas reporté aux textes de ces auteurs, bien que l'ouvrage du premier soit traduit en allemand, pas plus qu'il ne s'y est reporté en écrivant la note jointe au passage que nous avons donné plus haut. Jamais Bajon et Campet n'ont décrit comme fièvre jaune la maladie observée à la Guyane française en 1763-65. Cette opinion leur a été attribuée par Moreau de Jonnès, et c'est sans doute dans l'ouvrage de cet auteur, ou de quelqu'un de ceux qui l'ont copié, que Hirsch est allé prendre l'opinion de Bajon et Campet et non dans les ouvrages mêmes de ces deux médecins.

Il en est de même pour l'épidémie de fièvre jaune de 1760 à Surinam, dont Hirsch ne parle pas dans sa première édition, et qui est évidemment empruntée à l'ouvrage de Moreau de Jonnès. Ce dernier auteur a voulu reconnaître la fièvre jaune dans une maladie que Fermin (1) a décrite sous le nom de *causus* ou *fièvre ardente*.

Les dates relatives aux épidémies de fièvre jaune à la Guyane française, au dix-neuvième siècle, que donne Hirsch dans sa deuxième édition sont les suivantes : 1802, 1803, 1850, 1855, 1856, 1866, 1877. Nous devons faire remarquer qu'il n'y a pas eu d'épidémie en 1866. Peut-être y a-t-il là une faute d'impression, car la fièvre jaune a régné à Cayenne à la fin de l'année 1876. Quoi qu'il en soit, l'épidémie de 1872-73 a été omise.

Examinons maintenant la question en remontant aux sources.

____

(1) Philippe Fermin. — *Traité des maladies les plus fréquentes à Surinam.* — Maëstricht, 1764 — 1 volume in-12°.

Voici d'abord l'opinion de Bajon (1777) : « *La maladie de Siam (fièvre jaune), si redoutable et si commune à Saint-Domingue, n'a jamais été observée à Cayenne* (1). » On ne saurait être plus explicite. Barrère (2), quarante-deux ans auparavant, avait exprimé la même affirmation. Quant à Campet (3), il est absolument muet sur la fièvre jaune. Nous verrons plus loin ce qu'il dit de la maladie inconnue de 1763-65. Campet, dans son livre, passe en revue toute la pathologie de la Guyane : tétanos, fièvres malignes, dysenterie, abcès du foie, pneumonie, pleurésie, mal rouge (lèpre), maladies chirurgicales, pian, ulcères, chiques, etc· Cet auteur avait vécu pendant dix-huit années à la Guyane. Il est impossible d'admettre qu'il ait pu observer la fièvre jaune et oublier d'en parler sous un nom quelconque. Ses fièvres malignes se rapportent à des accès pernicieux à forme comateuse, adynamique, etc.; on ne peut y chercher la fièvre jaune. Nous ferons remarquer, en outre, que Campet avait habité Saint-Domingue où il avait certainement vu des cas de fièvre jaune. Cette maladie était, il y a un siècle, aussi connue qu'aujourd'hui. Si Campet ne dit mot de la maladie de Siam dans son livre où il passe en revue toute la pathologie de la Guyane, c'est qu'il ne l'avait jamais observée dans cette colonie et qu'il n'avait rien à en dire.

L'existence de la fièvre jaune à la Guyane en 1763-65 a donc été niée catégoriquement par Bajon et implicitement par Campet. Telle est l'opinion des deux seuls médecins, témoins oculaires des événements de 1763-65, dont nous possédons le témoignage.

Ce n'est qu'en 1820 que Moreau de Jonnès (4) a soutenu l'opinion de l'existence de la fièvre jaune à la Guyane française au dix-huitième siècle, et c'est à cette maladie qu'il a attribué le désastre de la colonie de Kourou, en 1763-65. Cet écrivain distingué, auteur de nombreux et importants ouvrages de statis-

<hr>

(1) *Mémoires pour servir à l'histoire de Cayenne et de la Guiane française,* par Bajon, ancien chirurgien-major de l'Isle de Cayenne et dépendances, correspondant de l'Académie royale des Sciences de Paris et de celle de Chirurgie — 2 volumes. — Paris, 1777, tome 1er, page 58.

(2) Barrère. — *Nouvelle relation de la France équinoxiale.* — Paris, 1735, tome II, page 61.

(3) *Traité pratique des maladies graves des pays chauds,* par P. Campet, ancien chirurgien en chef des hôpitaux militaires à Cayenne. Paris, 1802.

(4) *Monographie historique et médicale de la fièvre jaune des Antilles,* par Al. Moreau de Jonnès. — Paris, 1820, page 76.

tique, ancien officier supérieur d'état-major et directeur de la statistique générale au ministère du Commerce, était étranger aux sciences médicales. Dans sa monographie de la fièvre jaune, il soutient une thèse systématique, à savoir que cette maladie est la seule qui fasse obstacle à l'émigration des Européens dans les colonies de l'Amérique intertropicale. Il est donc disposé à voir partout le *vomito negro*, et toutes les fois qu'il voit écrit le mot *ictère*, il prononce immédiatement *fièvre jaune*. C'est une opinion commune, dit-il, adoptée par les médecins qui ont écrit sur la Guyane française, au dix-huitième siècle, que la fièvre jaune était une maladie entièrement étrangère à cette colonie, et cette opinion a résisté jusqu'à présent à l'évidence. La fièvre jaune a passé inaperçue, parce que les communications avec cette colonie étaient rares, parce que, en général, la population y était faible et dispersée et qu'il ne s'y trouvait jamais à la fois qu'un petit nombre d'hommes inacclimatés. Mais dès que les Européens y sont arrivés en nombre considérable, comme en 1763-65, la fièvre jaune a éclaté parmi eux, et l'épidémie a causé le désastre que l'on connaît.

Nous allons examiner ce que vaut l'hypothèse de Moreau de Jonnès, et nous espérons démontrer, sans laisser subsister l'ombre d'un doute, que la fièvre jaune a été absolument étrangère au désastre de la colonie de Kourou.

Les deux seuls médecins dont on puisse invoquer le témoignage sur la question sont Bajon et Campet. C'est dans Bajon seul que Moreau de Jonnès a cherché, à l'appui de sa thèse, des preuves dont nous allons juger la valeur. Il ne parle pas de Campet, dans le livre duquel il aurait pu cependant trouver des arguments à sa manière. Le livre de Bajon, qui a été traduit en plusieurs langues, est le plus important qui ait été écrit sur la Guyane française au dix-huitième siècle. Publié sous les auspices de l'Académie des sciences de Paris, dont Bajon était membre correspondant, cet ouvrage avait, à l'époque où il parut, une haute valeur au point de vue pathologique, zoologique et au point de vue scientifique en général. On reconnaît, à plus d'un détail, que tout ce que son auteur avance est le résultat de l'observation la plus rigoureuse. De plus, il a été écrit à la Guyane même. Bajon nous apprend qu'il est revenu en France à la fin de l'année 1776, et ses *Mémoires sur Cayenne*, en deux volumes, ont paru en 1777. Cet ouvrage est

donc digne d'inspirer la plus entière confiance. Le livre de
Campet, sans posséder la haute valeur des *Mémoires* de Bajon,
est aussi très intéressant sous plus d'un rapport, bien que
Campet ne l'ait écrit qu'en France, d'après ses souvenirs et ses
notes, longtemps après son départ de la Guyane. Nous devons
dire, cependant, que le chapitre qui nous intéresse le plus,
c'est-à-dire le rapport officiel de Campet sur l'épidémie de
Kourou en 1764, a été écrit à Kourou même.

Bajon, quoique médecin, dit Moreau de Jonnès, a nié l'existence de la fièvre jaune à la Guyane, ce qui ne l'a pas empêché
de faire, *sans s'en douter*, la description de cette maladie, dans
les lignes suivantes où il parle de l'épidémie de Kourou. « Les
« progrès et la violence de cette épidémie ne furent pas les
« mêmes dans tous les sujets et dans tous les temps ; en général,
« les personnes dont les passions étaient vives, celles d'un tem-
« pérament sec et bilieux, et celles qui s'étaient bien portées en
« France, furent attaquées plus vivement et périrent plus
« promptement que celles qui se trouvaient dans des circonstan-
« ces opposées. Le chagrin, la nonchalance, la malpropreté et
« le désespoir, augmentaient la violence de la maladie. Elle
« se terminait par la mort le dix-septième ou le vingt-unième
« jour, quelquefois le treizième, le cinquième ou même le troi-
« sième. Les symptômes étaient : un léger frisson, une soif
« extrême, des douleurs très vives à la tête et aux reins, des
« vomissements continuels, la langue jaune, devenant ensuite
« noire comme du charbon, le pouls petit et serré, une pros-
« tration générale des forces, des hémorrhagies par le nez,
« l'engorgement des parotides, *l'effusion générale de l'ictère*, la
« gangrène aux intestins, à l'estomac ou à quelques-uns des
« viscères. Cette maladie formidable s'éteignit peu à peu et
« cessa entièrement en 1766, après avoir fait périr la plupart
« des nouveaux colons, et en particulier les Allemands, qu'elle
« atteignit avec plus de force et de violence encore que les
« autres Européens. Elle n'épargna pas même les anciens
« colons ; cependant leurs pertes furent bien moins nombreu-
« ses que celles des individus récemment arrivés. »

La phrase relative à l'ictère est soulignée dans le livre
de Moreau de Jonnès ; elle ne l'est pas dans Bajon, et pour
cause, car l'ictère n'existe pas dans l'énumération des symptômes généraux de la maladie décrite par Bajon. En lisant

ce passage, placé entre guillemets dans l'ouvrage de Moreau de Jonnès, on croit que ces lignes ont été copiées textuellement dans Bajon. Il n'en est rien. Moreau de Jonnès a condensé, en la citant, la description de Bajon, et en la condensant, il en a complètement dénaturé le sens.

Avant de parler de la description que fait Bajon de la maladie de 1764, il est nécessaire de préciser rapidement quelques faits et quelques dates. Nous les empruntons au seul document historique imprimé qui existe sur les événements de Kourou (1). *Ce Précis historique* a été publié par la Direction des colonies, d'après les pièces officielles manuscrites du dépôt des archives coloniales.

Les premiers émigrants de la colonie de Kourou (expédition préparatoire) partirent de Rochefort le 17 mai 1763 et arrivèrent à Cayenne le 14 juillet. Le 14 novembre 1763, M. de Chanvalon, intendant de la nouvelle colonie, quitta Rochefort avec le premier convoi de colons, au nombre de 1429 et embarqués sur onze bâtiments. Ils arrivèrent à la Guyane le 22 décembre. Les colons de l'expédition préparatoire, déjà arrivés, étaient au nombre de 533. Après le départ de M. de Chanvalon, les convois de colons se succédèrent rapidement pendant toute l'année 1764, et même jusqu'au commencement de 1765. Le nombre des individus qui passèrent ainsi à la Guyane n'a pu être officiellement établi, les registres n'ayant pas été tenus, et la plus grande confusion ayant régné dans cette affaire, tant aux ports d'embarquement (Rochefort et Saint-Jean-d'Angely) qu'à la Guyane même. Ce nombre est estimé à dix ou douze mille individus (2), hommes, femmes, enfants, provenant pour la plupart de l'Alsace et de la Lorraine. Le chevalier Turgot, envoyé par le roi pour faire une enquête sur les événements de Kourou, arriva à Cayenne le 22 décembre 1764, et lorsque, sur son ordre, M. de Balzac

____

(1) *Précis historique de l'expédition du Kourou (Guyane française)*. — Paris, Imprimerie royale, 1842.

(2) M. de Chanvalon, l'intendant de la nouvelle colonie, sur lequel on fit injustement retomber la responsabilité du désastre, qui fut arrêté à Cayenne le 25 décembre 1764 sur l'ordre du chevalier Turgot, et enfermé plus tard au Mont Saint-Michel, évalue, dans sa défense (manuscrit du dépôt des Archives coloniales) le nombre des émigrants à 9.000. Malouet, intendant de la Guyane de 1776 à 1778, fait monter ce nombre à 14.000. (*Mémoires et correspondances officielles sur l'administration des colonies*. Tome Ier, p. 6.)

fit à Kourou, le 10 février 1765, le recensement des colons survivants, il en restait 918. Il se passa alors le même fait qui se produisit plus tard à l'époque de la transportation. On crut qu'on avait mal choisi l'emplacement de la nouvelle colonie, et que d'autres points de la Guyane seraient plus favorables. Quelques-uns des survivants seulement purent revenir en France ; les autres, ainsi que quelques centaines de nouveaux colons qui arrivèrent encore quelques mois plus tard, quittèrent Kourou. Ils allèrent s'établir sur d'autres points : à Sinnamary, à l'Oyapock, à l'Approuague, où ils ne tardèrent pas à périr et disparurent sans laisser de trace.

Comme nous le verrons, ces Européens avaient succombé surtout aux maladies du pays (Bajon, Campet). Mais, de plus, il avait régné parmi eux une maladie nouvelle, inconnue à la Guyane avant eux et après eux. Quelle était cette maladie?

Il ne faut pas croire que Bajon a fait, d'une manière générale, la description de la maladie de ces colons. Il raconte uniquement ce qu'il a observé lui-même, et nous verrons qu'il a été envoyé dans plusieurs postes, mais jamais à Kourou. Son récit peut paraitre obscur, au premier abord; il ne l'est pas, lorsqu'on a quelques connaissances historiques des événements de Kourou et qu'on possède quelques notions sur la géographie de la Guyane. Je ne puis citer tout le passage de Bajon qui a trait à la question, car il comporte une quinzaine de pages. Je lui emprunterai les détails les plus importants, et je résumerai succinctement ce qui n'a qu'un intérêt secondaire, en conservant toujours les expressions de l'auteur. Les passages entre guillemets sont empruntés textuellement à Bajon.

D'après cet auteur, la maladie épidémique qui a ravagé si cruellement les colons introduits à la Guyane, « était une fièvre « maligne produite par une infinité de causes, dont on aurait « bien pu prévoir les suites fâcheuses. En effet, une partie de « ces Européens furent déposés dans des endroits nouvelle- « ment découverts (déboisés) et tout à fait inhabités, remplis « et entourés de marécages d'où sortaient des exhalaisons de « toute espèce, exposés pour la plus grande partie aux injures « du temps, ou entassés les uns sur les autres dans de très mau- « vaises cases, nourris avec des aliments apportés d'Europe, « mais qui avaient acquis des qualités nuisibles dans des ma- « gasins où ils avaient séjourné longtemps. Les viandes salées

« de toute espèce, les huiles, beurres et graisses rances, les
« légumes échauffés, les farines gâtées, qui constituaient ces
« aliments, ont nécessairement apporté le germe d'une putri-
« dité excessive, qui a été développée par la chaleur du climat ;
« enfin, pour surcroît de malheurs, une partie des habitants
« étaient obligés de boire des eaux croupissantes et à demi
« pourries, souvent même de celles de la mer. » Bajon fait intervenir, en outre, l'influence du moral. Ces hommes étaient dé-
çus dans leurs espérances ; ils n'avaient pas trouvé à la Guyane
ce qu'on leur avait promis et ce qu'ils avaient rêvé. « Accablés
« du poids de la chaleur et incapables de pouvoir cultiver les
« terres comme il le fallait ; réduits à la plus triste des misères,
« et forcés enfin d'abandonner des projets qui étaient la source
« de tous leurs malheurs : le chagrin, la nonchalance, la cra-
« pule, la malpropreté, et le désespoir auquel ils se livrèrent,
« augmentèrent encore la violence de la maladie, qui n'en
« épargnait aucun. Les Allemands (Alsaciens), qui faisaient
« la plus grande partie des nouveaux colons, furent ceux chez
« lesquels les effets de ces passions se manifestèrent le plus
« vivement ; aussi l'épidémie les attaqua-t-elle avec plus de
« force et de violence que le reste des Européens et, en géné-
« ral, il en réchappa beaucoup moins. »

Telles sont les causes de l'épidémie, d'après Bajon. Les colons qui arrivaient de France étaient débarqués à Cayenne,
d'où ils gagnaient ensuite, par terre ou par mer, la colonie de
Kourou, distante d'une quarantaine de kilomètres. Lorsque Bajon
arriva pour la première fois à Cayenne, en 1764 (il ne dit pas
dans quel mois), il observa qu'un grand nombre de personnes
attaquées de cette fièvre maligne, inconnue avant eux et après
eux, périssaient le troisième et le cinquième jour. Le nombre
des morts était si grand qu'il fut défendu de sonner à leur
convoi et qu'on ordonna de les enterrer sans cérémonie. Il est
vrai que, dans la suite, la maladie fut moins prompte et moins
meurtrière, et que, dans plusieurs postes où il fut envoyé plus
tard, Bajon remarqua que la maladie n'avait pas le même
degré d'intensité qu'au moment de son arrivée à Cayenne.
« L'ouverture des cadavres de ceux qui périrent si prompte-
« ment nous fit voir des gangrènes à l'estomac, aux intestins
« ou au diaphragme, d'autres fois à quelqu'un des viscères du
« bas-ventre ; ces gangrènes étaient sèches, rien n'annonçait

« qu'aucun degré d'inflammation les eût précédées. » Il ne dit
rien de la symptomatologie de cette fièvre, mais il parle de la
marche de la maladie. « La marche ordinaire de cette fièvre
« épidémique ne fut pas, dans le plus grand nombre des ma-
« lades, aussi prompte que celle dont nous venons de parler ;
« la plupart, au contraire, ne périssaient que le treize, souvent
« le dix-sept et quelquefois le vingt et un. J'ai eu occasion
« d'observer à la *Baume*, qui était le principal dépôt des ma-
« lades de Cayenne, que cette cruelle maladie ne développait
« l'excès de sa malignité qu'après le treize ou le quatorze.
« L'espèce d'hôpital qui avait été construit dans ce dépôt,
« situé dans un marécage, le peu de soins qu'on apportait aux
« malades, la malpropreté dans laquelle on les laissait croupir,
« la mauvaise nourriture qu'on leur donnait, ne contribuaient
« pas peu à rendre la maladie mortelle ; et si quelqu'un avait
« le bonheur d'échapper à sa fureur, la convalescence était
« imparfaite, et ils périssaient presque toujours dans un état
« de cachexie qui annonçait la dépravation entière de toutes
« les humeurs. »

Voilà ce qu'il observa, peu de temps après son arrivée à la
Guyane, sur les malades de Cayenne et du dépôt situé sur
l'habitation la *Baume*. Il est vraisemblable que ces malades
débarquaient des navires. L'épidémie augmenta pendant la
saison sèche (second semestre). Il en fut de même sur tous les
postes, surtout à Kourou, où il mourut le plus de monde.

On voit que Bajon n'a observé la maladie qu'à Cayenne et
sur l'habitation la *Baume*, dépôt des malades de Cayenne. Il
parle ensuite du poste de l'Oyapock où il fut vraisemblablement envoyé. Ce poste, dit-il, est sans contredit celui où cette
fièvre a fait le moins de ravages. Elle y fit périr peu de monde.

Enfin, au mois de septembre 1765, Bajon fut envoyé à l'Approuague, où, après l'abandon de Kourou, on avait projeté
la création d'un établissement. C'est ici qu'il va nous décrire
la symptomatologie de cette maladie. « L'épidémie y avait fait
« tant de ravages jusqu'à ce moment que je n'y trouvai pres-
« que personne ; il y avait fort peu de malades dans l'hôpital.
« Peu de jours après mon arrivée, on y envoya environ trois
« cents Allemands arrivés depuis peu de France, tous jouis-
« sant d'une très bonne santé. Il y avait à peine huit jours
« qu'ils étaient descendus à terre, lorsque la maladie se dé-

« clara et devint si cruelle que, vers les premiers jours de no-
« vembre, il n'en restait plus que trois ; l'un était un infirmier
« qui n'avait point eu la maladie, et les deux autres étaient
« dans une convalescence de laquelle ils n'ont pu se rétablir.
« Pour donner une idée de cette cruelle maladie, je vais don-
« ner les symptômes qui l'ont accompagnée dans ses diffé-
« rentes périodes.

« La fièvre, qui commençait toujours par être double-tierce,
« était, dans presque tous les malades, précédée d'un léger
« frisson qui ne durait pas plus d'une demi-heure ; la chaleur,
« qui en était la suite, ne paraissait pas bien forte à l'exté-
« rieur. Le malade se plaignait d'une soif extrême, de douleurs
« très vives à la tête et aux reins, avec des lassitudes considé-
« rables dans tous les membres : des vomissements continuels
« et souvent des diarrhées très abondantes, se déclaraient
« avec la fièvre. La peau était sèche et aride, la langue parti-
« cipait de cet état et devenait très jaune. Ces symptômes res-
« taient les mêmes jusqu'au sept ; pendant tout ce temps, les
« malades n'avaient que de très petits accès le deux, le quatre
« et le six. Ils se plaignaient d'une grande faiblesse et d'un
« abattement extrême. Parvenue au sept, la maladie changeait
« de nature ; les accès des jours pairs étaient si longs, qu'ils
« se joignaient avec ceux des jours impairs, et la fièvre deve-
« nait continue. Les frissons disparaissaient complètement de
« même que les vomissements et les diarrhées ; la langue était
« comme une rape et noire comme du charbon. Les douleurs
« de tête et souvent celles de l'estomac augmentaient ; les sens
« internes semblaient émoussés, et les malades devenaient
« comme hébétés. Les redoublements du neuf, du onze et du
« treize étaient suivis de mouvements irréguliers et convulsifs
« dans presque toutes les parties de la face, de tremblements
« considérables aux poignets, de sorte que les malades ne pou-
« vaient rien porter à leur bouche ; souvent ils ne s'aperce-
« vaient pas de leur état. Le pouls était petit, serré, et annon-
« çait une irritation considérable. Tous ces symptômes allaient
« toujours en augmentant jusqu'au douze, et alors la noirceur
« de la langue se communiquait à presque toutes les dents et
« aux lèvres, sur lesquelles il s'élevait des pustules gangre-
« neuses. Les malades exhalaient une odeur cadavéreuse ;
l es mouvements convulsifs et les tremblements devenaient

« presque continuels. La prostration des forces était très
« grande, et on observait des faiblesses et des syncopes assez
« fréquentes. Quelques malades périrent du treize au quatorze ;
« le plus grand nombre furent jusqu'au dix-sept, et souvent
« jusqu'au vingt-unième jour. La nature ne parut faire aucun
« effort critique chez tous ceux qui périssaient au premier
« terme : les urines restaient claires, transparentes et assez
« abondantes ; le pouls était, jusqu'au dernier instant, serré
« et irrégulier. Il n'en fut pas de même chez ceux qui ne
« périssaient qu'au vingt et un. Chez les uns, il se déclara,
« vers le quinze ou le dix-sept, des diarrhées considérables,
« d'autres furent attaqués d'hémorrhagie par le nez, et enfin,
« plusieurs eurent les parotides engorgées ; mais tous ces efforts
« furent inutiles, les malheureux malades n'en périssaient pas
« moins vers le vingt et un. » Tous ces mouvements critiques
étaient de mauvaise nature ; les symptômes ne s'amendaient
pas ; au contraire, les malades qui furent attaqués de diarrhées
et d'hémorrhagies critiques par le nez, périrent presque tout
de suite. Seules les parotidites étaient suivies d'un léger relâche
dans les symptômes et d'une petite amélioration de l'état du
pouls. Ces parotidites ne suppuraient pas. Quelques malades
résistèrent à la maladie ; ils semblaient vouloir guérir ; mais
ils ne purent se rétablir et moururent de cachexie pendant la
convalescence. « D'autres échappèrent à tous ces termes et
« même à celui du vingt et un ; il semblait par le relâche des
« symptômes que la maladie était en partie terminée ; mais
« il leur restait une petite fièvre lente avec des redoublements
« et des faiblesses extrêmes. Le pouls conservait un fond
« d'irritation : enfin plusieurs furent jusqu'au quarantième
« jour, quoique dans un état de langueur affreuse, et ils
« périrent avec les caractères d'une cachexie si avancée, que
« tout annonçait la dépravation et la putridité la plus forte.
« Tel était le caractère de cette maladie formidable, qui s'est
« répandue partout où il y avait des hommes, et qui n'a même
« pas épargné les anciens colons, parmi lesquels elle a immolé
« des victimes, bien moins nombreuses cependant que parmi
« les nouveaux débarqués. Enfin, elle s'est éteinte peu à peu,
« et a totalement disparu dans le courant de l'année 1766. »
Il n'est nullement question d'ictère dans l'énumération des
symptômes généraux de la maladie observée par Bajon sur

les Alsaciens de l'Approuague. Est-ce que Bajon aurait, par hasard, négligé de noter ce léger détail? Nullement, car Bajon parle incidemment de l'ictère, non pas en exposant la symptomatologie, mais en traitant de la marche de la maladie. Il signale l'ictère comme un symptôme inconstant et exceptionnel, observé dans 8 à 10 cas, symptôme d'un pronostic défavorable, car tous les malades qui l'ont présenté ont succombé plus promptement que les autres. Voici ce passage que j'ai réservé pour en faire ressortir la valeur exacte : « Plusieurs moururent « le septième jour de la maladie ; ils avaient tous été attaqués, « vers le trois, d'une ictère générale ; le cinq, ils étaient déjà « fort mal, et le sept, vers la fin de l'accès, ils périssaient ; « j'ai eu occasion d'observer huit à dix de ces malades. »

Il est facile maintenant de juger du degré d'exactitude de la prétendue citation de Bajon faite par Moreau de Jonnès, citation qui a été copiée et attribuée à Bajon par tous les auteurs du xixe siècle, y compris Hirsch.

Il est absolument impossible de reconnaître la fièvre jaune dans la maladie décrite par Bajon. Rien ne se rapporte à la fièvre jaune, ni dans les symptômes, ni dans la marche de la maladie. Il n'est pas difficile aujourd'hui de donner un nom à la maladie que Bajon a observée à l'Approuague : cette maladie n'est autre chose que la fièvre typhoïde.

Malgré la transportation et la présence de garnisons composées de soldats jeunes et renouvelés tous les deux ou trois ans, la fièvre typhoïde est, à l'heure actuelle, une maladie très rare à la Guyane, comme nous le verrons bientôt. Si l'on considère que les garnisons étaient dans des conditions différentes à l'époque de Bajon, il n'est pas douteux que la fièvre typhoïde ne fût une maladie absolument inconnue dans cette colonie au xviiie siècle.

La description de Bajon est on ne peut plus exacte. Nous ne sommes pas en droit d'exiger de lui des courbes thermométriques. Serait-il juste aussi de lui reprocher d'avoir négligé de noter les taches rosées? Si l'on tient compte de ce fait que cette épidémie s'est produite à l'Approuague, dans un milieu essentiellement paludéen et dans les conditions les plus déplorables que l'on puisse imaginer, on reconnaît, dans le tableau que Bajon a tracé de cette maladie, l'œuvre d'un observateur des plus consciencieux. L'évolution peu bruyante et presque insidieuse des symptômes pendant le premier septenaire, le changement de l'aspect de la maladie au commencement du second septenaire, l'apparition des symptômes cérébraux, la stupeur, les convulsions passagères des muscles de la face, les contractures, les secousses musculaires, l'état de la langue, etc., tout ce processus dont il nous a si bien tracé le tableau, et surtout la marche de la maladie, ne peuvent se rapporter qu'à la fièvre typhoïde.

Personne n'ignore l'importance qui était attribuée, à l'époque de Bajon, à l'observation des jours critiques. Bajon a observé *que cette cruelle maladie ne développait l'excès de sa malignité qu'après le treizième ou le quatorzième jour, et que le plus grand nombre des malades ne succombaient que vers le dix-septième ou le vingt-unième jour.* Voilà un fait relaté par un médecin qui a suivi et noté jour par jour la marche de la maladie. Or, cette simple phrase, dans la déposition d'un témoin aussi digne de foi que Bajon, suffirait, à elle seule, pour faire crouler de fond en comble l'hypothèse de Moreau de Jonnès. *La fièvre jaune est une maladie dont on ne meurt jamais au dix-septième jour.* Cette maladie a une évolution beaucoup plus rapide, et la mort arrive beaucoup plus tôt. Dans la fièvre jaune « la « mort peut survenir à un moment quelconque de l'intervalle « qui mesure la durée de la forme commune, c'est-à-dire du « quatrième au sixième jour; dans la moitié des cas environ, « la mort a lieu le quatrième ou le cinquième jour; puis vien- « nent le sixième et le septième; la terminaison est plus rare- « ment différée jusqu'au neuvième ou dixième jour » (Jaccoud). Lorsqu'elle a lieu au delà du dixième jour, la mort n'est pas due à la fièvre jaune elle-même, mais à une complication survenue à la suite de cette maladie, et ce sont là des cas extrêmement rares. Dans la fièvre typhoïde. au contraire, « les plus nombreux cas de mort appartiennent à la troisième « et à la quatrième semaine; viennent ensuite la fin de la se- « conde, le cinquième septenaire, le sixième, et en dernier « lieu le premier » (Jaccoud). Dans la fièvre jaune, la mort après le septième jour est une exception très rare; c'est l'inverse dans la fièvre typhoïde : la mort avant le septième jour est un fait tout à fait anormal.

Cette maladie épidémique, que Bajon a observée sur les colons qui débarquaient à Cayenne, régnait sur les navires qui apportaient ces immigrants. Tous les témoignages concordent sur ce point. Les pièces officielles de l'époque nous apprennent que « *la contagion régnait à bord des navires* », à leur arrivée à la Guyane. Cette phrase est répétée en plusieurs endroits différents du *Précis historique* dont nous avons parlé. C'est parce que la *contagion*, *l'épidémie* (car les deux termes sont employés) régnait à bord, que, dès le commencement de 1764, plusieurs convois furent débarqués sur les îles du Salut. Or, les voiliers qui vont de France à Cayenne, descendent d'abord dans le Sud pour prendre les vents alizés de N. E. et mettent ensuite le cap directement sur Cayenne, sans rencontrer aucune terre et sans pouvoir relâcher en route. Les conditions de la navigation à la voile n'ont pas changé depuis le siècle dernier. Si ces navires avaient eu la fièvre jaune, il faudrait qu'ils l'eussent prise en France ou qu'elle fût née spontanément à bord, deux hypothèses aussi absurdes l'une que l'autre et qu'il est inutile de discuter.

Nous avons vu que Bajon a constaté une recrudescence de la maladie pendant la saison sèche. Le *Précis historique* constate le même fait : la mortalité des colons augmenta de beaucoup pendant les mois secs de l'année 1764 (2ᵉ semestre). Or, ce fait semble être en opposition avec ce qui a été observé à la Guyane au XIXᵉ siècle, lors de la plupart des épidémies de fièvre jaune. La fièvre jaune a existé pendant la saison sèche ; mais, en général, lorsqu'elle avait régné pendant la saison humide, elle a diminué ou disparu pendant la saison sèche.

Les huit ou dix cas compliqués d'ictère, que Bajon a observés à l'Approuague, sont loin de constituer un fait extraordinaire. Les épidémies de fièvre typhoïde et de typhus, surtout dans les pays chauds, présentent toujours cette complication dans un certain nombre de cas (fièvre typhoïde bilieuse). On sait que, lors de la campagne de Tunisie, pendant l'été de 1881, l'armée française a été plus fortement éprouvée par la fièvre typhoïde que par le feu de l'ennemi. Or, un certain nombre de cas, et des plus graves, dans lesquels le diagnostic de la maladie a été vérifié par l'autopsie, ont présenté la teinte ictérique comme complication (1). Le même fait, observé par

(1) Article *Typhoïde*, par Georges Homolle, in Dict. méd. et chir. pratiques.

Bajon sur les Alsaciens de l'Approuague en 1765, a donc été constaté en Tunisie, il y a à peine quelques années.

La maladie décrite par Bajon et observée par lui à la *Baume*, près de Cayenne, et à l'Approuague, est donc sûrement la fièvre typhoïde. Mais il est vraisemblable que la fièvre typhoïde n'a pas régné seule sur ces émigrants. La maladie que Bajon observa à son arrivée à Cayenne, maladie qu'il ne décrit pas, mais qui était plus prompte, plus meurtrière que celle qu'il observa plus tard, maladie dans laquelle « *un grand nombre de personnes attaquées de cette fièvre périssaient le trois et le cinq* », n'est vraisemblablement pas la fièvre typhoïde, mais bien le typhus dont l'évolution est plus rapide que celle de la fièvre typhoïde. Quelque distinctes que soient aujourd'hui pour nous ces deux maladies au point de vue de leur symptomatologie et de leur marche, elles n'étaient évidemment pour Bajon que des formes différentes de la même fièvre maligne, développée par une putridité excessive. Peut-on lui en faire un reproche, si l'on songe que ce sont seulement les travaux de Louis (1829) qui ont fait sortir la fièvre typhoïde du chaos des fièvres essentielles, et que c'est seulement grâce aux travaux de Stewart (1840-1858) et de Jenner (1849-1851) que la fièvre typhoïde a été différenciée du typhus exanthématique?

C'est à des cas exceptionnels de typhus que se rapportent évidemment les observations relatées par Campet (1), dans le chapitre de son livre où il parle d'une maladie « dans laquelle on vomit une matière noire comme de l'encre ». Hippocrate, dit Campet, est le seul, parmi les anciens, qui ait connu cette maladie : il l'appelle *maladie noire*. Ces cas de *maladie noire* ont été observés par Campet, en 1764, sur les dépôts de malades des environs de Cayenne. « Les maladies qui régnaient « dans ces dépôts étaient les mêmes que celles qui, à cette « époque, portaient la mort et la désolation dans cette nou- « velle colonie (Kourou); c'est-à-dire : fièvres, scorbut, dysen- « teries, toutes maladies de camps, mais que l'influence d'un « climat chaud et humide, situé presque sous l'équateur, ren- « dait d'autant plus meurtrières. C'est sans doute de ces foyers « de miasmes contagieux qu'est sortie la maladie que nous

_____

(1) Campet, *loc. cit.*, p. 73.

« allons décrire. En voici les symptômes : elle se manifeste
« par un mal de tête et de reins, une douleur sourde dans les
« cuisses et les jambes, le vomissement de tout ce que l'on
« prend, effet ordinaire de l'inflammation du bas-ventre, et
« qui existe ici. On est affecté d'une soif ardente, inextin-
« guible; la fièvre, la chaleur, paraissent peu importantes, à
« en juger par celles des parties extérieures, mais intérieure-
« ment la dernière est insupportable. » Campet parle ensuite
du traitement. « Quand on est parvenu à arrêter les vomisse-
« ments, c'est d'un heureux présage, sinon on rend par le
« vomissement une matière noire comme de l'encre et qui
« toujours indique une mort prochaine : on prend d'abord
« cette humeur pour de la bile noire; pour m'en assurer, j'y
« trempai un morceau de toile blanche de coton qui, après
« l'avoir tordu, ne conserva qu'une légère teinte noirâtre, au
« lieu que la bile noire jaunit le linge : au reste, elle n'est
« point sanguinolente ni épaisse, et l'on n'aperçoit pas
« qu'elle fermente à terre, comme celle dont parle Hippo-
« crate. Dans la circonstance où l'on rend par la bouche cette
« espèce d'encre, il suffit de presser légèrement avec le doigt
« le creux de l'estomac du malade, pour provoquer chez lui le
« *ris sardonique* ou convulsion canine : par ce procédé, on
« produit le même effet dans les véritables fièvres malignes;
« j'en ai plusieurs fois fait l'expérience : je dis véritables,
« parce qu'on donne souvent cette épithète à des fièvres qui
« n'ont point ce caractère. Cependant, on ne guérit pas tous
« ceux auxquels on a eu le bonheur d'arrêter le vomissement,
« parce qu'alors, au premier état de la maladie il en succède
« un autre qui, dans certains sujets, s'annonce par de légères
« hémorrhagies d'un sang dissous, scorbutique, qui coule en
« petite quantité des gencives, et, dans d'autres, par des
« ulcères dans la bouche. » Il rapporte ici l'observation d'un
de ces malades « chez lequel la dégénération scorbutique des
humeurs paraissait être parvenue au plus haut degré de cor-
ruption putride ». Son haleine infectait ses voisins. Il avait,
dans la bouche, un ulcère qui envahit toute la joue et présentait un spectacle affreux. Pendant les deux jours qui précédè-
rent sa mort, cet homme était en proie au délire, défaisait
son pansement, se promenait dans la salle, malgré les sœurs,
les infirmiers et le factionnaire. « La putréfaction est si

« grande, dans cette maladie, que les corps de ceux qui suc-
« combent sous ses coups exhalent une odeur cadavéreuse,
« plusieurs jours même avant la mort. »

Donnons, à titre de curiosité, l'explication qui avait cours
au dix-huitième siècle, au sujet du vomissement noir. « L'hu-
« meur noire qu'on rend par la bouche, dans cette maladie,
« est le résultat de la dissolution putride des glandes de l'es-
« tomac et des intestins, opérée par l'inflammation dont ces
« deux viscères ont été le siège pendant le cours de cette ma-
« ladie où on ne vomit aucune matière bilieuse. » En donnant
cette explication, Campet s'appuie sur l'opinion exprimée par
le savant M. Le Cat, dans son *Traité des sens*, dont il cite le
passage suivant : « Cette encre, observée dans la choroïde, dit
« M. Le Cat, n'est pas particulière à l'œil; elle se trouve dans
« l'intérieur de presque toutes les glandes; elle est visible
« dans les glandes surrénales, et c'est à cause de cette encre
« qu'on les appelle capsules atrabilaires; elle est encore visi-
« ble dans les glandes du poumon et dans les glandes bron-
« chiques. C'est cette même encre qu'on rend dans le vomis-
« sement noir qui accompagne ces maladies extrêmes que
« j'appelle des *dissolutions convulsives du genre nerveux*, parce
« que la violence de la dépravation est telle, que l'intérieur
« des glandes de l'estomac et des intestins est dépouillé de
« cette encre. Enfin, la couleur des nègres n'a pas une autre
« origine que cette encre; leurs houppes nerveuses cutanées,
« très poreuses, imbibent la surpeau de cette encre. »

Il n'est pas question de teinte ictérique de la peau dans cette
maladie dont parle Campet. Or, « *l'ictère est le symptôme le
plus constant et le plus caractéristique de la fièvre jaune* » (*Jaccoud*). Il ne manque que dans les cas légers, non suivis de
mort, qu'on signale comme forme abortive. Dans les cas mortels, le vomissement noir manque quelquefois, mais l'ictère ne
manque jamais; lorsque le sujet est enlevé par la violence du
mal dans les premiers jours de la maladie, avant l'apparition
de l'ictère, ce qui est un fait rare, la matière colorante, contenue dans le sang, imprègne les tissus, les liquides, la peau, et
la teinte jaune se révèle après la mort. Il n'est pas admis-
sible que Campet eût oublié de mentionner ce symptôme prédominant, si ce symptôme avait existé chez les malades dont
il parle.

Campet nous signale de légères hémorrhagies d'un sang dissous, scorbutique, qui coule en petite quantité des gencives ; il signale aussi des ulcères dans la bouche, mais il ne parle ni d'exanthèmes, ni de pétéchies, ni d'ecchymoses cutanées. Nous ferons remarquer d'abord que, dans le typhus, l'exanthème n'est pas constant ; d'après Lebert, il manque dans un cinquième des cas, et on a vu des épidémies entières où il était l'exception (1). Cependant, notre opinion est que les manifestations cutanées du typhus n'avaient pas échappé à l'attention de Campet, mais il ne les rattachait pas à la fièvre maligne dont il nous parle : il considérait ces manifestations comme appartenant à une autre maladie, le scorbut, lequel constituait une maladie indépendante, une complication de la fièvre maligne. Nous avons vu qu'en parlant des dépôts de malades des environs de Cayenne, où il a observé sa *maladie noire*, il dit : « Les maladies qui régnaient dans ces dépôts étaient les « mêmes que celles qui, à cette époque, portaient la mort et la « désolation dans cette nouvelle colonie, c'est-à-dire : fièvres, « scorbut, dysenteries. » D'après ce passage, et un autre que je crois inutile de rapporter, il semble que, dans les idées de Campet, le typhus pétéchial était une fièvre maligne, compliquée de scorbut.

Enfin, il nous reste à faire ressortir un dernier détail très important. Les cas de vomissements noirs, observés par Campet sur des sujets non ictériques, ont été exceptionnels et peu nombreux. S'ils avaient été fréquents, Bajon en aurait sûrement observé à Cayenne et à la *Baume*. Peut-être ce dernier auteur en a-t-il vu deux ou trois cas, mais il n'en a pas parlé. Au mois de juillet 1764, Campet fut envoyé à Kourou pour soigner les malades, et, le mois suivant, il adressa à l'intendant général un rapport officiel dont nous parlerons tout à l'heure. Or, dans ce rapport, Campet est absolument muet sur sa *maladie noire*. En serait-il ainsi si le vomissement noir avait été un symptôme commun et si la fièvre jaune avait réellement existé à Kourou ? Ce qui prouve encore que Campet n'a observé qu'un nombre peu considérable de cas de vomissement noir, et qu'il considérait sa *maladie noire* comme une

____

(1) Article *Typhus*, par Eugène Richard, in Dict. méd. et chir. pratiques.

maladie curieuse et rare, c'est qu'il a pris la peine de nous donner les noms de quelques personnes qui sont mortes en présentant ce symptôme. Si la fièvre jaune avait existé à la Guyane française en 1764, c'est par milliers que l'on aurait observé les cas de vomissement noir. En effet, 50 à 60 p. 100 de ces 12, 000 Européens non acclimatés et placés dans les pires conditions, auraient été enlevés en un mois ou deux, comme cela a eu lieu sur l'armée du général Leclerc, à Haïti, en 1802. Dans ces conditions, le vomissement noir n'aurait pas été un symptôme tellement rare, que Bajon, s'il en a observé quelques cas, n'a pas cru devoir nous en parler, et que Campet s'est cru obligé de nous donner les noms des personnes qui l'ont présenté.

Quelques cas d'hémorrhagie par l'estomac, dans une épidémie exceptionnellement grave de typhus pétéchial, n'ont certes pas de quoi nous étonner. Le vomissement noir a même été observé dans la fièvre typhoïde, en France. Chomel et Andral en ont relaté des cas (1).

Le typhus et la fièvre typhoïde ont fait de nombreuses victimes parmi les émigrants de 1763-65; mais ces maladies n'ont pas été seules à frapper les colons, et la plus grande partie du désastre revient certainement aux maladies du pays : dysenterie, accès pernicieux, cachexie paludéenne. Nous n'avons parlé, jusqu'ici, que de la maladie observée par Bajon à l'Approuague et des maladies qui régnaient sur les dépôts des environs de Cayenne, dépôts où étaient envoyés les malades au moment de leur débarquement. Nous n'avons encore rien dit de ce qui se passait à Kourou même, le centre, le rendez-vous de tous ces colons qui ne faisaient que traverser Cayenne. Écoutons, à ce sujet, la déposition d'un témoin qui se trouvait à Kourou pendant la saison sèche de l'année 1764. La nouvelle colonie se trouvant à peu près sans médecins et chirurgiens valides, Campet y fut envoyé en mission pour soigner les malades, le 10 juillet 1764. Peu de temps après, il adressa, sur la situation, un rapport officiel à M. de Chanvalon, intendant de Cayenne et de la Guyane française. Ce rapport, que Campet a publié dans son livre (2), n'est pas daté; mais

(1) Article *Typhoïde*, par Georges Homolle, in Dict. méd. et chirurgie pratiques.
(2) Campet, *loc. cit.*, page 150.

d'après les indications que donne son auteur, il a été écrit dans les premiers temps de la saison sèche, c'est-à-dire dans le courant ou à la fin du mois d'août, au plus tard.

Campet, après les préliminaires d'usage, commence par prendre quelques précautions oratoires. « J'ai dépeint les « choses telles que je les ai vues, dit-il, et les désordres dans « toute leur étendue; je laisse à d'autres le soin de vous les « dissimuler. Quant à moi, je crois que, sur un objet aussi im- « portant, c'est un devoir sacré de vous dire la vérité tout « entière. » Il entre ensuite dans des considérations générales assez justes, mais sans intérêt pour nous, au sujet des épidé- mies. Notons cependant que, pour lui, l'épidémie de Kourou était de même nature que les épidémies qui, en Europe, déci- ment les armées en campagne et les grandes agglomérations humaines. « Si ces mêmes maladies (dysenterie, fièvres mali- « gnes, scorbut) ont fait périr dans nos armées d'Allemagne, « de Flandre et d'Italie, presque autant de monde que les « foudres de la guerre, doit-on être surpris des mortalités « qu'elles occasionnent sous une région équinoxiale? » Campet nous apprend qu'il avait à voir quatorze à quinze cents malades par jour, secondé seulement par deux ou trois élèves valétudi- naires. Il nous fait le tableau le plus sombre de l'hôpital de Kourou, ainsi que du camp, c'est-à-dire de l'emplacement de la capitale de la future colonie. Parmi ces malheureux, déjà anémiés et fortement impaludés, la dysenterie faisait des ra- vages effrayants. « La dysenterie, dit Campet, fait périr un « tiers plus de monde que toutes les autres maladies ensem- « ble. En effet, d'environ 600 malades qui sont décédés ce « mois-ci, nous estimons qu'il y en a à peu près 400 qui en ont « été les victimes. » Il n'y a pas lieu d'en être étonné, si on songe aux conditions déplorables dans lesquelles se trouvaient ces malheureux, conditions dont Campet nous parle et que Bajon nous a déjà décrites. « Cependant, ajoute Campet, nous « remarquons avec douleur que la dysenterie ne respecte « personne, qu'elle n'épargne pas plus ceux qui ont des ali- « ments frais que ceux qui en manquent; Mme de Bois-Barthe- « lot, Mme Paigné, Mme de Montalembert, trois personnes qui « portaient l'emblème du printemps sur leur visage, et dont « l'embonpoint semblait annoncer une santé parfaite, viennent « naguère de nous être enlevées par cette cruelle maladie. »

Il est probable que la situation devint encore pire pendant les mois suivants. « Le mal, dit Campet, n'est pas encore au « degré de violence où il peut arriver. Nous allons entrer dans « les grandes chaleurs : la contagion va devenir terrible ; elle « ne fera grâce à personne. » Campet terminait son rapport en proposant quelques mesures administratives, en prévision de cette éventualité.

Nous répétons que, dans cet important rapport, Campet ne dit mot de sa *maladie noire*. Ce rapport a été écrit sur place, à Kourou ; il a été conservé par Campet dans ses papiers et inséré plus tard dans son livre. Au contraire, le chapitre de son livre où il parle de *quelques cas de maladie noire* observés dans les dépôts des environs de Cayenne, en 1764, a été écrit à Paris, par Campet, d'après ses souvenirs et ses notes, long-temps après son retour de la Guyane, et plus de trente-cinq ans après les événements de Kourou.

On voit que les maladies qui ont amené l'échec de cette en-treprise coloniale n'ont pas été les mêmes sur tous les points. Dans les dépôts des environs de Cayenne régnaient surtout le typhus et la fièvre typhoïde. A Kourou, centre de la nouvelle colonie, ces maladies régnaient également, mais elles firent bien moins de ravages que la dysenterie, les accès pernicieux et la cachexie paludéenne Au camp de Kourou, c'est-à-dire au point central où se trouvaient les magasins de vivres et où siégeaient les autorités, le typhus régna en permanence ; et cependant les hommes du camp moururent en proportion moindre que les cultivateurs disséminés dans toute la vallée du fleuve et occupés à défricher leurs concessions. « Ce fut « parmi les malheureux concessionnaires et les cultivateurs « qu'on avait voulu soustraire à l'épidémie du camp, que la « mort fit les plus grands ravages (1). » Sur l'habitation de Passoura où avaient été placés environ 350 colons, il ne res-tait plus que 8 personnes vivantes, à la date du 10 février 1765 (2).

Les mêmes faits, qui avaient été observés en 1763-65, se sont produits, sur une moins vaste échelle il est vrai, lors de la transportation des forçats à la Guyane. Les choses se sont pas-

(1) *Précis historique*, page 73.
(2) *Ibidem.*

sées d'une manière plus méthodique et moins précipitée ; car, du mois d'avril 1852 au 31 décembre 1856, la Guyane n'a reçu que 6915 transportés, amenés par vingt et un transports de l'État.

Pendant les premières années de la transportation, avant l'apparition de la fièvre jaune en 1855, les maladies qui ont fait de nombreuses victimes sur les pénitenciers, n'étaient pas les mêmes partout. Aux îles du Salut, dépôt provisoire où étaient débarqués les transportés, l'impaludisme n'existait pas, et c'était surtout la fièvre typhoïde qui faisait des ravages. La fièvre typhoïde, et peut-être aussi le typhus, régnait à bord de la plupart des transports à leur arrivée. Dans les pénitenciers de l'intérieur de la Guyane, au contraire, la fièvre typhoïde était inconnue : ce sont les accès pernicieux et la cachexie paludéenne qui ont infligé au personnel les pertes énormes qu'il a subies. Que l'on se reporte aux quelques faits et aux quelques chiffres que nous citons plus loin, à propos de l'impaludisme chez les transportés, faits et chiffres qui se rattachent à l'histoire de la fondation des premiers établissements pénitentiaires. A la Montagne d'argent, en 1853 et 1854, à Saint-Georges de l'Oyapock, en 1853, à Saint-Augustin, en 1855, la fièvre jaune n'existait pas. Et cependant, sur ces établissements, le personnel transporté, aussi bien que le personnel libre, a subi des pertes effrayantes, bien qu'on n'y envoyât jamais à la fois que quelques centaines d'hommes, et que ces hommes, grâce aux sommes énormes que l'État a dépensées dans cette entreprise, se trouvassent, au point de vue de l'installation, de l'alimentation, des secours médicaux, dans des conditions bien moins mauvaises que les malheureux, jetés par milliers sur les rives de Kourou, en 1764. Tout Européen, placé dans les conditions de ces colons ou des transportés des premiers pénitenciers, c'est-à-dire occupé à défricher le sol vierge de la Guyane, est un homme condamné à mort et voué à l'accès pernicieux. S'il y échappe, ce n'est que pour tomber rapidement dans la cachexie et arriver à l'hydropisie générale, non pas au bout de quelques années, mais au bout de quelques mois.

Connaissant les faits qui se sont produits au début de la transportation, et nous appuyant, en outre, sur les documents que nous possédons (*Précis historique*, rédigé d'après les pièces officielles, relations de Bajon et Campet), il est facile de reconstituer les événements de Kourou tels qu'ils se sont passés. Dans l'espace de douze à quinze mois, dix à douze mille émigrants sont partis de France, embarqués sur quarante à cinquante navires où ils étaient entassés dans les conditions les plus déplorables. Ces navires sont arrivés à la Guyane, les uns avec la fièvre typhoïde, les autres avec le typhus. En présence de l'épidémie que ces émigrants apportaient à Cayenne, on essaya de prendre quelques mesures prophylactiques. Le navire *la Ferme*, arrivé à Cayenne au mois de février 1764, avec 413 passagers (1) et le typhus à bord, reçut l'ordre d'aller débarquer son personnel sur les îles du Diable auxquelles on donna, pour la circonstance, le nom plus rassurant d'îles du Salut qui leur est resté depuis lors. Deux mois après, en avril, un convoi de 1216 émigrants, embarqués sur plusieurs navires à bord desquels « *régnait la contagion* » (2), fut également débarqué sur ces îles. Bientôt, plus de 2300 personnes furent entassées sous des tentes aux îles du Salut (3). Cependant, les envois de colons continuaient toujours : au mois de mai arrive un autre convoi de 1308 personnes (4), et ainsi de suite jusqu'au commencement de l'année 1765. Les îles du Salut ne suffisant plus, on créa des dépôts de typhiques à la *Baume* et sur diverses habitations du roi, dans les environs de Cayenne. Ceux qui débarquèrent en bonne santé gagnèrent Kourou, où ils firent des défrichements et tentèrent de s'installer. Deux ou trois mille, peut-être, succombèrent sous les coups de la fièvre typhoïde et du typhus exanthématique; mais ces deux maladies, quels que fussent leurs ravages, firent certainement moins de victimes que les maladies du pays. Nous connaissons les conditions dans lesquelles se trouvaient ces colons. Occupés à faire des défrichements pendant la saison sèche de 1764, ils furent décimés par les accès pernicieux qui durent sévir parmi eux avec fureur. Ceux qui échappèrent aux accès pernicieux arrivèrent fatalement, au bout de quelques mois, à la cachexie paludéenne et au degré le plus avancé de l'ané-

(1) *Précis historique.*
(2) *Ibidem.*
(3) *Ibidem.*
(4) *Ibidem.*

O.

mie. Chez ces malheureux, débilités par l'infectieux palustre et la chaleur, la mauvaise qualité des eaux et des aliments fit surgir une complication redoutable, la dysenterie, à laquelle ils succombèrent par milliers.

C'est à la cachexie paludéenne et aux accès pernicieux que succombèrent aussi les Européens qui, au dix-septième siècle, entreprirent de cultiver de leurs propres mains le sol de la Guyane. Le 27 septembre 1652, la *Compagnie des douze Seigneurs*, connue aussi sous le nom *de Compagnie de la France équinoxiale*, débarqua 742 colons européens qui se fixèrent sur la côte de Rémire, dans l'île de Cayenne, où ils firent des défrichements. Plus de 400 périrent pendant les 15 mois qu'ils essayèrent de lutter contre le climat et la maladie. Antoine Biet (1) a fait le récit détaillé de cette expédition dont il faisait partie. Dans le second livre de son ouvrage, il nous dit que ces colons furent bientôt affaiblis, et que « *en peu de temps, son monde devint si exténué que la mort paraissait sur leur visage* ». Ils avaient tous la fièvre, et leurs jambes devinrent enflées. On ne peut se méprendre au tableau qu'il fait de la cachexie paludéenne et de l'anémie. La fièvre jaune a été absolument étrangère à l'échec de cette tentative de colonisation européenne à la Guyane française, au dix-septième siècle.

Nous nous sommes étendu plus longuement que nous ne le voulions sur l'historique de l'expédition de Kourou. Nous avons tenu à réduire à néant une erreur qui, mise en circulation par Moreau de Jonnès, et acceptée sans contrôle, se retrouve dans la plupart des écrits publiés sur la Guyane française depuis 60 ans, et a été accueillie par Hirsch lui-même dans la récente édition de son livre. On a dit que la tentative de colonisation de Kourou aurait réussi sans la fièvre jaune. On a répété le même argument à propos de la transportation. Nous avons voulu démontrer que ce n'est là qu'une illusion. Si la Guyane française n'est pas devenue un second Canada possédant plusieurs millions d'habitants de race européenne, la fièvre jaune n'est absolument pour rien dans ce phénomène. Pour ce qui est de la transportation, nous verrons plus loin que la fièvre jaune n'a joué qu'un rôle bien secon-

(1) *Voyage de la France équinoxiale en l'isle de Cayenne entrepris par les Français en l'année 1652*, par M° Antoine Biet. Paris, 1664.

daire dans l'échec de la colonisation pénale. Si cette entreprise coloniale n'a eu d'autre résultat que de coûter inutilement un nombre considérable de millions au budget de la métropole, ce n'est pas la fièvre jaune qui en est cause.

Pour mettre un terme à toutes ces considérations historiques, nous conclurons donc :

1° Il est absolument certain que la fièvre jaune n'a pas existé à la Guyane française en 1763-65.

2° Il y a lieu de considérer comme démontré que la fièvre jaune n'a jamais été observée à la Guyane française avant le dix-neuvième siècle, et qu'elle a été importée pour la première fois dans cette colonie en 1802.

Dans le courant de ce siècle, la Guyane française a eu cinq épidémies distinctes de fièvre jaune, séparées par des intervalles plus ou moins longs. Les dates auxquelles ces épidémies ont commencé sont les suivantes : 1802, 1850, 1855, 1872 et 1876 (1).

Première épidémie (1802). — On a très peu de renseignements sur l'épidémie de 1802. Sa date même est discutée : quelques auteurs l'ont placée en 1803, et d'autres en 1804. La maladie avait été importée des Antilles d'après les uns, des États-Unis d'après les autres. On sait qu'en cette même année 1802, une armée française de plus de trente mille hommes, envoyée pour reconquérir Haïti, fut presque entièrement détruite par la fièvre jaune.

D'après la version la plus vraisemblable, un corps de troupes d'environ trois cents hommes, sous les ordres du général Degouges, partit de France vers le milieu de l'année 1802 et, peu de temps après son arrivée à Cayenne, fut décimé par la fièvre jaune. Le général, le commandant de la place, et deux cents officiers et soldats succombèrent.

D'après le Dr Dupont (2), Laurencin, médecin-major de la corvette *la Bonite*, ayant reçu du conseil de santé de Rochefort la mission de recueillir tous les renseignements possibles sur cette épidémie, la place en 1804 et s'exprime ainsi : « La fièvre

_____

(1) Une sixième épidémie a éclaté en 1885 et n'a pas encore disparu. Nous en parlerons plus loin.

(2) Dr Dupont. — Histoire médicale des épidémies de fièvre jaune pendant le dix-neuvième siècle in *Archives de médecine navale* (septembre et octobre 1880).

jaune ne s'est montrée qu'une seule fois à Cayenne. Elle y fut importée vers la fin de 1804 par un bâtiment américain venant des États-Unis. Ce navire avait quelques malades que l'on mit sans précaution à l'hôpital, et, peu de jours après, plusieurs personnes furent atteintes de la maladie... Il y avait alors à Cayenne deux cents soldats nouvellement arrivés sous les ordres du général Bruge, qui périrent presque tous... La durée de l'épidémie fut de quatre à cinq mois » (*Rapports de fin de campagne, 1823. Collection de Rochefort*).

D'après le Dr Kerhuel (1), il existe dans les archives du gouvernement de Cayenne, des copies de lettres officielles du chef de la colonie, datées de 1802 et adressées au ministre pour lui rendre compte des désastres de l'épidémie et lui demander de nouvelles troupes, les deux tiers de la garnison ayant péri (2).

Seconde épidémie (1850). — En 1850, un aviso de guerre, *le Tartare*, en mission à Sainte-Marie de Belem (Brésil), apporta la fièvre jaune à Cayenne. La Guyane française était-elle restée indemne pendant près d'un demi-siècle ? Le fait est admis, mais nous croyons que des recherches sérieuses n'ont pas été faites sur ce point. A l'hôpital de Cayenne, il n'existe pas d'archives antérieures à la transportation. Or, on sait que des épidémies meurtrières de fièvre jaune ont existé en 1836-1837, et pendant les années suivantes, à la Guyane hollandaise et surtout à la Guyane anglaise. Des recherches

---

(1) Kerhuel. — Relation médicale de l'épidémie de fièvre jaune qui a régné à Cayenne en 1855 et 1856 (Thèse de Montpellier, 1864).

(2) Ces lignes étaient écrites lorsque nous avons eu la bonne fortune de voir à Paris le Dr Guérin, médecin de 2e classe de la marine, arrivé tout récemment de Cayenne. Le Dr Guérin a réuni, pendant son séjour à la Guyane, les éléments d'un travail historique sur les épidémies de fièvre jaune dans cette colonie, travail qui doit être publié très prochainement, et il a bien voulu nous communiquer le résultat de ses recherches dans les vieux papiers de Cayenne. Notre premier récit, emprunté au Dr Kerhuel, est exact : seulement, il paraît que le général s'appelait Depouges et non Degouges. L'épidémie eut lieu en 1802 et on la considéra comme importée de l'Amérique du Nord.

Aucun médecin, témoin oculaire de l'événement, n'a parlé de cette épidémie. Le document des archives de Cayenne, document dont Kerhuel avait eu connaissance, est vraisemblablement le seul document qui existe sur la question. Une personne bienveillante a eu l'obligeance de faire récemment pour nous quelques recherches dans les *Archives coloniales*, au ministère de la Marine. Une grande partie de la correspondance officielle de M. Victor Hugues, gouverneur de la Guyane de 1800 à 1809, a été conservée aux *Archives*, mais on ne trouve pas trace de cette épidémie.

dans les archives du ministère de la Marine, ou dans celles du gouvernement de Cayenne, pourraient seules établir si, pendant cette période, la Guyane française a été absolument préservée (1). Quoi qu'il en soit, l'épidémie de 1850 fut très grave ; elle ne frappa point les Européens seuls ; elle atteignit encore un certain nombre de personnes de couleur. De Cayenne, la maladie rayonna sur les autres quartiers de la Guyane française et s'étendit même jusqu'à Surinam, chef-lieu de la Guyane hollandaise.

Le 22 novembre 1850, deux cas de fièvre jaune étaient constatés chez deux matelots du *Tartare* qui arrivait du Para. Le 25, il y eut deux nouveaux cas dans le même personnel, et un cinquième sur un habitant qui était allé à bord. Dans les derniers jours du mois, les équipages des navires de commerce mouillés en rade sous le vent du *Tartare* étaient atteints. Bientôt après, les troupes de la garnison fournissaient aussi des victimes au fléau. Le médecin chargé du service des troupes était frappé dès le 26. Du 22 novembre 1850 au 20 février 1851, date du dernier décès, il fut traité à l'hôpital militaire de Cayenne 685 cas de fièvre jaune, sur lesquels on compta 148 décès (2). La maladie atteignit non seulement la garnison, mais encore les Européens ayant un long acclimatement, les créoles de race blanche et les gens de couleur. Toutefois, l'action de l'épidémie sur la population de couleur n'est pas bien précisée. « Pendant la durée de l'épidémie, dit le « rapport médical officiel, il mourait en ville 63 personnes de « couleur, chiffre de beaucoup supérieur à la mortalité ordinaire. « Ces gens mourant un peu partout, sans faire appeler de mé- « decin, il nous a été impossible de préciser le nombre de ceux « qui ont subi l'influence de l'épidémie. » La maladie s'épuisa faute d'aliment. Sur 78 hommes d'équipage, le *Tartare* en perdit 31, soit 39,8 p. 100 ; l'infanterie de marine, sur 476 hommes, eut 288 cas dont 68 seulement furent mortels : c'est une mortalité de 14 p. 100 de l'effectif.

---

(1) Le Dr Guérin n'a rien découvert de suspect dans ses recherches faites à Cayenne. D'un autre côté, la partie de la correspondance officielle des années 1836 et 1837 qui a été conservée aux *Archives coloniales* ne contient rien qui puisse éveiller le soupçon. Il y aurait bien encore quelques années douteuses, mais il nous paraît démontré que la Guyane française a été indemne de fièvre jaune pendant quarante-huit ans.

(2) Dr Dupont, *loc. cit.*

Troisième épidémie (1855). — Éteinte en mars 1851, la fièvre jaune reparut à Cayenne le 18 mai 1855, sans que l'on ait pu remonter cette fois, d'une façon bien précise, à l'origine de l'épidémie. On a admis que le ponton *le Gardien,* sur lequel elle se montra au début, avait été contaminé par une *tapouye* (petit caboteur du pays) venue du Vent, soit du Para, soit du territoire contesté. *Le Gardien* était un vieux navire qu'on avait envoyé à Cayenne pour y être désarmé et servir de ponton-hôpital. Ce bâtiment, appelé auparavant *la Durance*, était parti de Brest avec un convoi de forçats et, sans relâcher nulle part, était venu directement à Cayenne où il était arrivé le 13 février 1855. Peu après, on l'avait désarmé. Les deux premiers cas de fièvre jaune furent constatés sur deux matelots du *Gardien.* Le troisième cas fut constaté sur un matelot de l'aviso *le Flambard.* Du 18 mai au 12 juin 1855, il y eut 20 cas de fièvre jaune. Sur ces 20 malades, il y avait 16 hommes du *Gardien.* Deux autres malades avaient séjourné plus ou moins longtemps à bord de ce ponton ; c'étaient un matelot d'une goëlette, envoyé en punition à bord du *Gardien,* et une sœur hospitalière. Les deux derniers malades n'avaient pas mis le pied à bord du *Gardien ;* c'étaient le matelot du *Flambard* et un transporté, infirmier à l'hôpital de Cayenne (1).

Telle fut l'origine de cette épidémie. Née le 18 mai, la fièvre jaune se montra à Cayenne, dans toute son intensité, de juillet à septembre. Du 18 mai au 31 décembre 1855, le personnel militaire de Cayenne, sur un effectif de 949 hommes, fournit 488 cas de fièvre jaune et 164 décès. L'épidémie commença à décroître à Cayenne à partir du mois d'octobre, et elle semblait toucher à sa fin au mois de novembre. Mais la cause morbifique n'était pas épuisée : elle ne restait latente que parce qu'il lui manquait un aliment. En effet, le 21 décembre, 200 soldats du 3ᵉ régiment d'infanterie de marine arrivent de France par la frégate *la Galatée* et débarquent au chef-lieu. Le 13 décembre de la même année et le 1ᵉʳ janvier 1856, 32 artilleurs débarquent de *l'Emma* et de *l'Erigone.* Un de ces derniers présente les symptômes de la fièvre jaune le 5 janvier, vingt-quatre jours après son arrivée. Le 20 janvier, un militaire de *la Galatée* est frappé. Le 31 janvier, 7 artilleurs et 15 soldats

(1) Kerhuel, *loc. cit.*

sont également atteints. Dès lors, la maladie s'étend et l'épidémie recommence à Cayenne. Du mois de janvier à la fin de juin 1856, 150 soldats d'infanterie, sur les 200 de *la Galatée*, avaient été frappés par la fièvre jaune, et sur les 32 artilleurs, 20 étaient entrés à l'hôpital. De plus, pendant cette même période, 175 autres personnes furent atteintes (1).

L'épidémie n'était pas restée confinée à Cayenne. Quelques mois après son apparition au chef-lieu, elle avait commencé à rayonner dans les différents quartiers de la colonie. La transportation venait de jeter sur divers points de la Guyane plusieurs milliers d'Européens, et la fièvre jaune n'avait pas tardé à envahir les pénitenciers. Elle fit son apparition aux îles du Salut le 10 juin 1855, à l'Ilet-la-Mère le 24 juin, à Sainte-Marie de la Comté le 10 août, à Saint-Georges de l'Oyapock le 5 octobre ; enfin, pendant l'année 1856, elle atteignit encore le bourg de Mana et le pénitencier de la Montagne d'argent. Le dernier décès par fièvre jaune, constaté dans le courant de l'année 1856, eut lieu le 14 décembre. Sur un effectif moyen de 6038 Européens de toute sorte (forçats, soldats, fonctionnaires, religieuses, prêtres, jésuites, colons, marins, etc.), qui avaient été présents sur les différents points de la Guyane pendant les années 1855 et 1856, il y eut, du 18 mai 1855 au 31 décembre 1856, 3730 cas de fièvre jaune donnant 1705 décès, soit 28,2 p. 100 de l'effectif présent. Nous verrons un peu plus loin qu'il y eut, en outre, pendant cette épidémie, quelques décès par fièvre jaune parmi les individus de races colorées, et spécialement les Hindous qui venaient d'arriver à la Guyane.

Nous venons de dire que, pendant les années 1855 et 1856, la mortalité par fièvre jaune des Européens pris en bloc, fut de 28,2 p. 100 de l'effectif moyen ; mais il convient de noter que la mortalité varia quelque peu suivant les catégories. La mortalité de l'infanterie de marine fut de 32,9 p. 100 et celle des transportés, de 30, 9 p. 100. Les surveillants militaires, au nombre de 132, ne moururent que dans la proportion de 12,8 p. 100. Les gendarmes, au nombre de 96, perdirent 43,7 p. 100 de leur effectif, et les artilleurs, au nombre de 40, 70 p. 100. La mortalité des médecins à terre fut de 33,3 p. 100 ; celle des médecins embarqués, de 25 p. 100 ; celle des reli-

(1) Rapports médicaux (Archives de l'hôpital de Cayenne).

gieuses de 14, 5 p. 100 ; celle des jésuites de 26, 9 p. 100, etc. (1).

On croyait la fièvre jaune éteinte à la fin de l'année 1856 ; mais, dans le courant de l'année 1857, quelques bouffées épidémiques se montrèrent encore, frappant de préférence les non acclimatés, surtout à bord des navires de la station locale. L'aviso à vapeur *le Vautour* eut son équipage particulièrement éprouvé dans le courant du premier trimestre. 20 décès par fièvre jaune furent enregistrés à l'hôpital de Cayenne pendant l'année 1857. Quelques cas, mais plus bénins, furent encore observés, en 1858, à Cayenne et surtout aux îles du Salut.

Les épidémies de 1872-73 et de 1876-77, dont il nous reste à parler, furent moins meurtrières que celle de 1855-56.

Quatrième épidémie (1872). — La goëlette *la Topaze*, faisant le service de courrier entre Cayenne et la Guyane hollandaise, partit le 7 novembre 1872, pour faire son voyage mensuel, et rentra à Cayenne le 20, après une traversée de retour de dix jours. Ce navire avait passé trente heures au mouillage de Surinam et avait eu des communications avec cette ville dont l'état sanitaire était signalé comme suspect, des cas d'une *fièvre grave à forme bilieuse* s'étant montrés dans la garnison.

Pendant le voyage de retour de *la Topaze,* le pilote, qui était allé à terre à Surinam, tomba malade le sixième jour de la traversée. Son état était tel, que la goëlette relacha aux îles du Salut pour l'évacuer sur l'hôpital. Le 22 novembre, quarante-huit heures après l'arrivée à Cayenne, un matelot fut envoyé à l'hôpital pour fièvre. Le 24, *la Topaze* reprit la mer pour aller porter aux îles du Salut une compagnie d'infanterie. Ce voyage s'effectua en six heures, et la compagnie relevée rentra au chef-lieu le 27 par le même navire, après une traversée de douze heures (2).

Le 28 novembre, deux matelots de *la Topaze* furent envoyés à l'hôpital ; le 30, deux autres entrèrent aussi ; enfin, le 10 décembre, sur un équipage de 17 hommes, *la Topaze* en avait 14 en traitement. Un des malades, entré à l'hôpital le 30 novembre, y succomba le 4 décembre, après avoir vomi noir ; un deuxième mourut le 5, après avoir présenté tous les symptômes de la fièvre jaune.

(1) Rapports médicaux (Archives).
(2) Dr Dupont, *loc. cit.*

Aussitôt la nature de la maladie reconnue, *la Topaze* fut envoyée au lazaret de *Larivot*, pour y subir une désinfection complète. Cette goëlette fut désarmée, entièrement déchargée de tout son matériel, excepté la quantité de lest nécessaire pour assurer la stabilité du navire ; elle fut lavée à plusieurs reprises avec une solution de chlorure de chaux, grattée, fumigée, etc. Elle quitta le lazaret le 2 janvier et fut admise à la libre pratique le 9. Depuis ce jour, elle ne fournit plus de cas de maladie. En effet, un matelot du *Casabianca* annexe, qui fut pris de fièvre jaune après quarante-huit heures d'embarquement à bord de cette goëlette, provenait de l'hôpital, et il est naturel de supposer que cet homme a pris le germe de la maladie à l'hôpital plutôt qu'à bord de *la Topaze.*

Dans le rapport du 31 décembre 1872, on constatait que, du 27 novembre au 10 décembre, on avait reçu à l'hôpital de Cayenne 15 cas de fièvre jaune, à savoir : 14 matelots de *la Topaze* et un militaire qui avait fait la traversée des îles du Salut à Cayenne sur cette goëlette. Deux matelots et le militaire avaient succombé. Ce dernier était entré le 3 décembre et était mort le 7. La dernière entrée à l'hôpital, pour cette maladie, datait du 10.

Du 10 au 30 décembre, il y eut une accalmie complète ; aucun cas nouveau ne se présenta. Le 30 décembre, deux militaires, en traitement à l'hôpital pour fièvre intermittente, furent atteints de fièvre jaune. Le 31, un autre militaire, arrivé depuis peu de temps de France et en traitement à l'hôpital pour une luxation du pied, fut également atteint. Ces trois hommes n'avaient pas voyagé à bord de *la Topaze ;* ils avaient contracté la maladie à l'hôpital ; c'étaient les trois premiers cas de seconde main. Ces malades guérirent tous les trois.

Dès lors l'épidémie était constituée, mais elle n'eut pas d'explosion brusque, comme on le craignait; elle ne fit que des victimes isolées, surtout pendant les deux premiers mois de l'année; en revanche, elle se prolongea, à Cayenne, jusqu'au mois de septembre.

L'hôpital était devenu un foyer secondaire d'où partirent plusieurs des cas que l'on constata en janvier et février. Un matelot du *Casabianca* annexe, sorti de l'hôpital le 10 janvier, fut embarqué provisoirement sur *la Topaze* qui avait été désinfectée et venait d'être admise à la libre pratique. Ce matelot tomba malade le 12 janvier, entra à l'hôpital le 13 et mourut de fièvre jaune le 17. Il avait évidemment contracté sa maladie à l'hôpital. Cependant le 18 janvier, on constatait en ville deux cas, datant déjà de plusieurs jours, sur des personnes nouvellement arrivées de France, qui n'avaient pas séjourné à l'hôpital. D'autres cas étaient constatés sur des militaires venant directement de la caserne. Le 7 février, on constata un cas sur un Arabe qui était en traitement à l'hôpital, pour une autre affection, depuis le 24 janvier.

A la date du 28 février 1873, on n'avait constaté à Cayenne, depuis le début de l'épidémie, que vingt-cinq cas de fièvre jaune, tant à l'hôpital qu'en ville. Ces vingt-cinq malades étaient : quatorze matelots de *la Topaze*, un matelot du *Casabianca* annexe, sept hommes de l'infanterie de marine, un Arabe et deux personnes de la ville. Ces vingt-cinq cas avaient donné six décès.

A l'heure même où la fièvre jaune se déclarait à Cayenne sur les matelots de *la Topaze*, la maladie se manifestait aux îles du Salut, sur les soldats qui avaient fait le voyage à bord de cette goëlette. Dès le 28 novembre, on constatait deux cas légers sur les arrivants. Pendant les vingt premiers jours de décembre, il y eut sept cas de fièvre jaune : six sur des hommes venus par *la Topaze* et un sur un homme qui n'avait pas voyagé à bord de cette goëlette. Ce dernier malade succomba le 21 décembre. Ensuite, pendant une quinzaine de jours, de même qu'à Cayenne, la maladie ne se manifesta que par quelques cas isolés; mais en janvier, la situation changea et le typhus amaril se montra dans toute sa violence. Des hommes furent enlevés après soixante, cinquante et même quarante-huit heures de maladie. L'épidémie cessa en février. On avait observé aux îles du Salut quarante-quatre cas de fièvre jaune : douze en décembre, trente en janvier et deux en février. Sur ces quarante-quatre malades, il y avait trente-huit hommes de la compagnie d'infanterie, deux marins du *Casabianca*, un surveillant militaire, une sœur de Saint-Paul de Chartres et deux transportés. Le personnel de la transportation avait joui d'une immunité presque complète. Sur ces deux transportés, qui furent seuls atteints, il y en eut un qui succomba; c'était un transporté européen, arrivé dans la colonie depuis trois mois et employé comme infirmier à l'hôpital du personnel libre. Sur les quarante-quatre personnes atteintes, vingt succombèrent ; c'étaient: quinze soldats d'infanterie, les deux marins du *Casabianca*, le surveillant militaire, la sœur de Saint-Paul de Chartres et le transporté dont nous avons parlé. La compagnie en garnison aux iles avait perdu plus de 17 p. 100 de son effectif, car elle n'était composée que de quatre-vingt-cinq hommes.

La garnison des iles du Salut envoyait, à cette époque, un petit détachement à Kourou qui est le point de la côte le plus rapproché. Ce petit détachement fut plus éprouvé encore que le restant de la compagnie demeuré à l'ile Royale. Sur quinze hommes, onze furent atteints par la fièvre jaune et fournirent quatre décès dans le courant du mois de décembre.

Dans le courant de l'année 1873, on constata aux iles du Salut quelques cas douteux, mais bénins; cependant, vers la fin de l'année, des cas de fièvre jaune bien caractérisée se montrèrent. En novembre, il y eut deux cas et un décès; en décembre, sept cas et trois décès. Ces cas avaient été à peu près tous fournis par des militaires. Rien de nouveau ne fut signalé en janvier 1874 aux iles du Salut, mais en février il y eut encore quatre cas donnant deux décès; c'étaient Mme Arvor, femme d'un surveillant, et un transporté; les deux autres malades (deux transportés) guérirent.

Nous avons vu la marche insidieuse de la fièvre jaune à Cayenne, pendant les trois premiers mois qui suivirent son apparition. A la date du 28 février, on n'avait enregistré que six décès par fièvre jaune à l'hôpital de Cayenne. Au commencement du mois de mars, la situation semblait s'être améliorée, mais des nouveaux cas ne tardèrent pas à se produire. Dans le courant de mars, onze malades entrèrent à l'hôpital, atteints de fièvre jaune. Il y avait, parmi eux, des hommes de l'infanterie de marine, un frère coadjuteur de la Compagnie de Jésus, un transporté, un matelot, planton à l'hôtel du gouvernement. Ces onze malades fournirent quatre décès. En avril, il y eut six nouveaux cas dont deux mortels; en mai, sept cas donnant six décès; en juin, treize cas donnant sept décès ; en juillet, dix-huit cas donnant cinq décès, dont deux fournis par des transportés arabes. En août, il y eut une recrudescence: on constata trente-deux cas de fièvre jaune, dont vingt fournis par des soldats de l'infanterie et de l'artillerie, cinq par des transportés européens, cinq par des transportés arabes, un par un gen-

darme et un par un médecin, M. Cauvet, arrivé à la Guyane
au mois de juillet. Sur ces trente-deux cas, il y eut dix-neuf
décès, dont douze se rapportaient à des soldats d'infanterie,
un à un artilleur, un à un gendarme et cinq à des transportés.
A partir du 27 août, il n'y eut plus aucun décès; la maladie
diminua rapidement. Cependant, dans le cours des quatre derniers mois de l'année, on observa quelques cas douteux et
bénins. De plus, nous verrons qu'une maladie qu'on qualifia de
fièvre typhoïde et qui, pendant le mois de décembre 1873 et
pendant les deux premiers mois de l'année 1874, frappa sérieusement plusieurs compagnies d'infanterie nouvellement débar-
quées, n'était autre chose qu'une fièvre jaune bâtarde. Par
conséquent, cette prétendue épidémie de fièvre typhoïde, dont
nous parlerons lorsque nous traiterons de cette maladie, ne
fut que la continuation de l'épidémie de fièvre jaune à Cayenne.

En juillet 1873, une compagnie d'infanterie avait été envoyée
à l'île Saint-Joseph, pour diminuer l'encombrement à la caserne
de Cayenne. On envoyait aussi sur cette île les convalescents
qui sortaient de l'hôpital de Cayenne. Au mois de juillet et
d'août, on y observa quelques cas de fièvre jaune qui ne donnèrent que deux ou trois décès.

En résumé, pendant le cours de cette épidémie, à Cayenne,
(de novembre 1872 à septembre 1873), on enregistra à l'hôpital militaire 49 décès par fièvre jaune; 10 avaient été fournis
par les transportés européens et arabes, et 39 par le personnel
européen libre. Un de ces 39 décès se rapportait à une femme;
c'était une religieuse de l'hôpital, atteinte le 22 mai et morte
le 26.

La fièvre jaune était éteinte, à Cayenne, depuis le mois de
septembre, lorsque, au mois de janvier 1874, elle se montra tout
à coup sur les pénitenciers du Maroni, à 60 lieues de Cayenne,
sans qu'on ait pu établir nettement la contagion. Cependant,
dit le Dr Dupont (1), qui était chef du service de santé au
Maroni en 1874, *on constata que son apparition suivit l'envoi de
couvertures destinées aux transportés*, et que c'est presque exclusivement cette catégorie d'individus, la plupart acclimatés
cependant, que la fièvre jaune atteignit au début. J'ai souligné

(1) Dr Dupont. — *Histoire médicale des épidémies de fièvre jaune pendant
le dix-neuvième siècle*, loc. cit.

cette phrase, car elle a une grande importance, comme on s'en rendra compte lorsqu'on aura vu ce qui s'est passé l'année dernière aux îles du Salut. En moins de trois mois (du 1er janvier au 16 mars), il y eut 50 cas de fièvre jaune, avec 15 décès, chez les transportés européens, et 57 cas, avec 36 décès, chez les transportés arabes. Dans le courant du mois de janvier seul, il y eut 43 cas qui donnèrent 18 décès. Tous ces cas furent observés sur des transportés, sauf trois, à savoir : un garde du génie, M. Delmas, décédé ; un soldat, décédé également, et un caporal, qui guérit. Du 1er janvier au 16 mars, le personnel libre ne fournit que 19 cas et 4 décès seulement. Aux deux victimes déjà nommées, il faut ajouter un soldat et un surveillant.

C'était la première fois que la fièvre jaune faisait son apparition sur les établissements du Maroni, créés depuis 1857. Elle devait y rester à l'état endémique pendant quatre ans. En effet, jusqu'au commencement de l'année 1878, l'état sanitaire du Maroni fut mauvais. Il y avait des fièvres bizarres, qui n'avaient pas les allures de la fièvre paludéenne, auxquelles chaque chef du service de santé qui passait au Maroni donnait un nom différent, et qui, du reste, n'offraient pas un tableau clinique absolument semblable d'une année à l'autre. Ces fièvres reçurent les noms de *fièvre rémittente typhoïde* (Dr Dupont), de *fièvre bilieuse, rémittente bilieuse*, de *fièvre récurrente* (Dr Maurel), *fièvre typhoïde bilieuse* (Dr Maurel), enfin de *fièvre bilieuse inflammatoire* (Dr Burot), c'est-à-dire, d'après les idées du Dr Burot et de Bérenger-Féraud, *fièvre jaune bâtarde, atténuée*. Ces fièvres, qui frappaient surtout les soldats et les nouveaux venus, ne sont pour nous que des formes anormales, larvées, bâtardes, frustes, du typhus amaril dont l'élément infectieux était combiné, le plus souvent, avec l'élément palustre. Tantôt, (forme abortive, fruste) l'ictère manquait (*fièvre rémittente typhoïde* de Dupont, *fièvre récurrente* de Maurel); tantôt l'ictère existait (*fièvre typhoïde bilieuse* de Maurel); enfin, très souvent, il y avait des cas absolument complets de fièvre jaune avec tous les symptômes classiques. Le Dr Dupont (1), le Dr Maurel (2),

(1) Dupont. — *De la fièvre typhoïde et de la fièvre rémittente dans la zone torride* (*Archives de médecine navale*, 2e semestre 1878).

(2) Maurel. — *Epidémie de fièvre rémittente à la Guyane* (Gazette hebdom., 1879, no 4).

le Dr Burot (1), ont publié la relation des faits qu'ils ont observés au Maroni pendant ces quatre années. Nous ne pouvons
discuter les opinions que les deux premiers ont émises. Il nous
faudrait entrer dans de longs détails pour montrer qu'il est
difficile de trouver, au Maroni, les conditions ordinaires de la
genèse du typhus. Nous nous contenterons d'exposer, d'après
les rapports médicaux et les relations des médecins que nous
venons de citer, ce qui s'est passé au Maroni pendant ces quatre années.

Nous avons vu que la fièvre jaune, bien caractérisée, avait
frappé presque exclusivement les transportés européens et
arabes, pendant le premier trimestre de l'année 1874. L'épidémie cessa dans la seconde quinzaine de mars, et pendant les
mois d'avril et de mai on ne signala rien de particulier. Le
23 mai, une compagnie d'infanterie de 95 hommes débarqua
au Maroni. Cette compagnie venait des îles du Salut, où elle
avait tenu garnison pendant trois mois et où l'état sanitaire
était satisfaisant. La compagnie était arrivée à la Guyane
en octobre 1873, par *la Sybille*, et avait, par conséquent, huit
mois de Guyane.

Du 24 mai au 6 juin, il n'y eut pas un seul malade. Le
6 juin, deux soldats entrèrent à l'hôpital pour fièvre continue ;
le lendemain, six autres, offrant les mêmes symptômes, entraient
aussi. Le 10 juin, trente-trois soldats ou sous-officiers, le 21,
trente-sept autres étaient entrés à leur tour, présentant des
symptômes identiques. Enfin, pendant son passage au Maroni,
cette compagnie de 95 hommes fournit 9021 journées de
présence dont 3694 à l'hôpital ou à l'infirmerie, soit quarante
malades par jour et environ 37 p. 100 de son effectif à l'hôpital. Voici la description que donne le Dr Dupont de cette
maladie : « Début brusque, au milieu d'une santé parfaite,
« avec céphalalgie sus-orbitaire et temporale s'irradiant
« quelquefois dans tout le crâne ; face fortement colorée,
« comme dans l'insolation, l'injection allant parfois jusqu'au
« rouge violet ; quelquefois le tégument participait presque
« en entier à cette coloration. Yeux toujours brillants ; pu-
« pilles largement dilatées ; conjonctives d'un rouge vif,
« simulant, dans quelques cas, l'inflammation aiguë de cette

(1) Dans son livre sur la *fièvre bilieuse inflammatoire*.

« muqueuse, mais pas de photophobie. Rachialgie et dou-
« leurs lombaires très intenses, accusées par les malades
« comme plus vives encore que la céphalalgie; douleur à
« l'épigastre, exaspérée par la pression ; crampes dans les
« mollets; démarche titubante. Langue large, humide, très
« sale; haleine fétide, rappelant parfois celle de la viande
« altérée. Nausées et vomissements bilieux, variant du jaune
« gomme-gutte au vert foncé. Peau toujours chaude, souvent
« brûlante, sèche. Pouls plein, dur, vibrant, oscillant entre 100
« et 120.

« Cet appareil fébrile, d'une durée variable de 60 à
« 80 heures (j'ai observé un cas où la fièvre a duré 102 heures,
« 4 jours et 6 heures), n'était amendée ni par les évacuants,
« mal tolérés, ni par les vomitifs, ni par les sédatifs. La qui-
« nine, seule ou associée aux opiacés, et donnée aussitôt que
« l'on croyait saisir un peu de rémission, n'a pu empêcher
« la marche continue de la fièvre.

« Pendant cette première période, les malades ont eu du
« délire bruyant, d'autres sont tombés dans le coma, deux
« ont présenté des taches ardoisées sur le thorax et les
« membres; un, enfin, a eu des épistaxis difficiles à arrêter.
« Après un temps variable, la fièvre cédait lentement, avec
« des sueurs abondantes, souvent d'une odeur nauséeuse,
« parfois même fétide, laissant le malade dans un état de
« faiblesse extrême. Après la chute de la fièvre, les symp-
« tômes principaux étaient les suivants : inappétence absolue,
« dégoût pour toutes sortes d'aliments, soif presque nulle,
« décoloration de la peau qui est devenue fréquemment d'un
« blanc mat; faiblesse musculaire extrême, tendance à la
« syncope pour le moindre déplacement, et c'est notamment
« chez les hommes les plus vigoureux que nous avons noté ce
« phénomène. Pouls ralenti et tombé presque invariablement
« au-dessous de 60 (chez un malade abaissé jusqu'à 48), se
« maintenant pendant plusieurs jours à ce rythme et ne re-
« montant qu'avec une extrême lenteur. La plupart de ces
« malades se sont relevés avec peine; la durée de la conva-
« lescence a été en raison directe de l'intensité de la maladie ;
« chez tous, la guérison a été lente à obtenir; et même chez
« les moins malades, l'organisme a été fortement ébranlé.
« Quelques-uns, en petit nombre, ont pu reprendre assez

« rapidement leur service ; d'autres, après un temps variable
« mais ordinairement fort court, ont eu des accès intermit-
« tents franchement dessinés, enrayés par le sulfate de qui-
« nine, mais reparaissant avec opiniâtreté dès qu'on cessait
« l'emploi de l'anti-périodique. »

Tels étaient les symptômes et la marche de cette fièvre.
Plus loin, le Dr Dupont insiste sur la gravité de l'anémie
consécutive à la convalescence : « Ces hommes, dit-il, qui
« nous arrivaient avec le teint fleuri, une santé excellente que
« n'avait point altérée leur séjour de quatre à cinq mois à
« Cayenne et de trois mois aux îles du Salut, subirent donc
« très rapidement les atteintes d'une intoxication violente, et,
« convalescents de cette première attaque, devinrent des
« fébricitants et des cachectiques. »

Le Dr Dupont donna, nous l'avons dit, à cette fièvre le nom
de *rémittente typhoïde*. Pour lui, elle était due au poison
palustre combiné au miasme animal ou humain qui détermine
la fièvre typhoïde. L'infectieux paludéen jouait le premier
rôle. Cependant, il est à remarquer que la maladie n'attaqua
que les soldats et respecta le personnel transporté. De plus,
elle ne se manifesta que dans le centre de la colonie pénitentiaire, dans le village de Saint-Laurent même. Elle épargna
les concessionnaires, disséminés dans la campagne et dans les
trois villages environnants, à Saint-Louis, à Saint-Maurice, à
Saint-Pierre. En serait-il ainsi, si elle était d'origine palustre ?
« Un fait à signaler, dit le Dr Dupont, c'est qu'un détache-
« ment de neuf hommes, en service à Saint-Pierre, poste situé
« à sept kilomètres, a été épargné de la façon la plus absolue,
« et les militaires qui le composaient ne sont tombés malades
« qu'à leur retour à Saint-Laurent, après avoir passé un mois
« tout entier sans indisposition sur le premier point. Pour ces
« hommes, la période de résistance à l'intoxication a été,
« comme chez tous les autres, de quinze à vingt jours. »

La terminaison de la maladie était presque toujours heureuse : ces 95 hommes, qui furent presque tous malades, ne
donnèrent qu'un seul décès. Le soldat qui succomba était entré
à l'hôpital le 10 juin, se disant malade depuis deux jours. Il
succomba le 14, à onze heures du matin, quatre jours par
conséquent après son entrée. La fièvre de la première période
dura environ soixante heures et fut très vive ; le malade fut

traité par l'aconit et la morphine. La période de prostration
et d'adynamie commença le 12 au soir. Convaincu de la nature
dothiénentérique de la maladie, le Dr Dupont chercha les
lésions intestinales caractéristiques : « Les radicules des
« veines et des artères circonscrivant les plaques de Peyer,
« sont très nettement et également injectées ; elles forment un
« réseau finement dessiné, autour de chaque plaque, qui ne
« fait pas cependant de saillie appréciable au-dessus de la
« muqueuse. Les glandes elles-mêmes sont le siège d'un
« commencement d'inflammation et l'une d'elles présente, à
« son centre, un point rouge vif qui ressemble à une éraillure
« du tissu. Elles ont des teintes diverses, blanchâtres ou gri-
« sâtres, et apparaissent nettement, avec une coloration qui
« semble pâle au milieu de l'injection. Plusieurs plaques sont
« un peu dures au toucher, mais leur tissu ne paraît pas altéré
« dans sa texture intime. La valvure iléo-cœcale est saine,
« ainsi que la première partie du gros intestin, qui est tapissé
« par une bile verte, inodore, semi-solide. » Quand même la
maladie aurait été de nature dothiénentérique, on n'aurait pu
trouver les ulcérations caractéristiques, puisque le malade
était mort le quatrième ou, tout au plus, le sixième jour de la
maladie.

Si ces fièvres étaient de nature paludéenne, pourquoi n'ont-
elles frappé que les soldats non acclimatés? Pourquoi ont-elles
respecté les transportés, à Saint-Laurent, sur les concessions
et dans les autres villages, où les hommes sont bien plus souvent et plus fortement impaludés encore qu'à Saint-Laurent?
On ne s'acclimate pas à la malaria; au contraire, moins un
Européen est anémié, plus il y résiste. Bien plus, pourquoi la
maladie a-t-elle épargné, d'une façon absolue, les neuf hommes
de Saint-Pierre, poste qui est, je le répète, un foyer de malaria
plus intense que Saint-Laurent? Peut-on soutenir que le fond
de la maladie était de nature typhique? Mais rien, ni dans les
symptômes du début, ni dans l'anatomie pathologique, ni dans
le processus, ni dans la marche, ni surtout dans la durée de
la fièvre, ne peut se rapporter au typhus ou à la dothiénentérie. Au contraire, que l'on ajoute un léger ictère aux symptômes de la seconde période de la maladie décrite par le
Dr Dupont, et l'on aura le tableau absolument classique de la
forme légère, mais complète, de la fièvre jaune. Or, pendant

les épidémies de fièvre jaune, l'ictère manque souvent dans les cas légers (forme abortive). La marche des fièvres est un des caractères les plus sûrs auxquels on puisse reconnaître leur nature. Entre la marche de la fièvre jaune et la marche du typhus, et surtout de la fièvre typhoïde, il y a un abîme. Que l'on jette les yeux sur les courbes thermométriques de la fièvre jaune, et l'on verra que cette maladie est une fièvre rémittente et quelquefois une fièvre récurrente, avec apyrexie très courte, en général. La fièvre monte d'une manière brusque, pour atteindre son acmé à la fin du premier ou du second jour; elle se maintient toujours élevée jusqu'au troisième ou quatrième jour (en moyenne soixante-douze heures), époque à laquelle survient une rémission subite et quelquefois une chute jusqu'à la température normale, en même temps que le pouls présente un ralentissement considérable. Dans les cas légers, si la température n'est pas tombée à 37 à la fin du troisième ou du quatrième jour, elle s'en est sensiblement rapprochée et elle y arrive le lendemain ou le surlendemain. A partir de ce moment, l'apyrexie est complète; mais il reste un état d'adynamie, une faiblesse extrême, qui ne disparaît que très lentement. C'est absolument le tableau décrit par le Dr Dupont. Dans les cas graves, après la rémission, il y a une ascension nouvelle de la courbe thermométrique jusqu'au moment de la mort. Si le malade guérit, cette élévation thermométrique est suivie d'un stade d'oscillations descendantes, jusqu'à ce que la température soit revenue à la normale et que la convalescence soit établie. La maladie observée par le Dr Dupont, a été très bénigne, puisque sur 95 hommes, qui ont été presque tous atteints, un seul a succombé, et elle a été bénigne, parce que l'infectieux amaril était très atténué. Le poison étant atténué, ses manifestations ont été incomplètes, et la maladie a été fruste. Du reste, nous allons voir qu'elle ne tarda pas à se montrer à l'état complet.

Ces soldats avaient été ainsi frappés de *rémittente typhoïde* dans le courant du mois de juin. Or, le 7 juillet, on signale, au Maroni, un cas de fièvre jaune, suivi de décès, sur un Arabe. Ce cas, qualifié de *fièvre jaune* dans le rapport du médecin en chef, est bientôt suivi de deux autres, qualifiés également *fièvre jaune*. Bien que la plupart des hommes de la compagnie eussent été atteints légèrement pendant le mois de juin, comme nous l'avons vu, et fussent, par conséquent, à l'abri d'une nouvelle atteinte, vaccinés contre la fièvre jaune, on enregistra au Maroni, pendant le second semestre de l'année 1874, 3 décès de soldats, décès fournis par des hommes qui n'avaient pas encore été atteints par la maladie régnante. Il y eut, par conséquent, dans le courant de l'année 1874, 6 décès de soldats d'infanterie au Maroni, et comme l'effectif moyen n'était que de 89 hommes, c'est encore une mortalité de 6,69 p. 100. Dans le courant de l'année 1874, la mortalité de la garnison des îles du Salut ne fut que de 2,02 p. 100.

Pendant l'année 1875, l'état sanitaire du Maroni fut très mauvais. Dans le courant du premier trimestre, on ne constata que des cas isolés; mais, à partir du mois de mai, la maladie régnante, ayant trouvé un aliment favorable, se constitua en épidémie. Le Dr Alavoine, en ce moment chef du service de santé au Maroni, appelle la maladie par son nom, dans son rapport du deuxième trimestre, mais il est probable qu'il ne donne le nom de *fièvre jaune* qu'aux cas absolument complets et très graves. En effet, pendant le cours de cette épidémie, du 24 mai au 1er octobre 1875, il y aurait eu, d'après les rapports, 18 décès pour 25 cas seulement. Dans le courant de juin, sur 5 soldats atteints de fièvre jaune, 4 succombèrent et un seul guérit. En juillet, il y eut 6 cas de fièvre jaune, tous suivis de mort. Parmi les victimes se trouvaient le capitaine Bastard et 3 soldats. En août, il y eut 10 cas donnant 5 décès. En septembre, il y eut 4 cas donnant 3 décès, à savoir : 2 soldats et un transporté. En quatre mois, du 1er juin au 1er octobre, la compagnie avait fourni 18 cas de fièvre jaune donnant 13 décès. Le Maroni avait été mis en quarantaine. Il y eut encore des cas isolés pendant le quatrième trimestre. Dans le courant de l'année 1875, un effectif moyen de 99 soldats a fourni, au Maroni, 15 décès (1). C'est une mortalité de 15,15 p. 100, tandis que la mortalité de la garnison des îles du Salut était nulle et que celle de la garnison de Cayenne n'était que de 1,41 p. 100.

Pendant l'année 1876, l'état sanitaire du Maroni fut plus

(1) Nous avons donné (page 2) le tableau de la *morbidité* et de la *mortalité* du bataillon d'infanterie en garnison à la Guyane. Voici, pour la même période, le tableau de la *mortalité* suivant les garnisons.

mauvais encore que pendant l'année précédente. Au sujet de la situation du Maroni en 1876, nous avons de nombreux documents : les rapports médicaux, la relation du Dr Maurel, publiée dans la *Gazette hebdomadaire de médecine et de chirurgie*, la relation du Dr Burot, le rapport du général de division et sénateur Pélissier, qui fit la tournée d'inspection générale de 1876 aux Antilles et à la Guyane.

Le Dr Maurel arriva au Maroni au mois de novembre 1875 et y séjourna jusqu'au mois de juin de l'année 1876, époque à laquelle il fut rappelé à Cayenne, pour retourner de nouveau au Maroni au mois de décembre 1876. Ces fièvres, qui étaient pour lui de nature typhique (1), frappaient impitoyablement les soldats et tous les nouveaux venus, faisant peser sur la garnison et sur les transportés non acclimatés qui arrivèrent de

Année		Effectifs moyens.		Nombre de décès.		Proportion de décès pour cent.	
1872	Cayenne	459		3		0.64	
	Maroni	104	665		8		1.20
	Iles du Salut et Kourou	102		5		4.90	
1873	Cayenne	380		45		11.84	
	Maroni	110	598	3	74	2.72	12.37
	Iles du Salut et Kourou	108		26		24.07	
1874	Cayenne	372		39		10.48	
	Maroni	89	560	6	47	6.69	8.39
	Iles du Salut et Kourou	99		2		2.02	
1875	Cayenne	423		6		1.41	
	Maroni	99	630	15	21	15.15	3.38
	Iles du Salut et Kourou	98					
1876	Cayenne	384		8		2.08	
	Maroni	115	610	30	38	26.08	6.22
	Iles du Salut et Kourou	111					
1877	Cayenne	491		20		4.07	
	Maroni	70	633	7	67	10.00	10.58
	Iles du Salut et Kourou	72		40		55.55	
1878	Cayenne	437		4		0.91	
	Maroni	80	588	1	6	1.25	102.
	Iles du Salut et Kourou	71		1		1.40	

(1) Nous avons revu tout récemment, à Paris, le Dr Maurel, aujourd'hui médecin principal de la marine, sous les ordres duquel nous avons eu l'honneur et le plaisir de servir à l'hôpital de Cherbourg, pen-

France dans le courant de cette année-là, une mortalité énorme. Cette maladie, qui ressemblait beaucoup à la maladie observée par le Dr Dupont en 1874 et appelée par lui *fièvre rémittente typhoïde*, reçut, en 1876, le nom de *fièvre à rechute (typhus récurrent)* lorsque l'ictère manquait, et celui de *fièvre typhoïde bilieuse* lorsque le tableau clinique était complet. Cependant il y avait des cas tellement classiques, que le Dr Maurel convient que la fièvre jaune a régné au Maroni en 1876. « Elle (la *fièvre typhoïde bilieuse*) disparut, dit-il, « pendant les mois de novembre et décembre 1876, pour laisser « la place à des cas de *rémittente bilieuse* et de *typhus amaril*. » L'épidémie, dit plus loin le Dr Maurel, s'est présentée sous deux formes : la fièvre à rechute et la fièvre typhoïde bilieuse ; mais il ne nous donne aucun renseignement sur la fréquence relative de ces deux formes. « La physionomie générale de ces « deux affections a présenté un aspect tout spécial, unique « dans la pathologie. Leur caractère le plus saillant est de « procéder en deux temps. Chaque cas complet a été constitué « par deux périodes fébriles bien marquées, ayant une durée « moyenne de cinq à sept jours, et séparées l'une de l'autre « par une période franchement apyrétique dans la fièvre à « rechute et d'une apyrexie incomplète, le thermomètre oscil- « lant entre 38° et 38°,5, dans la fièvre typhoïde bilieuse.

dant notre passage dans la marine. Nous lui avons demandé quelques renseignements sur l'état sanitaire du Maroni pendant cette période. Le Dr Maurel est d'accord avec nous : la fièvre jaune a été endémique au Maroni pendant quatre ans ; il y a eu de l'amarilisme dans l'air, mais la fièvre jaune n'a pas absorbé la pathologie entière. D'autres affections ont régné parallèlement au typhus amaril. Le Dr Maurel y a observé des fièvres qui n'étaient ni de nature amarile ni de nature malarienne, mais bien de nature typhique. La genèse de ces fièvres de nature typhi-que s'explique facilement par l'encombrement, d'abord, mais surtout par les épouvantables conditions auxquelles était soumis le personnel, pen-dant cette période, sous le rapport de l'alimentation : farine avariée, viande exécrable, provenant d'animaux non seulement fatigués, mais malades et souvent même morts de maladie. Le Dr Maurel a vu des hommes qui avaient eu la fièvre jaune contracter ces fièvres de nature typhique. Loin de nier l'existence de la fièvre jaune au Maroni, en 1876, le Dr Maurel en signalait de nombreux cas dans ses rapports, cas qu'il observait concurremment avec des cas de *fièvre récurrente* et de *fièvre typhoïde bilieuse*. Nous n'avons pas eu le temps de modifier notre texte qui devrait être rectifié sur plus d'un point, à la suite de cette bienveil-lante communication du Dr Maurel. En résumé, le Dr Maurel est d'accord avec nous : la fièvre jaune a été endémique au Maroni pendant quatre ans ; il y a eu de l'amarilisme dans l'air et des cas plus ou moins nom-breux pendant toute cette période. Nous attachons beaucoup de prix à l'opinion d'un observateur aussi judicieux et aussi autorisé que le Dr Maurel.

« Quant à la durée de cette période intermédiaire, elle peut
« être fixée entre cinq et sept jours pour la première forme et
« deux jours pour la seconde. » De même que dans la maladie
décrite par le Dr Dupont, dans la première période de ces
deux formes il y avait une fièvre intense à début brusque,
comme dans la première période de la fièvre jaune. Le Dr Maurel signale aussi la faiblesse extrême dans laquelle la maladie
laissait le sujet : « La convalescence est lente et quelquefois
« traversée par des accès fébriles et de courte durée, lorsque
« la maladie a suivi son évolution complète. » Maurel a trouvé
que les deux lésions dominantes sont le volume exagéré de la
rate et l'inflammation de la portion du tube digestif comprise
entre le pylore et la cavité buccale. La rate a présenté des
volumes deux ou trois fois supérieurs à la normale ; elle a été
souvent molle, peu résistante. Le volume du foie était souvent
un peu exagéré. Pour ce qui est de l'augmentation de volume
de la rate, nous devons faire remarquer qu'on trouve, au
Maroni, une hypertrophie de la rate chez tous les sujets dont
on fait l'autopsie, quelle que soit la maladie à laquelle ils ont
succombé.

Cette *fièvre typhoïde bilieuse* qui, d'après le Dr Maurel, était
née spontanément sur le pénitencier du Maroni, au mois de
janvier 1876, frappait impitoyablement, nous l'avons dit, tous
les nouveaux venus, choisissant ses victimes avec une précision
remarquable. Sur cinquante-six transportés européens, que les
rapports qualifient *d'élèves concessionnaires*, et qui, arrivés à
la Guyane par *le Finistère*, au mois de février 1876, furent envoyés au Maroni, tous, ou à peu près, avaient été atteints, et
trente-deux étaient morts, à la date du 1er octobre, c'est-à-
dire six mois après. C'est une proportion de 57,14 p. 100. Nous
devons reconnaître, il est vrai, que la *fièvre typhoïde bilieuse*
était absolument étrangère à tous ces décès. En effet, le Dr Maurel avait été remplacé au Maroni par le Dr Infernet (de juin à
décembre 1876), et ce dernier n'avait pas adopté les idées de
son prédécesseur. Il ne se prononçait pas sur la nature de ces
fièvres et les appelait, dans ses rapports, *fièvres rémittentes bilieuses* ou *fièvres bilieuses graves*. Sur trente-quatre femmes
européennes condamnées, envoyées à la Guyane pour être
mariées à des transportés concessionnaires, et arrivées dans
la colonie par le navire de commerce *le Petit-Poucet*, au mois

de mars 1876, onze moururent de *fièvre bilieuse grave*, au Maroni, dans le courant du deuxième et du troisième trimestre. Dans le courant du troisième trimestre seul, sept de ces femmes non acclimatées succombaient, tandis que, parmi les anciennes femmes, au nombre de plus de cent vingt, aucune ne mourait.

A Cayenne, on attribuait à ces fièvres une origine tellurique. La transportation avait défriché au Maroni, depuis 1857, environ trois mille hectares de terrain ; mais la plupart des concessionnaires étant morts, et l'entretien de ces colons coûtant très cher au budget, on ne les avait pas tous remplacés, de sorte que de nombreuses concessions étaient abandonnées et restaient en friche. Une commission, dont faisaient partie un administrateur, un chef des travaux, le médecin en chef, etc., avait été instituée par le gouverneur, à l'effet de chercher et proposer un projet d'assainissement du Maroni. Cette commission délibéra longtemps ; elle fit même un voyage au Maroni, à bord de *l'Alecton*, le 3 septembre 1876, pour aller étudier la question sur place. Cette commission s'était vraisemblablement convaincue de la nature tellurique de ces fièvres, car la principale mesure qu'elle proposa fut le reboisement. La proposition de la commission d'assainissement était peut-être sérieuse, mais elle ressemblait passablement à une plaisanterie. La transportation avait travaillé pendant vingt ans, et coûté cent trente millions au budget, pour déboiser trois mille hectares de terrain, et on voulait la condamner à les reboiser ! Sans compter que la forêt vierge ne pousse pas en trois mois. Le général Pélissier était plus radical, mais plus logique, lorsque, après avoir parlé de ce projet de reboisement, il disait au ministre : « A mon avis, une mesure plus radicale serait « nécessaire. La seule, réellement efficace, qui pourrait être « prise, serait l'abandon des établissements pénitentiaires si- « tués dans le Maroni. »

La situation ne fut pas meilleure pendant le quatrième trimestre de l'année 1876. Pendant le mois d'octobre seul, trente-sept soldats entrèrent à l'hôpital et deux succombèrent à la *fièvre rémittente bilieuse*. Aucun nouveau venu n'y échappait : trois femmes arabes, envoyées au Maroni pour y être mariées, furent atteintes toutes les trois de *rémittente bilieuse*, au mois d'octobre, vingt jours après leur arrivée, et l'une d'entre elles, la nommée Fatma, mourut au bout de trois jours de maladie, après avoir présenté *la teinte ictérique, les vomissements noirs, les hémorrhagies passives* (Rapports médicaux du Dr Infernet). Au mois de novembre, un surveillant militaire, M. Prêcheur, qui arrivait de France avec sa femme, entra à l'hôpital le 24 et mourut le 27 ; sa femme y était entrée le 20, mais elle ne mourut que le 29. Tous les deux « *moururent de rémittente* « *bilieuse grave, après avoir présenté les symptômes les plus* « *caractéristiques du typhus amaril* » (Textuel, Rapports médicaux du Dr Infernet).

La compagnie qui quitta le Maroni au mois de janvier 1877 y avait perdu onze hommes. La compagnie précédente en avait perdu davantage encore. Dans le courant de l'année 1876, on enregistra au Maroni 30 décès de militaires, ce qui constitue une mortalité énorme, car la garnison, nous l'avons dit, n'est composée que d'une compagnie. Le général de division et sénateur Pélissier, qui avait fait la tournée d'inspection générale des troupes détachées aux Antilles et à la Guyane, adressa au ministre un rapport spécial, daté du 16 mai 1877, dans lequel, après avoir fait ressortir le mauvais état sanitaire qui régnait au Maroni depuis plusieurs années, il demandait, comme nous venons de le dire, l'abandon de cet établissement pénitentiaire. D'après l'honorable général inspecteur, qui s'appuyait sur le rapport médical de M. l'aide-major Primet, rapport transmis au ministre avec le travail d'inspection générale, la moyenne journalière des malades (hôpital et infirmerie) a été, dans le courant de l'année 1876, de 10,01 p. 100 de l'effectif des troupes à Cayenne, de 7,30 p. 100 aux îles du Salut et de 16,16 p. 100 au Maroni. Quant à la mortalité, l'écart présenté par ces trois localités est beaucoup plus considérable : la mortalité pendant l'année a été nulle aux îles du Salut et de 1,60 p. 100 à Cayenne, tandis qu'elle était de 28,11 p. 100 au Maroni (1).

La même maladie régna au Maroni en 1877 ; mais si elle n'avait pas changé de nature, elle avait encore changé de nom. En effet, le Dr Maurel était retourné à Saint-Laurent, le

______

(1) La légère divergence qui existe entre ces chiffres et ceux que nous avons donnés plus haut provient d'une petite différence dans les effectifs moyens. Il est probable que, dans le rapport d'inspection générale, on a pris, comme effectif moyen, l'effectif de la compagnie présente au Maroni pendant le second semestre, tandis que, dans le tableau d'ensemble que nous avons donné, les effectifs moyens ont été calculés d'après les effectifs de l'année entière.

20 décembre 1876, et la maladie épidémique avait repris le nom de *fièvre typhoïde bilieuse*. Dans le courant du mois de janvier 1877, les principaux membres du personnel libre de la colonie pénitentiaire : le curé, l'instituteur, le mécanicien et le comptable de l'usine, mouraient coup sur coup; le capitaine (1) qui commandait la compagnie, atteint en même temps, ne fut sauvé que par miracle (Rapport du général Pélissier). Toutes ces personnes, disait le général inspecteur au ministre, ont succombé « *à la fièvre typhoïde bilieuse, maladie peut-être plus grave que la fièvre jaune* ».

Au mois de mars 1877, M. Balcam, aide-médecin auxiliaire, mourait, à Saint-Laurent, de *fièvre typhoïde bilieuse* (3 mars). Cependant, comme la plus grande partie du personnel était acclimatée, et que les individus atteints plus ou moins légèrement n'avaient plus rien à redouter de l'affection régnante, la maladie manquait d'aliment et les cas furent un peu moins nombreux pendant le restant de l'année 1877. Nous devons faire remarquer, en outre, que la compagnie (11ᵉ compagnie) qui tint garnison au Maroni pendant le premier semestre de l'année 1877, avait déjà fait un premier séjour sur ce pénitencier, dix-huit mois auparavant; c'était précisément la compagnie qui avait été si fortement éprouvée par la fièvre jaune et qui, en quatre mois, du 1ᵉʳ juin au 1ᵉʳ octobre 1875, avait perdu treize hommes, y compris son capitaine, M. Bastard. Cependant on vit quelques soldats, qui avaient traversé la première épidémie sans contracter la maladie, mourir pendant leur second séjour au Maroni. Deux soldats moururent de *fièvre rémittente bilieuse*, au mois de mai. M. Urvoy, chef du service des travaux militaires, succomba aussi en même temps qu'eux. Tous les non-acclimatés, à peu près sans exception, avaient été frappés. Sur le convoi des trente-quatre femmes dont nous avons parlé, convoi qui avait offert une mortalité énorme, au commencement du troisième trimestre 1877, il n'en restait que trois qui n'avaient pas été atteintes par l'affection régnante : ces trois femmes, jusque-là indemnes, furent frappées dans le courant du troisième trimestre. Pendant le troisième et le quatrième trimestre, les cas furent encore fréquents

______

(1) Le capitaine Pollard. Son nom n'est pas donné dans le rapport du général Pélissier. Son sous-lieutenant, M. Retout, fut pris également après lui.

parmi les militaires; on vit même quelques coolies, qui descendaient des placers du Haut-Maroni, contracter la maladie à Saint-Laurent. L'établissement était toujours un foyer de typhus amaril, mais l'épidémie manquait d'aliment, car l'affection régnante ne pouvait atteindre que les non-acclimatés et les personnes, très peu nombreuses, qui ne l'avaient pas encore contractée. Dans le courant du troisième trimestre, on enregistra, au Maroni, quatre décès de personnes libres. Au mois de décembre, une sœur de l'hôpital, arrivée sur l'établissement depuis quelques mois seulement, présenta les symptômes les plus caractéristiques de la fièvre jaune et succomba le 13 décembre. Il est probable, cependant, que l'énergie du poison commençait à s'affaiblir un peu : grâce à l'atténuation de l'infectieux, d'une part, à l'acclimatement du personnel, de l'autre, les décès étaient moins nombreux. On n'enregistra à Saint-Laurent que sept décès de soldats, dans le courant de l'année 1877. Cependant, comme la garnison avait été réduite au strict nécessaire et n'avait qu'un effectif moyen de soixante-dix hommes, c'est encore une mortalité respectable de 10 p. 100.

Vers la fin de l'année 1877, sur l'initiative du Dr Burot, qui avait pris la direction du service de santé au Maroni, et qui s'était convaincu de la nature amarile de l'affection qui régnait sur l'établissement depuis près de quatre ans, des mesures sérieuses de désinfection furent prises. On brûla la paille et la laine des matelas qui avaient servi aux décédés. Les murs de l'hôpital furent grattés, badigeonnés au chlorure de chaux, fumigés au chlore, blanchis à la chaux. On procéda à l'ébouillantage de la laine de tous les matelas et des autres objets de literie. Les lits de fer furent lavés et passés au coaltar. Toutes ces mesures de désinfection furent appliquées, non seulement à l'hôpital, mais encore à la caserne de la troupe, au magasin général et à tous les autres locaux suspects.

Il existait, près du magasin général, des barriques contenant des peaux de bœufs qu'on entassait les unes sur les autres depuis que l'épidémie existait au Maroni, car les capitaines des avisos et des goëlettes de l'État refusaient, non sans raison, de les porter aux îles du Salut où l'administration pénitentiaire possède une tannerie. Toutes ces peaux furent jetées à l'eau. Disons, en passant, que les cas de pustule maligne, d'œdème malin et de fièvre charbonneuse, qui s'observent de

temps en temps au Maroni, furent particulièrement fréquents
en 1876 et en 1877. On en observait régulièrement deux ou trois
cas par trimestre.

Le Dr Burot prit aussi des mesures pour que les effets des
hommes qui mouraient à l'hôpital ne fussent pas remis, sans
désinfection, au magasin général. On entassait dans ce magasin tous les objets, non désinfectés, des hommes qui avaient
succombé à la fièvre jaune. Il y existait, entre autres choses,
depuis plus d'un an, de la laine et du crin provenant de la
literie qui avait servi à des hommes morts de l'affection régnante. Or, il est à remarquer que la maison isolée qui sert de
logement au capitaine, maison qui était, depuis longtemps, un
foyer de contamination, est située juste sous le vent de ce magasin et à peu de distance. Tous ceux qui passaient par cette
maison, où le capitaine Bastard était mort et où le capitaine
Pollard avait failli mourir, étaient frappés, au bout de quinze
jours, par la maladie régnante. En six mois, pendant le second
et le troisième trimestre de l'année 1877, le capitaine avait
changé treize fois de planton : tous avaient passé de sa maison
à l'hôpital.

Depuis quatre ans que la fièvre jaune régnait à l'état endémique au Maroni, on remettait, avons-nous dit, au magasin
général, sans désinfection, les effets des hommes qui mouraient
à l'hôpital. Ces effets étaient ensuite délivrés, au hasard, à
d'autres transportés. Que ce système constituât un mode de
contamination et de propagation de la maladie, il n'est guère
permis d'en douter. En voici, du reste, un exemple typique,
relaté dans le rapport médical du Maroni, pour le quatrième
trimestre 1877.

Un Arabe, ayant huit ans de Guyane, concessionnaire rural,
et habitant le haut de Saint-Maurice, était venu au chef-lieu de
la colonie pénale, à Saint-Laurent, pour y prendre, au magasin général, les vêtements auxquels il avait droit. Son habitation rurale étant à huit ou dix kilomètres du village, ce qui est
une distance considérable dans ces climats, cet Arabe ne devait
pas venir souvent à Saint-Laurent. Cinq ou six jours après ce
voyage, l'Arabe fut pris de fièvre très forte avec vomissements,
douleurs lombaires et céphalalgie. Il fut transporté à l'hôpital
le 8 octobre 1877, entra en agonie le soir même, eut de l'ictère,
des vomissements noirs abondants, et mourut : à l'autopsie,

on trouva naturellement toutes les lésions de la fièvre jaune.

Le Dr Burot décida de faire brûler les hardes de cet Arabe, et comme il connaissait les mœurs de cette agglomération de gens de sac et de corde, il se rendit lui-même, immédiatement, à Saint-Maurice. En effet, bien que les transportés concessionnaires, appartenant presque tous à la première catégorie (forçats en cours de peine), soient choisis parmi les mieux notés, les plus méritants, les plus honnêtes (transportés de la première classe), et constituent la fine fleur. la crème de la transportation, le Dr Burot prévoyait ce qui allait se passer : il était arrivé trop tard à Saint-Maurice et la maison du mort avait déjà été livrée au pillage. Toutefois, le voleur, ou du moins l'un des voleurs, ne devait pas rester impuni. Un Arabe concessionnaire dont la case était voisine de celle du mort, et qui avait coopéré au partage de ses dépouilles, fut pris, quelques jours après, d'une fièvre continue avec vomissements. Il resta quelques jours chez lui; enfin, le 26 octobre, il entra à l'hôpital, à l'agonie, et mourut dix-sept jours après le décès de celui dont il avait pillé la maison. A l'autopsie, on trouva toutes les lésions de la fièvre jaune : l'estomac contenait 300 grammes d'un liquide marc de café, etc. Tout cela, il faut bien le remarquer, s'était passé en pleine campagne, à huit ou dix kilomètres du village de Saint-Laurent, qui seul était un foyer d'infection, et où ces Arabes du Haut-Saint-Maurice ne venaient que dans de très rares circonstances.

A Cayenne, l'autorité supérieure, médicale et administrative, s'était enfin convaincue de la nature amarile de l'affection qui régnait au Maroni depuis quatre ans. L'affaire du *Casabianca* et surtout l'affaire des îles du Salut au mois d'avril 1877, dont nous parlerons tout à l'heure, avaient servi de leçons : on s'était décidé à mettre le Maroni en quarantaine. Lorsque les mesures de désinfection de l'établissement furent terminées, la quarantaine fut levée (janvier 1878) et, dès ce moment, l'état sanitaire fut satisfaisant. Cependant, pendant le second et le troisième trimestre, on signala, parmi les soldats, quelques fièvres qui n'avaient pas les allures de la fièvre paludéenne et se compliquaient parfois d'ictère, mais tous ces cas étaient très bénins. On n'enregistra sur l'établissement, en 1878, qu'un seul décès de soldat; et encore, c'était un homme qui était arrivé malade et était mort douze heures après son arrivée au Maroni. Pendant le quatrième trimestre, il n'y eut que très peu de malades, et depuis longtemps la morbidité et la mortalité n'avaient été aussi faibles au Maroni, tant parmi les soldats que parmi les transportés.

Il n'y a, au Maroni, que des transportés, des soldats et des fonctionnaires (surveillants, médecins, agents divers). L'effectif de ces diverses catégories du personnel n'avait pas sensiblement varié de 1876 à 1878. Il y avait eu de treize à quatorze cents transportés (Européens, Arabes, *noirs*), une compagnie d'infanterie de 80 à 100 hommes, et de 80 à 90 fonctionnaires divers. En 1878, on enregistra sur l'établissement 69 décès (y compris un décès de militaire). En 1877, il y avait eu 125 décès (dont 7 décès fournis par les soldats). En 1876, on avait enregistré 212 décès, à savoir : 163 fournis par le personnel transporté et 49 par le personnel libre (dont 30 par les soldats seuls).

En 1879, il n'y eut aucun décès dans la garnison du Maroni. A partir de ce moment, ces fièvres bilieuses suspectes, qui frappaient impitoyablement tous les non-acclimatés, disparurent ; on ne constata que des fièvres paludéennes. Les soldats, qui ne passent que six mois au Maroni sont atteints par ces fièvres, mais ils n'en meurent pas. L'état sanitaire du personnel libre fut satisfaisant jusqu'au mois de février 1886, où la fièvre jaune a envahi l'établissement.

En résumé, la fièvre jaune, se manifestant sous une forme complète ou incomplète, classique ou fruste, a régné à l'état endémique au Maroni pendant quatre ans. Nous allons voir que c'est de ce foyer qu'est venue la contamination qui a donné naissance à la cinquième épidémie de typhus amaril à Cayenne. L'épidémie ne put prendre un grand développement au Maroni, parce que à peu près tout le personnel transporté était ou réfractaire (*noirs*), ou fortement acclimaté. Il en était de même de la plus grande partie du personnel libre. Les soldats eux-mêmes n'arrivaient jamais directement de France : ils avaient toujours fait un séjour antérieur plus ou moins long à Cayenne ou aux îles du Salut. On a vu ce qui s'est passé pour les 56 transportés européens et les 34 femmes qui arrivaient directement de France, en 1876. Il ne manquait à la maladie qu'un aliment : si on avait envoyé deux ou trois mille Européens au Maroni, à un moment quelconque de ces quatre années, on aurait eu une épidémie aussi forte que celle de

1855-56. Tous les Européens non acclimatés, tous les soldats qui ont passé par Saint-Laurent pendant cette période, ont été, presque sans exception, frappés plus ou moins gravement par ces fièvres suspectes. Les décès des soldats morts au Maroni, dans le courant de ces quatre années, ont été à peu près tous causés par ces *fièvres rémittentes bilieuses*, et la mortalité de la garnison, qui a été nulle en 1872 et en 1879, qui n'a été que de 1,25 p. 100 en 1878 et de 2,72 p. 100 en 1873, a monté à 6,69 p. 100 en 1874, à 15,15 p. 100 en 1875, à 26,08 p. 100 en 1876, et à 10 p. 100 en 1877.

Cinquième épidémie (1876). — Cette cinquième épidémie de la ville de Cayenne n'est, en réalité, que la continuation de la quatrième épidémie de la Guyane française, car la contamination du chef-lieu est venue du Maroni.

L'épidémie de fièvre jaune avait cessé, à Cayenne, au mois de septembre 1873. Cependant, nous verrons bientôt qu'une maladie épidémique, qui fut qualifiée de *fièvre typhoïde*, et qui, en décembre 1873, janvier et février 1874, frappa des compagnies d'infanterie nouvellement arrivées, n'était autre chose que la continuation de l'épidémie de fièvre jaune au chef-lieu; la maladie n'avait pas toujours tous ses symptômes classiques chez ces soldats arrivés à la Guyane au mois d'octobre 1873 : elle se manifestait sous une forme plus ou moins bâtarde. Pendant le restant de l'année 1874, et pendant tout le cours de l'année 1875, rien de suspect ne fut constaté dans l'état sanitaire de Cayenne.

Dans la première quinzaine de mars 1876, l'aviso de la station locale *le Casabianca* fit un voyage au Maroni, où, comme nous l'avons vu, la fièvre jaune régnait sous des noms divers. En arrivant à Cayenne, *le Casabianca* déclara qu'il avait plusieurs malades dans son équipage. Le médecin du bord, le D^r Le Texier, appelait l'attention sur la fièvre dont ces hommes étaient atteints. Il ne savait quel nom lui donner, disait-il, mais elle lui paraissait suspecte. Plusieurs de ces malades furent envoyés à l'hôpital, et l'un d'eux, un matelot chauffeur, mourut le 14 mars. Quoique cet homme eût présenté bien des symptômes suspects, le diagnostic : *fièvre jaune* ne fut pas porté. Cependant, comme ce décès demeura isolé, et comme, d'autre part, il était admis officiellement que la fièvre jaune n'existait pas au

Maroni, cet incident n'empêcha pas le gouverneur de la Guyane, le colonel L., de s'embarquer, une quinzaine de jours plus tard à bord du *Casabianca*, pour se rendre en mission officielle à Sainte-Marie de Belem, où se trouvait en ce moment l'empereur du Brésil. *Le Casabianca* partit de Cayenne pour le Para le 27 mars et mouilla à Sainte-Marie de Belem le 2 avril ; après une semaine passée en rade de cette ville, il repartit le 9 pour Cayenne où il arriva le 13. Rien de particulier ne fut observé pendant le voyage d'aller et pendant le séjour au Para ; mais, dès le premier jour de la traversée de retour, une quinzaine d'hommes de l'équipage tombèrent malades en même temps. Ils furent pris d'une fièvre violente et l'un d'eux mourut pendant la traversée. Quelle était la nature de cette fièvre? Le médecin du bord était convaincu que c'était la fièvre jaune. Cependant, comme le gouverneur était à bord, et comme, d'autre part, *le Casabianca* avait une patente nette, délivrée par le directeur de la santé de Sainte-Marie de Belem et visée par le consul de France, le conseil sanitaire de Cayenne, présidé par l'adjoint au maire, se contenta d'imposer une quarantaine de trois jours au personnel valide du *Casabianca,* et une quarantaine de huit jours aux sept malades que cet aviso débarqua au lazaret de *Larivot. Le Casabianca* alla purger sa quarantaine de trois jours à l'Ilet-la-Mère, où l'équipage put descendre à terre, pendant qu'on désinfectait le navire par le sulfate de fer, l'acide phénique, etc. Rien d'anormal ne fut observé dans l'état sanitaire, et *le Casabianca* revint à Cayenne où sa quarantaine fut levée le 17 avril au matin. Rien de particulier ne fut signalé, non plus, au lazaret de *Larivot,* où les sept malades du *Casabianca* avaient été déposés et où un médecin de 2e classe avait été envoyé pour les soigner et surveiller leur état. Tous guérirent et, au bout de leurs huit jours de quarantaine, regagnèrent leur bord.

Le 22 avril, cinq jours après la levée de la quarantaine du *Casabianca,* cinq hommes de cet aviso entrèrent à l'hôpital, et deux ne tardèrent pas à succomber avec tous les symptômes du typhus amaril ; ils sont inscrits avec le diagnostic : *fièvre jaune,* sur le registre des décès de l'hôpital. Ces deux hommes étaient le quartier-maître mécanicien Gibon,

qui mourut le 24 avril, et le deuxième maître charpentier
Jouanès, qui mourut le 28. La nature de la maladie ne laissant plus de doute, et des cas nouveaux éclatant toujours à
bord du *Casabianca*, cet aviso fut envoyé à l'Ilet-la-Mère,
pour y être isolé et désinfecté. L'équipage et les malades
furent débarqués sur cet îlot. Presque tout le personnel du
navire fut atteint. Le médecin étant tombé malade, un médecin de 1re classe, le Dr Barrallier, et un aide-médecin, le
D^r d'Hubert, furent envoyés pour le remplacer. Dans l'espace d'un mois (le dernier décès eut lieu le 26 mai), *le Casabianca* perdit à l'Ilet-la-Mère 14 hommes sur 66. En arrivant à l'Ilet-la-Mère, *le Casabianca* avait 66 hommes, à savoir : 4 officiers, 8 maîtres et 54 hommes d'équipage. Sur
les 4 officiers, 3 furent malades et aucun ne mourut ; sur
les 8 maîtres, 7 furent atteints et 4 succombèrent. Parmi
les 54 hommes, il y en avait 15 qui avaient un an de séjour ; ils fournirent 11 malades et un décès ; les 36 autres
n'avaient que trois mois de séjour ; ils fournirent 34 malades
et 9 décès. En somme, sur 66 hommes (officiers compris),
il y eut 55 malades et 14 morts. C'est une proportion
de 21,2 p. 100. A ces 14 morts, il faut ajouter, naturellement, les deux hommes qui moururent à l'hôpital de Cayenne,
celui qui mourut en mer et celui qui mourut le 14 mars.
Vingt et un jours après la date du dernier décès (26 mai), *le
Casabianca*, qui avait été lavé, gratté, fumigé, désinfecté, fut
admis à la libre pratique (16 juin). Peu de temps après, cet
aviso fut renvoyé en France (août 1876).

Le Casabianca a pris la fièvre jaune au Maroni, cela
n'est pas douteux. Cette conclusion découle de la logique des
faits, tels qu'ils sont exposés dans les rapports médicaux.
De plus, l'opinion est unanime sur cette question. Nous
avons le témoignage du médecin du bord, le D^r Le Texier,
aujourd'hui médecin de 1re classe de la marine, et nous
tenons le fait de sa bouche même. Nous avons également le
témoignage du Dr Hache, aujourd'hui médecin de 1re classe,
qui était à Cayenne en 1876, le témoignage écrit du Dr Burot,
également présent dans la colonie vers la même époque, etc.
Le Casabianca avait eu des cas bien caractérisés de fièvre
jaune dans son équipage avant son départ pour le Brésil.
Bien que la fièvre jaune soit très fréquente et presque endé-

mique au Para, l'état sanitaire y était satisfaisant en ce moment, et nous avons vu que *le Casabianca* avait une patente nette. Bien plus, parmi les soldats d'infanterie de marine qui accompagnaient le gouverneur, et qui, ayant séjourné à terre au Brésil, n'avaient passé que peu de temps à bord, pas un seul ne fut malade. L'équipage seul, qui n'était pas descendu à terre au Para, fut cruellement frappé.

Bien que les passagers du *Casabianca* eussent été débarqués, un peu prématurément, le 17 avril, bien que ses malades eussent été envoyés à l'hôpital le 22 avril et que deux d'entre eux y eussent succombé, l'épidémie resta localisée au *Casabianca* et ne prit aucune extension à Cayenne, ni à l'hôpital, ni en ville, ni à la caserne.

Tout cela s'était passé en mars, avril et mai 1876 et rien de suspect ne fut signalé, dans l'état sanitaire de Cayenne, jusqu'au mois de novembre. Un jeune médecin de 2° classe, le D\ Racord, ayant dix mois de séjour dans la colonie, succomba à Cayenne le 21 novembre 1876. Sa maladie avait été diagnostiquée alternativement : *insolation, rémittente bilieuse* et enfin *fièvre jaune*. Le D\ Dupont, dans son travail sur les *épidémies de fièvre jaune au xixe siècle*, dit que l'enquête la plus rigoureuse ne put faire établir l'origine de ce cas de fièvre jaune. Or, je tiens du D\ Hache, aujourd'hui médecin de 1re classe de la marine, qui a vu mourir le D\ Racord à Cayenne, le petit détail suivant : ce jeune médecin, peu de temps avant sa maladie, avait reçu de son collègue le D\ Infernet, en ce moment-là chef du service de santé au Maroni, une caisse contenant des peaux de jaguars, de singes, etc., tannées et préparées à Saint-Laurent (1). Nous avons vu que, précisément à cette époque, il y avait une recrudescence de la fièvre jaune au Maroni.

Le cas du D\ Racord demeura isolé jusqu'au 17 décembre, date à laquelle deux nouveaux cas de fièvre jaune bien caractérisée furent constatés en ville. Ces deux cas, qui furent tous les deux mortels, venaient encore du Maroni. Deux ingénieurs,

---

(1) J'ai lu l'observation clinique très complète et très minutieuse de la maladie du D\ Racord : elle ne contient pas la moindre allusion à ce détail qui n'est pas signalé non plus dans les rapports médicaux et dans le volumineux rapport d'ensemble sur l'épidémie de 1876-77, fait par le médecin en chef à Cayenne, le D\ Martialis.

MM. Farcy et Biche, envoyés de France par une société financière de Paris pour faire l'étude d'un *placer* dans le Haut-Maroni, s'étaient arrêtés à Saint-Laurent. Ils s'étaient ensuite embarqués sur le vapeur *Maroni*, qui faisait le service de courrier pour le ravitaillement des *placers*, et étaient venus mourir tous les deux, de fièvre jaune, à Cayenne. M. Farcy était arrivé de France depuis très peu de temps; il mourut le 17 décembre. M. Biche était à la Guyane depuis quelques mois; il mourut le 21 décembre. Tous les deux avaient succombé en dehors de l'hôpital, après quatre jours de maladie, avec tous les symptômes classiques.

La quatrième victime fut la supérieure des sœurs de Saint-Joseph de Cluny, Mme Chantal, qui était arrivée de France depuis peu de temps. Plusieurs sœurs du même ordre étaient arrivées au couvent, à Cayenne, venant du Maroni, où la congrégation est chargée de l'école et de la surveillance des femmes à marier. De plus, la supérieure avait reçu récemment du Maroni divers colis et, entre autres choses, des fleurs en plumes (communication orale du Dr Hache). Mme Chantal, atteinte le 28 décembre, succomba le 31, en dehors de l'hôpital, avec tous les symptômes du typhus amaril.

Après la mort de la supérieure, il y eut une accalmie de vingt-trois jours. En effet, rien ne fut signalé jusqu'au 23 janvier 1877, date à laquelle une sœur de Saint-Joseph de Cluny fut atteinte, dans le couvent où était morte Mme Chantal, et succomba le 27, en dehors de l'hôpital. Le 28, un caporal d'infanterie, le nommé Le Bourvellec, entrait à l'hôpital, malade depuis un jour ou deux, et succombait le 29 au soir. Il fut immédiatement suivi par un sergent, un enfant de dix ans, etc. Dès lors, l'épidémie était constituée; elle dura à Cayenne jusqu'au 5 octobre 1877, époque où se terminèrent les deux derniers cas qui furent tous les deux bénins.

Dans le courant du mois de février, on enregistra 30 entrées à l'hôpital pour fièvre jaune; sur ce nombre, il y eut 6 décès, à savoir : un mineur, un matelot de *l'Émeraude*, trois soldats et une femme hindoue. En mars, il y eut 32 entrées donnant 7 décès. En avril, on compta 25 entrées et 10 décès; parmi les décédés se trouvait le Dr Follet, médecin de deuxième classe, qui fut frappé par la maladie le 9 et mourut le 12. En mai, on observa 23 cas et 5 décès; il y eut, en outre, un décès en ville. Une compagnie d'infanterie, qui arriva à Cayenne le 30 mai, par le paquebot, reçut l'ordre de ne pas débarquer et fut renvoyée à la Martinique, pour y attendre la fin de l'épidémie. Dans le courant du mois de juin, il n'y eut que 14 cas et 3 morts. L'épidémie commençait à décroître; en juillet, on n'enregistra que 8 entrées et 2 décès. Ces deux victimes étaient un surveillant militaire et M. Mongin, pharmacien de première classe de la marine, âgé de vingt-huit ans et arrivé depuis deux mois seulement dans la colonie; il succomba le 7 juillet. Pendant le mois d'août, il n'y eut aucun décès; le dernier datait du 14 juillet. Pendant les dix premiers jours d'août, il y eut cinq entrants; mais, du 10 août au 6 septembre, on observa une accalmie complète. Le 6 septembre, un gendarme, arrivant de Roura, atteint de fièvre jaune, entra à l'hôpital dans un état très grave et mourut le lendemain. Rien de particulier ne fut signalé du 7 au 23 septembre, date à laquelle un cas, suivi de guérison, fut observé sur un artilleur. Enfin, dans les premiers jours du mois d'octobre, il y eut encore deux cas légers sur deux marins de *l'Émeraude*.

En résumé, du mois de novembre 1876 au mois d'octobre 1877, on observa à l'hôpital de Cayenne 144 cas de fièvre jaune, fournis par le personnel européen libre. En y ajoutant 5 cas fournis par des transportés arabes et européens, 2 cas fournis par des Hindous et 3 cas observés sur les sœurs de l'hôpital, on arrive à un total de 154 cas. Le personnel européen libre fournit 1 décès (celui du D{{r}} Racord) en 1876, et 32 en 1877. Un seul décès de transporté arabe figure avec le diagnostic : *fièvre jaune* sur le registre des décès de l'hôpital de Cayenne pour l'année 1877; mais le rapport d'ensemble sur l'épidémie, fait par le médecin en chef, le D{{r}} Martialis, en compte deux. L'un de ces décès a été inscrit avec le diagnostic : *fièvre bilieuse*. Il y eut, en outre, un décès fourni par une femme hindoue.

Au mois d'avril 1877, pendant que l'épidémie régnait à Cayenne, la fièvre jaune fut importée aux îles du Salut, jusque-là indemnes, et fit subir à la garnison non acclimatée une mortalité considérable. Cette histoire mérite d'être racontée en détail.

Une compagnie d'infanterie de 127 hommes (13{{me}} compagnie) arriva en rade de Cayenne, par le paquebot, le 30 mars

1877. Ces soldats ne débarquèrent pas dans la ville où régnait la fièvre jaune. Après une nuit passée en rade à bord du paquebot, cette compagnie fut transbordée sur un aviso de la station locale, *l'Alecton*, et portée aux îles du Salut. Depuis le commencement de l'épidémie, *l'Alecton* ne communiquait pas avec la terre ; il avait été indemne jusque-là et le fut également dans la suite. Une quinzaine de jours après, la fièvre jaune, éclatant parmi ces soldats nouveaux venus, frappa 121 hommes sur 127 et en enleva 37 en moins de deux mois. C'est une mortalité de 29,13 p. 100 de l'effectif.

Cette compagnie n'avait pas pris le germe de la maladie pendant les vingt ou vingt-quatre heures qu'elle passa en rade de Cayenne, à bord du paquebot et de l'aviso : c'est un fait absolument certain. La fièvre jaune avait été importée ultérieurement de Cayenne. Le Dr Crevaux, qui n'avait pas encore commencé ses explorations (il ne partit qu'en juillet), et était, à cette époque, chef du service de santé aux îles du Salut, se contente d'écrire dans son rapport du mois d'avril 1877 : « J'attribue l'épidémie régnante aux communications que nous avons reçu l'ordre de ne pas interrompre entre Cayenne et le Maroni » (*Archives médicales des îles du Salut*). En raison de la grave responsabilité encourue, en cette circonstance, par le chef de la colonie, il était difficile au Dr Crevaux d'être plus explicite. Du reste, les explications étaient inutiles, car personne, à Cayenne, n'ignorait la vérité. L'histoire authentique de l'origine de la fièvre jaune aux îles du Salut en avril 1877, n'a jamais été racontée publiquement. Le Dr Dupont et le Dr Burot n'ont consacré que quelques lignes à cette épidémie : ils se contentent de dire qu'elle fut due à des communications imprudentes. Comme cette affaire date de près de dix ans, et que notre indiscrétion n'empêchera pas le colonel L... de passer général, puisqu'il est depuis longtemps à la retraite ; comme, d'autre part, cet exemple peut servir de leçon à l'avenir, nous croyons devoir faire le récit véritable de l'importation de la fièvre jaune aux îles du Salut, en 1877.

Un transporté arabe, le nommé Abd-er-Rahman, concessionnaire et établi comme tailleur aux îles du Salut, avait abjuré l'islamisme, s'était fait baptiser et devait épouser une chrétienne (européenne transportée). Le gouverneur de la Guyane, le colonel L..., résolut d'assister à ce mariage, afin de rehausser par sa présence l'éclat de cet événement qui consacrait la conversion des Arabes au christianisme et la fusion des races. Ses intentions étaient peut-être louables, (bien que je sois personnellement d'un avis absolument contraire), mais sa conduite fut certainement digne de blâme. Malgré l'existence de la fièvre jaune à Cayenne, où elle atteignait en ce moment son maximum d'intensité, le gouverneur partit pour les îles du Salut, le 11 avril 1877, accompagné de quelques hauts fonctionnaires de la colonie et du préfet apostolique qui devait officier à la cérémonie. La musique de la transportation, qui était composée d'une vingtaine de transportés et devait prêter son concours à cette petite fête de famille, accompagnait également le gouverneur. Ce n'était pas la première fois que le chef de la colonie assistait officiellement aux cérémonies de ce genre : à différentes reprises, surtout au début de la colonisation pénale, tous les gouverneurs de la Guyane, accompagnés du préfet apostolique et des plus hauts fonctionnaires de la colonie, se sont rendus au Maroni pour assister aux mariages des transportés concessionnaires ou aux baptêmes de leurs enfants. Plusieurs de ces enfants ont eu pour parrains des officiers des différents corps en service dans la colonie pénale. Tous ces faits n'ont rien d'étonnant; puisqu'on consacrait des millions à la moralisation de la transportation par le travail, la propriété, la religion et la famille, il était naturel que les plus hauts représentants de l'autorité dans la colonie vinssent témoigner, par leur présence à ces cérémonies, l'intérêt sympathique qu'ils portaient au développement de la colonisation pénale. Nous rappelons ces faits sans les apprécier, car, pour notre compte personnel, d'accord en cela avec tous ceux qui ont vu de près la transportation à la Guyane ou à la Nouvelle-Calédonie, nous avons perdu toutes nos illusions sur les belles théories de la transformation du forçat en laborieux colon et en honnête père de famille; nous voulons seulement constater ces faits à la décharge du colonel L..., que nous n'avons jamais vu et dont la personnalité est ici hors de cause, car, dans cette circonstance, le chef de la colonie ne faisait que se conformer à la tradition. On peut dire que dans cette affaire, où il perdit sa place de gouverneur, le colonel L... ne fut qu'une victime de la fatalité. Puisque nous constatons des faits, nous devons ajouter qu'on n'osa pas, à la suite de l'incident dont nous allons parler, invoquer le motif véritable de ce voyage aux îles du Salut, pour justifier le déplacement du gouverneur de la colonie : le motif allégué *officiellement* plus tard est, croyons-nous, que le gouverneur s'était rendu aux îles du Salut pour y prendre des bains de mer..... avec le préfet apostolique et la musique de la transportation. Cela dit, nous reprenons notre récit.

En arrivant aux îles du Salut, l'officier d'ordonnance du gouverneur, M. de Gontaut-Biron, lieutenant d'infanterie de marine, tomba malade (11 avril) et mourut au bout de trois jours de maladie (14 avril), avec tous les symptômes classiques de la fièvre jaune. Ce jeune officier était évidemment dans la période d'incubation de la maladie; l'exposition au soleil et la fatigue, inhérentes à un voyage de ce genre, agirent comme causes occasionnelles. La maladie se répandit rapidement, car le terrain était on ne peut plus favorable, puisque cette compagnie était arrivée de France quinze jours auparavant. 121 hommes, sur les 127 que comptait cette compagnie, furent atteints, comme nous l'avons dit, et 37 succombèrent. Parmi les victimes il y avait deux officiers : MM. Mégnin et Juès, lieutenant et sous-lieutenant. En ajoutant à ces 37 décès celui de M. de Gontaut-Biron et ceux de quatre transportés, on obtient un total de 42 personnes, mortes de fièvre jaune aux îles du Salut, en moins de deux mois. Les deux derniers décès eurent lieu le 9 et le 10 juin. Le Dr Crevaux fut atteint, mais assez légèrement, car il n'interrompit son service que pendant cinq à six jours.

L'épidémie fit peu de victimes parmi les transportés, tous acclimatés. Quatre seulement moururent, mais la maladie les atteignit en assez grand nombre, et il paraît que le corps des musiciens eut particulièrement à souffrir. Les trombones et autres instruments furent déposés au magasin général de l'île Royale, où ils sont encore, je crois : la musique finit faute de musiciens. La troupe, désorganisée par la fièvre jaune, fut dissoute, et depuis lors elle n'a plus été reformée.

Ajoutons, comme épilogue, que deux mois après, par retour du courrier, le colonel L. fut rappelé en France. Il quitta Cayenne le 16 juillet 1877, sans attendre l'arrivée de son successeur.

Le 1er juin, au moment où l'épidémie était à son déclin aux

îles du Salut, un brick norwégien, *l'Elin*, ayant la fièvre jaune
à bord, vint se réfugier aux îles du Salut. On le fit mouiller
à 600 mètres, sous le vent. Ce brick, allant de Sainte-Marie de
Belem à Londres, avait pris la fièvre jaune au Para, où le capitaine était mort. Un matelot mourut en mer; trois autres
moururent aux îles du Salut. En résumé, sur sept hommes
qui étaient à bord, cinq étaient morts en huit jours. Le Dr Crevaux, qui avait soigné les malades, désinfecta le navire. Le
second du brick, resté seul avec un homme, reçut un com-
plément d'équipage, composé de nègres expédiés de Cayenne;
il partit le 16 juin et ramena le navire à Londres.

En résumé, de cette longue histoire de la fièvre jaune à la
Guyane française, une conclusion se dégage : la fièvre jaune a
une tendance à s'y acclimater. Elle y est restée endémique de
1872 à 1878. De même que divers points du Brésil et de l'A-
mérique du Sud, où, au dix-huitième siècle, le typhus amaril
était aussi inconnu qu'à la Guyane française, cette dernière
colonie semble en voie de devenir un foyer secondaire, presque
permanent, de fièvre jaune. Ni la variole, ni les autres fièvres
éruptives, ni la diphthérie, ni la fièvre typhoïde, ne se sont
acclimatées dans cette colonie où la population est peu dense.
Toutes les fois que ces maladies y ont fait leur apparition,
c'est à la suite d'une importation toujours facile à découvrir,
et le jour où l'épidémie est terminée, la maladie ne reparaît
plus : le microbe meurt. Le microbe amaril, au contraire, ne
fait que s'endormir. Après l'importation de la fièvre jaune à
Cayenne par *la Topaze*, en novembre 1872, nous avons vu
l'épidémie cesser au chef-lieu et aux îles du Salut, au milieu
de la saison sèche de 1873; mais le microbe endormi, apporté
au Maroni dans des couvertures contaminées, se réveille en
1874 et se maintient à Saint-Laurent pendant quatre ans. A la
fin de 1876, il revient à Cayenne, enfermé dans une caisse
contenant des peaux de jaguars, dans des colis de fleurs en
plumes, dans les vêtements de deux ingénieurs des *placers*.
Après avoir provoqué, au chef-lieu, l'épidémie de 1876-77, le
même microbe est importé aux îles du Salut, au mois d'avril
1877, par le colonel L. allant assister à un mariage. C'est
là qu'il va dormir pendant plus de sept ans, pour ne se
réveiller qu'à la fin de 1884 et causer l'épidémie de 1885-86.
Nous allons voir, en effet, que la dernière épidémie se lie à

l'épidémie de 1877 aux îles du Salut, c'est-à-dire, en réalité, au microbe amaril apporté de Surinam à Cayenne par *la To-paze*, le 20 novembre 1872. L'épidémie que la Guyane a eue l'année dernière et cette année-ci n'est donc qu'un nouvel anneau ajouté à la même chaîne.

Après avoir retracé l'histoire de la fièvre jaune à la Guyane française, il ne nous reste plus qu'à faire la répartition des 526 décès par fièvre jaune, observés à l'hôpital de Cayenne et fournis par les Européens libres. 185 de ces décès se rapportent à l'année 1855, et sur ce nombre il y a 4 décès de femmes; 244 (dont 6 relatifs à des femmes) correspondent à l'année 1856. Nous en avons encore 20 en 1857 et 1 en 1858. Entre la grande épidémie de 1855-56 et celle de 1872-73, nous avons trouvé 2 décès isolés, avec le diagnostic : *fièvre jaune*, observés pendant l'année 1866. Dans le courant de cette année-là, la fièvre jaune sévit à la Guyane anglaise et à la Guyane hollandaise. Pendant le troisième trimestre, 7 cas de fièvre jaune sporadique bien confirmée, dit le rapport médical, furent observés à l'hôpital de Cayenne sur le personnel libre. « Deux « de ces malheureux malades sont morts au milieu des hémor- « rhagies passives et des vomissements noirs. Les autres sont « revenus à la vie, non sans avoir été aussi malades que pos- « sible, et après avoir fourni des hémorrhagies passives et des « vomissements très colorés..... La transportation ne s'est « nullement ressentie des influences qui ont agi avec tant de « violence sur les malades du personnel libre (1). »

La maladie ne s'étendit pas davantage.

Sur les 39 décès de l'épidémie de 1872-73, 3 correspondent à l'année 1872 et 36 à l'année 1873. Enfin, pour la dernière épidémie, il y a 3 décès en 1876 et 32 en 1877.

Le tableau des décès enregistrés à l'hôpital militaire de Cayenne, que nous avons donné plus haut, et qui est la base de ce travail, a été arrêté à la date du 1er janvier 1884. Depuis notre départ de la Guyane, une nouvelle épidémie de fièvre jaune a éclaté dans cette colonie. La maladie a débuté aux îles du Salut, où elle a régné pendant le premier semestre de l'année 1885. Quelques mois plus tard, elle a fait son appari-

(1) Rapport médical du 3e trimestre 1886 (Archives de l'hôpital de Cayenne).

tion à Cayenne, où elle n'est peut-être pas encore tout à fait éteinte à l'heure actuelle. Enfin, plus récemment encore (février 1886), elle a envahi le Maroni. Pour compléter cette revue historique des épidémies de typhus amaril à la Guyane française, nous croyons devoir dire quelques mots sur cette sixième épidémie.

Les détails qui suivent sont empruntés au très intéressant rapport du Dr Rangé, médecin de 1re classe de la marine et chef du service de santé aux îles du Salut pendant l'épidémie de l'année dernière. Ce rapport a été publié récemment (1). Pour ce qui est de la fièvre jaune à Cayenne, notre ami le D[r] Le Dantec, médecin de 2me classe de la marine, qui a quitté la Guyane au mois de décembre dernier, a bien voulu nous donner verbalement quelques détails sur les débuts de l'épidémie au chef-lieu. En outre, nous avons reçu récemment de Cayenne quelques informations complémentaires. Nous ne faisons que notre devoir en exprimant ici nos plus vifs remercîments aux personnes qui ont eu l'obligeance de nous fournir des renseignements.

Sixième épidémie (1 8 8 5). — Dans le courant des mois de novembre et décembre 1884 et janvier 1885, le médecin, chef du service de santé aux îles du Salut, avait constaté l'existence de fièvres durant deux, trois ou quatre jours. Ces fièvres étaient suivies d'ictère. Les malades ne faisaient qu'un court séjour à l'hôpital et tous sortaient guéris. Le 5 décembre, un transporté européen, n'ayant que quatorze mois de séjour à la Guyane, est pris de fièvre ; il entre à l'hôpital et meurt le neuvième jour. Comme symptômes principaux, on constata des vomissements bilieux, de l'ictère, des pétéchies.

Le 10 janvier 1885 mourait à l'hôpital des îles un matelot du *Talisman*, entré pour dysenterie chronique. Les derniers jours, il avait de la fièvre ; les selles étaient composées de sang presque pur, et, au moment de la mort, le malade était devenu complètement jaune.

Le 8 février, Mme K..., ayant deux ans de séjour dans la colonie, fut prise de fièvre. Mme K... était enceinte de six mois et fit une fausse couche le 10. Elle présenta des vomissements,

---

(1) *Étude sur l'épidémie de fièvre jaune ayant sévi aux îles du Salut du 22 février au 25 juillet 1885*, par le Dr C. Rangé, médecin de 1re classe de la marine, in *Archives de médecine navale* (février et mars 1886).

du hoquet, de l'ictère; de nombreuses pétéchies marbrèrent le tégument externe; enfin, des hémorrhagies utérines très abondantes mirent la malade en danger. Malgré la gravité de ces symptômes, Mme K... guérit.

Le 14 février, un transporté européen, n'ayant que dix mois de séjour, entra à l'hôpital pour fièvre. Il mourut le 28 avec la teinte ictérique.

Le 22 février, un autre transporté européen, ayant quatorze mois de séjour, entra aussi pour fièvre. Bientôt apparurent les vomissements, l'ictère, le coma, l'hématémèse. Il mourut le 28.

Le 24 février, un troisième transporté européen entra également pour fièvre. Il fut pris de vomissements, d'ictère, d'épistaxis, et mourut dans le coma le 28.

Le 25 février, le Dr Gaudefroy, médecin en sous-ordre aux îles du Salut, entra à l'hôpital pour fièvre. Bientôt survinrent des vomissements bilieux; les conjonctives devinrent jaunes; les vomissements de sang apparurent le 28, et le malade succomba le 1er mars.

Tous ces cas furent considérés comme des accès pernicieux ou des fièvres bilieuses, et désignés comme tels dans la correspondance officielle. En effet, comment songer à l'existence de la fièvre jaune sur ces rochers des îles du Salut, en dehors de l'importation? Et comment soupçonner l'importation, alors que la fièvre jaune ne régnait sur aucun point de la colonie, et que les rares navires qui communiquaient avec les îles portaient tous des patentes nettes?

Ce fut dans ces circonstances que le transport de l'État *la Garonne*, venant directement de France, mouilla devant l'île Royale (la principale des trois îles du Salut), et y débarqua son convoi de condamnés.

Dès lors, la maladie n'eut plus la marche insidieuse du début; elle prit le caractère franchement épidémique, et les symptômes que l'on constata démontrèrent que les cas auxquels on avait jusque-là donné les noms d'*accès pernicieux* ou de *fièvre bilieuse* n'étaient autre chose que des cas isolés de fièvre jaune.

Entre le 25 février et le 1er mars, eut lieu le débarquement des condamnés et des passagers destinés aux îles du Salut. Le 4 mars, on enregistra cinq entrées à l'hôpital : quatre transportés et un soldat. Ce dernier mourut le 6. En même temps deux surveillants, débarqués le 26 février, furent atteints par la maladie.

Des mesures quarantenaires furent prises immédiatement, afin de circonscrire le foyer épidémique et empêcher la contamination du chef-lieu de la colonie.

Pour éviter l'encombrement sur l'île Royale, 92 Arabes, débarqués de *la Garonne*, furent transférés sur l'île Saint-Joseph, séparée de la première par un chenal étroit. Bien que ces Arabes eussent vécu une semaine dans le foyer épidémique à l'île Royale, ils furent complètement indemnes dans la suite. Les communications entre l'île Royale et l'île Saint-Joseph furent réduites, mais ne pouvaient être complètement supprimées. Notons aussi que les corps des douze personnes libres qui moururent de fièvre jaune à l'île Royale, furent transportés à l'île Saint-Joseph pour être inhumés dans le cimetière du personnel libre, qui est situé sur cette île. Les corps des transportés qui meurent aux îles du Salut ne sont pas inhumés : ils sont jetés à la mer et immédiatement dévorés par les requins qui abondent dans ces parages.

Quelle était l'origine de cette épidémie? Le principe infectieux amaril avait-il été importé aux îles du Salut ou bien était-il né sur place? Telle est la question que se posa le Dr Rangé à son arrivée à l'île Royale, peu de temps après l'explosion de l'épidémie.

Les îles du Salut n'ont que peu de communications avec l'extérieur. Le Dr Rangé examina l'hypothèse de l'importation par l'un des navires qui avaient mouillé aux îles du Salut dans le courant du quatrième trimestre 1884. Ces navires étaient peu nombreux ; c'étaient quelques goëlettes, venues de différents points de la Guyane française, *le Vigilant* et *l'Oyapock*, avisos de la station locale, le transport *le Finistère*, venu directement de France, le croiseur *la Flore* et l'aviso *le Talisman*, de la station de l'Atlantique Nord. Le Dr Rangé se vit obligé de conclure de son enquête que l'importation ne pouvait être invoquée pour expliquer l'apparition de la fièvre jaune sur le pénitencier des îles du Salut. Fallait-il donc admettre la genèse sur place de l'infectieux, du microbe, comme aux grandes Antilles ou sur la côte du Mexique? Si cette hypothèse est en désaccord avec les faits observés à la Guyane française depuis le commencement du siècle, elle répugne particulièrement à l'esprit en ce qui concerne les îles du Salut, si l'on considère que ces trois îlots, d'origine volcanique, dont le plus grand a à peu près l'étendue du jardin des Tuileries, sont perdus au milieu de l'Océan et constitués par un amas de roches dioritiques à peine recouvertes, en quelques endroits, d'une légère couche d'humus.

Le Dr Rangé fut ainsi conduit à rechercher s'il n'existait pas, en 1884, quelques reliquats des épidémies précédentes, et voici le résultat de ses investigations.

En parcourant les rapports médicaux relatifs à l'épidémie de 1877, il découvrit qu'à la fin de l'épidémie, on avait procédé au nettoyage de l'hôpital militaire, que les salles avaient été fumigées au chlore, les murs blanchis à la chaux, les parquets lavés, les toiles des traversins, paillasses et matelas, renouvelées, mais qu'on n'avait pu changer la laine et la paille, à cause de l'absence de matières premières. Quand les matelas furent défaits, la laine fut battue à l'air, puis, sans lessivage ni fumigations préalables, enfermée dans un grenier.

Le Dr Rangé ouvrit aussitôt une enquête au sujet de cette laine. Il découvrit qu'elle n'avait pas été touchée jusqu'en 1884. Elle formait dans le grenier un tas de 828 kilogs, provenant exclusivement des matelas qui avaient servi aux hommes atteints de fièvre jaune en 1877, guéris ou décédés indistinctement. A côté de ce stock de laines, dans un autre compartiment du grenier, étaient enfermés 2,329 kilogs de laine neuve, et 2,446 kilogs d'un mélange de provenances diverses, expédiés de Cayenne en 1878. Dans le courant de 1884, on avait renvoyé à Cayenne, pour les besoins de l'hôpital Saint-Denis, 250 kilogs de ce mélange (laine de 1878).

Le tas de 828 kilogs de laine contaminée était resté renfermé dans le grenier de l'hôpital jusqu'au mois d'août 1884. Personne n'y avait touché. A cette époque (août 1884), on fit refaire pour l'hôpital des îles du Salut une quarantaine de matelas. Ces quarante matelas furent confectionnés avec la laine de 1877.

En outre, des surveillants ayant eu besoin de faire réparer leur literie, leurs matelas furent défaits, et, comme ils n'avaient pas le poids réglementaire, on ajouta en les refaisant 5 kilogs de laine de 1877.

Sur les dix matelas ainsi refaits, deux échurent aux familles G. et P., atteintes toutes les deux de fièvre jaune dès leur arrivée aux îles.

Les faits principaux établis par l'enquête étaient donc les suivants: confection de cinquante matelas, en juillet et août 1884, avec des laines contaminées; mise en service en septembre et octobre; premières manifestations de la fièvre jaune, forme insidieuse, en novembre; manifestations, sous formes plus accentuées, en décembre et janvier; enfin, caractères franchement épidémiques et symptômes classiques de la maladie en février.

Voici quelques données statistiques sur cette épidémie des îles du Salut.

Le 22 février 1885, la population de l'île Royale, la seule sur laquelle l'épidémie a régné, se composait de 539 individus libres et condamnés, de toutes races : Européens, nègres, Arabes, Hindous, Chinois. Le 25 février, après le débarquement des passagers de *la Garonne*, il y avait 727 individus. Dès le début de l'épidémie, 94 individus (92 Arabes et 2 nègres), débarqués de *la Garonne*, furent envoyés sur l'île Saint-Joseph, où ils furent absolument épargnés. En temps ordinaire, l'île Saint-Joseph n'a pas plus d'une quarantaine d'hommes. Quant à la troisième des îles du Salut, l'île du Diable, elle est depuis longtemps complètement abandonnée. Il restait donc sur l'île Royale 633 individus, à savoir : 104 Européens libres, 247 transportés européens, 192 Arabes, 44 Hindous, 43 nègres et 3 Chinois.

L'île Royale est le point sur lequel on évacue, des différents pénitenciers, les transportés impotents, aveugles, usés par l'âge, l'anémie, la cachexie, les maladies chroniques, en un mot toutes les *non-valeurs* de la transportation. C'est l'*hôtel des Invalides* du bagne. Tous ces individus, vivant à l'ombre et sans travail, végètent longtemps avant de succomber. La plupart ont donc fait un long séjour dans la colonie et sont, par suite, réfractaires à la fièvre jaune.

Le Dr Rangé élimine de ses statistiques, comme non susceptibles de contracter la maladie, les Européens et les Arabes ayant plus de dix ans de séjour à la Guyane. Les 3 Chinois se trouvaient dans le même cas. Il élimine aussi les nègres et les Hindous, comme possédant une immunité de race.

Nous devons cependant noter ici que 3 Hindous furent légèrement atteints. Il est vrai que les Hindous furent employés à des travaux qui les exposaient particulièrement à la contagion (lessivage et désinfection des laines). Les 3 Hindous atteints n'eurent que la forme avortée, sans ictère et sans hémorrhagie ; ils sortirent de l'hôpital au bout de quelques jours.

Après avoir ainsi éliminé, comme réfractaires, les Européens et les Arabes ayant plus de dix ans de séjour, les Chinois qui étaient dans le même cas, enfin les nègres et les Hindous, des 633 individus présents sur l'île Royale, il n'en restait plus que 370 susceptibles de contracter la fièvre jaune. ·

Ces 370 individus se divisent de la manière suivante : Européens libres 91, transportés européens 107, transportés arabes 172.

Ces 370 individus ont fourni 126 entrées à l'hôpital pour fièvre jaune et 44 décès. L'épidémie a donc atteint un peu plus du tiers des habitants non réfractaires.

Les 91 Européens libres ont fourni 43 entrées et 12 décès.

Les 107 transportés européens ont fourni 44 entrées et 15 décès.

Les 172 Arabes ont fourni 39 entrées et 17 décès.

La *morbidité* (rapport du nombre des malades au nombre des existants) a été de 47 p. 100 chez les Européens libres, de 41 p. 100 chez les transportés européens et de 22,6 p. 100 chez les Arabes.

La *mortalité* (rapport du nombre des décédés au nombre des existants) a été de 13, 1 p. 100 chez les Européens libres, de 14, p. 100 chez les transportés européens et de 9, 8 p. 100 chez les Arabes.

La *mortalité des atteints* (rapport du nombre des décédés au nombre des malades) a été de 27 p. 100 chez les Européens libres, de 34 p. 100 chez les transportés européens et de 43 p. 100 chez les Arabes.

La petite garnison de l'île Royale, composée seulement de 49 hommes, a fourni 30 entrées et 9 décès, ce qui donne, pour ce petit groupe particulier d'Européens libres, une *morbidité* de 61 p. 100, une *mortalité* de 18,3 p. 100 et une *mortalité des atteints* de 30 p. 100.

Les chiffres qui suivent font ressortir l'influence du séjour antérieur sur la *morbidité* et la *mortalité*.

Sur les 129 individus atteints (126 Européens et Arabes, plus 3 Hindous), 50 avaient de un mois à un an de séjour à la Guyane, 63 de un an à deux ans, et 16 de deux ans à six ans. Parmi les nombreux individus ayant plus de six ans de séjour dans la colonie, aucun n'a été atteint.

Au point de vue de la *mortalité*, l'influence du temps de séjour antérieur est plus manifeste encore. Sur les 44 individus qui ont succombé, 26 avaient de un mois à un an de séjour et 18 de un an à deux ans. Parmi les 16 individus ayant de deux ans à six ans de séjour, qui ont été atteints par la maladie, aucun n'a succombé. La *mortalité des atteints* a donc été de 52 p.100 pour les individus ayant de un mois à un an de séjour, de 28,57 p.1 0 pour les individus ayant de un an à deux ans de séjour, tandis qu'elle a été nulle pour les individus ayant de deux à six ans de séjour.

Terminons l'histoire de la fièvre jaune aux îles du Salut en 1885 par quelques mots sur la marche de l'épidémie. Nous avons parlé de la marche insidieuse de la maladie au début. L'épidémie atteignit son maximum du 25 mars au 8 avril. Cette période correspond au petit été de mars. Nous avons déjà dit, à propos des accès pernicieux, qu'à la Guyane l'année se divise en deux saisons : la saison des pluies, moins chaude que l'autre, qui dure du mois de novembre ou décembre au mois de juin ou juillet, et la saison sèche, plus chaude, qui dure du mois de juin au mois de novembre. Vers le milieu de la saison des pluies, en mars, il y a généralement une accalmie de quinze jours, trois semaines ou un mois : c'est le petit été de mars. Les pluies reprennent ensuite en avril et ne cessent que vers la fin de juin, où la saison sèche s'établit définitivement. Aux îles du Salut, en 1885, on ne compta qu'un jour de pluie en mars, et deux fois seulement des grains légers en avril. Ce ne fut que le 15 mai que les pluies recommencèrent. Du 15 au 31 mai, il n'y eut que deux entrants à l'hôpital pour fièvre jaune. En même temps, les symptômes semblaient se modifier ; les décès étaient plus rares et les malades qui succombaient n'étaient pas emportés avec la rapidité foudroyante du début. Du 14 mai au 30 juin, il y eut trente-trois jours de pluies, pluies diluviennes dont on n'a pas une idée exacte en Europe, et dont on ne saurait nier l'influence sur la marche de l'épidémie. Pendant le mois de juin, les symptômes gastriques faisaient défaut. En revanche, les hémorrhagies prédominaient. Tous les cas traînaient en longueur, mais finissaient par guérir.

Pendant la première semaine de juillet, les pluies durèrent encore ; elles disparurent le 9. Du 9 au 20 juillet, six nouveaux cas se produisirent encore et deux furent mortels. Chez ces deux derniers malades, l'éclosion de la maladie avait été précédée d'excès alcooliques et de fatigue au soleil. A partir du 20 juillet, il ne se produisit plus aucun cas. La saison sèche était établie ; car, du 9 au 31 juillet, il n'y eut que trois journées de pluie. L'épidémie était terminée.

Des mesures rigoureuses et minutieuses de désinfection furent prises aux îles du Salut, sous la direction du Dr Rangé, à la suite de l'épidémie.

Le personnel, tant libre que condamné, est logé aux îles du Salut, dans des baraques ou cases, dont les planches ont été apportées toutes préparées de Bordeaux, en 1852. On put ainsi avoir rapidement, dès le début de la transportation, des logements pour le personnel. Ces cases, qui n'étaient que provisoires en 1852, existent encore à l'heure actuelle, et on se figure facilement dans quel état elles doivent être aujourd'hui. C'est là que l'administration pénitentiaire loge, un peu pêlemêle et d'une manière par trop égalitaire, les forçats, les employés, les soldats et les officiers. Le Dr Rangé a été assez heureux pour obtenir que quelques-unes de ces cases, servant au logement du personnel libre, fussent brûlées, à la suite de l'épidémie. Toutes les autres cases de la transportation, tous les logements du personnel libre, furent grattés, fumigés et badigeonnés à la chaux chlorurée. Les fumigations sulfureuses furent employées de préférence pour les salles d'hôpital, l'infirmerie, le dortoir des sœurs, en un mot tous les locaux où avaient été traités les malades. Les planchers de ces salles furent grattés, raclés, briqués à l'eau phéniquée. Les autres logements furent fumigés au chlore. Tout le matériel de literie, ayant servi aux malades, guéris ou décédés, fut incinéré. Les matelas et les paillasses furent défaits ; les laines, la paille, les couvertures furent fumigées au soufre ; les enveloppes furent soumises à l'ébullition pendant une heure, l'eau étant additionnée de liqueur de Van Swieten. Le linge du personnel libre, troupe, surveillants, fonctionnaires, sœurs hospitalières, toute la lingerie de l'hôpital, furent portés dans les cuves et soumis à l'ébullition prolongée.

Les vêtements de drap, laine, soie, furent exposés aux vapeurs de soufre; les effets qui pouvaient être attaqués par ces opérations furent confiés, pendant une heure, à l'étuve sèche (four à boulangerie). Les capotes et vareuses des militaires, après avoir été ébouillantées, furent soumises aux fumigations sulfureuses. Les malles, les caisses, les chaussures de chacun, passèrent à la salle des fumigations. Tous les transportés soumirent à l'ébullition leurs sacs, vareuses, couvertures, hamacs. Les sacs des hommes à l'infirmerie, à l'hôpital, en prison, ne furent pas oubliés. Les vêtements en magasin, 2500 chemises, 2400 pantalons furent lessivés ; 1000 paires de chaussures, les chapeaux, furent exposés aux vapeurs de soufre, etc.

Le soufre fut employé à la dose de 20 grammes par mètre cube d'air. On en dépensa 83 kilogs. La quantité de chlore dégagé s'éleva à 18,500 litres. Les objets déposés dans la salle aux fumigations y séjournaient au moins trois heures.

Avant que la quarantaine des îles du Salut ne fût levée (14 septembre), la fièvre jaune a éclaté à Cayenne. Rien, jusqu'ici, n'autorise à rattacher l'épidémie de Cayenne à une contamination venue directement des îles du Salut. En effet, les îles ont été soumises à une quarantaine sévère depuis le début de l'épidémie. De plus, du 26 juillet au 14 septembre, date de la levée de la quarantaine, aucun cas de fièvre jaune n'a été constaté aux îles du Salut : or, le premier cas officiel de fièvre jaune à Cayenne date du 31 août, et un cas peu douteux a été constaté au commencement de juillet. Nous avons vu, et nous devons attirer l'attention sur ce détail, que dans le courant de 1884, 250 kilogs de laine de provenances diverses (laine de 1878) ont été envoyés des îles du Salut à Cayenne, pour les besoins de l'hôpital du camp Saint-Denis. Il paraîtrait que des cas suspects, mais isolés et bénins, semblables à ceux qui avaient été observés à l'île Royale en novembre et décembre 1884, ont été constatés à Cayenne pendant le premier semestre de l'année 1885 et même à la fin de l'année 1884 (communication orale du D^r Le Dantec).

O.G

Les quatre ou cinq premiers cas officiels de fièvre jaune, à Cayenne, ont été constatés, dans la première quinzaine de septembre, sur des militaires employés au jardin de la troupe. Toutefois, certains faits antérieurs méritent d'être relatés.

Le 3 juillet, un gendarme entra à l'hôpital de Cayenne, atteint d'une fièvre continue ; il mourut le 7, après avoir présenté de l'ictère et des symptômes typhoïdes. Ce décès parut suspect.

On raconte qu'un navire de commerce, parti de Cayenne pour New-York au mois d'août (nous n'avons pas la date exacte), sans avoir communiqué avec les îles du Salut, où, du reste, l'épidémie était terminée, a eu la fièvre jaune en mer, quelques jours après son départ de Cayenne, et a perdu une partie de son équipage (communication du D^r Le Dantec).

Nous arrivons maintenant au premier cas officiel. Le 31 août, un soldat d'infanterie, le nommé Tartif, entra à l'hôpital et mourut le 3 septembre, après avoir présenté tous les symptômes classiques de la fièvre jaune. Inutile de dire que ce décès donna vivement l'éveil.

Le 9, le 12 et le 13 septembre, quatre soldats d'infanterie entrèrent à l'hôpital, atteints de fièvre continue. Tous les quatre présentèrent des symptômes peu équivoques de la maladie qu'on redoutait ; mais ces quatre cas furent bénins et les quatre malades guérirent.

Le 16, le soldat Lavergne entra à l'hôpital, dans la matinée, et mourut le lendemain, 17, après avoir présenté de l'ictère, des vomissements noirs, de l'anurie, des pétéchies, etc.

Dès ce moment, on fut fixé. Le jour même, la déclaration officielle de la maladie épidémique fut faite au gouverneur par le médecin en chef, le Dr Cassien, et l'on prit immédiatement des mesures en vue de la dispersion des troupes.

A partir du 17 septembre, les cas se succédèrent avec rapidité, et tous présentèrent des symptômes graves. A la date du 1er octobre, on comptait 27 cas, ayant donné 14 décès. Ces cas étaient ainsi répartis : infanterie de marine 20 cas et 9 décès, artillerie 4 cas et 3 décès, surveillants 2 cas et 1 décès, transportés 1 cas et 1 décès.

Le 22 septembre, on fit sortir les troupes de Cayenne et on les dissémina dans les environs. Une compagnie fut envoyée à Bourda, une autre sur l'habitation la *Madeleine* et sur l'habitation *Pouget* ; une troisième fut installée dans les hangars qui avoisinent le *pénitencier à terre,* au sud-est de Cayenne ; la compagnie hors rang fut laissée dans l'aile droite de la caserne, située au vent, et dans laquelle il n'y avait pas eu de décès. Les artilleurs furent laissés dans les bâtiments de la direction d'artillerie, mais ils furent fortement atteints et plus tard on dut les envoyer dans les environs. Les troupes furent consignées, à l'abri du soleil, de huit heures du matin à cinq heures du soir. Tous les exercices furent supprimés. Malgré ces mesures, la garnison a été fortement éprouvée. Le point le moins épargné a été Bourda qui a eu 16 cas mortels en très peu de temps.

Presque en même temps que l'épidémie envahissait Cayenne, la fièvre jaune faisait de nouveau son apparition aux îles du Salut. Nous avons vu que la quarantaine avait été levée le 14 septembre ; le 15, deux jours avant la déclaration officielle de la fièvre jaune au chef-lieu, un contingent de troupes fut envoyé aux îles du Salut, afin de relever la petite garnison de ce pénitencier, qui partit pour France deux jours après. Ces soldats, venus de Cayenne, ont apporté avec eux la fièvre jaune aux îles. Dès le lendemain de l'arrivée, un soldat a été atteint et est mort trois jours après. Cette seconde épidémie des îles du Salut a été assez sérieuse. En deux mois seulement, du 17 septembre au 17 novembre, le personnel libre a fourni 45 cas et 8 décès, le personnel transporté 24 cas et 8 décès. Parmi les victimes se trouve M. Rondepierre, aide-médecin auxiliaire, mort le 6 novembre. C'est le troisième médecin mort aux îles du Salut en 1885. Deux avaient succombé dans le cours de la première épidémie : nous avons parlé du décès de M. Gaudefroy, médecin auxiliaire de 2me classe, qui fut une des premières victimes de l'épidémie et mourut le 1er mars. Son successeur, M. Couture, aide-médecin auxiliaire, succomba aussi peu de temps après lui.

A Cayenne, à la date du 17 octobre, un mois après la déclaration officielle de l'épidémie, on avait constaté 86 cas de fièvre jaune, donnant 36 décès. Sur ce nombre, l'infanterie de marine avait 59 cas avec 25 décès, l'artillerie 17 cas avec 7 décès, les surveillants militaires 4 cas avec 2 décès, les transportés 5 cas avec un décès ; le dernier cas, suivi de décès, revenait à un agent de l'administration pénitentiaire.

L'épidémie a sévi avec intensité jusque vers le milieu de janvier. 25 artilleurs, qu'on n'avait pas craint de faire partir de France pour Cayenne le 21 novembre, sont arrivés à Cayenne le 15 décembre, par le paquebot *Saint-Domingue*, mais ils n'ont pas été débarqués et sont retournés à la Martinique, pour y attendre la fin de l'épidémie.

D'après des renseignements que nous avons reçus de Cayenne, à la date du 15 janvier 1886, la statistique officielle des décès dus à la fièvre jaune, pour le chef-lieu seul, était la suivante (du 3 septembre 1885 au 15 janvier 1886) :

Militaires de toutes armes	71
Européens civils ou fonctionnaires	9
Marins	4
Frères de Ploërmel	2
Magistrat	1
Total	87

Il y a, en outre, quelques transportés européens et arabes qui ne sont pas portés sur cette statistique.

Vers le milieu du mois de février, l'épidémie semblait toucher à sa fin, et on fit rentrer les troupes à Cayenne (26 février) ; mais, dès leur arrivée, trois nouveaux cas, dont deux suivis de décès, ne tardèrent pas à se montrer à la caserne. Cependant, au mois de mars, l'épidémie paraissait à peu près terminée au chef-lieu. Du 7 au 18 mars, il n'y a eu aucun nouveau cas.

Au 18 mars, date de nos derniers renseignements, le nombre des décès par fièvre jaune, enregistrés à l'hôpital militaire de Cayenne, depuis le début de l'épidémie, était de 102. Il y a lieu de supposer, en outre, que quelques décès se sont produits en dehors de l'hôpital militaire, par exemple ceux des enfants du gouverneur, M. Le Cardinal. Ce haut fonctionnaire est arrivé à Cayenne avec sa famille, le 15 novembre 1885, au milieu de l'épidémie.

Toute la famille Le Cardinal vivait depuis longtemps dans les colonies. Avant d'aller à la Guyane, elle avait été dans l'Inde et n'avait fait, dans l'intervalle, qu'un court séjour en France. M. Le Cardinal a eu la douleur de perdre, pendant l'épidémie, quatre de ses enfants sur cinq. Sa fille aînée, âgée de 22 ans, atteinte aussi par la fièvre jaune, a seule été sauvée. Ses quatre autres enfants : une fille de 19 ans et trois garçons âgés de 17 ans, 12 ans et 7 ans, ont succombé coup sur coup. Les trois premiers sont morts dans l'espace de seize jours, du 1er au 16 décembre.

La population de couleur, elle-même, ne paraît pas avoir été complètement indemne. Le Dr Pain, médecin civil à Cayenne, a signalé parmi elle quelques cas peu douteux de fièvre jaune et entre autres celui d'un enfant de couleur, âgé de 7 à 8 ans, qui est mort avec tous les symptômes classiques : ictère, vomissements noirs, etc.

Le Dr Guérin, qui a quitté Cayenne le 1er avril dernier, a eu l'obligeance de nous communiquer la statistique complète de l'épidémie du chef-lieu. A cette date (1er avril), l'épidémie de Cayenne pouvait être considérée comme terminée. Les quelques individus atteints et décédés en dehors de l'hôpital ne sont pas portés sur cette statistique qui se rapporte uniquement aux cas traités à l'hôpital militaire :

Personnel.	Atteints.	Décédés.
Artilleurs	38	14
Infanterie	142	65
Corps de santé	2	1
Gendarmes	9	2
Administration pénitentiaire	10	6
Religieux	4	2
Divers	4	2
Transportés	16	11
Totaux	225	103

L'officier du corps de santé qui a succombé est M. Gairoard, pharmacien de 1re classe de la marine, décédé à l'hôpital le 22 février, peu de temps après son arrivée de France.

Vers le milieu du mois de février dernier, l'épidémie a fait son apparition au Maroni. Il est à craindre qu'elle n'y ait fait d'assez nombreuses victimes dans la garnison, car on avait envoyé sur ce pénitencier des jeunes soldats ayant peu de temps de séjour dans la colonie.

Lorsque la dépêche annonçant de nouveaux cas parmi les troupes à la caserne de Cayenne et l'apparition de la maladie au Maroni, est arrivée en France, on a suspendu l'envoi du personnel que l'on était sur le point d'expédier à la Guyane. C'est ainsi que 80 hommes d'infanterie de marine et quelques officiers, qui devaient partir pour Cayenne par le paquebot du 21 février, ont reçu contre-ordre la veille du départ de Saint-Nazaire et sont rentrés à Rochefort. Ce détachement vient de partir tout récemment (21 mai), mais il doit s'arrêter à la Martinique et attendre de nouveaux ordres avant de se rendre à Cayenne. Le transport *l'Orne*, qui devait quitter Toulon le 10 mars pour la Guyane et les Antilles, a eu également son départ ajourné jusqu'à nouvel ordre. Depuis lors, ce navire a reçu une autre mission (transport de troupes au Sénégal) (1). Il avait été question tout récemment d'affréter un navire de commerce pour faire le voyage de la Guyane, mais on n'a pas donné suite à cette idée. *L'Orne* vient de rentrer du Sénégal et doit partir pour la Guyane et les Antilles dès que l'état sanitaire de la première de ces colonies le permettra.

En résumé, d'après ce que l'on sait déjà sur cette épidémie, il est certain qu'elle a été beaucoup plus grave que les deux épidémies de 1872-73 et 1876-77.

Nous ne connaissons pas le chiffre officiel de la garnison de Cayenne, mais nous savons qu'elle se compose de quatre compagnies d'infanterie à 120 hommes chacune, au plus, d'une demi-batterie d'artillerie et d'un détachement de 25 ou 30 gendarmes, soit un total de 550 à 600 hommes, au maximum. A la date du 1er avril dernier, le personnel militaire avait subi 81 décès ; sa mortalité était donc, à cette date, de 14 p. 100 environ.

(1) Ces mesures ont été sages, sans doute ; car, c'est en renouvelant sans cesse le personnel, à mesure qu'il succombait, qu'on a prolongé la durée de certaines épidémies de fièvre jaune et augmenté le nombre des victimes, comme, par exemple, dans les dernières épidémies du Sénégal. Ne pas fournir de nouveaux aliments à la maladie par l'envoi de personnel européen non acclimaté, telle est, dans les conditions actuelles, la mesure la plus élémentaire pour maîtriser les épidémies de fièvre jaune. Cependant, lorsqu'il y a nécessité absolue d'envoyer du personnel, pourquoi a-t-on toujours envoyé à la Guyane des troupes expédiées directement de France, alors qu'il serait si facile d'y envoyer des soldats ayant passé un an ou dix-huit mois aux Antilles? Les paquebots passent aux Antilles avant d'aller à Cayenne. Il n'est pas permis de douter que cette mesure si simple ne diminuât de beaucoup la *morbidité* et surtout la *mortalité* des troupes, car la fièvre jaune est bien moins grave chez les acclimatés que chez les hommes bien portants arrivant d'Europe.

2° Fièvre typhoïde (56 D.). — La fièvre typhoïde est rare à la Guyane et son influence sur la mortalité de ce groupe est minime, si on tient compte de la nature du personnel qui nous occupe et si l'on se reporte aux ravages que fait cette maladie dans les armées en Europe. La fièvre typhoïde s'observe à la Guyane, principalement chez les arrivants; mais elle n'épargne pas les acclimatés lorsqu'il existe un foyer épidémique importé.

Sur ces 56 décès, imputés à la fièvre typhoïde, il y en a 33 qui sont certainement étrangers à cette maladie et qui doivent être rapportés à des formes plus ou moins bâtardes de la fièvre jaune.

Ces 56 décès sont disséminés sur plusieurs années ; celles qui en comptent le plus grand nombre sont les années 1855, 1876 et 1873, qui ont chacune quatre décès, enfin l'année 1874 qui possède, à elle seule, 29 décès. Ces 29 décès, ainsi que les 4 décès de l'année 1873, n'ont certainement aucun rapport avec la dothiénentérie. La fièvre jaune s'était éteinte, à Cayenne, au commencement du mois de septembre 1873, lorsque, au mois de décembre de la même année, une maladie épidémique frappa les soldats arrivés à la Guyane au mois d'octobre, respectant ceux qui avaient traversé l'épidémie de fièvre jaune. Voici la description de cette maladie, que nous trouvons dans le rapport du Dr Gourrier, daté du 30 janvier 1874 : « Je dois vous signaler que cette affection
« qui, paraît-il, est très rare à la Guyane, est loin de présen-
« ter, dans son évolution, cet ensemble de symptômes si
« nettement tranchés qui lui sont propres en Europe. Elle
« s'en distingue particulièrement par la rapidité de sa marche,
« soit vers la guérison, soit vers une terminaison fatale, et la
« prédominance de sa forme à la fois bilieuse et céphalique,
« fréquemment compliquée d'inflammation des organes pul-
« monaires et d'hémorrhagies nasales et intestinales incoer-
« cibles. La constatation de certains phénomènes insolites,
« tels que la chute brusque du pouls qui, chez un certain
« nombre de malades, était tombé du soir au matin, dès le
« troisième ou même le deuxième jour de la maladie, de 110
« à 60 pulsations, l'apparition, à cette époque, d'une teinte
« ictérique générale et de vomissements d'un vert noirâtre, la
« présence à peu près constante de l'albumine dans les urines,

« m'avaient, dans le principe, inspiré des craintes que sem-
« blait justifier encore la récente apparition de la fièvre
« jaune aux îles du Salut et au Maroni. Une analyse plus
« attentive des faits a justement dissipé, je crois, mes ap-
« préhensions. C'est bien la fièvre typhoïde qui frappe l'in-
« fanterie de marine. En ville, il n'y a absolument rien.
« Comment cette affection s'est-elle engendrée avec tant de
« violence, dans un pays où on a si rarement l'occasion de la
« rencontrer ? Le transport *la Sybille*, sur lequel ces soldats
« d'infanterie de marine sont arrivés, en octobre dernier, a
« déposé à l'hôpital de Brest, la veille de son départ, plusieurs
« hommes atteints de fièvre typhoïde; mais, pendant la tra-
« versée, aucun cas de cette affection n'a été observé. Il y a eu
« cependant, d'après le rapport du médecin-major, un cas de
« pneumonie typhique. Faut-il faire remonter jusqu'à cette
« époque, déjà si éloignée, l'origine de la maladie ? S'est-elle,
« au contraire, développée spontanément ? Il est certain qu'il
« ne serait pas difficile de trouver dans l'ensemble des condi-
« tions nouvelles de régime, d'alimentation, d'habitudes, de
« logement, auxquelles ont été soumises, depuis leur départ
« de France, ces compagnies d'infanterie de marine, com-
« posées d'un très grand nombre de jeunes gens absolument
« étrangers à la vie du soldat, une explication rationnelle de
« la manifestation spontanée de cette affection. »

Le désir de ne pas jeter l'alarme dans la population a certainement eu sa bonne part d'influence dans la détermination
du Dr Gourrier, lorsqu'il a donné le nom de *fièvre typhoïde* à
cette affection. On peut voir combien cette maladie ressemble
à la *fièvre rémittente typhoïde* observée par le Dr Dupont quelques mois plus tard au Maroni, à la suite de l'épidémie de
fièvre jaune, sur des soldats non acclimatés. En quoi les
cas qui présentaient de l'ictère au troisième jour diffèrent-ils
de la fièvre typhoïde bilieuse du Dr Maurel? Il est certain qu'on
a dû faire, à l'hôpital de Cayenne, des autopsies de sujets
morts de cette fièvre, mais on ne parle pas de lésions intestinales. Il est à présumer qu'on n'a rien trouvé. Ni dans ses
symptômes du début, ni dans sa marche, ni dans sa durée, ni
certainement dans son anatomie pathologique, cette maladie
n'a aucun rapport avec la dothiénentérie. On ne meurt pas de
la fièvre typhoïde au troisième ou au quatrième jour, pas plus

à la Guyane qu'en France. La fièvre typhoïde est rare à la Guyane; on la rencontre cependant quelquefois aux îles du Salut où j'en ai observé quatre cas, dont deux suivis de mort et d'autopsie ; or, j'affirme que la fièvre typhoïde, à la Guyane, n'est pas une fièvre de quatre ou cinq jours : elle a absolument son évolution normale. De même qu'en France, de même qu'à Cayenne et à l'Approuague du temps de Bajon, en 1764 et 1765, c'est dans le courant du troisième septenaire que la mort survient, en général. A propos de la maladie des colons de Kourou en 1764, nous avons dit qu'une maladie épidémique dans laquelle la mort survient, en général, le dix-septième ou le vingt-unième jour, ne peut pas être la fièvre jaune : réciproquement, nous disons, ici, qu'une maladie épidémique dans laquelle la mort survient, en général, le troisième, le quatrième, ou le cinquième jour, ne peut pas être la fièvre typhoïde.

Cette maladie frappa exclusivement les compagnies arrivées par *la Sybille* au mois d'octobre, respectant les soldats et les Européens qui avaient traversé l'épidémie terminée en septembre. Il y eut 6 cas, dont 4 suivis de mort, en décembre 1873 ; 47 cas, donnant 18 décès, en janvier 1874 ; 20 cas, donnant 8 décès, en février. On observa encore quelques cas et 3 décès en mars.

3° **Autres maladies infectieuses (4 D.).** — Les fièvres éruptives sont encore plus rares que la fièvre typhoïde. Ces 4 décès se rapportent à 3 cas de variole, observés en 1870, et à un cas de scarlatine maligne observé en 1878.

Je n'ai pas trouvé, à l'hôpital de Cayenne, un seul décès par suite de *pustule maligne* ou de *charbon*. Ce fait m'a beaucoup étonné, car la pustule maligne a été observée aux îles du Salut et sur d'autres pénitenciers; elle est même fréquente au Maroni. De nombreux cas de cette affection (et un grand nombre suivis de décès) sont relatés dans les rapports médicaux trimestriels du Maroni. On a observé quelquefois la pustule maligne sur le personnel libre, mais ce sont les transportés qui en ont fourni le plus grand nombre de cas.

IV. MALADIES CONSTITUTIONNELLES (58 Décès).

1° **Anémie tropicale (38 D.)**. — Lorsqu'un Européen a passé une ou plusieurs années à la Guyane, même dans le cas où il a été à l'abri de l'intoxication paludéenne, il est forcément arrivé à un degré plus ou moins avancé de l'*anémie tropicale*. Celle-ci n'est pas une affection sporadique, une maladie qui atteint les uns et épargne les autres : c'est un état spécial, une modification de l'organisme à laquelle personne n'échappe. On n'a jamais vu un Européen, après deux ou trois années passées à la Guyane, ou dans n'importe quelle colonie à climat torride (1), quand bien même il n'aurait jamais été malade, avoir au moment de son départ l'état de santé, le tein rose et fleuri qu'il possédait au moment de son arrivée. L'Européen nouvellement débarqué à la Guyane, dit Bajon, « ne tarde pas longtemps à « perdre les couleurs vives et vermeilles qu'il avait apportées « d'Europe ; il devient d'un blanc plus ou moins basané (2). » Cette teinte blafarde des visages pâlis par l'anémie frappe fortement l'attention de l'étranger le moins observateur, au moment où il débarque. « En arrivant à Cayenne, dit Laure (3), on croirait tomber dans la cour d'un hospice. » C'est l'impression inverse que l'on éprouve, lorsque, habitué à la vue de son entourage, on aperçoit des Européens fraîchement débarqués : ils semblent avoir tous des *facies* rouges et pléthoriques.

L'action de l'*anémie tropicale* s'étend bien au delà des décès qui portent ce diagnostic. Le rôle de l'anémie est immense. C'est l'*anémie tropicale* qui met l'obstacle le plus sûr aux migrations de la race blanche vers les climats chauds et torrides. L'*anémie tropicale* est le résultat des modifications fonction-

---

(1) *Les climats torrides* sont ceux dont la *température annuelle* est de 25° au moins. Les *climats torrides* sont compris entre l'équateur thermal et les lignes isothermes de + 25°. Les *climats chauds* sont compris entre les lignes isothermes de + 25° et les lignes isothermes de + 15° ; les *climats tempérés* entre les lignes isothermes de + 15° et les lignes isothermes de + 5°. Voir les cartes des climats.

(2) Bajon, *loc. cit.*, tome 1er, page 8.

(3) *Considérations pratiques sur les maladies de la Guyane et des pays marécageux situés entre les tropiques*, par le Dr Jules Laure, médecin en chef de la marine. Paris, 1859, page 66.

nelles que la haute température continue imprime à l'organisme de l'Européen. C'est un état de déchéance physiologique amenant la décroissance graduelle de la vigueur physique et intellectuelle, et en même temps la diminution de la résistance du sujet à la plupart des causes morbifiques. L'homme anémié est en état d'*opportunité morbide* vis-à-vis de presque toutes les maladies, et particulièrement les affections de l'appareil respiratoire et du tube digestif. L'action de la haute température continue est lente, mais constante et fatale; ses effets vont sans cesse en s'aggravant sur l'individu et sur sa descendance.

Toutes les causes qui produisent l'anémie dans nos climats, telles que les maladies aiguës ou chroniques, les hémorrhagies graves, l'alimentation mauvaise ou insuffisante, les conditions anti-hygiénique du fonctionnement de l'appareil respiratoire, certaines intoxications chroniques, les excès de tous genres, le surmenage, etc., agissent aussi dans les climats torrides et accélèrent singulièrement la marche de l'anémie tropicale. Mais, en dehors de ces causes, l'Européen, soumis à l'action de la haute température continue dans les climats torrides, tombe graduellement dans l'anémie. En d'autres termes, l'Européen, vivant dans des conditions qui assureraient l'intégrité de sa santé s'il était en Europe, devient fatalement anémique lorsqu'il se trouve dans les climats torrides. C'est là une loi absolue qui ne comporte aucune exception. Tant qu'elle se maintient dans certaines limites, l'*anémie tropicale* a été considérée comme un effet nécessaire et même salutaire de l'adaptation au milieu, de l'acclimatement; mais, en réalité, cette anémie légère n'est que le premier pas vers l'état pathologique.

Les Européens libres qui ont succombé à l'anémie tropicale sont des individus ayant passé, en général, un grand nombre d'années à la Guyane. Cependant, lorsque d'autres causes, telles que les excès génésiques, le travail musculaire exagéré, les veilles prolongées, le surmenage, une mauvaise alimentation, etc., viennent joindre leur action à l'influence débilitante de la haute température continue, on voit les sujets dépérir avec rapidité. Quelquefois même, chez des individus peu vigoureux, l'influence de ces causes auxiliaires ne peut pas toujours être invoquée. Trois ans, deux ans, et même moins, suffisent à ces anémies galopantes ou pernicieuses,

comme on les a appelées, pour déterminer un état de débilitation capable de compromettre l'existence, si le malade n'est
pas rapatrié. Des cas de ce genre ont été observés à la Guyane,
tant sur des transportés que sur des soldats. Une observation
intéressante, consignée dans la thèse du Dr Camuset (1), est
relative à un soldat d'infanterie, d'un tempérament robuste,
ayant trois ans de séjour à la Guyane, n'ayant jamais quitté
le chef-lieu, sans antécédents paludéens, et mort d'anémie
à l'hôpital de Cayenne, en 1865. A l'autopsie, on trouva que le
foie, la rate et tous les viscères étaient normaux et sains. Les
tissus étaient exangues; il y avait de l'œdème des poumons
et des épanchements séreux dans les ventricules cérébraux,
le péricarde et la cavité péritonéale. Des informations prises
sur ce soldat apprirent qu'il n'était adonné à aucun genre
d'excès, qu'il n'était pas non plus nostalgique, mais que son
unique passion était une avarice extrême : il vendait sa ration
de vin et se privait de tout ce qu'il ne considérait pas comme
d'une absolue nécessité.

De toutes les causes adjuvantes, capables de produire l'anémie, la fièvre paludéenne est, à la Guyane, la plus active et
la plus fréquente. La fièvre détermine avec beaucoup plus
de rapidité que la haute température continue l'altération et
la destruction des hématies, au dépens desquelles se forme
vraisemblablement, par une espèce de dégénérescence régres-
sive, le pigment mélanique que l'on trouve dans le sang, la
peau, les tissus, les viscères et surtout les membranes vascu-
laires (Heschl) des individus longuement impaludés. A la
Guyane, l'action de l'impaludisme s'associe ordinairement à
l'action de la chaleur, et ces deux causes pathogènes, combinant leurs effets en proportions variées, déterminent des cas
cliniques mixtes. Les états qualifiés d'*anémie tropicale* sont
donc, le plus souvent, le produit de deux facteurs : la haute
température continue et le poison paludéen. Suivant que l'un
ou l'autre de ces deux facteurs prédomine, on porte le diagnostic d'*anémie tropicale* ou de *cachexie paludéenne*. Toutefois, si ces états pathologiques mixtes sont en majorité, si
l'impaludisme peut souvent revendiquer sa part dans la
pathogénie des cas mortels d'anémie tropicale, et si, chez le

(1) Camuset. —*De l'anémie tropicale observée à la Guyane française.* —
Thèse de Montpellier, 1868.

plus grand nombre des trente-huit Européens libres dont les décès portent ce dernier diagnostic, la rate avait un volume plus ou moins exagéré, il existe cependant des cas dans lesquels l'action de l'impaludisme a été très faible ou presque nulle, et dans lesquels la chaleur a suffi, à peu près à elle seule, pour déterminer l'état de misère physiologique des sujets.

Tandis que quelques mois peuvent suffire à produire la cachexie paludéenne chez un individu fortement soumis à l'action du poison malarien, l'anémie tropicale, sans mélange de cachexie palustre, a une évolution beaucoup plus lente. Pour arriver à un degré avancé, capable de compromettre la vie, elle exige dix, quinze, vingt ans de séjour dans la colonie. La rareté des accès de fièvre antérieurs (1), l'absence d'engorgement de la rate et du foie, enfin la couleur de la peau qui présente la pâleur de la cire, au lieu de la teinte terreuse, bistrée, grise ardoisée, due au pigment mélanique produit par la fièvre, constituent les points principaux qui différencient l'anémie tropicale pure de la cachexie paludéenne confirmée. L'hydropisie qui accompagne ces deux états n'a pas non plus la même marche : elle débute par l'œdème des membres inférieurs et l'anasarque, dans les cas d'anémie avancée ; les épanchements dans les cavités séreuses, et surtout l'ascite, ne viennent qu'en dernier lieu et sont loin d'être constants. C'est l'inverse dans la cachexie paludéenne, où l'hydropisie débute généralement par l'ascite. Enfin, il existe encore une différence qu'il ne faut pas oublier de noter : lorsque les anémiques sont rapatriés, ils se rétablissent avec une rapidité merveilleuse en changeant de climat ; il n'en est pas de même pour les cachectiques.

Nous n'essaierons pas de faire ici la description de la symptomatologie que présentent les individus atteints d'anémie tropicale à l'état avancé. Ces êtres exsangues, aux muqueuses décolorées, pâles comme des cadavres, n'offrent aucune résistance aux causes morbifiques. Ils succombent fréquemment à des maladies intercurrentes, surtout à la pneumonie et à la

____

(1) Je n'ose pas dire l'absence d'accès de fièvre antérieurs, car je ne pense pas qu'on ait jamais vu un Européen passer huit ou dix ans à la Guyane, sans avoir jamais eu la fièvre, quelles que puissent être les conditions de confort et d'hygiène où il s'est trouvé.

diarrhée chronique. Chez eux, la moindre blessure, la plus petite érosion de la peau, une plaie de chique, dégénèrent en ulcères atoniques inguérissables. Lorsque l'anémie est pure, l'état de ces malades est absolument apyrétique; il y a, au contraire, un abaissement notable de la température à la périphérie du corps. Lorsqu'on leur touche la peau, on éprouve la sensation que donnerait le contact d'un animal à sang froid. Mais, pour peu qu'ils soient impaludés, ce qui est, nous l'avons dit, le cas le plus ordinaire, il survient vers la fin de la journée une chaleur brûlante, désignée sous le nom de *fièvre lente*. Les anémiques s'éteignent quelquefois lentement dans le marasme, mais les morts subites par syncope sont très fréquentes. A l'autopsie, on trouve invariablement des caillots fibrineux dans le cœur et les gros vaisseaux, et un épanchement séreux dans le péricarde, qui expliquent suffisamment le mécanisme de la mort. On trouve aussi quelquefois, dans l'intestin grêle, des parasites (ankylostomes et ascarides lombricoïdes) dont nous dirons quelques mots à propos de l'*anémie* chez le nègre.

Il est vraisemblable que l'anatomie pathologique de l'*anémie tropicale* ne diffère pas de celle des cas d'anémie que l'on observe dans nos climats tempérés. Il y a une différence de degré, mais les modifications du sang sont de même nature. En Europe, quelle que soit la cause de l'anémie, les altérations du sang ne changent pas. Hayem (1) a examiné du sang de sujets anémiques chez lesquels l'anémie provenait de causes diverses : chlorose, pertes de sang répétées, cachexie paludéenne, anémie saturnine, cachexie cardiaque, cachexie cancéreuse, tuberculose, et il n'a trouvé aucune altération globulaire spéciale à telle ou telle variété d'anémie. L'étude hématologique des cas d'anémie extrême que l'on rencontre à la Guyane française n'a jamais été faite. Du reste, les notions positives et précises que nous possédons sur l'anatomie pathologique de l'anémie sont dues aux travaux d'Andral et Gavarret, de Duncan, de Corazza, de Malassez, de Quinquaud, de Hayem, etc., et sont de date relativement récente. La Guyane française, avec ses transportés européens ayant quinze, vingt, vingt-cinq ans de séjour dans la colonie, mérite d'être signalée

(1) Georges Hayem. — *Recherches sur l'anatomie normale et pathologique du sang.* Paris, 1878, page 46.

comme un vaste champ pour les études hématologiques. On y a sous la main, par douzaines, des cas d'anémie tellement avancée qu'il n'en existe pas de semblables en Europe.

L'anémie est un état de déchéance physiologique, un trouble profond de la nutrition intime des tissus. Ses lésions caractéristiques siègent dans le sang, ce *milieu intérieur* (comme l'a heureusement appelé Claude Bernard), qui sert d'intermédiaire entre le milieu extérieur et les éléments anatomiques, en apportant à ces derniers les matériaux de la nutrition fournis par l'appareil digestif et l'appareil respiratoire, c'est-à-dire les substances assimilables et l'oxygène de l'air.

L'état pathologique désigné en clinique sous le nom d'*anémie*, lorsqu'il est arrivé à une période un peu avancée, présente ordinairement, à divers degrés, chacune des altérations du sang auxquelles on accorde, en pathologie, un nom particulier et une description spéciale. Il y a, en même temps, diminution de la masse sanguine (oligaimie), augmentation de la proportion de sérum (hydrémie, polyémie), diminution de la proportion d'albumine (hypo-albuminose, désalbuminémie), diminution et altération des globules sanguins (aglobulie). Ces diverses altérations, portant sur les différents éléments du sang, sont généralement associées, mais elles peuvent exister séparément. Les trois premières espèces du genre *anémie* sont rarement observées à l'état isolé, mais la quatrième (aglobulie) est fréquente : c'est la chlorose. La chlorose est une *anémie globulaire* essentielle (Jaccoud) (1). Dans les cas cliniques participant des différentes espèces d'anémie, il est probable que c'est l'aglobulie qui apparaît la première, et que l'hypo-albuminose, l'hydrémie, l'oligaimie ne viennent qu'en second lieu. Quoi qu'il en soit, ce sont les lésions globulaires qui ont été le plus étudiées et sont le mieux connues. « Depuis les beaux « travaux de MM. Andral et Gavarret, dit le professeur Ger« main Sée (2), l'aglobulie est considérée à juste titre comme « le caractère chimique le plus vrai de l'anémie. » Toutefois, les hématies ne sont pas seulement diminuées en nombre, comme on l'a cru longtemps ; elles sont encore altérées dans leur volume, leur forme, leur coloration, leur composition chimique.

(1) *Traité de pathologie interne.* Paris, 1883. Tome III, page 866.
(2) G. Sée. — *Du sang et des anémies.* Paris, 1866, page 41.

Dans les cas d'anémie confirmée, la moyenne des dimensions globulaires est toujours inférieure à la normale (Hayem). Il en résulte une diminution de la masse formée par les globules; ce qui revient à dire que chez les anémiques, pour un même nombre de globules, le volume de la masse globulaire est sensiblement moindre; 100 globules d'un anémique correspondent à peine au volume formé par 65 à 80 globules sains.

Les globules des anémiques présentent aussi des changements de forme. Au lieu d'être circulaires, ils prennent une forme ovalaire, allongée; dans des altérations plus profondes, ils prennent la forme de bâtonnets, d'une raquette, d'un corps ovalaire tiré en pointe à l'une de ses extrémités ou aux deux, etc. (Hayem).

La diminution de coloration que présentent les globules atteint surtout les globules déformés. Quand l'anémie est très avancée, la décoloration s'observe dans tous les éléments. Chez les anémiques, non seulement la masse d'un nombre de globules donné est amoindrie, mais encore cette masse amoindrie contient beaucoup moins de matière colorante qu'une masse équivalente de globules sains. Au point de vue de la richesse colorante, 100 globules de sang anémique ne correspondent qu'à 50 ou même 25 globules sains (Hayem).

La matière colorante du sang, c'est-à-dire la quantité d'hémoglobine qu'il contient, varie, à l'état pathologique, dans des proportions considérables. Cette proportion, à l'état physiologique, étant représentée par 1, l'anémie, c'est-à-dire l'état pathologique, commence, pour Hayem, à 0,66, et le champ d'oscillation dans lequel entrent la généralité des cas d'anémie que l'on rencontre, s'étend de 0,66 à 0,125. Dans les anémies profondes, la quantité d'hémoglobine contenue dans le sang est donc huit fois moins forte qu'à l'état normal. Dans les cas d'anémie extrême et mortelle, la quantité relative d'hémoglobine peut tomber beaucoup plus bas; elle peut être environ 15 à 18 fois moins forte qu'à l'état physiologique maximum.

Quant au nombre des globules contenus dans un volume donné de sang, la moyenne est, d'après Hayem, de 5 à 6 millions par millimètre cube, chez l'adulte bien portant. Du chiffre moyen de cinq millions et demi, le nombre des globules, dans les anémies avancées, peut descendre à un million et même au-dessous.

Hayem a observé une femme, morte d'anémie quelque temps après, qui n'avait que 414.062 globules, équivalant à 554.840 globules sains, parce qu'elle avait beaucoup de *globules géants*. La richesse globulaire du sang était donc dix fois moindre que chez les individus robustes. Chez une autre femme, morte aussi d'anémie, le nombre des globules était de 820.400, valant 722.700 globules sains. La valeur individuelle des globules était donc de 0,88.

Une diminution considérable de la quantité et de la qualité des globules n'est pas incompatible avec un état de santé relative. Hayem rapporte l'observation d'un ancien militaire qui resta anémique à la suite de voyages multiples dans les pays chauds, où il fut, à plusieurs reprises, atteint de fièvre intermittente. Au moment où fut fait l'examen de son sang, six ans après son retour en France, il n'avait que 1.950.000 globules, équivalant à 900.000 globules sains ; et cependant, il était dans un état de santé assez satisfaisant pour pouvoir faire, dans un hôpital, le service d'infirmier. Il est probable, ajoute Hayem, que les faits de ce genre sont fréquents dans les pays chauds et les contrées palustres.

Il résulte de ce que nous venons de dire, que, dans les anémies chroniques, on trouve constamment un défaut de concordance entre le nombre des hématies et le pouvoir colorant du sang ; c'est-à-dire que le pouvoir colorant est toujours inférieur, dans une proportion plus ou moins grande, à celui que donnerait au sang un nombre égal de globules normaux. Dans les cas d'anémie moyenne, le nombre des globules est parfois peu différent du chiffre normal ; il peut même lui être supérieur (Hayem). Dans ce cas, les globules ne sont altérés que qualitativement. Ils présentent une diminution de l'hémoglobine, se traduisant par un abaissement du pouvoir colorant du sang.

Les modifications subies par les hématies sont donc, non seulement quantitatives, mais aussi qualitatives ; ces dernières se traduisent par la diminution de l'hémoglobine, et cette diminution n'est pas proportionnelle à la diminution du nombre des globules. Comme le dit Jaccoud, la diminution de l'hémoglobine est la vraie lésion, et cette diminution a deux sources : l'une est l'abaissement du chiffre des hématies en bloc ; l'autre, plus importante, est la diminution de l'hémoglobine dans chacun des globules restants. Ces derniers ne sont que des globules malades, et, en fait, on peut dire, suivant l'expression de Jaccoud, que ce sont les hématies elles-mêmes qui sont chlorotiques.

L'*anémie tropicale*, lorsqu'elle est pure de tout mélange de cachexie palustre, mériterait le nom d'*anémie thermique*, car la haute température continue du milieu ambiant est l'unique condition de sa pathogénie. Cette *anémie thermique* se manifeste, à un faible degré il est vrai, dans nos climats pendant les fortes chaleurs de l'été. Il passe moins d'oxygène par le poumon, l'appétit est émoussé, le facies perd sa couleur rosée, en un mot l'activité de la nutrition est diminuée. Cet état deviendrait pathologique, chez un grand nombre de sujets, si les chaleurs du mois de juillet persistaient seulement pendant six mois. C'est que la température du milieu ambiant n'est pas sans action sur la nutrition intime de nos éléments anatomiques, c'est-à-dire sur l'essence même de la vie. Qu'est-ce que la vie, en effet ? Réduite à sa plus simple expression, la vie n'est qu'une combinaison chimique produisant de la chaleur. La mort est l'arrêt de cette combinaison chimique et de la production de calorique. Produire de la chaleur et maintenir sa température à 37°, tel est le but suprême vers lequel convergent toutes les formes de l'activité humaine. C'est pour cela que l'homme travaille, lutte, respire, se loge dans des habitations, détruit incessamment des êtres vivants, animaux et végétaux, pour se nourrir et se vêtir. Pour bien mettre en lumière l'action de la chaleur continue sur la nutrition, c'est-à-dire pour exposer la pathogénie de l'*anémie thermique*, il est nécessaire de donner auparavant quelques détails succincts sur la production de la chaleur animale et les conditions de ses variations.

La propriété primordiale des tissus vivants est la nutrition, laquelle consiste en un échange moléculaire entre l'élément anatomique et le sang qui, chargé d'oxygène et de principes assimilables, constitue, pour cet élément anatomique, un *milieu intérieur*, suivant le mot, aussi juste que profond, de Claude Bernard. Comme toute combinaison chimique, cet échange moléculaire s'accompagne de production de chaleur. La source principale de la chaleur animale est dans l'oxydation des matières albuminoïdes, des substances hydrocarbonées et des graisses, donnant comme produit ultime de l'acide carbonique, de l'eau, de l'urée, etc.; mais les autres combinaisons chimiques dont nos tissus sont le siège produisent aussi de la chaleur. La décomposition et l'hydratation des graisses, le dédoublement des albuminoïdes et des substances hydrocarbonées, la combinaison des acides avec les bases dans la transformation des sels neutres en sels basiques, etc., s'accompagnent d'un dégagement de calorique (Berthelot).

Tous nos tissus sont le siège de phénomènes nutritifs thermogènes, mais c'est le système musculaire qui produit la plus grande partie de la chaleur animale. Les muscles contribuent pour plus des trois quarts à l'activité chimique (et par conséquent thermique) de l'organisme (Ch. Richet) (1).

Le corps de l'homme vivant est donc un appareil producteur de chaleur. Cette chaleur est destinée à maintenir nos éléments anatomiques à une température constante, qui paraît nécessaire à l'activité fonctionnelle de ces éléments. En effet, la température du corps de l'homme et de tous les animaux à sang chaud (plus justement appelés animaux à température constante) ne varie que dans des limites très faibles. La température du corps de l'homme est, à l'état physiologique, à peu près constante à 37° (aisselle). Nos éléments anatomiques ne peuvent supporter une élévation de 7° à 8°, sans être frappés de mort. Les plus hautes températures observées chez l'homme, dans les maladies, ne dépassent pas 44° et 45° 5, chiffres extrêmes constatés d'une façon authentique pendant la vie, et toujours suivis de mort (Ch. Richet) (2). On peut dire que notre température ne peut, sans danger, dépasser 40° à 41° (Mathias Duval) (3). Quant à l'abaissement de température que nos éléments anatomiques peuvent supporter, les chiffres sont moins précis, et il y a lieu de faire une distinction entre la température de la périphérie du corps et la température interne. D'après les expériences de Chossat sur les animaux à sang chaud, on admet que lorsqu'ils sont soumis à l'inanition, la mort survient quand, en moyenne, la température s'est abaissée à 24°. Chez l'homme, on aurait observé pendant la vie, dans des cas de choléra, des températures comprises entre 34° et 23°, et dans des cas d'œdème des nouveau-nés, des tem-

---

(1) *Revue scientifique* (17 octobre 1885). *Leçons sur la chaleur animale*, par Ch. Richet, in *Revue scientifique*, années 1884-85-86, *passim*.
(2) *Revue scientifique* (5 septembre 1885).
(3) Mathias Duval. — *Cours de physiologie*. Paris, 1883.

pératures comprises entre 33° et 22°. Chez l'inanitié Granié, de Toulouse, la température se serait abaissée à 19° au moment de sa mort (1).

Tout en maintenant sa température à 37°, le corps humain, placé dans un milieu ambiant dont la température est inférieure à la sienne, perd incessamment de la chaleur, par le rayonnement, la conductibilité de l'air, l'évaporation, etc. Il en perd aussi par suite des mouvements actifs qu'il exécute, car tout travail musculaire n'est autre chose, comme nous le verrons tout à l'heure, qu'une transformation de la chaleur (théorie mécanique de la chaleur). Pour que la température du corps humain reste constante à 37°, malgré toutes ces pertes de calorique, il faut nécessairement que, dans l'unité de temps, une heure ou vingt-quatre heures, l'organisme produise autant de chaleur qu'il en perd. C'est cet équilibre entre la production et la déperdition de la chaleur qui assure la constance de la température du corps. Quand l'homme est à l'état de repos, si l'on fait abstraction d'une faible quantité de chaleur transformée en travail mécanique, par suite du jeu des organes dont le fonctionnement est nécessaire à la vie (contraction du cœur et des muscles respiratoires), on peut dire que la quantité de chaleur produite dans les tissus par les phénomènes chimiques de la nutrition, dans un laps de temps donné, est représentée par la quantité de chaleur éliminée dans le même temps. Quand l'homme produit un travail externe, la quantité de chaleur produite par son organisme, dans un laps de temps donné, est représentée par la quantité de chaleur éliminée dans le même temps, additionnée de la quantité de calorique transformé en travail mécanique. Ce travail mécanique est l'équivalent exact de la chaleur qui a disparu comme agent thermique.

La quantité de chaleur ainsi produite et éliminée, dans l'unité de temps, par le corps de l'homme, varie suivant plusieurs conditions. Sans entrer dans les détails, nous allons examiner rapidement les principales de ces conditions, à savoir : les variations thermiques du milieu ambiant et l'état d'activité musculaire.

La quantité de chaleur produite en vingt-quatre heures par le corps de l'homme, à la température moyenne de nos climats, est

(1) A. Bouchardat. — *Traité d'hygiène.* Paris, 1883, p. 552.

évaluée par Helmholtz à 2700 calories, ce qui donne 1.87 calorie par minute, et 112 par heure. C'est à peu près le résultat auquel les chimistes sont arrivés, de leur côté, par le calcul direct (Boussingault, Liebig, Dumas). Cette quantité de chaleur correspond au repos du corps. Nous verrons tout à l'heure que, pendant l'exercice musculaire, la production de chaleur est considérablement augmentée ; elle s'abaisse, au contraire, pendant le sommeil. D'après Beaunis (1), à une température extérieure de 12°, ce qui est à peu près la température annuelle moyenne en France, le corps humain, en une journée de seize heures de repos et de huit heures de sommeil, produit 2790 calories. D'après le même auteur, une journée avec huit heures de mouvement, huit heures de repos et huit heures de sommeil, représente une production de 3724 calories.

Cette quantité de chaleur suffirait pour élever la température du corps de l'homme de 1°2 par heure, pendant le repos, et de 5° ou 6° pendant le mouvement, si les causes diverses de déperdition de calorique n'intervenaient pour empêcher cette élévation et rétablir à chaque instant l'équilibre, de manière à maintenir constante la température de l'organisme. Ces causes de déperdition sont, par ordre d'importance : 1° le rayonnement (rayonnement proprement dit et conductibilité de l'air) par la surface cutanée ; 2° l'évaporation cutanée ; 3° l'évaporation pulmonaire ; 4° l'échauffement de l'air inspiré ; 5° l'échauffement des aliments et des boissons.

La quantité de calorique éliminée par chacun de ces cinq modes de déperdition de chaleur est indiquée dans le tableau suivant, d'après Beaunis. Les chiffres expriment les calories.

Peau : 2187	Rayonnement.	1.823
	Évaporation cutanée.	364
Poumon : 266	Évaporation pulmonaire. . .	182
	Échauffement de l'air inspiré.	84
	Échauffement des ingesta. .	47

La différence qui existe entre la production et la déperdition représente la quantité de calorique transformée en travail mécanique (contraction du cœur et des muscles respiratoires).

(1) Beaunis. — *Nouveaux éléments de physiologie humaine*. Paris, 1881, page 1074.

Au lieu de donner la valeur absolue de la perte de chaleur en calories, on peut donner simplement la valeur relative p. 100. C'est ce que représente le tableau suivant, qui montre comment se répartit une perte de 100 calories, suivant les divers modes de déperdition de chaleur.

$$
\begin{array}{lll}
\text{Peau : } 87,5 & \left\{ \begin{array}{l} \text{Rayonnement.} \ldots \ldots \ldots \\ \text{Évaporation cutanée.} \ldots \ldots \end{array} \right. & \begin{array}{l} 73,0 \\ 14,5 \end{array} \\[2ex]
\text{Poumon : } 10,7 & \left\{ \begin{array}{l} \text{Évaporation pulmonaire.} \ldots \\ \text{Échauffement de l'air inspiré.} \end{array} \right. & \begin{array}{l} 7,2 \\ 3,5 \end{array} \\[2ex]
& \text{Échauffement des ingesta.} \ldots & 1,8
\end{array}
$$

On voit que près de 90 p. 100 de la chaleur produite s'élimine par la peau. On peut donc dire que c'est la peau qui, suivant que la production de chaleur animale augmente ou diminue, intervient pour accélérer ou ralentir la déperdition, de manière à assurer la constance de la température du corps. La peau agit par action réflexe sous l'influence du système nerveux central. C'est le système nerveux central, en effet, qui est l'appareil régulateur de la chaleur animale; c'est lui qui établit entre la production et la déperdition de cette chaleur le lien nécessaire, de manière à maintenir constamment l'équilibre.

Le mécanisme par lequel la peau, sous l'influence de l'action réflexe du système nerveux central, accélère ou ralentit la déperdition de la chaleur, est facile à comprendre. Suivant que les vaisseaux sanguins de la peau se dilatent ou se resserrent (intervention des vaso-moteurs), le sang chaud, venant de l'intérieur de l'organisme, afflue en plus ou moins grande abondance à la surface du corps; de là, des variations correspondantes dans la quantité de chaleur enlevée par le rayonnement et par le contact du milieu ambiant. En même temps que l'afflux du sang dans les vaisseaux de la peau se produit sous l'influence de la chaleur du milieu externe, les glandes sudoripares entrent en jeu par action réflexe (nerfs excito-sécrétoires, paraissant indépendants des nerfs vaso-moteurs), et l'évaporation plus active de la sueur augmente l'élimination de calorique. C'est l'effet inverse qui se produit sous l'influence du froid externe; les fibres musculaires qui entrent dans la composition des parois des artérioles se contractent, rétrécis-

sent la lumière des vaisseaux et, par suite, diminuent l'afflux
du sang. Si l'action du froid est plus intense encore, les fibres
musculaires lisses qui entrent dans la composition du derme
se contractent; il en est de même des petits muscles annexés
aux follicules pileux et signalés par Kölliker. Ces petits muscles à fibres lisses s'attachent aux parois du follicule pileux
par leur extrémité inférieure ou profonde, immédiatement
au-dessous de la glande sébacée correspondante, s'élèvent en
embrassant celle-ci dans leur concavité et se terminent en se
divisant chacun en deux ou trois languettes qui se perdent
dans la couche la plus superficielle et la plus dense du derme.
Chacun de ces petits muscles, en se contractant, comprime la
glande sébacée autour de laquelle il s'enroule. La contraction
de ces petits muscles, en même temps qu'elle redresse et élève
le follicule pileux pour déterminer le phénomène connu sous
le nom de *chair de poule* (1), a donc pour effet d'exprimer au
dehors le contenu des glandes sébacées. La substance huileuse
sécrétée par ces glandes lubrifie le poil, se répand à la surface de la peau et, en se concrétant sur l'épiderme, augmente
son imperméabilité. Cette substance grasse, par suite de sa
non-miscibilité avec l'eau, met un obstacle au passage des vapeurs sudorales qui constituent ce que l'on appelle l'*exhalation
cutanée insensible*. Il n'est pas douteux, pour nous, que les
glandes sébacées ne fonctionnent d'une manière plus active en
hiver qu'en été, et cela nous explique pourquoi l'acné s'observe
surtout au printemps.

Les poils ont évidemment pour fonction de s'opposer au
rayonnement du calorique. Sauf la paume des mains et la
plante des pieds, le corps de l'homme est recouvert de poils
comme le corps de l'animal le plus velu. Même les parties qui

(1) Le froid produit la *chair de poule*, mais la chaleur produit aussi
ce phénomène, dans certaines circonstances, par exemple lorsqu'on se
plonge dans un bain chaud à 40° ou 42°. Dans ce cas particulier, l'é-
vaporation sudorale ne peut intervenir pour empêcher l'absorption du
calorique par la peau, comme elle intervient lorsque notre corps est
dans une atmosphère chauffée à 50° ou 60°, par exemple. Le centre
réflexe, chargé de maintenir la constance de la température de l'organisme, fait contracter les muscles de la peau pour empêcher l'absorption de la chaleur, de même qu'il les fait contracter pour empêcher la
déperdition de calorique, lorsque le phénomène de la *chair de poule*
est produit par le froid. Les injections d'eau chaude dans les hémorrhagies *post partum* sont une application de cette particularité physiologique. L'eau chaude agit absolument comme l'eau glacée.

nous paraissent les plus unies, comme la joue du jeune enfant, le sein blanc et doux de la femme, la peau si lisse des paupières (Sappey), se montrent hérissées de poils lorsqu'on les examine à la loupe. Bien que, sur la plus grande partie du corps, les poils n'atteignent qu'un développement rudimentaire (poils de duvet), leur action n'en est pas moins réelle. Nous avons vu que les glandes sébacées, presque toutes annexées aux follicules pileux, ont une fonction analogue à celle de ces derniers : elles s'opposent à la déperdition de la chaleur animale. Il y a donc un antagonisme entre les différentes glandes annexes de la peau. On peut dire que le système vasculo-sudoripare favorise la déperdition de la chaleur, tandis que le système pilo-sébacé la contrarie. Sous l'influence de la température extérieure, le système nerveux central, suivant qu'il met en jeu, par action réflexe, les éléments contractiles et les différentes glandes de la peau, règle en quelque sorte automatiquement la déperdition de la chaleur animale.

Voyons maintenant ce qui se produit lorsque l'homme, au lieu de rester au repos, exécute un travail extérieur, la température du milieu ambiant étant toujours à 12°. Sous l'influence du travail musculaire, les phénomènes chimiques de la nutrition sont activés et la production de calorique augmente. Comme conséquence de la suractivité nutritive, nous avons une augmentation des produits qui résultent de l'action chimique de la nutrition (acide carbonique, eau, urée, etc.). Nous avons aussi une stimulation fonctionnelle des appareils destinés à fournir des matériaux (oxygène et principes assimilables) à l'activité nutritive exagérée des éléments anatomiques. Aussi, l'appareil respiratoire fonctionne-t-il avec une plus grande énergie ; il passe, dans l'unité de temps, une plus grande quantité d'oxygène par le poumon. Les fonctions circulatoire et digestive sont également exagérées, et l'expérience, bien avant la théorie, a appris à l'homme que l'exercice musculaire excite l'appétit. Au lieu de 112 calories par heure que produit l'organisme à l'état de repos, il en produit, pendant le travail musculaire, un nombre deux, trois, ou quatre fois plus considérable, suivant l'activité du travail (Hirn). Une portion de la chaleur ainsi produite, portion qui est l'équivalence du travail extérieur effectué, disparaît comme agent thermique et est transformée en force motrice (expériences de M. Hirn, théorie mécanique de la chaleur). Le rapport de la quantité de chaleur transformée en travail utile à la quantité totale de chaleur produite, c'est-à-dire le coefficient économique du système musculaire de l'homme, est de 18 p. 100 d'après les expériences de M. Hirn, et de 20 p. 100 d'après Helmholtz (1). L'homme qui se livre à un travail musculaire très énergique, au lieu de produire 112 calories par heure, comme à l'état de repos, en produit à peu près 450. Sur ces 450 calories, 90 environ disparaissent comme agent thermique (transformation en force motrice), mais les 340 calories qui restent doivent être éliminés sous forme de chaleur sensible. Le système vasculo-sudoripare entre en jeu par action réflexe, et le besoin instinctif que l'homme éprouve de se débarrasser d'une partie de ses vêtements, active la déperdition du calorique par le rayonnement, la conductibilité de l'air et l'évaporation sudorale. C'est ainsi que le centre réflexe, régulateur de la température du corps, assure la constance de cette dernière. Cependant, si le travail musculaire est très énergique, le centre réflexe n'arrive pas, d'une manière absolument parfaite, à maintenir constante à 37° la température de l'organisme, et on peut constater une augmentation de la température, de 0° 3 à 0° 7, pendant un exercice musculaire violent (Davy, Beaunis).

Supposons que l'homme soit au repos et que la température extérieure soit tombée à 0°. Que va-t-il se produire? Le corps perdra, par rayonnement, une quantité de chaleur plus considérable que lorsque la température extérieure était à 12°. En effet, *la quantité de chaleur qui passe, par unité de temps, à travers l'unité de surface d'un corps est proportionnelle à l'excès de la température de ce corps sur la température de l'enceinte,* (loi de Newton). La loi de Newton n'est qu'approximative, surtout lorsqu'il s'agit d'excès considérables de température, comme l'ont démontré les expériences de Dulong et Petit. Toutefois, lorsque l'excès de la température est suffisamment petit, comme dans le cas actuel, on peut considérer cette loi comme exacte. Nous savons qu'avec un excès de température de 25° (37° — 12°), le corps humain perd, par rayonnement, 1823 calories en vingt-quatre heures. Or, si nous supposons la

---

(1) M. Hirn a démontré que le coefficient économique des machines à vapeur les plus perfectionnées atteint à peine 12 p. 100 de la chaleur communiquée à la chaudière.

température extérieure à 0°, l'excès de la température du corps sur la température extérieure est de 37°, au lieu de 25°. Donc, en vertu de la loi de Newton, le corps humain, soumis à une température extérieure de 0°, perdra par le rayonnement, toutes les autres conditions restant égales, 2698 calories en vingt-quatre heures. Il y a lieu de noter, en outre, à la température extérieure de 0°, une augmentation de la déperdition de calorique par suite de l'échauffement des ingesta et de l'air inspiré. En face de cet excès de perte de calorique, qui amènerait nécessairement un abaissement de la température du corps, par quel mécanisme le centre réflexe, régulateur de la chaleur, va-t-il assurer la constance de la température de l'organisme ? D'abord, en supprimant à peu près complètement la perte de calorique par l'évaporation cutanée ; ensuite, en faisant naître le besoin instinctif de produire de la chaleur par les contractions musculaires et de placer sur notre corps des substances mauvaises conductrices de la chaleur, qui s'opposent au rayonnement (vêtements chauds). Mais tous ces moyens seraient insuffisants pour compenser l'excès de perte en calorique, et le centre réflexe, pour assurer la constance de la température du corps, exagère l'activité des phénomènes chimiques thermogènes de la nutrition. Une quantité plus grande d'oxygène et de principes assimilables est apportée aux éléments anatomiques par l'appareil respiratoire et l'appareil digestif. Il n'est pas nécessaire d'insister sur ce fait que, lorsque la température extérieure est à 0°, nous faisons passer plus d'air par nos poumons, plus d'aliments par notre estomac, et que, par suite, nous produisons plus de chaleur que lorsque la température extérieure est à 12°. Comme conséquence de cette suractivité nutritive, on constate une augmentation de la quantité d'acide carbonique et d'urée éliminée dans l'unité de temps. Les expériences d'Edwards et Letellier ont démontré que, toutes les autres conditions restant les mêmes, la quantité d'acide carbonique éliminée dans l'unité de temps, varie (dans certaines limites, bien entendu) en raison inverse de la température extérieure.

Enfin examinons ce qui se passe dans nos tissus, lorsque la température extérieure monte à 25°. En vertu de la loi de Newton, notre perte de calorique par rayonnement est diminuée. Cette perte est réduite de 1823 calories à 875 calories en vingt-quatre heures. La perte due à l'échauffement des ingesta et de l'air inspiré est également réduite dans la même proportion. Pour maintenir constante à 37° la température du corps, le centre réflexe, régulateur de la chaleur, met en jeu le système vasculo-sudoripare de la peau dont l'activité fonctionnelle exagérée élimine le calorique en excès ; en outre, ce même centre réflexe fait naître en nous le besoin instinctif de favoriser l'action du système vasculo-sudoripare, en ne laissant sur notre corps que des vêtements légers ; en même temps se manifeste une répugnance marquée pour tout travail musculaire énergique. Mais tous ces moyens ne sont qu'accessoires, et pour maintenir l'équilibre de la température de l'organisme, le centre réflexe ralentit la production de chaleur animale, c'est-à-dire l'activité des phénomènes chimiques de la nutrition. Les éléments anatomiques reçoivent moins d'oxygène et de substances assimilables ; les fonctions respiratoire et digestive sont réduites ; il passe moins d'air par les poumons et moins d'aliments par l'estomac. Il y a, par suite, une production moindre d'acide carbonique et d'urée.

On peut donc dire que la basse température du milieu externe active la nutrition et augmente la production de chaleur animale, tandis que la haute température du milieu externe ralentit la nutrition et diminue la production de calorique. Pendant l'hiver, les fonctions digestives sont exaltées ; le corps gagne en poids ; il est plus riche en graisse ; l'urine est plus abondante, et la quantité absolue d'urée et de principes fixes est augmentée. Il en est de même de la quantité absolue d'acide carbonique exhalée. Les respirations sont plus fréquentes, plus amples, plus profondes, sans compter que l'air froid contient, à volume égal, plus d'oxygène que l'air chaud. En somme, on introduit dans le sang plus d'oxygène et de principes assimilables, c'est-à-dire plus de matériaux pour la nutrition des éléments anatomiques.

L'activité des phénomènes chimiques thermogènes, dont nos éléments anatomiques sont le siège, présente donc des variations en rapport avec les variations de la température du milieu ambiant. Comme le dit le D^r Ch. Richet, l'animal à sang chaud règle sa production de chaleur sur la température du milieu externe ; il s'y adapte. Dans nos climats, cette adaptation se fait lentement, progressivement, en suivant la marche des variations thermiques saisonnières. Cependant, quelque parfait que soit le fonctionnement du centre réflexe, régulateur de notre chaleur, on a constaté qu'en été la température du corps est, en moyenne, un peu plus élevée qu'en hiver, de 0°1 à 0°2 (Beaunis). Si l'adaptation n'est pas absolument parfaite lorsqu'elle se fait d'une manière lente et progressive, à plus forte raison n'en est-il pas ainsi lorsque le corps est soumis à des variations de température considérables et brusques. Lorsqu'on passe subitement, en hiver, de nos climats dans les climats torrides, par exemple, lorsqu'on va de France au Sénégal en huit jours, en passant d'une température de 0° à une température de 27°, le centre reflexe, régulateur de la chaleur animale, n'a pas le temps de s'adapter. On peut le comparer à un ressort qui ne cède que peu à peu. Aussi, dans ces conditions, observe-t-on une élévation de la température du corps. Cette élévation peut dépasser un degré (Davy, Rattray, Jousset) et n'a rien de pathologique. Le phénomène inverse se produit dans la transition brusque d'un milieu chaud à un milieu froid ; les individus qui reviennent, pendant l'hiver, des climats torrides en Europe, ne peuvent s'adapter brusquement à la température de ce nouveau milieu, et sont pendant quelque temps extrèmement sensibles au froid.

Nous avons vu que l'élévation de la température extérieure à 25° produit un ralentissement notable de la nutrition. Cette température de 25° représente la température annuelle moyenne des pays situés sur la limite des climats torrides ; nous devons donc entrer un peu plus avant dans l'analyse du mécanisme de ce ralentissement de l'activité nutritive et montrer que ce ralentissement de la nutrition a pour conséquence nécessaire la genèse progressive de l'anémie.

Faisons remarquer, tout d'abord, pour fixer les idées, que nous ne sommes jamais soumis en France, même pendant un mois ou quinze jours, à une température moyenne de 25°. En effet, la température moyenne du mois le plus chaud de l'année (juillet) n'est que de 19°1 à Paris, de 22°9 à Montpellier et de 24°1 à Menton.

Que va-t-il se passer dans l'organisme d'un Européen qui émigre dans les climats torrides, c'est-à-dire qui va être soumis indéfiniment à une température extérieure de 25° au moins ?

Nous pouvons résumer les phénomènes qui vont avoir lieu, en disant que son centre réflexe, régulateur de la chaleur animale, va lutter pour maintenir la température de l'organisme dans les environs de 37°. Pour cela, son centre réflexe augmentera, autant que possible, la déperdition de calorique et en diminuera la production. Mais, comme cette diminution doit atteindre un degré qu'elle n'a jamais atteint, à l'état physiologique, dans les climats tempérés où l'émigrant est né et a grandi, la lutte persistera longtemps et la température du corps ne pourra être ramenée tout à fait à son chiffre normal. Aussi, dans les climats torrides, la température axillaire de l'Européen, à moins qu'il ne soit anémié par un très long séjour, ne descend-elle jamais à 37°. Le Dr Maurel (1) admet, comme température moyenne de l'Européen dans les climats torrides, 37° 5 au lieu de 37°. Pour le Dr Jousset (2), cette moyenne oscillerait entre 37° 6 et 38° 2, alors que, dans les climats tempérés, elle est comprise entre 36° 6 et 37° 4.

Nous n'insisterons pas sur les moyens par lesquels le centre reflexe assure la déperdition maxima de calorique. C'est d'abord l'exagération de la circulation périphérique et de l'évaporation sudorale, exagération poussée à un tel point, que les glandes sudoripares sont souvent le siège d'éruptions (bourbouilles); en même temps survient une répugnance naturelle pour tout travail musculaire et un besoin instinctif de tout ce qui peut favoriser la perte de calorique par le rayonnement et la conductibilité (vêtements très légers, ventilation, bains froids, etc.). Analysons plutôt le mécanisme par lequel le centre réflexe assure la production minima de chaleur animale, c'est-à-dire le ralentissement de l'activité nutritive. Ce ralentissement est la conséquence de la réduction de l'activité ronctionnelle de l'appareil digestif et de l'appareil respiratoire; il se traduit par une diminution notable de la quantité d'urée (Moursou) et d'acide carbonique (Rattray) (3), Davy, Jousset,

---

(1) E. Maurel. — *De l'influence du climat et de la race sur la température de l'homme*, in Bulletin de la Soc. d'Anthropologie de Paris. Tome VII (1884), page 380.

(2) A. Jousset. — *Traité de l'acclimatement et de l'acclimatation*. Paris, O. Doin, 1884, et *Archives de médecine navale*, tome 40 (2e semestre 1883) et tome 41 (1er semestre 1884).

(3) A. Rattray. On some of the more important physiological changes induced in the human economy by change of climate (Proceedings of the royal Society, 1871, et *Archives de médecine navale*, juin 1872).

Copland), éliminée dans les vingt-quatre heures. C'est un fait d'observation vulgaire que l'Européen, dans les climats torrides, consomme moins d'aliments qu'en Europe ; mais la diminution de la fonction digestive est probablement moindre que la diminution de la fonction respiratoire. Dans les climats torrides, l'activité fonctionnelle des poumons est réduite, comparativement aux climats tempérés, dans la proportion d'environ 20 p. 100, d'après le Dr Jousset.

La diminution de la fonction respiratoire dans les climats torrides est un phénomène complexe, et plusieurs causes contribuent à la réduction de la quantité d'oxygène absorbée dans les poumons en vingt-quatre heures. Notons, d'abord, la diminution du nombre des respirations. Tous les observateurs, il est vrai, ne s'accordent pas sur cette diminution. Pour Rattray, Davy, Copland, le nombre des respirations diminue légèrement dans les climats torrides ; pour Jousset, ce nombre est, au contraire, un peu augmenté. Il faut admettre que la variation, s'il y en a une, doit être faible. Peut-être y a-t-il une légère augmentation au début, pour compenser la diminution d'amplitude de l'inspiration ; après un séjour plus long, cette augmentation ferait place à une légère diminution. Il est probable, en effet, que, comme l'affirment le plus grand nombre des observateurs, la fréquence des mouvements respiratoires est un peu diminuée. On a constaté que chez l'homme, dans une enceinte chauffée, le nombre des respirations diminue. Vierordt et Ludwig ont aussi trouvé que la respiration diminue de fréquence chez les animaux soumis à la chaleur. Quoi qu'il en soit de cette question de la diminution du nombre des mouvements respiratoires, le rôle qu'elle joue dans la diminution de la fonction pulmonaire paraît être minime. Il n'en est pas de même de la diminution de l'amplitude des mouvements respiratoires. La quantité d'air que nous introduisons dans nos poumons à chaque respiration ordinaire, et que nous chassons à chaque expiration, est évaluée à un demi-litre, en moyenne, dans les climats tempérés. Mais cette quantité d'air, qui mesure l'amplitude des mouvements respiratoires ordinaires, peut augmenter ou diminuer dans une proportion notable ; de 500 centimètres cubes, elle peut passer facilement à 550 ou 450 ; et, sans que la fréquence des mouvements respiratoires varie, la quantité d'air reçue par les poumons est augmentée ou diminuée de 10 p. 100. C'est grâce aux variations d'amplitude que, sans varier sensiblement le nombre des mouvements respiratoires, nous obtenons des variations importantes dans la quantité d'air que nous faisons passer par nos poumons. La diminution d'amplitude des mouvements respiratoires ordinaires joue donc le principal rôle dans la diminution de la fonction pulmonaire. Ainsi, grâce à la diminution d'amplitude de la respiration (1) et à la diminution probable du nombre absolu des mouvements respiratoires, la quantité d'air que reçoivent les poumons en vingt-quatre heures est considérablement diminuée dans les climats torrides. De plus, cet air, ayant une température de 25°, est moins riche en oxygène que l'air des climats tempérés qui a une température moyenne de 12°. Il y a lieu de remarquer, en outre, que dans l'air chaud, l'oxygène a une *tension* moindre et, par suite, une moindre affinité pour les globules du sang (expériences de P. Bert). L'air que reçoivent les poumons dans les climats torrides est donc moindre comme quantité et comme qualité. Nous disons que l'air chauffé à 25° est, à volume égal, moins riche en oxygène que l'air à la température de 12° : 1° parce que cet air, étant plus chaud, est plus dilaté ; 2° parce qu'il contient une quantité plus considérable de vapeur d'eau qui prend la place d'une certaine quantité d'oxygène.

En résumé, toutes ces causes réunies ont pour effet de diminuer l'activité de la fonction respiratoire d'un cinquième environ. La quantité d'hémoglobine qui, dans l'unité de temps, passe de l'état d'hémoglobine réduite à l'état d'oxyhémoglobine, est donc réduite de 100 parties à 80. Cette réduction de la quantité d'hémoglobine ne peut se faire que de deux manières : ou

____

(1) Rattray a trouvé que la *capacité pulmonaire*, indépendante de l'amplitude des mouvements respiratoires ordinaires, est augmentée de 12,24 p. 100, en moyenne, dans les climats torrides. La *capacité pulmonaire* (*capacité respiratoire, capacité vitale*), qui est de trois litres et demi en moyenne (M. Duval), est donnée par une expiration forcée dans le spiromètre, après une grande inspiration. Rattray explique cette augmentation de la capacité pulmonaire de la manière suivante : par suite de la diminution de la fonction respiratoire et de l'exagération de la circulation périphérique, le poumon contient une moindre quantité de sang ; il y a, par conséquent plus de place pour l'air. Cela s'accorde avec les observations du Dr Francis qui a trouvé que, chez les Européens morts dans l'Inde, le poids moyen du poumon est inférieur au poids moyen de ce viscère en Europe. Le Dr Sarkes a fait la même observation.

D'après Jousset, au contraire, la capacité pulmonaire serait diminuée dans les climats torrides.

bien le nombre des hématies diminue de 20 p. 100, les hématies restantes ne subissant aucune variation, ou bien les hématies, ne variant pas sensiblement, quant à leur nombre, perdent
chacune 20 p. 100 de leur hémoglobine. Il est démontré que
c'est surtout par ce dernier mode que s'opère la perte d'hémoglobine, c'est-à-dire que les globules du sang sont modifiés
plutôt qualitativement que quantitativement. Le D\u2009 Maurel (1)
a fait, à la Guadeloupe, des recherches hématologiques sur
des Européens placés dans les mêmes conditions que les sujets
qui ont servi aux recherches de Rattray, Jousset, Davy, etc.,
c'est-à-dire des soldats et des matelots dont le temps de séjour
dans les climats torrides ne dépassait pas quelques années. Le
D\u2009 Maurel a trouvé que chez des soldats jeunes et vigoureux,
n'ayant subi l'atteinte d'aucune maladie, et ayant séjourné de
six mois à trente-deux mois à la Guadeloupe, le nombre des
globules du sang n'était pas diminué. Sur certaines séries, il
aurait même constaté un nombre de globules supérieur au
chiffre donné généralement comme moyenne en Europe. Ce
n'est que sur des hommes ayant fait dans la colonie un séjour
prolongé de cinq à quinze ans que le D\u2009 Maurel a constaté une
diminution du nombre des hématies.

On voit que les climats torrides, dont la température annuelle moyenne est comprise entre 25° et 28°, ont pour effet
nécessaire, fatal, de produire sur l'Européen un certain degré
d'anémie, ne portant d'abord que sur la qualité des globules.
Nous ne considérons ici que le cas où la chaleur seule intervient comme facteur, car si la fièvre paludéenne ou d'autres
maladies surviennent, l'anémie marche rapidement. De plus,
il s'agit uniquement d'hommes vivant suivant les règles de
l'hygiène des Européens dans les pays chauds ; or, les deux
plus élémentaires de ces règles sont de ne pas s'exposer au
soleil et de ne se livrer à aucun travail musculaire pénible.

La diminution de l'activité nutritive et la diminution de
l'hémoglobine dans le sang, qui lui est intimement liée, ne
sont pas considérées comme constituant un état pathologique
tant qu'elles se maintiennent dans les limites que nous venons
d'indiquer. Ce n'est, à proprement parler, qu'un état de dé-

(1) E. Maurel. — *Hématimétrie normale et pathologique des pays chauds,*
ni *Archives de médecine navale* (1884).

chéance physiologique. Mais, pour que l'anémie se maintienne dans ces limites, il faut que le centre réflexe, régulateur de la chaleur, assure la déperdition d'une quantité considérable de calorique par la peau, principalement par l'évaporation sudorale. Or, le système sudoripare de l'Européen n'est soumis, dans les climats tempérés, à un fonctionnement énergique que d'une manière intermittente. Il a donc une tendance naturelle à réduire son activité, tandis que le centre réflexe, s'adaptant davantage au milieu ambiant, réduit de plus en plus, de son côté, la production de chaleur animale. A cette réduction nouvelle correspond une aggravation de l'anémie. En même temps, la température de l'organisme qui, pendant quelques années, avait été au-dessus de 37°, tend à se rapprocher de plus en plus de ce dernier chiffre. On comprend qu'après cinq, dix, vingt ans, la fonction respiratoire peut être réduite de 25 ou 30 p. 100, ce qui entraîne une diminution plus considérable de l'hémoglobine, portant non seulement sur la qualité, mais aussi sur la quantité des globules. Il est incontestable que, dans les climats torrides, les glandes sudoripares, chez un Européen, fonctionnent avec plus d'énergie pendant les premières années qu'au bout de cinq ou six ans. Moins il produit de chaleur, moins il a besoin d'en éliminer; c'est-à-dire que plus il est anémié, moins il sue.

La marche de l'anémie est incomparablement plus rapide, si l'Européen se livre à un travail musculaire, et surtout un travail musculaire au soleil. Dans ces conditions, ce n'est plus un simple état de déchéance physiologique, c'est un état pathologique bien caractérisé qui apparaît avant peu d'années. En effet, sous l'influence de la chaleur solaire et de l'activité musculaire, la diminution progressive de la nutrition, s'accompagnant d'une réduction proportionnelle de la quantité d'hémoglobine du sang, est considérablement exagérée. Au soleil, la température du milieu ambiant étant plus élevée que celle de l'organisme, celui-ci, au lieu de perdre du calorique par rayonnement, en recevrait, au contraire, sans l'intervention énergique de l'évaporation sudorale. On comprend que, dans ces conditions, le centre réflexe, dont les efforts tendent à maintenir la constance de la température du corps, lutte plus activement pour diminuer davantage la production de chaleur animale, c'est-à-dire précipiter la marche de l'anémie.

L'exercice musculaire agit dans le même sens. Nous avons vu que, dans le travail musculaire, près de 20 p. 100 du calorique produit disparaît, transformé en travail utile ; mais les 80 p. 100 qui restent doivent être éliminés sous forme de chaleur sensible. En présence de cet excès de calorique, produit par l'oxydation de la fibre musculaire striée, le centre réflexe, en même temps qu'il active la déperdition de la chaleur, ralentit la nutrition des autres tissus. Les phénomènes thermogènes de combustion, dont le système musculaire est le siège, sont obtenus au dépens de l'activité nutritive des autres systèmes. De plus, la suractivité de la combustion, qui se produit pendant le travail et se traduit par une augmentation de la quantité d'acide carbonique et d'urée éliminée, fait subir une perte à l'élément anatomique du muscle. La nutrition de l'élément anatomique constitue un ensemble de phénomènes chimiques complexes qui peuvent cependant se résumer de la manière suivante : à l'état de repos du corps, l'élément anatomique s'oxyde d'une manière continue ; mais en même temps cet élément anatomique, entouré de principes assimilables fournis au sang par l'appareil digestif, répare constamment et intégralement la perte que lui fait subir l'oxydation, perte qui est représentée par les matériaux de désassimilation (acide carbonique, urée, etc.). Pendant le travail musculaire, l'oxydation de l'élément anatomique du muscle devient deux, trois, ou quatre fois plus active, la réparation restant vraisemblablement la même, ou du moins n'augmentant pas dans la même proportion. Pendant le repos qui suit le travail musculaire, l'oxydation de l'élément anatomique revient à son état normal et c'est la réparation, au dépens des principes assimilables du sang, qui est suractivée, de sorte que l'élément anatomique compense la perte matérielle qu'il a faite et revient à son état antérieur. La vie est donc une oxydation continue de nos éléments anatomiques sans cesse réparés par l'alimentation. Cette oxydation est d'autant plus intense que les manifestations de la vie (mouvements, travail musculaire, travail cérébral) sont plus actives.

Dans les climats tempérés, la perte que le travail musculaire fait subir à l'élément anatomique du muscle est intégralement réparée, soit pendant le travail, soit surtout pendant le repos qui suit le travail, par les principes assimilables que l'appareil digestif verse dans le sang et que celui-ci apporte à la fibre striée. Dans les climats torrides, le centre réflexe, régulateur de la chaleur, tend d'une manière permanente à ralentir l'activité des échanges moléculaires de réparation, aussi bien que l'activité de l'oxydation des éléments anatomiques, car tous ces phénomènes chimiques, dont l'ensemble constitue la nutrition, sont thermogènes. La fonction digestive, considérablement amoindrie, ne fournit au sang qu'une quantité insuffisante de principes assimilables. A la suite du travail, la réparation de l'élément anatomique du muscle ne se fait pas d'une manière intégrale. En un mot, le travail musculaire active la désassimilation; l'assimilation, contrariée par la chaleur qui diminue la fonction digestive, ne peut faire face à cet excès de désassimilation et compenser intégralement la perte. Il est facile de comprendre que ce défaut d'équilibre entre la désassimilation et l'assimilation, entraîne des modifications dans la composition du sang, surtout dans la composition du plasma. En outre, la perte matérielle subie par les éléments anatomiques des muscles a pour effet de diminuer leur activité nutritive à l'état de repos du corps. Par conséquent, la quantité d'oxygène consommé par l'organisme est diminuée. L'hémoglobine, dont l'unique fonction est le transport de l'oxygène aux éléments anatomiques, diminue dans la même proportion, ce qui entraîne un appauvrissement des hématies et une diminution de leur nombre.

Le travail musculaire a donc une influence énorme sur le développement de l'anémie, dans les climats torrides. Aussi, les deux règles les plus élémentaires de l'hygiène de l'Européen dans ces climats sont-elles, comme nous l'avons déjà dit, de vivre constamment à l'ombre et sans travail musculaire. D'une manière générale, on peut dire que dans les colonies de la zone torride, la force de résistance de l'Européen à l'action débilitante du climat est en raison directe de la fidélité avec laquelle il observe ces deux règles.

Il est bien évident que les maladies dont l'Européen peut être atteint accélèrent considérablement la marche de l'anémie. En effet, toutes les maladies fébriles, et particulièrement la fièvre paludéenne, amènent l'appauvrissement du sang en hémoglobine, l'altération et la destruction des globules, par un mécanisme sur lequel nous n'insisterons pas.

Nous verrons tout à l'heure, à propos de l'anémie chez le nègre, par suite de quelles particularités anatomiques et physiologiques les races des climats torrides échappent à l'anémie thermique, dont nous venons de voir la genèse nécessaire, fatale, chez la race blanche d'Europe.

Comme déduction des considérations physiologiques dans lesquelles nous sommes entré à propos de l'anémie thermique, on peut dire que, d'une manière générale, chez l'homme, abstraction faite de la race, la production de chaleur animale, laquelle n'est que la mesure de l'intensité des phénomènes vitaux primordiaux, est en raison directe de la latitude. Il en est de même des besoins de la vie, c'est-à-dire de la somme de travail qui s'impose à l'homme pour maintenir sa température à 37°.

L'homme de nos climats tempérés est obligé de se bâtir des habitations bien closes, qui diminuent sa perte de calorique par rayonnement, d'élever des animaux, de cultiver des végétaux qu'il dévore et détruit incessamment pour produire de la chaleur animale (aliments) et empêcher sa déperdition (vêtements). Or, pour élever des animaux, semer, cultiver, récolter des végétaux, faire subir aux matières premières fournies par le règne animal, végétal et minéral, mille transformations, dans le but d'augmenter son bien-être, l'homme doit dépenser une somme considérable d'activité musculaire. Il est vrai que dans ces climats, où l'organisme a surtout à lutter contre le froid, le travail musculaire, qui s'accompagne de production de chaleur, est hygiénique.

Il en est tout autrement dans les climats torrides, pour les races dont l'organisation est adaptée à ce milieu. Au lieu d'une habitation bien close, un carbet ouvert; au lieu d'une alimentation abondante, riche en albuminoïdes et en graisses, quelques fruits et un peu de riz, de millet ou de manioc suffisent le plus souvent à ces races; quant au vêtement, c'est un objet de luxe qu'elles réduisent à sa plus simple expression ou dont elles se passent complètement. Une faible somme d'activité musculaire suffit donc aux besoins de la vie. Mais aussi, dans ces climats où l'organisme a surtout à lutter contre la chaleur, le travail, au delà d'une limite restreinte, est anti-hygiénique, et le nègre dans son pays ne pourrait fournir impunément la somme d'activité musculaire que l'Européen dépense aisément dans le sien.

2° Hydropisie, ascite (18 D.). — Sous ces diagnostics, il est facile de reconnaître des décès qui doivent, à peu près tous, être rattachés à la cachexie paludéenne et à l'anémie tropicale. En effet, les cas cliniques participant de ces deux maladies combinées finissent toujours par aboutir à l'hydropisie dyscrasique. Toutefois, la dyscrasie sanguine ne suffit pas, à elle seule, pour déterminer l'hydropisie. L'altération du sang, dit Jaccoud (1), n'est qu'une cause prédisposante de l'hydropisie, cause très puissante sans doute, mais ayant besoin, pour manifester son action, de l'intervention d'une cause mécanique déterminante. Les hydropisies dyscrasiques sont donc, au point de vue de la pathogénie, à la fois dyscrasiques et mécaniques. Lorsque la dyscrasie sanguine existe, la plus légère cause déterminante suffit pour faire apparaître l'hydropisie; c'est pourquoi cette cause est souvent inappréciable ou inaperçue. Les principales causes de ces influences occasionnelles sont l'affaiblissement de l'action du cœur, un mouvement fébrile intercurrent, ou bien encore une fatigue, une marche prolongée, l'action du froid. Quelques auteurs (Colmheim, Lichtheim) ont fait intervenir, dans la pathogénie de l'hydropisie cachectique, un autre élément qui est l'altération de la paroi vasculaire, résultant de la modification du sang.

La pathogénie, à la fois dyscrasique et mécanique, de l'hydropisie cachectique nous explique pourquoi, dans les cas complexes participant de l'anémie tropicale et de la cachexie paludéenne, auxquels se rapportent ces décès, l'hydropisie débute le plus souvent par l'ascite dans les cas où c'est la cachexie palustre qui domine. Lorsque, au contraire, le sujet n'a que très peu d'antécédents paludéens, lorsque les viscères abdominaux sont sains et que la circulation de la veine cave est normale, c'est l'œdème des membres et l'anasarque qui précèdent généralement les épanchements dans le péritoine et les autres cavités séreuses.

(1) Jaccoud. — *Traité de pathologie interne.* Paris, 1883, tome Ier, page 63.

3° **Autres maladies constitutionnelles (2 D.).** — Ces deux décès se rapportent à un cas de goutte et à un cas de purpura hemorrhagica.

V. APPAREIL CIRCULATOIRE (7 Décès).

Maladies diverses (7 D.). — Ces sept décès, dus à des affections de l'appareil circulatoire, se subdivisent en deux cas d'hydro-péricardite, quatre cas d'endocardite et d'affection organique du cœur, et un cas de phlébite.

VI. APPAREIL RESPIRATOIRE (89 Décès).

1° **Tuberculose pulmonaire (72 D.).** — Parmi ces soixante-douze décès, un certain nombre portaient le diagnostic de *Bronchite chronique*, expression euphémique sous laquelle on ne désigne, surtout lorsqu'il s'agit d'un décès, autre chose que la tuberculose pulmonaire.

L'influence néfaste des climats torrides sur la rapidité d'évolution de la tuberculose pulmonaire est un fait trop connu pour que nous nous y arrêtions. Dans la lutte du bacille de Koch et de l'organisme, *l'anémie thermique* intervenant pour diminuer la résistance de ce dernier, hâte nécessairement la victoire du premier. Depuis les recherches de M. Jules Rochard sur cette question (1856), ce fait est devenu une vérité banale. Une villégiature de quelques mois d'hiver sur les bords de la Méditerranée, à la limite des climats tempérés et des climats chauds, dans d'excellentes conditions de confort, n'a évidemment rien de commun avec un séjour de plusieurs années consécutives dans les colonies de la zone torride. Malgré le rapatriement fréquent des phthisiques, qui est depuis longtemps une règle absolue appliquée aux Européens de ce groupe, on voit que la tuberculose pulmonaire, sans avoir le rôle prépondérant qu'elle joue dans la mortalité en Europe, constitue néanmoins un facteur assez sérieux de la mortalité de la population flottante dont nous nous occupons.

2° Pneumonie et autres maladies (17 D.). — Je réunis ici toutes les maladies de l'appareil respiratoire autres que la tuberculose. Dans ces dix-sept cas, se trouvent : un cas de laryngite œdémateuse, un cas d'asthme, trois cas de congestion pulmonaire, deux cas de gangrène du poumon, trois cas d'angine diphthéritique et sept cas de pneumonie. Il y a lieu de noter l'absence complète de décès par pleurésie.

On dit souvent que les maladies aiguës de l'appareil respiratoire, notamment la pneumonie, sont rares dans les climats torrides. Cette assertion est vraie, en tant qu'il s'agit des Européens bien portants, ne faisant qu'un séjour limité dans le pays, comme les troupes, et n'arrivant, en général, qu'à un degré d'anémie assez faible ; elle est inexacte, lorsqu'il s'agit d'Européens ayant subi longuement l'influence des climats torrides, c'est-à-dire anémiés et le plus souvent, en outre, impaludés. Enfin, cette assertion est encore plus inexacte, lorsqu'il s'agit des races indigènes, et particulièrement des nègres chez lesquels la pneumonie est extrêmement fréquente et constitue l'un des principaux facteurs de la mortalité.

Nous avons noté trois décès dus à l'angine diphthéritique, que j'ai placée parmi les maladies de l'appareil respiratoire, pour me conformer à la division généralement adoptée dans les traités de pathologie. Cette maladie ne s'est montrée qu'une seule fois à Cayenne, dans l'espace de trente ans, et uniquement dans le groupe des *Européens libres*. Au commencement de l'année 1868, huit cas d'angine diphthéritique furent soignés à l'hôpital de Cayenne ; l'un provenait de la rade (un matelot de *la Chimère*), et les sept autres de la caserne (six soldats et un enfant de troupe). Un militaire et l'enfant de troupe succombèrent. Un troisième décès eut lieu quelques temps après.

VII. APPAREIL DIGESTIF (78 Décès).

1° Maladies du tube digestif (58 D.). — Parmi les affections du tube digestif, les diarrhées, diarrhées chroniques, entérites, gastro-entérites, entrent pour dix-sept décès. Ces maladies surviennent le plus souvent, comme complication finale, chez les cachectiques et les anémiés. L'alimentation, qui laisse beaucoup à désirer à la Guyane, doit être invoquée comme facteur dans l'étiologie. Il en est de même pour la dysenterie, à laquelle reviennent trente-neuf décès. Cette dernière affection est presque toujours chronique, et, comme la diarrhée, complique les états cachectiques dont elle hâte la terminaison. Nous avons vu que c'est par milliers que l'on compta ses victimes parmi les malheureux colons de Kourou, en 1764. Les dysenteries aiguës, graves, sont assez rares à Cayenne. L'eau qu'on y boit actuellement est bonne. Mais avant que les eaux du Rorota fussent amenées à Cayenne, au moyen d'un système souterrain de tuyaux en fonte, la dysenterie semble avoir été moins rare au chef-lieu. Segond (1) en parle comme d'une des maladies les plus fréquentes et les plus redoutables que l'on observait à Cayenne, à l'époque où il s'y trouvait. Toutefois, si depuis de nombreuses années la dysenterie est assez rare à Cayenne, il n'en a pas toujours été de même sur les pénitenciers, et surtout dans les grands bois où les hommes vivent, le plus souvent, en dehors des règles les plus élémentaires de l'hygiène. Aux îles du Salut, notamment, où les nuits sont assez fraîches, où la ventilation est active et l'eau souvent mauvaise, la dysenterie a toujours été beaucoup plus fréquente 'qu'à Cayenne.

Les deux décès qui restent sont relatifs, l'un à un cas de cancer de l'estomac, l'autre à un cas d'ulcère du même organe.

2° Maladies du foie (17 D.). — Nous trouvons, parmi les maladies du foie, sept cas d'hépatite aiguë ou chronique, dont la plupart doivent se rattacher sans doute à la cachexie paludéenne, 4 cas de cirrhose, et 6 cas d'hépatite suppurée.

Les abcès du foie, si fréquents à la côte occidentale d'Afrique, sont rares à la Guyane chez les Européens libres. Ils ne sont pas plus fréquents chez les transportés, car nous

(1) Alexandre Segond. — *Aperçu sur le climat et les maladies de Cayenne.* Thèse de Paris, 1831.

n'avons relevé chez eux que 7 décès dus à cette cause. Nous avons trouvé, en outre, un décès par abcès du foie observé chez un Hindou, ce qui porte à 14 le nombre des décès par hépatite suppurée, sur un total de près de 4,000 décès observés à Cayenne dans l'espace de trente ans.

La rareté des abcès du foie, à la Guyane, a été remarquée et souvent signalée dans les rapports des médecins qui ont servi dans cette colonie. Elle est notée aussi par ceux qui ont écrit sur la pathologie de ce pays. Le Dr Gourrier, directeur du service de santé de la marine, qui, en trois séjours différents, a passé plus de dix années à la Guyane, m'a dit n'y avoir observé, dans tout le cours de sa carrière, qu'un seul décès par abcès du foie, et encore peut-être cette maladie n'avait-elle pas été contractée à la Guyane, le sujet ayant habité d'autres colonies. Le Dr Gourrier a vu, au contraire, des officiers ayant contracté des maladies du foie au Sénégal, en être moins incommodés à la Guyane qu'en France. « Il est démontré pour moi, dit le Dr Laure (1), que l'hépa- « tite est peu commune à la Guyane..... En dehors des en- « gorgements consécutifs (à la fièvre paludéenne), je n'ai pas « observé une hépatite, à bord des bâtiments, ni dans la gar- « nison, à Cayenne. » La même rareté est signalée dans la colonie voisine, à la Guyane hollandaise. « Les affections du « foie sont rares parmi les Européens et leurs métis, dit le « Dr Van Leent (2)... Nous ne trouvons notés, chez différents « auteurs, que des cas rares d'abcès du foie. »

Il est douteux qu'au siècle dernier, les cas d'hépatite suppurée fussent plus fréquents qu'aujourd'hui, bien que Bajon et Campet parlent tous les deux de la fréquence de cette affection. Bajon (3) n'en relate que deux observations. La première, qui fut adressée par lui à l'Académie de Chirurgie, en 1768, se rapporte à un Européen qui eut deux vomiques, à trois mois de distance ; la seconde vomique s'accompagna d'une évacuation de pus par l'intestin, qui dura un mois et demi. Le malade se rétablit et mourut six ans après, on ne sait de quelle maladie. Dans la seconde observation, le pus vint se collecter à la partie supérieure et un peu interne

(1) Jules Laure, *loc. cit.*, page 48.
(2) Dr Van Leent. — *La Guyane néerlandaise, loc. cit.*
(3) Bajon, *loc. cit.*, tome II, page 110.

de la cuisse droite. Le malade mourut trois jours après l'ouverture de l'abcès, et l'autopsie démontra que le pus venait
du foie. Après avoir rapporté en détail ces deux observations,
Bajon ajoute qu'il « a été dans le cas de voir, à Cayenne, plu-
« sieurs de ces maladies dont l'amas de la matière puru-
« lente s'annonçait par des signes sensibles, et l'ouverture,
« faite à propos, était suivie du succès le plus heureux »,
mais il ne dit pas le nombre de cas qu'il en a observés pendant les douze ans qu'il a passés à la Guyane.

Quant à Campet (1), qui a vécu à la Guyane pendant dix-
huit ans, il rapporte en détail, dans son livre, sept observations qu'il donne pour des abcès du foie; mais il n'y a, en
réalité, que trois cas d'hépatite suppurée, dont un même
(observ. n° 5) est douteux. Son observation n° 2 est relative
à un nègre qu'il opéra pour un abcès du foie; mais, « après
avoir introduit la main dans l'incision, il ne trouva point
d'abcès; en revanche, le foie était tout cancéreux. » Le
malade succomba huit jours après l'opération. Les observations n° 3 et n° 4 semblent se rapporter à des sujets atteints
de simple congestion du foie; ils présentaient de l'ictère,
avec douleur à la région hépatique; ils guérirent tous les
deux, *après quatre purgatifs pris tous les jours pairs.* Enfin,
dans l'observation n° 7, le malade fut opéré et mourut, mais
on ne trouva pas de pus. En examinant les choses de près,
on voit que les cas d'abcès du foie, observés par Campet
dans le cours de sa longue carrière à la Guyane, se réduisent à trois, dont un n'est même pas bien certain.

Les maladies du foie, et surtout les abcès, en dehors, bien
entendu, de l'état d'engorgement qui se rattache à la cachexie
paludéenne, sont donc rares à la Guyane, beaucoup plus
rares qu'aux Antilles, et incomparablement plus rares qu'au
Sénégal. En effet, dans cette dernière colonie, l'hépatite, si
sa fréquence n'a pas été un peu exagérée, « entre pour le
quart environ dans la statistique des décès (2). »

Pour le Dr Laure, la rareté de l'hépatite à la Guyane et sa
fréquence au Sénégal dépendent de circonstances opposées
dans les deux climats. La Guyane, grâce à sa position topogra-

(1) Campet, *loc. cit.*, page 204.
(2) J. Rochard, article *Climat*, in Dict. de médec. et chir. pratiques.

phique, à son sol couvert d'immenses forêts vierges, maintenant l'humidité et gardant la chaleur, est un des pays du monde où l'amplitude des variations thermiques nychthémérales et saisonnières est des plus faibles (1). C'est l'inverse au Sénégal, avec son terrain sablonneux qui rayonne beaucoup, son air sec, ses nuits fraîches alternant avec des journées torrides. La plupart des auteurs font jouer aux brusques transitions de température le rôle principal dans la pathogénie de l'hépatite, et Thévenot disait qu'au Sénégal on s'enrhume du foie, comme on s'enrhume du poumon et des bronches dans les régions tempérées.

J'ai retrouvé, dans les rapports médicaux et dans les registres d'autopsies, les observations des six cas mortels d'hépatite suppurée fournis par le personnel européen libre. Tous ces cas semblent appartenir à des hommes ayant un long séjour colonial, et dans deux ou trois d'entre eux, les sujets avaient vraisemblablement passé par d'autres colonies que la Guyane. Chez deux sujets, un soldat de trente-quatre ans et un gendarme de trente-neuf ans, l'abcès s'ouvrit dans les bronches. Chez deux autres, un colon libre âgé de trente-deux ans et un matelot de la station locale, l'abcès fut ouvert par le caustique de Vienne. Enfin, chez les deux derniers sujets, un quartier-maître de la station locale et un gendarme, la collection purulente ne fut trouvée qu'à l'autopsie.

3° **Maladies du péritoine (3 D.).** — Nous n'avons à noter que 3 cas de péritonite, à étiologie non déterminée. Les cas de

(1) L'amplitude des variations nychthémérales ne dépasse pas 6°3, et l'écart entre les températures extrêmes, observées dans le courant de l'année, ne va pas au delà de 10°. La différence entre la température moyenne du mois le plus chaud (octobre) et du mois le moins chaud (janvier), n'est que de 1°3. Il est rare que, à 6 heures du matin, la température descende au-dessous de 21°. Ce fait ne se produit qu'une fois tous les trois ou quatre ans. Il est rare aussi qu'à 1 heure de l'après-midi, la température atteigne 31°.

Voici, d'après les observations de dix années (1872-82), faites à l'hôpital de Cayenne, les températures mensuelles moyennes. Ces moyennes, que je dois à l'obligeance de M. Chauvin, pharmacien de la marine à l'hôpital de Cayenne, sont basées sur cinq observations journalières, prises à 6 heures du matin, 10 heures, 1 heure, 4 heures et 9 heures du soir.

Janvier	26° 3	Juillet	26° 8
Février	26° 5	Août	27° 1
Mars	26° 6	Septembre	27° 4
Avril	27° 0	Octobre	27° 6
Mai	26° 8	Novembre	27° 3
Juin	26° 5	Décembre	26° 7

péritonite traumatique ont été reportés à la colonne des *Traumatismes*.

VIII. APPAREIL GÉNITO-URINAIRE (3 Décès).

Maladies diverses (3 D.). — Parmi ces trois décès, deux ont comme diagnostic : *néphrite* et *albuminurie*. Le troisième cas portait comme diagnostic : *cystite chronique*.

IX. APPAREIL D'INNERVATION (36 Décès).

1° **Maladies de l'encéphale et du bulbe (24 D.).** — Ces 24 décès se rapportent à des affections variées de l'encéphale et du bulbe. Nous y trouvons : 8 cas d'hémorrhagie cérébrale ou d'apoplexie, 3 cas d'apoplexie séreuse, 3 cas d'encéphalite, 2 cas de méningite, 3 cas d'insolation, 3 cas de ramollissement cérébral, 1 cas de manie aiguë et 1 cas de paralysie générale progressive.

2° **Maladies de la moelle (4 D.).** — Ces décès portent, comme diagnostic, 3 fois *myélite* et 1 fois *paraplégie*.

3° **Tétanos (8 D.).** — Il y a, sur ce nombre, 2 cas de tétanos spontané et 5 cas de tétanos traumatique. Dans le dernier cas, la nature du tétanos n'était pas spécifiée.

Les cas de tétanos traumatique ont été observés à la suite de lésions diverses. Dans un cas que j'ai noté, le tétanos était survenu, chez un matelot, à la suite d'une piqûre d'insecte, à la main.

Quant au tétanos spontané, c'est le froid qui est invoqué, dans plusieurs rapports, comme cause de la maladie. L'un de ces deux cas de tétanos spontané mortel se rapporte à un soldat, arrivé depuis deux mois dans la colonie, qui s'était lavé, le matin, dans la piscine de la caserne, le corps exposé à l'air.

Le tétanos, et surtout le tétanos spontané, s'observe plus

fréquemment pendant la saison fraîche, c'est-à-dire pendant la saison des pluies, que pendant la saison chaude et sèche. En effet, les statistiques montrent que les cas de tétanos sont beaucoup plus nombreux pendant le premier semestre, qui correspond à peu près à la saison des pluies, que pendant le second semestre, qui correspond à la saison sèche. Dans une statistique citée par notre ami le Dr Pugliesi (1), et portant sur 20 cas de tétanos observés à l'hôpital de Cayenne, 15 cas (7 spontanés et 8 traumatiques) avaient été observés pendant le premier semestre. Les 5 cas observés pendant le second semestre étaient tous traumatiques.

X. APPAREIL LOCOMOTEUR (2 Décès).

Maladies des os et des articulations (2 D.). — Ces deux décès se rapportent à un cas de nécrose et à un cas de carie.

XI. AUTO-INFECTION (23 Décès).

Ulcères, infection putride, etc. (23 D.). — J'ai réuni, dans cette colonne, tous les cas où la mort semble devoir être attribuée à l'infection de l'organisme par une surface suppurante ou gangrenée. Sur ces 23 cas, 10 portent comme diagnostic : *septicémie, pyohémie, infection putride* ou *résorption purulente;* 3 cas ont comme diagnostic : *érysipèle phlegmoneux* ou *gangréneux;* 8 cas portent les diagnostics variés de : *ulcères phagédéniques* ou *gangréneux, plaies* ou *phlegmons gangréneux,* ou bien *gangrène* portant sur des parties diverses. Enfin, il y a encore 2 cas de *phlegmons diffus.*

Il existe à la Guyane des phlegmons gangréneux d'une nature particulière. Ils sont consécutifs à des piqûres venimeuses, sur lesquelles on n'est pas bien d'accord, mais qui sont dues vraisemblablement à l'araignée-crabe (*mygala, aranea avicularia*),

(1) Dr J.-B. Pugliesi. — *Des accidents causés par la puce-chique observés à la Guyane française.* Thèse de Paris, 1885.

à la scolopendre (1) qui atteint à la Guyane de grandes proportions (*scolopendra gigantea*), et probablement aussi à plusieurs variétés de scorpions (2). Les piqûres les plus fréquentes et les plus graves sont certainement celles de l'araignée-crabe. Cet arachnide hideux est particulièrement fréquent aux îles du Salut ; il a une prédilection marquée pour les ananas sur lesquels on le trouve souvent. Les mygales atteignent quelquefois des proportions énormes à la Guyane. Il existe au musée de l'hôpital de la marine à Brest une araignée-crabe, provenant de Cayenne, qui, les pattes étendues, peut être inscrite dans un cercle de 23 centimètres de diamètre.

Chez des sujets présentant un mauvais état général, on a vu les phlegmons gangréneux, consécutifs aux piqûres venimeuses, nécessiter l'amputation d'un membre et, plus d'une fois, avoir un issue fatale. Nous en citerons des cas, à propos des transportés européens. Le Dr Dubergé, dans sa thèse (3), rapporte deux cas de mort à la suite de piqûre de mygale, cas dans lesquels les hommes piqués avaient vu l'arachnide. Le tétanos a été observé comme complication de toutes ces piqûres. Quelquefois même, chez des vieux transportés anémiés et impaludés, on a vu, à la suite de ces piqûres venimeuses, la mort survenir ou bout de vingt-quatre ou quarante-huit heures au milieu de phénomènes adynamiques, avant le développement des accidents locaux. Des faits de ce genre ont été observés au Maroni et aux îles du Salut où les piqûres venimeuses sont plus fréquentes qu'à Cayenne.

Les piqûres de serpents de toutes sortes déterminent aussi des phlegmons gangréneux très graves. Nous n'avons trouvé, chez les Européens libres, aucun décès dû à cette cause, mais nous en dirons quelques mots à propos de la pathologie des nègres.

---

(1) Une scolopendre avalée avec de l'eau, dans l'obscurité, par un officier du 16e léger, à Cayenne, en 1828, a déterminé une tuméfaction énorme du cou, des accidents nerveux effrayants et finalement la mort (Moquin-Tandon).

(2) On pourrait peut-être y ajouter la *mouche à drague* ou *mouche à dague* et la *fourmi flamande* dont les piqûres sont très douloureuses. Mais il est douteux que ces deux insectes puissent causer des accidents aussi graves. Les piqûres venimeuses se produisent généralement pendant le sommeil, surtout la nuit. Il est rare qu'un homme victime d'une piqûre venimeuse ait vu l'animal qui l'a piqué.

(3) *Quelques considérations sur les complications des plaies à la Guyane française.* Thèse de Paris, 1875.

Nous devons signaler, comme fait particulier à la Guyane, la présence de la puce-chique (pulex penetrans) qui est extrêmement commune et qui est quelquefois le point de départ d'accidents graves : onyxis ulcéreux, lymphangites, adénites, phlegmons, ulcères phagédéniques. Nous devons ajouter, cependant, que ces accidents sont bien rares chez les Européens libres. En effet, comme le dit le Dr Pugliesi, dans son travail cité plus haut, la chique ne laisse aucune trace chez les personnes nouvellement arrivées et qui vivent dans de bonnes conditions ; les accidents ne s'observent que chez les individus affaiblis par un long séjour colonial, ayant un mauvais état général, vivant dans les pires conditions d'hygiène, comme les transportés et les coolies hindous. Il y a lieu de citer aussi le ver macaque-larve d'un insecte dont l'état parfait est encore l'objet de discussions. Le ver macaque est aussi rare que la chique est fréquente. Il n'est pas besoin de marcher nu-pieds pour avoir des chiques ; tous les Européens en attrapent ; pour mon compte, j'en ai eu au moins une dizaine, tandis qu'on n'a pas souvent l'occasion de voir des vers macaques. Le Dr Bonnet, médecin de la marine, qui a étudié le ver macaque à la Guyane, ne l'a observé que sur le nègre et le coolie hindou, jamais sur l'Européen. Enfin, nous citerons encore la tique de Cayenne et le pou d'agouti. La première, qui a été étudiée par Bonnet, est rare. Le pou d'agouti, au contraire, est fréquent ; il pique les jambes quand on marche dans les savanes et incommode beaucoup les chasseurs ; mais ces piqûres n'ont pas beaucoup plus d'importance que les piqûres des nombreuses variétés de cousins (*culex*) : moustiques, maringouins, maques, etc., qui abondent à la Guyane.

C'est dans la débilitation de l'état général, par l'anémie et la cachexie, qu'il faut chercher l'explication de la quantité notable des décès de cette classe, que nous verrons beaucoup plus nombreux chez les transportés européens et les autres races. L'influence de l'état général sur les traumatismes et leurs complications est aujourd'hui trop bien connue pour qu'il soit nécessaire d'insister ici sur cette question. L'action de l'anémie et de l'impaludisme ne doit pas être limitée aux décès que ces affections ont provoqués directement. Leur influence s'étend bien au delà : ces maladies constitutionnelles, en débilitant l'organisme, augmentent la gravité des états morbides éventuels, y compris le traumatisme, et font surgir souvent des complications mortelles.

XII. NÉOPLASMES (7 Décès).

Cancer, tumeurs diverses (7 D.). — Ces 7 décès comprennent 5 cas de cancer, 1 cas de lupus et 1 cas avec le diagnostic indéterminé : *tumeur*.

Chez un groupe dont la majorité est formée par une population masculine jeune et choisie, ne faisant à la Guyane qu'un séjour limité, et en faveur de laquelle le rapatriement est appliqué toutes les fois que leur état le réclame, la rareté du cancer et des tumeurs en général est un fait tout naturel.

Nous avons classé les cas de cancer de l'estomac parmi les maladies de l'appareil digestif.

XIII. INTOXICATIONS (6 Décès).

Alcoolisme, saturnisme, etc. (6 D.). — Sur ces 6 décès, il y a 4 cas d'alcoolisme ou de delirium tremens. Les deux autres cas portent comme diagnostic : *encéphalopathie saturnine* et *empoisonnement par le laudanum*. Je n'ai pas de renseignement sur ce dernier cas qui mériterait probablement d'être rangé dans les cas de suicide, à la colonne suivante.

XIV. TRAUMATISMES (28 Décès).

1° Traumatismes divers (26 D.). — Ces 26 cas, où la mort est due à une violence extérieure, se décomposent de la manière uivante : plaies par armes à feu 2, fractures du crâne et plaies de tête 10, plaie pénétrante de la poitrine 1, brûlures 3, rupture traumatique de la rate 1, autres traumatismes (fractures, plaies, ruptures d'organes internes) 4. Enfin, il y a, en outre, 5 cas de suicide; parmi ces derniers, les uns ont été commis par des individus en traitement à l'hôpital, les autres ont été commis en ville, et les sujets ont succombé ultérieurement à l'hôpital.

J'ai fait entrer dans la classe des *Traumatismes* quelques décès survenus à la suite d'accidents particuliers qui n'ont été que très rarement observés en Europe; je veux parler de l'introduction de larves de *lucilia hominivorax* dans les fosses nasales. Un seul décès de ce genre a été observé à l'hôpital de Cayenne, sur un Européen libre : c'est celui du surveillant militaire Goujon, qui remonte à 1855. Cet homme avait contracté sa maladie sur le pénitencier de Sainte-Marie de la Comté, et avait été évacué le 5 septembre 1855 sur l'hôpital de Cayenne où il succomba le 10, cinq jours après son entrée.

Je ne dirai que quelques mots sur les faits curieux relatifs à la *lucilia*. Toutes les observations que j'ai trouvées relatées dans les archives de l'hôpital de Cayenne ont été publiées. Les premières observations de Coquerel ont paru en 1858, dans les *Annales de la Société d'entomologie de France* et dans les *Archives générales de médecine*. Ces observations sont résumées dans l'article *Lucilia* du professeur Laboulbène, dans le *Dictionnaire encyclopédique des sciences médicales*. Les faits observés ultérieurement ont été donnés dans divers mémoires, parmi lesquels je citerai : la thèse du Dr Bonnet (Montpellier, 1870), celle du Dr Maillard (Montpellier, 1871), et celle, plus récente, du Dr Prima (Paris, 1881). La relation du dernier décès causé par la lucilia à l'hôpital de Cayenne, en 1878 (transporté Paoli), a été publiée par le Dr Gourrier dans les *Archives de médecine navale* de juin 1879. Elle est reproduite dans la thèse du Dr Prima.

Les décès causés par la lucilia à l'hôpital de Cayenne, et portés sur les registres avec ce diagnostic, sont au nombre de 8, pour la période 1854-1884. Les victimes sont les suivantes : un surveillant militaire, quatre transportés européens, un nègre libre, un transporté nègre et un Hindou. Indépendamment de ces 8 cas mortels, observés à l'hôpital de Cayenne, d'autres cas, également mortels, et certainement beaucoup plus nombreux, se sont présentés sur les pénitenciers. De plus, un certain nombre de cas de larves de lucilia dans les fosses nasales ont été suivis de guérison, car le pronostic est devenu moins grave depuis l'emploi du traitement par la benzine. Sur 29 cas de larves de lucilia dans les fosses nasales, réunis par Maillard, il y a 16 morts. Les cas de lucilia ont surtout été fréquents pendant la période de la fondation des premiers pénitenciers, les hommes étant encore mal installés; il en est de même sur les chantiers, dans les grands bois, où les transportés couchent en plein air et le plus souvent par terre (1). Ces cas sont devenus beaucoup plus rares aujourd'hui. Les larves de lucilia ont été observées, à la Guyane, dans les fosses nasales, dans le conduit auditif, dans le grand angle de l'œil et dans les plaies. Les cas où les larves siègent dans les fosses nasales sont les plus fréquents et aussi les plus graves (2). Les 8 cas mortels, observés à l'hôpital de Cayenne, sont tous dus à des larves logées dans les fosses nasales. Les cas de larves dans l'oreille externe, observés à Cayenne, ont tous été suivis de guérison; ils sont, par conséquent, d'un pronostic bien moins grave. Cependant j'ai trouvé, dans les rapports, deux cas mortels de larves de lucilia siégeant dans l'oreille. Le premier a été observé sur un transporté, à la Montagne d'argent, en 1861 (3). Le second a eu lieu sur le pénitencier de Sainte-Marie, en 1857. Un transporté, atteint de carie du rocher avec perforation du tympan, fut apporté à l'hôpital du pénitencier

(1) C'est dans la période 1858-1868 que les cas de lucilia m'ont paru le plus nombreux. C'est, du reste, la période la plus florissante de la transportation; celle où il y avait le plus grand nombre de transportés, de pénitenciers et de chantiers. Pendant toute cette période, presque tous les rapports trimestriels des pénitenciers, surtout des pénitenciers possédant des chantiers, comme Kourou et le Maroni, signalent un ou deux cas de lucilia, suivis de guérison ou de mort. Pendant le 3e trimestre 1863, on relate trois cas de lucilia au Maroni : deux dans les fosses nasales et un dans le conduit auditif. Tous les trois furent guéris par la benzine

(2) Partout la bénignité relative des larves siégeant dans le conduit auditif est signalée. Voici deux extraits des rapports médicaux : « Nous avons à noter deux cas de larves de lucilia, l'un dans les fosses nasales, l'autre dans le conduit auditif; ces deux cas venaient de Kourou. Celui qui présentait les larves dans les fosses nasales est mort trente-six heures après son entrée. L'autre, dont les larves étaient dans l'oreille droite, a guéri. » (*Rapport médical des îles du Salut, 4e trimestre 1860*). — « Deux cas méritent d'être signalés : ce sont deux cas de larves de lucilia, l'un dans les fosses nasales et l'autre dans le conduit auditif. Le premier a succombé, le second a guéri. » (*Rapport de Saint-Louis, 4e trimestre 1860*).

(3) « Dans le service chirurgical, nous trouvons deux cas de dévelop-

dans un état comateux grave. 45 larves furent retirées de l'oreille. Le malade succomba, et à l'autopsie on constata une carie du rocher, qui était certainement antérieure à l'introduction des larves. L'hémisphère cérébral gauche était ramolli, mais on ne put y trouver aucune trace de larve. Il n'existait pas d'épanchement dans la cavité sous-arachnoïdienne.

Dans la plupart des cas de lucilia soignés à l'hôpital de Cayenne, la maladie avait été contractée sur les pénitentiers ou dans les grands bois. Il existe, cependant, des cas où la lucilia a attaqué ses victimes à Cayenne même. La mouche hominivore choisit presque toujours les individus malpropres ou atteints d'ozène, de coryza ulcéreux, d'otite chronique. Néanmoins, on l'a observée sur des personnes chez lesquelles il est permis de supposer des habitudes de propreté. Un cas très grave de larves de lucilia dans les fosses nasales, mais qui fut suivi de guérison, a été observé, à Surinam, sur un officier supérieur de la marine néerlandaise (1).

De nombreuses expériences sur ces larves ont été faites à Cayenne. On a suivi leurs métamorphoses; on a fait des essais pour découvrir les substances les plus propres à les détruire. Dans ce but, on a employé tour à tour les injections avec le suc de tabac vert, la teinture d'iode, le bichlorure de mercure, la décoction de feuilles de tabac, la térébenthine, la solution de créosote à 2 p. 100, le chloroforme et la benzine. Les injections de chloroforme sont très efficaces, mais très douloureuses, et la benzine est préférable. On l'emploie pure, en injections, et on laisse à demeure, dans les fosses nasales, des bourdonnets de coton que l'on imbibe de temps en temps.

2° **Traumatismes chirurgicaux (2 D.).** — Les décès consécutifs à des opérations chirurgicales sont certainement plus nombreux, mais le fait n'est spécialement signalé que deux fois, pour ce groupe. L'un de ces deux décès est consécutif à l'opération d'une hernie étranglée. Je dois dire que, en dehors

« pement de larves, l'un dans les fosses nasales, l'autre dans le conduit
« auditif. Tous deux ont entraîné la mort. Il est vraiment digne de
« remarque de voir combien deviennent fréquents de semblables acci-
« dents qui peuvent, pour ainsi dire, être comptés parmi les affections
« propres à la Guyane, alors que, il y a quelques années à peine, on les
« citait comme des cas curieux et rares. » (*Rapport de la Montagne d'argent, 4° trimestre 1861*).
(1) Dr Van Leent, *loc. cit.*, *Archives de médecine navale*, février 1881.

des sujets anémiés et impaludés, les traumatismes chirurgicaux guérissent bien, à la Guyane, et sont rarement suivis de
complications. La plus redoutable est le tétanos.

II

TRANSPORTÉS EUROPÉENS

I. ORIGINE ET NATURE DU PERSONNEL

C'est du mois de mai 1852 que date la transportation à la Guyane. Décrétée le 8 décembre 1851, la transportation fut exécutée avec rapidité : le 30 mars 1852, le premier convoi, *l'Allier*, partit de Brest avec 3 déportés politiques et 298 forçats et repris de justice, et mouilla le 10 mai suivant sur rade de l'île Royale. Dans le courant de l'année 1852, cinq autres transports de l'État : *la Forte, l'Erigone, le Duguesclin, la Fortune* et *l'Egérie*, partirent de France emportant à la Guyane les déportés politiques, les forçats et les repris de justice. Il y avait, au début, trois catégories de transportés européens : les forçats (1re catégorie), les repris de justice (3e catégorie, 1re section) et les déportés politiques (3e catégorie, 2e section) dont le nom officiel était : *affiliés aux sociétés secrètes*. Tous ces individus ont été transportés à la Guyane par application du décret du 8 décembre 1851 et du décret du 23 mars 1852, suivi de la loi du 30 mai 1854. Le premier de ces décrets vise les déportés politiques et les repris de justice qui ont été transportés à la Guyane *administrativement*, sur un simple arrêté du ministre de l'Intérieur ou à la suite d'une condamnation prononcée par les commissions départementales, restées célèbres sous le nom de *commissions mixtes*. Le second décret, dont les principales dispositions sont reproduites dans la loi du 30 mai 1854, est relatif aux condamnés aux travaux forcés.

Le décret du 8 décembre 1851 a été abrogé par un décret du Gouvernement provisoire, en date du 24 octobre 1870. Les repris de justice qui existaient encore à la Guyane ont été rapatriés en 1873. Les déportés politiques avaient été graciés et amnistiés antérieurement, par décrets impériaux.

Les transportés européens et arabes, qui existent actuellement à la Guyane, sont tous des condamnés aux travaux forcés, envoyés à la Guyane en vertu de la loi du 30 mai 1854 sur l'exécution de la peine des travaux forcés. La loi du 27 mai 1885 sur la relégation des récidivistes, qui doit vraisemblablement envoyer de nouveaux contingents de transportés européens à la Guyane, n'a pas encore été appliquée.

Nous parlerons plus loin des dispositions légales relatives aux transportés de race africaine et asiatique.

D'après le dernier volume des *Notices sur la transportation à la Guyane et à la Nouvelle-Calédonie*, publié par le ministère de la Marine et des Colonies (Paris, Imprimerie nationale, 1885), à la date du 1er janvier 1884, le total des individus transportés à la Guyane, depuis le début de la transportation, monte à 24.170, à savoir : 23.704 hommes et 466 femmes. Ces 23.704 hommes se décomposent de la manière suivante : 17.569 forçats de race blanche (Européens et Arabes), 2222 forçats d'origine asiatique et africaine, 751 réclusionnaires coloniaux, 2816 repris de justice, 329 déportés politiques, 8 étrangers expulsés et 9 transportés volontaires (1).

Le gouvernement n'a jamais usé du droit, que lui confère l'article 4 de la loi du 30 mai 1854, de transporter les femmes condamnées aux travaux forcés. Toutes les femmes transpor-

----

(1) Les *transportés volontaires* sont vraisemblablement des individus condamnés à la prison ou à la réclusion, qui, à l'expiration de leur peine, ont obtenu la faveur d'être transportés à la Guyane. Quant aux *étrangers expulsés*, d'après le dernier volume des *Notices sur la transportation*, il n'existe plus qu'un seul individu de cette catégorie : c'est un Russe, le nommé N., ancien lieutenant dans l'armée du czar, qui se trouve aux îles du Salut et n'est pas soumis au travail. L'histoire de ce Russe a été racontée récemment par l'amiral Haligon (Supplément littéraire du *Figaro* du 12 juin 1886). Cet individu est devenu légèrement lypémaniaque, et il a la douce habitude d'adresser à tous les hauts fonctionnaires (gouverneurs, généraux inspecteurs, amiraux) qui visitent les îles du Salut, une pétition dans le genre de celle que l'amiral Haligon a publiée.

tées à la Guyane ou à la Nouvelle-Calédonie y sont allées sur leur demande, pour être mariées à des concessionnaires. Ces femmes sont recrutées dans les maisons centrales. La plupart sont condamnées aux travaux forcés ou à la réclusion; quelques-unes sont condamnées simplement à la prison.

A la date du 1er janvier 1884, de ce total de 24.170 transportés, il fallait retrancher les nombres suivants : 3729 libérés rapatriés, 12.148 morts dans la colonie, 1706 en résidence volontaire à la Guyane, 3146 évadés ou disparus. Il restait donc un effectif de 3441 individus, à savoir : 3307 hommes et 134 femmes. Sur ces 3441 individus, présents à la Guyane, à la date du 1er janvier 1884, il y avait 2252 condamnés en cours de peine et 1189 libérés astreints à la résidence dans la colonie.

Au point de vue de la race, ces 3307 hommes se divisent ainsi : Européens 1008, Arabes 1561, *noirs* 738. Sous le nom de *noirs*, l'administration comprend les nègres, les Hindous, les Chinois et les Annamites. Parmi les 134 femmes, il y a : 88 Européennes, 15 femmes arabes et 31 femmes *noires*.

En 1864, des établissements pénitentiaires ont été créés en Nouvelle-Calédonie, et c'est là que, depuis 1867, on envoie presque tous les forçats européens. Le nombre de ceux qu'on dirige sur la Guyane est de plus en plus restreint. Aussi la proportion des Européens diminue-t-elle progressivement dans cette dernière colonie. Au 1er janvier 1869, sur un effectif de 6742 condamnés (hommes et femmes) présents à la Guyane, il y avait 5314 Européens (hommes et femmes). Au 1er janvier 1873, sur 4880 transportés, il y avait 3104 Européens. Ce nombre n'est plus que de 1707 Européens (hommes et femmes), sur 3663 transportés (hommes et femmes), à la date du 1er janvier 1878, et de 1221 Européens, sur 3317 transportés, à la date du 1er janvier 1882. Enfin, au 1er janvier 1884, il y a 1096 Européens (hommes et femmes), sur 3441 transportés (hommes et femmes) de toutes races, présents à la Guyane (1).

Contrairement à ce qui a lieu pour le personnel européen libre, nous trouvons chez les transportés européens un élément

____

(1) Plus de la moitié de ces Européens sont des vieux libérés, astreints à la résidence dans la colonie (4°, 1re), traînant pour la plupart une vie languissante aux îles du Salut, à la section des invalides ou des incurables. L'infériorité numérique des Européens est bien plus manifeste, si

stable, permanent, qui nous permet d'étudier avec exactitude l'influence du climat de la Guyane sur les Européens. En effet, nous devons faire remarquer que le séjour minimum d'un forçat à la Guyane est de dix ans. Aux termes de l'article 6 de la loi du 30 mai 1854, tout individu condamné à moins de huit ans de travaux forcés est tenu, à l'expiration de sa peine, de résider dans la colonie, pendant un laps de temps égal à la durée de sa condamnation. Si sa peine est de huit années et au-dessus, une fois libéré, le transporté est tenu de résider à la Guyane pendant toute sa vie.

Nous avons vu que, du début de la transportation à la date du 1er janvier 1884, il était mort à la Guyane 12,148 transportés de toutes races (1). Or, pendant cette période, il n'a été enregistré à l'hôpital de Cayenne que 1394 décès de transportés européens. Même en ajoutant à ce dernier nombre les décès des transportés arabes, nègres, hindous et chinois, nous n'arriverions pas au chiffre de 2000 décès. Nous croyons cependant que ces décès observés à l'hôpital de Cayenne, quoique ne représentant que près du sixième du total des décès supportés par la transportation dans toute la Guyane, suffiront pour nous donner une idée juste de la pathologie de chaque groupe, Européens, Arabes, nègres, sauf quelques réserves que j'aurai l'occasion de faire plus loin.

La ville de Cayenne n'a jamais été le centre principal de la transportation. Les deux points principaux occupés par la transportation sont les îles du Salut et le Maroni. Jusque vers l'année 1868, il n'y avait à Cayenne que quelques centaines de forçats, logés sur les pénitenciers flottants. Le nombre des transportés résidant à Cayenne s'est trouvé augmenté par suite de la construction du *pénitencier à terre*

---

nous ne prenons que les transportés en cours de peine, à la date du 1er janvier 1884. Nous avons, en effet :

Européens (y compris 47 femmes). 501
Arabes (y compris 12 femmes).... 1239
Noirs (y compris 19 femmes)...... 512

Total. 2252

(1) Le total des transportés morts à la Guyane est, en réalité, supérieur à ce nombre; car parmi les 1706 individus (4e, 2e) portés en résidence volontaire à la Guyane, que l'administration pénitentiaire raye de ses registres, et dont elle ne s'occupe plus, un très grand nombre sont morts à la Guyane.

(1869) et par l'arrivée d'un certain nombre de libérés qui sont venus se fixer dans la ville.

L'administration pénitentiaire n'a pas, à Cayenne, un hôpital à elle, entretenu par son budget particulier. Il existe, à l'hôpital militaire, un local spécial aux transportés, et séparé par un mur du reste de l'établissement.

Sur les 1394 décès fournis par les transportés européens, il n'y a que 11 décès de femmes. La présence de femmes transportées est exceptionnelle à Cayenne; les ménages de transportés concessionnaires résident au Maroni.

II. IMPALUDISME (531 Décès).

L'impaludisme est la cause la plus énergique de la mortalité de ce groupe. C'est à l'impaludisme, bien plus encore qu'à la fièvre jaune, que sont dues les pertes énormes subies par la transportation, lors de la fondation de ses premiers établissements dans l'intérieur de la Guyane. Pour donner une idée exacte des ravages de l'impaludisme parmi les transportés européens, il nous faudrait faire l'histoire détaillée de tous les établissements pénitentiaires, successivement créés et abandonnés, pendant les huit ou dix premières années de la transportation. Je me contenterai de citer quelques-uns des faits principaux, en faisant intervenir, autant que possible, les chiffres, dont la langue n'a pas besoin d'interprétation.

En 1853, 315 transportés européens furent occupés à travailler à la fondation de l'établissement pénitentiaire de la Montagne d'argent. Au 31 décembre, sans autre cause léthifère que l'impaludisme, on avait compté, dans le courant de l'année, 105 décès parmi ces 315 hommes : c'est une proportion de 33,3 p. 100. On se figure facilement dans quel état devaient se trouver les survivants (1).

En 1854, 188 hommes furent envoyés dans l'établissement, pour combler les vides, et portèrent l'effectif à 398. Dans le courant de l'année, il y eut 83 décès, soit une proportion de

____

(1) Rapports médicaux (Archives de l'hôpital de Cayenne).

20,8 p. 100. Vers la fin de 1854, le pénitencier fut reconstruit sur un emplacement qu'on supposa moins insalubre. Cependant, en 1855, les résultats furent les mêmes. Un effectif de 462 hommes fournit 94 décès, soit 20,3 p. 100 (1).

En 1856, sur 308 transportés, 195 succombèrent. C'est une proportion de 63,3 p. 100. La fièvre jaune était venue s'ajouter à l'intoxication malarienne. Le typhus amaril causa 136 décès, mais les 59 autres étaient dus presque exclusivement à l'impaludisme, ce qui constitue encore une proportion respectable de 19,1 p. 100. Et combien, parmi ceux que la fièvre jaune enleva en quelques jours, auraient succombé, quelques mois plus tard, aux accès pernicieux ou à la cachexie ? Le pénitencier de la Montagne d'argent fut évacué quelques années après.

Le 23 avril 1853, un officier de troupes, un régisseur des travaux, deux gendarmes, un sapeur et un surveillant, arrivèrent à Saint-Georges de l'Oyapock, à 60 kilomètres de la Montagne d'argent, pour fonder un pénitencier. Ils étaient accompagnés de 20 transportés qui s'établirent dans une case à nègres abandonnée. Des cases en planches furent rapidement construites et purent recevoir 248 hommes. Du 23 avril 1853 au 1ᵉʳ mars 1854, c'est-à-dire en 10 mois et 7 jours, 101 décès furent enregistrés sur cet établissement : c'est une proportion de 40,7 p. 100. La plus grande partie des transportés qui survivaient, en proie à des fièvres rebelles et incapables de tout travail, furent évacués sur les îles du Salut. En présence de cette mortalité, on décida que des nègres condamnés, venus des Antilles, seraient seuls envoyés à Saint-Georges. Le personnel libre européen n'avait pas été plus épargné que les transportés, et l'on choisit les fonctionnaires du pénitencier parmi les hommes de couleur (2).

En 1855, 439 transportés européens composaient l'effectif du pénitencier de Sainte-Marie de la Comté, fondé au mois de juillet de l'année précédente. Dans le courant de l'année 1855, ils fournirent 100 décès, dont 26 étaient dus à la fièvre jaune et 74 à l'intoxication paludéenne. Mais, sur 51 malades évacués de Sainte-Marie sur Cayenne et les îles du Salut, 34 suc-

(1) Rapports médicaux (Archives).
(2) Rapports médicaux (Archives).

combèrent, ce qui éleva le total réel des décès de Sainte-Marie à 134. Si l'on déduit de ce nombre les 26 décès causés par la fièvre jaune, et si, d'autre part, on tient compte des 25 décès par suite de fièvre paludéenne,fournis par les 51 malades évacués (les 9 autres décès n'ont pas été la suite de maladies contractées à Sainte-Marie), on arrive au total de 99 décès dus *uniquement* à l'empoisonnement malarien. C'est une proportion de 22, 5 p. 100 (1).

En 1856, sur ce même pénitencier de Sainte-Marie, un effectif de 634 hommes donna 148 décès, dont 32 dus à la fièvre jaune et 116 à l'intoxication paludéenne. De même qu'à la Montagne d'argent, un grand nombre de ceux qui furent victimes de la fièvre jaune auraient sans aucun doute succombé à la fièvre paludéenne. Ajoutons que la mortalité à Sainte-Marie fut de 22, 9 p. 100 en 1857 et de 25, 4 p. 100 en 1859.

A quatre kilomètres de Sainte-Marie,on fonda,au mois de mai 1855, l'établissement de Saint-Augustin, spécialement destiné aux libérés. Un petit nombre de ces derniers furent nommés concessionnaires et défrichèrent leurs terres. Dans l'espace d'un mois, du 15 août au 15 septembre 1855, onze décès eurent lieu parmi eux : un par suite de fièvre jaune et dix par suite de fièvres pernicieuses à forme comateuse et adynamique. Sur cet établissement, les hommes arrivaient à l'hydropisie générale au bout de quelques mois. Le Dr Saint-Pair, à cette époque médecin en chef à Cayenne, dont les remarquables rapports nous ont fourni la plupart des chiffres cités dans les pages précédentes, disait, au mois d'octobre, dans son rapport du 3me trimestre 1855, en parlant des transportés de Saint-Augustin : « Ceux qui ne sont pas encore arrivés à cette période (l'hydropisie générale), y seront inévitablement conduits en peu de temps; le personnel doit être constamment renouvelé : ce n'est qu'à cette condition que les Européens peuvent résider à Saint-Augustin. Un séjour définitif y est incompatible, je ne dis pas avec l'intégrité de la santé, mais avec la conservation de la vie. » L'ordre fut donné d'évacuer les libérés fébricitants sur les îles du Salut, et les concessions furent abandonnées.On voulut nommer d'autres concessionnaires, pour remplacer les premiers, mais libérés et forçats

***

(1) Rapports médicaux (Archives).

refusèrent de devenir propriétaires. En 1856, la destination de Saint-Augustin fut changée. On y envoya des transportés en cours de peine. La fièvre jaune vint s'ajouter à l'empoisonnement maremmatique, et près de la moitié de l'effectif succomba sous ce double fléau. Un effectif de 317 hommes fournit, dans le courant de l'année, 140 décès, dont 105 par suite de fièvre jaune et 35 par suite d'autres maladies (1).

Pour terminer ce qui a trait aux désastres que l'impaludisme a fait subir à la transportation, je dirai encore quelques mots des chantiers forestiers du Haut-Maroni, ou chantiers de *Sparhouïne* et de la crique *Serpent*.

A la suite d'une vive critique faite, au corps législatif, par les députés de l'opposition, au sujet du budget de la transportation, laquelle, trouvait-on, coûtait très cher et ne produisait rien, l'administration pénitentiaire passa un marché avec la Compagnie des chemins de fer de l'Ouest, pour la fourniture de pièces de bois (traverses de rails). En conséquence, on créa, en 1865, dans le Haut-Maroni, des chantiers forestiers sur lesquels le personnel éprouva des pertes énormes. Les statistiques officielles ne donnent la mortalité de ces chantiers que pour deux années : elles accusent une mortalité de 22, 3 p. 100 en 1868 et de 22, 9 p. 100 en 1869; mais ces chiffres, dans leur laconisme, ne donnent qu'une idée inexacte de la réalité des choses, car on n'y tient aucun compte des malades qui allaient mourir ailleurs. Voici un extrait du rapport du médecin en chef, le Dr Riou-Kérangal, résumant les principaux faits de l'année 1866 : « De tous les chantiers, Sparhouïne est celui « qui a le plus souffert et qui souffre encore le plus aujourd'hui. « La dernière lettre qui me parvient de ce pénitencier m'an- « nonce des pertes considérables. Lorsque nous l'avons visité, « au mois d'octobre 1866, il n'y avait pas encore un an qu'il « était créé, et, sur les 850 transportés qui y étaient passés « depuis sa fondation (novembre 1865), et qui n'y étaient arri- « vés que successivement, 100 étaient morts, 119 avaient dis- « paru (évadés ou morts dans les grands bois), 75 avaient été « évacués sur l'établissement des convalescents à l'Ilet-la-Mère, « 132 existaient aux hôpitaux de Saint-Louis et de Saint-Lau- « rent, 32 étaient à l'infirmerie du chantier et 83 étaient aux

(1) Rapports médicaux (Archives).

« travaux légers. Nous avons ramené à Saint-Louis, le jour
« de notre départ, 41 malades. Par conséquent, il ne restait
« plus, pour le chantier de *Sparhouïne* et de la crique *Serpent*,
« que 270 hommes, et ces 270 hommes, censés valides, étaient
« pour la plupart profondément anémiés. Pouvait-il en être
« autrement? Quel serait l'Européen, soumis à de rudes tra-
« vaux, n'ayant qu'une nourriture insuffisante, couchant sou-
« vent avec des vêtements mouillés, et livré pendant son som-
« meil aux intempéries de l'atmosphère, qui pourrait résister?
« Ces hommes contractent rapidement des fièvres intermit-
« tentes rebelles, ou la dysenterie, ou la colique sèche, ou
« des bronchites interminables, le tout conduisant à un état
« anémique très grave. » Il faut citer encore les lignes suivantes du même médecin, extraites du rapport pour le premier trimestre 1867 : « La mortalité à la Guyane française est
« réellement effrayante !.... Elle est très considérable pour les
« chantiers où elle va toujours s'élevant de plus en plus, sur-
« tout à Sparhouïne. Sur les 208 hommes envoyés en octobre
« et novembre 1866, à la date du 15 février 1867, il ne restait
« plus que 33 hommes valides : 28 étaient morts, 45 étaient à
« l'hôpital, 40 étaient évadés, 31 restaient à l'infirmerie,
« 16 aux travaux légers et 14 exempts de service, plus un libéré.
« Ce chantier donne une idée exacte de ce que deviennent les
   Européens nouvellement débarqués et jetés au milieu des
« grands bois de la Guyane, avec le peu de ressources hy-
« giéniques qui s'y trouvent (1). »

Il en a été ainsi toutes les fois qu'on a voulu employer la
transportation à des travaux de quelque utilité : défrichements
ou exploitations forestières. Si les statistiques officielles n'offrent
plus aujourd'hui les mortalités effrayantes des premières années, cela tient, d'abord, à ce que le nombre des transportés
européens est de plus en plus restreint, mais cela tient aussi à
ce que la transportation reste cantonnée aux îles du Salut, à
Cayenne et au Maroni, coûte cher et ne produit rien.

1° **Accès pernicieux (377 D.).** — Les décès par accès pernicieux constituent plus du quart du total des décès de ce groupe.
Ils se rapportent, pour la plupart, aux premières années de la

(1) Rapports médicaux (Archives).

transportation. Les hommes impaludés, évacués de la Montagne d'argent, de Saint-Georges, des pénitenciers de la Comté, allaient mourir à Cayenne et aux îles du Salut; car, contrairement à la fièvre jaune, qui a frappé et tué sur place les transportés dans les pénitenciers où ils se trouvaient, l'impaludisme donne souvent naissance à l'accès pernicieux mortel après que le sujet a quitté les lieux d'infection. Depuis l'abandon des anciens pénitenciers, les accès pernicieux sont devenus moins fréquents à l'hôpital du chef-lieu. En effet, ils sont assez rares chez les hommes qui séjournent à Cayenne même; d'un autre côté, depuis très longtemps, c'est à Saint-Laurent du Maroni ou aux îles du Salut que sont envoyés, sans passer par Cayenne, les malades des chantiers, la plupart de ces chantiers dépendant de la colonie pénitentiaire du Maroni.

Comme chez ies Européens libres, c'est la forme comateuse (122 D.) qui vient en première ligne. Ensuite viennent la forme algide (76 D.) et la forme ataxique (24 D.), suivie de près par la forme pneumonique et thoracique (20 D.). Cette fréquence de la forme pneumonique est un effet de la prédisposition qu'ont pour la pneumonie tous les *acclimatés*, c'est-à-dire les individus longuement anémiés et impaludés. Les autres formes d'accès pernicieux se partagent à peu près également les cas qui restent.

2° **Fièvres bilieuses (86 D.).** — Je n'ajouterai rien à ce que j'ai dit des fièvres bilieuses sporadiques, à propos des Européens libres. Les décès causés par ces fièvres sont moins nombreux chez ces derniers que chez les transportés, et les victimes sont, la plupart du temps des hommes longuement débilités par l'anémie et l'impaludisme, ce qui est un argument sérieux en faveur de la nature malarienne du plus grand nombre de ces fièvres. Je dois dire, cependant, que, dans quelques cas, le diagnostic de ces fièvres bilieuses a été purement une affaire d'appréciation personnelle : ainsi, je sais que, pendant l'épidémie de fièvre jaune de 1876-77, deux ou trois cas douteux ont été observés sur des transportés européens ayant un long séjour à la Guyane. Or, il n'existe, sur les registres, aucun décès par fièvre jaune fourni par ce groupe en 1877; ces cas douteux, en raison du long acclimatement des sujets, ont reçu le diagnostic de *fièvre bilieuse*. Mais, à part quelques cas de ce genre, tous les autres ont été observés à l'état sporadique, en dehors des épidémies de fièvre jaune.

Je n'ai trouvé, sur ces 86 décès, que 3 cas de fièvre bilieuse hématurique, maladie très rare à la Guyane. Deux cas, observés en 1864 et en 1874, portent le diagnostic : *fièvre bilieuse hématurique;* le troisième cas, observé en 1884, a reçu le diagnostic : *fièvre ictéro-hémorrhagique.*

3° Cachexie paludéenne (68 D.). — La cachexie paludéenne est, au bout de quelques années, le sort inévitable du transporté européen qui a vécu de la vie ordinaire du forçat à la Guyane. La teinte terreuse, bistrée, de la peau, et l'hypertrophie des vis-cères abdominaux, sont la règle absolue pour tous ceux qui n'ont pas échappé aux *grands bois* et à la *grande corvée.* Cette hypertrophie du foie, et surtout de la rate, atteint souvent des volumes énormes. Sur un concessionnaire européen du Maroni, mort, aux îles du Salut, de cachexie paludéenne avec ascite, j'ai trouvé une rate pesant 2 kilog. 020, c'est-à-dire huit à dix fois son poids normal. Le poids du foie n'était pas augmenté dans la même proportion : ce viscère ne pesait que 2 kilog. 080. Les cas de ce genre sont loin d'être rares.

Malgré la fréquence, on peut presque dire la généralité, de la cachexie paludéenne parmi les transportés européens, cette maladie n'occupe qu'une place modeste parmi les diverses causes de décès, et quelques explications sont ici nécessaires.

Faisons remarquer, d'abord, que le plus grand nombre des décès portant le diagnostic : *anémie* ou *hydropisie,* se rattachent plus ou moins à la cachexie paludéenne. De plus, les cachectiques succombent très souvent à une maladie intercurrente, et particulièrement à la pneumonie, à la diarrhée ou à la dysenterie chroniques, aux complications du traumatisme. On peut même dire, d'une manière générale, que, sauf quelques rares exceptions, les transportés européens qui meurent à la Guyane à la suite de maladies diverses, sont tous atteints de cachexie paludéenne à des degrés plus ou moins avancés, et que chez eux le foie et la rate surtout excèdent toujours le volume normal. Mais il existe une troisième cause, d'ordre purement administratif, qui concourt à diminuer le nombre des décès par cachexie paludéenne enregistrés à Cayenne. Nous avons dit que l'administration pénitentiaire n'a pas, sur son budget spécial, d'hôpital au chef-lieu : elle est obligée de rembourser à l'administration des hôpitaux le prix des journées de traitement fournies par ses transportés, prix qui est assez élevé. C'est pourquoi l'administration pénitentiaire a pris, depuis longtemps, l'habitude d'envoyer dans ses hôpitaux, sur les établissements insulaires (à l'Ilet-la-Mère autrefois, maintenant aux îles du Salut), tous les hommes usés, tous les cachectiques, en un mot tous les individus qui traînent longtemps dans les hôpitaux avant de succomber. Sous l'appellation euphémique de *convalescents,* on expédie toutes ces non-valeurs dans un endroit incontestablement plus salubre, et où leur entretien coûte moins cher. C'est là la principale cause du nombre relativement restreint des décès par cachexie paludéenne.

III. MALADIES INFECTIEUSES (83 Décès).

1° **Fièvre jaune (63 D.).** — Le nombre des victimes faites par la fièvre jaune parmi les transportés européens, à Cayenne, est presque insignifiant, si on le compare au nombre des décès causés par cette maladie parmi les Européens libres. Ce fait est facile à expliquer. L'influence de la grande épidémie de 1855-56 a été peu sensible, parce que l'effectif des transportés présents à Cayenne à cette époque était bien moins élevé qu'il ne l'est devenu par la suite. Cet effectif était inférieur à 300 hommes, et ces hommes étaient très probablement à la Guyane depuis le début de la transportation, car la mortalité par fièvre jaune des transportés présents à Cayenne fut bien inférieure à la mortalité de l'ensemble du personnel transporté, pendant cette épidémie (17,7 au lieu de 30,9 p. 100). D'un autre côté, pour les épidémies moins graves de 1872-73 et 1876-77, l'acclimatement suffit à nous expliquer pourquoi la fièvre jaune, respectant à peu près complètement le groupe sédentaire des transportés européens, n'a fait de victimes que parmi la population européenne flottante et mobile, c'est-à-dire la troupe.

Ces 63 décès par fièvre jaune sont distribués de la manière

suivante : 12 se rapportent à l'année 1855, 45 à l'année 1856, 3 aux années 1857 et 1858, enfin 3 à l'année 1874. L'épidémie de 1876-77 a laissé ce groupe indemne à Cayenne.

Si, à Cayenne, l'épidémie de 1855-56 ne causa à la transportation qu'un nombre assez restreint de décès, et si la mortalité du petit groupe de transportés présents au chef-lieu fut assez faible (17,7 p. 100), il n'en fut pas de même sur les pénitenciers. Pendant cette épidémie, la mortalité, par fièvre jaune, de l'ensemble du personnel transporté fut de 30,9 p. 100, mortalité à peine inférieure à celle de l'infanterie de marine (32,9 p. 100), et supérieure à celle (28,2 p. 100) de l'ensemble des Européens de toute sorte (libres et transportés), présents à la Guyane pendant cette période. Du 18 mai 1855 au 31 décembre 1856, sur un effectif moyen de 3188 transportés, il y eut 1996 cas de fièvre jaune, donnant 986 décès. En ce moment, la fièvre jaune avait causé à peu près les deux cinquièmes du total des décès supportés par le personnel transporté depuis le début de la transportation. En effet, à la date du 31 décembre 1856, sur les 6915 transportés que vingt et un navires de l'État, venus successivement de France depuis le mois de mai 1852, avaient débarqués à la Guyane, 2528 étaient morts, et sur ces 2528 décès, 986, comme nous l'avons dit, étaient dus à la fièvre jaune seule.

Née à Cayenne, au mois de mai 1855, la fièvre jaune commença, quelques mois après, à se répandre sur les pénitenciers. Elle apparut aux îles du Salut le 10 juin 1855, et dans le courant de l'année, sur un effectif moyen de 1252 transportés, elle causa 390 décès, faisant monter la mortalité générale de cet établissement à 35 p. 100 de l'effectif, pour l'année 1855; pendant l'année 1856, dans ce même pénitencier, sur un effectif moyen de 1283 transportés, la fièvre jaune causa 156 décès. Le 24 juin 1855, la fièvre jaune envahit l'Ilet-la-Mère, et dans le courant de l'année elle causa 17 décès, sur un effectif moyen de 405 transportés; dans le courant de l'année 1856, elle causa dans le même établissement 63 décès, sur un effectif moyen de 276 transportés, faisant monter la mortalité générale de ce pénitencier, pour l'année 1856, à 34 p. 100.

A Sainte-Marie de la Comté, nous avons déjà vu, à propos de l'impaludisme, la fièvre jaune, qui avait envahi le pénitencier le 10 août 1855, ajouter son action à celle de l'infectieux palu-

déen, causer 26 décès en 1855 et 32 en 1856. Sur le pénitencier voisin, à Saint-Augustin, la fièvre jaune fit en 1856, 105
victimes sur un effectif de 317 transportés. A la Montagne
d'argent, où elle n'arriva que dans le second semestre de
l'année 1856, elle causa 136 décès, sur un effectif de 308 transportés, et, de concert avec l'impaludisme, fit monter la mortalité générale de cet établissement, pour l'année 1856, au
chiffre énorme de 63,3 p. 100, bien que les statistiques officielles n'accusent que 62,3 p. 100. Enfin, dans le dernier trimestre de l'année 1856, la fièvre jaune se montra encore à
Kourou, où la transportation venait de s'établir, et causa
quelques décès (1).

Un seul pénitencier avait été épargné, bien que la fièvre
jaune y eût fait aussi son apparition, au mois d'octobre 1855 :
c'est Saint-Georges de l'Oyapock, que l'on avait été obligé de
faire occuper par des nègres, en 1854, à cause de son insalu-
brité. En 1855, l'effectif de ce pénitencier se composait de
195 transportés qui tous, sauf quatre, étaient de race africaine.
On n'enregistra à Saint-Georges qu'un seul décès par fièvre
jaune, tandis que tous les autres pénitenciers étaient décimés,
comme nous venons de le voir, et en dix-huit mois, perdaient
par fièvre jaune une moyenne de 30,9 p. 100 de leurs effectifs.
D'après les statistiques officielles publiées par le ministère de
la Marine dans les *Notices sur la transportation*, la *mortalité
générale* de la transportation à la Guyane, a été de 25,5 p. 100
en 1855 et de 24,5 p. 100 en 1856, soit 50 p. 100 pour les
deux années.

Nous avons déjà vu que l'épidémie de 1872-73 a été extrêmement bénigne (3 D.) pour les transportés européens, à
Cayenne, et que celle de 1876-77 n'a eu aucune prise sur
eux.

A propos des Européens libres, nous avons fait l'histoire
complète de la fièvre jaune au Maroni, et nous ne reviendrons
pas sur ce sujet.

2° **Fièvre typhoïde (20 D.).** — Ces 20 décès, portant le diagnostic de *fièvre typhoïde*, sont disséminés sur un grand nombre d'années. Les années qui en comptent le plus sont les

(1) Rapports médicaux (Archives).

suivantes : l'année 1857 avec 4 décès, et les années 1861, 1862 et 1868 avec chacune 3 décès. Un seul décès correspond à l'année 1874; mais ce décès, à moins qu'il n'ait été observé sur un nouveau venu, n'a vraisemblablement rien de commun avec la prétendue épidémie de fièvre typhoïde qui frappa les soldats nouvellement débarqués, pendant le premier trimestre de cette année-là; car cette maladie épidémique n'était, comme nous l'avons vu, autre chose que la fièvre jaune.

La fièvre typhoïde a donc toujours été rare à Cayenne parmi les transportés européens, malgré l'encombrement et les mauvaises conditions hygiéniques du personnel sur les pénitenciers flottants. Il en a été à peu près de même sur les divers établissements pénitentiaires. J'ai vu cependant, dans les rapports, que de nombreux cas de fièvre typhoïde ont été observés en 1852, en 1853, et pendant les années suivantes, aux îles du Salut, où étaient déposés les convois de transportés qui débarquaient à la Guyane. La maladie régnait, sans aucun doute, à bord de la plupart des navires qui arrivaient coup sur coup de France, bondés de passagers.

La rade de l'île Royale sert de mouillage aux grands navires, auxquels leur tirant d'eau ne permet pas de franchir la barre de la rivière de Cayenne. Les navires de l'État, surtout les transports, débarquent souvent à l'hôpital des îles du Salut des malades atteints de fièvre typhoïde. Aussi, cette affection, indépendamment des malades débarqués des navires, s'observe-t-elle quelquefois sur ce pénitencier. J'ai eu l'occasion de voir quatre cas de fièvre typhoïde chez des transportés, pendant mon séjour aux îles du Salut, tandis que je n'en ai jamais vu à Cayenne, pas plus chez des transportés que chez des soldats.

3° **Autres maladies infectieuses.** — Les fièvres éruptives et les autres maladies infectieuses n'ont causé aucun décès parmi les transportés européens.

IV. MALADIES CONSTITUTIONNELLES (196 Décès).

1° **Anémie tropicale (140 D.).** — La remarque que j'ai faite, à propos de la cachexie paludéenne, peut s'appliquer aussi à l'*anémie tropicale*. Le nombre des décès portant ce diagnostic a été forcément diminué par l'évacuation des *convalescents* sur les établissements insulaires.

L'*anémie thermique* étant le résultat nécessaire de l'action de la haute température continue sur l'organisme de l'Européen, tous les transportés, sans exception, en sont fatalement atteints, au bout de quelques années passées à la Guyane. Tous finiraient à la longue par succomber à l'anémie, avant d'arriver à une vieillesse bien avancée, si les maladies intercurrentes ne venaient supprimer ces organismes sans réaction vitale. Les plus fréquentes de ces maladies intercurrentes sont les maladies aiguës de la poitrine, la diarrhée et la dysenterie chroniques, les complications du traumatisme. La marche progressive de l'anémie tropicale est naturellement plus rapide chez les transportés que chez les Européens libres, et on en comprend sans peine la raison. En effet, les transportés sont, en général, beaucoup moins à l'abri du soleil et de la chaleur que les Européens libres; ils fournissent aussi plus de travail musculaire. D'autre part, ils se trouvent moins que les Européens libres en état de réagir contre l'action débilitante de la haute température continue, par une alimentation réparatrice, une bonne hygiène, en un mot, par l'ensemble des conditions de bien-être et de confort sans lesquelles un Européen, quelque vigoureux qu'il soit, est vite miné par le climat.

Hâtons-nous de dire que les cas d'anémie tropicale pure, sans mélange appréciable de cachexie paludéenne, déjà rares parmi les Européens libres, le sont encore plus parmi les transportés. Dans presque tous ces états de déchéance physiologique profonde portant le diagnostic d'*anémie tropicale*, l'action de la haute température continue est le facteur principal, sans doute, mais l'intoxication paludéenne peut aussi revendiquer sa part. Tous ces anémiques ont eu plus ou moins la fièvre, et à peu près tous ont la rate plus ou moins hypertrophiée.

Le transporté européen qui meurt d'anémie tropicale est toujours un individu robuste et bien constitué; tous ses viscères sont sains, car s'il présentait un point *minoris resistentiæ* dans un organe quelconque, l'apparition d'une maladie intercurrente n'aurait pas permis à l'anémie tropicale d'atteindre la phase ultime dans laquelle la mort peut se produire.

Combien de temps un transporté européen met-il à descendre cette pente fatale, qui doit le conduire graduellement à cet état mixte participant, en proportions variées, de l'anémie thermique et de la cachexie palustre combinées? Ce temps varie suivant plusieurs conditions : il sera d'autant plus long que l'état du sujet se rapprochera davantage de l'anémie thermique pure. On rencontre des transportés européens qui sont à la Guyane depuis quinze, vingt ans, et même davantage ; chez eux, ce sont les symptômes de l'anémie qui prédominent. Au contraire, sur certains pénitenciers, comme à Saint-Georges de l'Oyapock ou à Saint-Augustin de la Comté, les hommes, placés dans des foyers intenses de malaria, arrivaient à l'hydropisie générale au bout de quelques mois.

Cependant, en prenant une moyenne, on peut dire qu'un Européen, soumis à la vie ordinaire du bagne (ce qui a été le sort commun des forçats de cette race pendant les quinze ou vingt premières années de la transportation à la Guyane), est devenu, au bout de cinq ou six ans, un homme incapable de tout travail, passant les trois quarts de son temps dans les hôpitaux, et bon à être évacué comme *convalescent* sur les établissements insulaires, c'est-à-dire à aller traîner une vie misérable, pendant six mois ou un an, avant de succomber. Nous supposons qu'il est arrivé à la Guyane dans la plénitude de sa santé et dans la force de l'âge. On l'envoie à la *grande corvée*. Au bout de six mois, un an au plus, il sera certainement entré à l'hôpital pour fièvre. Ses accès de fièvre ayant cessé, on le renvoie. Il a perdu sa vigueur première ; aussi, après avoir résisté un peu moins longtemps que la première fois, il retourne à l'hôpital. Cette fois-ci son billet d'entrée porte le diagnostic : *anémie et fièvre.* Il peut arriver que ce soit une fièvre bilieuse qui l'amène à l'hôpital ; il en guérira, mais sa maladie lui aura fait faire un saut rapide vers l'anémie et le marasme. Pendant la troisième et la quatrième année, ses entrées à l'hôpital deviennent plus fréquentes. Enfin pendant la cinquième, peut-être la sixième année, il partagera son temps entre les travaux légers, l'hôpital et les invalides, et s'éteindra dans le marasme ou succombera à une complication. Quelques-uns résistent davantage, mais, en revanche, d'autres résistent bien moins longtemps. J'ai établi (1), par un calcul rigoureux, basé sur la *mortalité annuelle moyenne* de la transportation, d'après les chiffres empruntés aux documents officiels, que la durée de la *vie probable* (2) d'un transporté à la Guyane (sans distinction de race), est de sept ans six mois et sept jours. Pour un transporté européen, cette durée est encore moindre (3). En prenant pour base la *mortalité annuelle moyenne* des quinze premières années de la transportation à la Guyane, on trouve que la durée de la *vie probable* du transporté européen a été de cinq ans cinq mois et trois jours, tandis que, d'après les mêmes documents, la durée de la *vie probable* du transporté européen à la Nouvelle-Calédonie est de vingt-un ans sept mois et vingt-sept jours.

(1) Voir *La colonisation de la Guyane par la transportation*. Archives de médecine navale (mars, avril, mai 1883). Tiré à part. Paris, 1883, O. Doin.

(2) Un groupe quelconque, soit par exemple un groupe de 100 individus, étant soumis à une mortalité donnée, n pour 100 par an, au bout d'un certain temps 50 individus seront morts et il restera 50 survivants. Il y a autant de probabilité pour qu'un individu, pris au hasard dans le groupe, se trouve en ce moment-là parmi les décédés ou parmi les survivants. Le temps écoulé depuis le moment où le groupe a été soumis à la mortalité n jusqu'au moment où ce groupe est réduit de 100 à 50 individus, constitue la durée de la *vie probable*. Représentons par x la durée de la vie probable, et par n la mortalité annuelle. Au bout de la première année, le groupe de 100 individus est réduit à $100 - n$. Au bout de la deuxième année, il reste :

$$100 - n - \frac{n}{100}(100 - n) = (100 - n)\left(1 - \frac{n}{100}\right) = \frac{(100 - n)^2}{100}$$

Au bout de la troisième année, il restera :

$$\frac{(100 - n)^2}{100} - \frac{n}{100}\frac{(100 - n)^2}{100} = \frac{(100 - n)^3}{100^2}$$

D'une manière générale, au bout de la xme année, il restera : $\dfrac{(100 - n)^x}{100^{x-1}}$

Par conséquent, nous pouvons poser l'équation : $\dfrac{(100 - n)^x}{100^{x-1}} = 50$

D'où nous tirons : $x = \dfrac{\log. 50 - \log. 100}{-\log. 100 + \log.(100 - n)}$

Si on prend les logarithmes vulgaires, log. $100 = 2$, et la valeur de x devient :

$$x = \frac{\log. 50 - 2}{\log.(100 - n) - 2}$$

(3) Les documents statistiques sur la mortalité de la transportation, publiés par la Direction des colonies, ne donnent pas la division par race des transportés. Le Dr Kérangal, médecin en chef à Cayenne, dans son important rapport du mois de mars 1867, à la suite duquel fut décidé l'envoi des transportés européens en Nouvelle-Calédonie, a composé, à l'aide de documents puisés à la Direction de l'administration pénitentiaire, à Cayenne, un tableau de la mortalité de chaque race, de 1852 à 1867. Il a trouvé que, pour ces 15 années, la *mortalité annuelle moyenne*

Depuis que les transportés européens sont en minorité à la Guyane, ils sont de moins en moins soumis au régime ordinaire du bagne, réservé seulement aux Arabes et aux *noirs*. Depuis 1867, les forçats européens que l'on envoie à la Guyane doivent tous avoir un métier. Ils ne résident que dans les centres, à Cayenne, aux îles du Salut, à Saint-Laurent, et vivent dans des conditions qui les mettent, d'une manière très appréciable, à l'abri de l'action de la chaleur solaire et de l'impaludisme. D'autres sont domestiques, garçons de famille, infirmiers, écrivains dans les bureaux, employés de toutes sortes. Presque tous les transportés européens que l'on rencontre actuellement ayant quinze, vingt, vingt-cinq ans de séjour dans la colonie, sont des individus à qui leur métier, leur emploi,

des transportés européens a été de 12,0 p. 100, celle des Arabes de 8,54 p. 100 et celle des *noirs* (nègres, Hindous, Chinois) de 5,75 p. 100.

Les tableaux statistiques officiels nous donnent la mortalité annuelle des transportés, sans distinction de race; mais les chiffres qu'ils contiennent, quoique officiels, ne sont pas absolument sincères. Je possède, en effet, la liste authentique des décès fournis annuellement par la transportation, liste copiée sur les documents manuscrits de la Direction de l'administration pénitentiaire à Cayenne. Or, sur cette liste, le nombre des décès de chaque année est constamment supérieur au nombre donné par les statistiques officielles imprimées à l'Imprimerie impériale et nationale à Paris. Ainsi, pendant l'année 1853, la transportation a fourni 522 décès, et les statistiques imprimées n'en donnent que 519; en 1855, il y a eu 769 décès et il n'en est donné que 754; en 1858, il y en a eu 386 et on n'en accuse que 357; en 1859, il y en a eu 537 et il n'en est donné que 514, etc. L'écart est assez faible pour les premières années, et on n'a vraisemblablement supprimé que les décès des suicidés, des noyés, des hommes tués en cherchant à s'évader, etc.; mais, dans la suite, l'écart devient plus considérable, et il est probable que l'on a éliminé des statistiques imprimées tout ce que l'on considérait comme *morts accidentelles*. Les statistiques officielles ne sont donc pas tout à fait sincères; les chiffres qu'elles donnent sont toujours un peu au-dessous de la vérité et ne doivent être acceptés que comme un *minimum*.

Cela dit, si l'on prend dans les statistiques officielles imprimées la *mortalité générale* de la transportation à la Guyane, pendant les vingt-six premières années, et si l'on fait la moyenne, on obtient comme *mortalité annuelle moyenne* des transportés (sans distinction de race) 8,80 p. 100 par an. Le même calcul, basé sur la *mortalité générale* de la transportation à la Nouvelle-Calédonie, pendant les quatorze premières années, donne comme *mortalité annuelle moyenne* des transportés 3,15 p. 100 par an.

D'après la formule développée plus haut, on trouve que la durée de la *vie probable* du transporté à la Guyane (sans distinction de race) est de 7 ans 6 mois et 7 jours, et celle du transporté à la Nouvelle-Calédonie de 21 ans 7 mois et 27 jours.

D'après les chiffres cités plus haut, chiffres qui ont été empruntés par le Dr Kérangal aux documents de la Direction de l'administration pénitentiaire à Cayenne, et sont, par conséquent, absolument authentiques, on peut dire que, pendant les quinze premières années de la transportation à la Guyane, la durée de la *vie probable* du transporté européen a été de 5 ans 5 mois et 3 jours, celle du transporté arabe de 7 ans 9 mois et 7 jours, enfin celle du transporté *noir* (nègres, Hindous, Chinois) de 11 ans 8 mois et 15 jours.

leurs aptitudes spéciales, quelquefois leur instruction, ont permis d'éviter la *grande corvée*, de vivre toujours à l'ombre et sans travail musculaire pénible, d'améliorer sensiblement leur condition, et surtout leur alimentation, en un mot de mener un genre de vie assez semblable à celui de l'Européen libre. On peut même dire que certains transportés européens, forçats en cours de peine, ont une existence beaucoup moins pénible et plus confortable que celle du soldat. Ce n'est là évidemment que l'exception. C'est parmi les transportés de cette catégorie que l'on rencontre des cas d'anémie tropicale à peu près pure, sans mélange bien appréciable de cachexie palustre. Pendant mon séjour aux îles du Salut, en 1882, j'ai vu mourir un survivant (c'était très probablement le dernier) du premier convoi de transportés, arrivé à la Guyane le 10 mai 1852. Cet homme, qui avait plus de trente ans de Guyane, avait vécu dans les conditions dont je viens de parler. Il succomba à l'anémie presque pure. A l'autopsie, je ne trouvai que les inévitables caillots fibrineux dans les cavités du cœur et les gros vaisseaux, l'infiltration générale des tissus et des épanchements dans les cavités séreuses. La rate était saine et à peu près normale ; il en était de même du foie.

2° Hydropisie, ascite (53 D.). — Ces décès se rapportent à peu près tous à des cas de cachexie paludéenne pure ou associée à l'anémie, ayant l'hydropisie comme caractère prédominant.

3° Autres maladies constitutionnelles (3 D.). — Ces trois décès sont relatifs à un cas de scorbut, un cas de purpura hémorrhagica et un cas d'accidents syphilitiques.

V. APPAREIL CIRCULATOIRE (12 Décès).

Maladies diverses (12 D.). — Parmi ces 12 décès, 2 sont dus à la péricardite, 7 à des affections organiques du cœur, 2 à des anévrysmes de l'aorte et 1 à l'angine de poitrine.

VI. APPAREIL RESPIRATOIRE (224 Décès).

1º Tuberculose pulmonaire (115 D.). — L'action débilitante du climat, l'influence de conditions hygiéniques laissant beaucoup à désirer sous tous les rapports, constituent des conditions extrêmement favorables à l'évolution rapide de la tuberculose pulmonaire chez tout transporté qui, en arrivant à la Guyane, est en possession du principe infectieux spécifique. Il n'est pas rare de voir des hommes, chez qui la maladie était encore à l'état latent à leur départ de France, être enlevés par la phthisie trois mois ou six mois après leur arrivée dans la colonie. On voit souvent aussi la tuberculose survenir sur des individus qui ont fait un long séjour à la Guyane et qui l'ont certainement acquise dans le pays. Un organisme délabré par l'anémie et la cachexie paludéenne, est un terrain des plus favorables pour le bacille. Dans ce dernier cas, la maladie se fait encore remarquer par sa rapidité d'évolution.

2º Pneumonie et autres maladies (109 D.). — Ces 109 décès se subdivisent de la manière suivante : pneumonie 71, pleuropneumonie 19, pleurésie 7, hydrothorax 1, gangrène du poumon 4, congestion pulmonaire 2, asthme 1, emphysème pulmonaire 2, bronchite aiguë 1, bronchite capillaire 1.

Il y a lieu de noter l'absence de l'angine diphthéritique qui a fait quelques victimes parmi les Européens libres.

Nous avons déjà fait remarquer que si les maladies aiguës de la poitrine sont rares parmi les Européens libres, qui ne font qu'un séjour limité dans le pays, il n'en est pas de même pour les transportés, anémiés par de longues années passées à la Guyane. C'est à la suite des changements brusques de température qui se produisent pendant la saison des pluies, que les maladies aiguës de la poitrine frappent les vieux transportés anémiés et cachectiques. Il en est de même pour les nègres. Comme chez le nègre, chez l'Européen anémié la pneumonie est remarquable par la torpeur de son évolution et son extrême gravité : la terminaison par la mort, au bout de trois ou quatre jours, est la règle.

VII. APPAREIL DIGESTIF (169 Décès).

1° Maladies du tube digestif (143 D.). — Parmi ces décès, 94 sont dus à la dysenterie ; 45 portent comme diagnostic : diarrhée ou gastro-entérite ; enfin, il y a encore 1 décès par obstruction intestinale, 1 par ulcère de l'estomac et 2 par cancer du même organe.

La dysenterie aiguë n'est pas très fréquente parmi les transportés à Cayenne. Il n'en est pas de même sur les pénitenciers, et surtout sur les chantiers dans les grands bois. Aux îles du Salut, notamment, où l'eau qu'on boit provient d'une mare et est souvent mauvaise pendant la saison sèche, la dysenterie a fait de fréquentes apparitions. Quant aux diarrhées et dysenteries chroniques dont sont souvent atteints les anémiés et les cachectiques, elles reconnaissent pour cause principale le mauvais régime alimentaire, dont nous dirons quelques mots à propos des transportés nègres.

2° Maladies du foie (21 D.). — Ces 21 décès portent les diagnostics suivants : cirrhose 8, hépatite aiguë ou chronique 5, abcès du foie ou hépatite suppurée 7, calcul biliaire 1.

Ce nombre restreint de maladies du foie et surtout d'hépatites suppurées, observées sur un personnel européen sédentaire dans l'espace de trente ans, nous donne la mesure de la rareté de ces affections à la Guyane, en dehors, bien entendu, des lésions hépatiques qui se lient à la cachexie paludéenne. Il n'est donc pas étonnant qu'un grand nombre de médecins aient pu passer deux années dans cette colonie sans observer un seul cas d'abcès du foie.

3° Maladies du péritoine (5 D.). — Les conditions dans lesquelles se sont produits ces 5 cas de péritonite ne sont pas déterminées.

VIII. APPAREIL GÉNITO-URINAIRE (8 Décès).

Maladies diverses (8 D.). — Sur ces 8 décès, 3 portent le diagnostic de *néphrite*, 2 le diagnostic de *mal de Bright*, 2 le diagnostic d'*albuminurie* et 1 le diagnostic de *rétention d'urine.*

IX. APPAREIL D'INNERVATION (42 Décès).

1° Maladies de l'encéphale et du bulbe (28 D.). — Ces 28 décès se rapportent aux maladies suivantes : hémorrhagie cérébrale et apoplexie 9, apoplexie séreuse 7, méningite 5, insolation 2, ramollissement cérébral 3, paralysie générale 1, épilepsie 1.

Je m'explique difficilement l'existence, à l'hôpital de Cayenne, de ce décès par suite de paralysie générale, car l'administration pénitentiaire a établi à l'île Saint-Joseph un asile où sont internés, en temps ordinaire, 25 à 30 transportés aliénés.

2° Maladies de la moelle (2 D.). — L'un de ces deux cas porte comme diagnostic : *myélite*, et l'autre : *paraplégie*.

3° Tétanos (12 D.). — Sur ces 12 cas mortels de tétanos, il y a 4 cas de tétanos traumatique et 3 cas de tétanos spontané ; dans les 5 autres cas, la nature du tétanos n'était pas spécifiée.

Dans un de ces trois cas de tétanos spontané, dont j'ai retrouvé l'observation, la maladie était attribuée à ce fait que l'homme atteint de tétanos avait travaillé au soleil, le dos découvert. Lorsqu'il entra à l'hôpital, présentant du trismus et de l'opisthotonos, on remarquait un érythème très intense de la peau du cou et du dos.

Quant au tétanos traumatique, comme partout ailleurs, il reconnaît le plus souvent pour cause une petite plaie, une excoriation, une piqûre au pied ou à la main. Comme causes propres à la Guyane, il faut citer les piqûres venimeuses et la chique. Il existe des observations authentiques dans lesquelles ce parasite a été l'origine du tétanos. Le Dr Pugliesi, dans sa thèse sur les accidents causés par la puce-chique, en cite deux cas observés sur deux transportés européens, l'un à Kourou et l'autre à Cayenne. Ce dernier cas fut suivi de mort.

X. APPAREIL LOCOMOTEUR (4 Décès).

Maladies des os et des articulations (4 D.). — Ces 4 décès
sont relatifs à un cas de tumeur blanche, un cas de carie vertébrale et 2 cas de carie.

XI. AUTO-INFECTION (54 Décès.)

Ulcères, infection putride, etc. (54 D.). — Ces 54 décès portent les diagnostics suivants : *septicémie, pyohémie, infection
putride* ou *résorption purulente*, 25 ; *érysipèle phlegmoneux* ou
gangréneux, 3 ; *ulcères phagédéniques* ou *gangréneux, plaies* ou
phlegmons gangréneux, gangrène de parties diverses, 20 ; *phlegmons diffus*, 5 ; *lymphangite*, 1.

Étant donné l'influence bien connue de l'état général sur
les traumatismes, le nombre des décès de cette classe chez
les transportés européens ne doit pas nous étonner. Chez
des hommes arrivés au dernier degré de l'anémie et de la
cachexie paludéenne, la moindre lésion de la peau, une simple
plaie de chique, en un mot un traumatisme insignifiant qui,
chez un sujet sain, guérirait au bout de quelques jours, est
le point de départ d'un ulcère qui durera des années. La
quantité d'hommes atteints d'ulcères, qui encombrent les
hôpitaux et les infirmeries des pénitenciers, est énorme.
D'après le Dʳ Chapuis, ancien médecin en chef à la Guyane,
les individus de toutes races, admis à l'hôpital de Cayenne
pour *ulcères*, représentent 22 p. 100 des entrants. Pour les
transportés seuls, cette proportion serait, sans aucun doute,
plus élevée encore.

C'est surtout sur les transportés que l'on observe des
phlegmons gangréneux, à la suite des piqûres venimeuses
dont nous avons déjà dit quelques mots. Ces accidents sont
naturellement plus rares à Cayenne que sur les pénitenciers
et dans les grands bois (1). Ordinairement, c'est pendant que

(1) Presque tous les rapports trimestriels des pénitenciers relatent des
cas de piqûre venimeuse, suivis d'accidents plus ou moins graves. Ainsi,
au Maroni, je trouve relatés 6 cas de piqûre venimeuse dans le rapport

l'homme dormait par terre, en plein air, dans un carbet, dans une case, dans une prison, que la piqûre s'est produite. Les phlegmons gangréneux qui en résultent sont assez souvent suivis de mort chez un sujet cachectique.

Le point de départ de la gangrène ou du phlegmon gangréneux mortel est quelquefois l'*éléphantiasis des Arabes* dont sont atteints quelques vieux transportés.

XII. NÉOPLASMES (7 Décès).

Cancer, tumeurs diverses (7 D.). — Sur ces 7 décès, 4 portent le diagnostic : *cancer;* 1 le diagnostic : *ostéo-sarcome;* 1 le diagnostic : *sarcocèle;* et 1 le diagnostic : *tumeur abdominale.*

XIII. INTOXICATIONS (8 Décès).

Alcoolisme, saturnisme, etc. (8 D.). — 4 cas se rapportent à l'alcoolisme et au delirium tremens; 3 cas portent comme diagnostic : *coliques sèches;* le dernier cas a pour diagnostic : *intoxication saturnine.*

du 3º trimestre 1868, 9 cas dans le rapport du 2º trimestre 1869, 2 cas dans le rapport du 3º trimestre 1869, 4 cas dans le rapport du 4º trimestre 1869. Le rapport du pénitencier des Hattes, pour le 2º trimestre 1868, en relate également 7 cas. Aux îles du Salut, j'en trouve 6 cas dans le rapport du 2º trimestre 1869. Les décès, à la suite de ces piqûres, ne sont pas rares. Ils me paraissent un peu plus nombreux que les décès causés par la lucilia. C'est généralement sur des transportés que l'on voit survenir des accidents très graves et la mort; cependant, dans le rapport des îles du Salut pour le 4º trimestre 1866, je trouve l'observation d'un quartier-maître de la marine, mort de piqûre venimeuse, au bout de quarante-huit heures. Souvent les rapports ne relatent que les cas mortels ou très graves, ayant amené l'impotence fonctionnelle d'un membre ou nécessité l'amputation. On trouve quelquefois plusieurs décès par piqûre venimeuse, observés sur un seul pénitencier dans l'espace d'un seul trimestre. Ainsi, aux îles du Salut, dans le courant du 2º trimestre 1881, il y a eu 2 décès de ce genre. Voici même ce que je trouve dans le rapport du pénitencier de Kourou, pour le 2º trimestre 1866 : « Sur 3 décès ayant eu lieu pendant le trimestre, 2 sont dus à des « piqûres venimeuses d'insectes dont la nature n'a pu être précisée, les « sujets ayant été piqués la nuit ».

La colique sèche, qu'on a longtemps considérée comme un phénomène névralgique d'origine malarienne, mais dont la nature saturnine est universellement admise depuis les travaux de A. Lefèvre, a été observée moins fréquemment à Cayenne que sur les pénitenciers ou dans les grands bois. J'ai eu l'occasion, au Maroni, de voir plusieurs cas d'intoxication saturnine dont l'origine était facile à trouver ; je n'en ai pas observé à Cayenne.

XIV. TRAUMATISMES (50 Décès).

1° Traumatismes divers (44 D.). — Ces 44 décès se répartissent de la manière suivante : plaies par armes à feu 7, fractures du crâne et plaies de tête 8, plaies pénétrantes 2, brûlure 1, ruptures traumatiques de la rate 4, autres traumatismes (fractures, plaies, ruptures d'organes internes) 14. Deux de ces derniers cas se rapportent aux *suites de flagellation*. Enfin, il y a encore 4 suicides et 4 décès causés par l'introduction de larves de lucilia dans les fosses nasales.

La rupture traumatique de la rate, sous l'action d'une cause souvent légère, s'explique par l'extrême friabilité de cet organe chez des sujets profondément impaludés. Un léger choc, un effort, ont quelquefois suffi pour déterminer la rupture et l'on a même rapporté des cas de rupture spontanée.

Le premier des 4 décès causés par la lucilia a eu lieu en 1861 : c'est celui du transporté Gerbert qui, ayant été victime de la lucilia l'année précédente, avait pu être débarrassé de ses larves ; il succomba à la seconde attaque. Les trois autres cas ont été observés en 1862, 1868 et 1878. Nous avons dit que ces accidents, chez les transportés, ont été observés plus fréquemment sur les pénitenciers qu'à Cayenne. La plupart des observations rapportées par Coquerel et les autres auteurs sont relatives à des cas qui se sont présentés sur les établissements pénitentiaires. Les cas de larves de lucilia dans les plaies mal pansées et malpropres ne sont pas rares dans les endroits où les blessés sont privés de tous secours médicaux, et même des soins les plus élémentaires, comme sur les *placers* et sur les chantiers.

J'ai rencontré à la Guyane deux ou trois transportés qui avaient été victimes de la lucilia, et que la nécrose des os du nez, consécutive à cet accident, avait complètement défigurés.

2° Traumatismes chirurgicaux (6 D.). — Eu égard au mauvais état général que présentent, la plupart du temps, les transportés qui subissent des opérations chirurgicales, il y a lieu de supposer que les décès consécutifs aux opérations n'ont pas tous été mentionnés. Dans ce cas, la mort est rapportée à la lésion, traumatique ou organique, qui a provoqué l'intervention chirurgicale.

III

NÈGRES ET MÉTIS LIBRES

I. ORIGINE ET NATURE DU PERSONNEL

Ce groupe se compose de nègres de race pure et de métis
de toutes nuances. Ces derniers sont très probablement en
majorité ; en effet, l'hôpital militaire de Cayenne est ouvert,
en première ligne, aux nombreux fonctionnaires et employés
locaux appartenant à cette race ; or, ces fonctionnaires et
ces employés sont, pour la plupart, des métis. Il est vrai que,
d'un autre côté, l'admission à l'hôpital de Cayenne est accor-
dée, moyennant paiement, à tous les particuliers qui en font
la demande, et la population coloniale de race africaine pure,
aussi bien que la population de race mélangée, use souvent
de cette faveur. Toutes les variétés de teintes de la peau,
depuis la nuance la plus pâle jusqu'au noir le plus sombre,
sont représentées dans le groupe dont nous allons aborder
la pathologie. Quoique la composition de ce groupe soit un
peu hétérogène, ses membres ont pour caractère essentiel de
posséder tous, en plus ou moins grande quantité, du sang
africain.

Nous ferons remarquer que les nègres et métis qui composent ce groupe ne représentent pas, comme la clientèle des
hôpitaux en France, la partie la moins fortunée de la popu-

lation indigène. En effet, l'hôpital militaire de Cayenne n'est pas un hôpital d'indigents. Personne, hormis les fonctionnaires, n'y est admis gratuitement, et le prix de la journée de traitement, calculé d'après les dépenses de chaque année, est même assez élevé. L'hôpital où sont admis gratuitement les indigents porte le nom d'*Hospice du camp Saint-Denis ;* il est situé dans la banlieue de Cayenne, au sud de la ville. Cet établissement, qui dépend de l'administration locale (direction de l'Intérieur), est dans d'assez mauvaises conditions matérielles et, au point de vue du bien-être des malades, il n'est pas comparable à l'hôpital militaire.

Le total de la population de couleur (nègres et métis) de la Guyane française n'atteint pas 17,000 habitants (1). La population de la ville de Cayenne est de 8,135 habitants.

Sur les 414 décès fournis par la population libre de couleur, il y a 59 décès de femmes.

II. IMPALUDISME (59 Décès).

1° Accès pernicieux (48 D.). — Des fonctionnaires de couleur ayant séjourné sur les pénitenciers de l'intérieur de la Guyane, des nègres, des mulâtres, ayant travaillé sur les *placers* et retournés à Cayenne profondément impaludés, ont

(1) Voici la composition de la population totale de la Guyane française pour 1883, telle qu'elle est donnée par les *statistiques coloniales* publiées par le ministère de la Marine (Paris, Imprimerie nationale, 1885).

Population indigène fixe.		16.951 hab.
A ce nombre il faut ajouter :		
Indiens aborigènes (Peaux-Rouges), environ		2.000
Indiens réfugiés du Para, environ.		300
Militaires de toutes armes		1.032
Personnel médical, administratif et agents divers.		232
Frères de Ploërmel.		75
Prêtres.		25
Sœurs de Saint-Joseph et de Saint-Paul.		70
Immigrants { Africains 391 / Indiens 2.690 / Chinois et Annamites. 107 } 3.188		3.188
Transportés hors pénitenciers.		1.284
Total.		25.157 hab.

La population indigène fixe est composée exclusivement de nègres et de métis, sauf 70 à 75 blancs.

fourni la plupart de ces 48 décès par accès pernicieux. Depuis près de trente ans, l'exploitation des mines d'or est la seule industrie qui fasse vivre la population de la Guyane, et cette industrie est des plus malsaines. Perdus dans les *grands bois*, se livrant à des travaux pénibles, remuant le sol, ayant une alimentation qui ne laisse que trop souvent à désirer, en un mot vivant dans des conditions hygiéniques déplorables, *prospecteurs* et *placériens*, à quelque race qu'ils appartiennent, retournent tous à Cayenne plus ou moins impaludés. Si parmi tous ces chercheurs d'or, nègres, métis et Européens, que l'*auri sacra fames* a poussés et pousse encore au fond des forêts vierges de la Guyane, quelques-uns y ont trouvé des fortunes aussi énormes que rapides, combien sont plus nombreux ceux qui n'y ont rencontré qu'un accès pernicieux mortel !

Comme chez les Européens libres et transportés, c'est à la forme comateuse que revient le plus grand nombre de décès (17 D.). Ensuite vient la forme algide (7 D.), suivie de près par la forme pneumonique (5 D.), laquelle, chez les Européens libres et transportés, ne vient qu'en quatrième et cinquième ligne.

Nous savons que ce groupe contient un grand nombre de métis, et il est probable qu'ils ont fourni leur bonne part d'accès pernicieux. Même le nègre de race pure est loin d'être absolument réfractaire au poison paludéen, lorsqu'il est longuement exposé à un foyer intense de malaria. S'il est vrai qu'il n'arrive que très rarement à la cachexie, c'est qu'il succombe auparavant, plus souvent qu'on ne pense, à un accès pernicieux. Toutefois, la résistance du nègre à l'impaludisme, comparativement à celle du blanc, est énorme. Nous citerons tout à l'heure, à propos des transportés nègres, quelques exemples de cette immunité relative qui nous permettront, pour ainsi dire, de la mesurer.

Quelle est la cause de cette immunité relative du nègre vis-à-vis de la malaria, et quelle explication rationnelle peut-on donner de ce fait biologique ? La théorie microbienne des maladies infectieuses a jeté un jour nouveau sur tous les faits d'immunité et d'aptitude pathologiques, que les observateurs s'étaient contentés jusqu'ici de constater, sans en fournir une explication satisfaisante. Tout se réduit à une question de

milieu intérieur plus ou moins favorable à la vie, au développement, à la culture du microbe. C'est une affaire de
graine et de terrain. Le sang ou les tissus d'un animal, suivant son espèce, sa race, ses conditions d'âge et de santé,
présentent des différences au point de vue physique, chimique, thermique, physiologique, qui rendent ce sang ou ces
tissus aptes ou inaptes à servir de milieu de culture à un
microbe. Celui-ci arrive dans le sang d'un animal : si ce sang
constitue un terrain, un milieu favorable, la semence prospère et le microbe pullule ; si le milieu est défavorable, le microbe ne peut se multiplier. Tout se passe comme si le microbe choisissait le milieu qui lui convient. Le microbe de la
fièvre jaune, par exemple, choisit le riche sang de l'Européen
fraîchement débarqué et dédaigne le sang de l'Européen anémié ou le sang du nègre, parce qu'il existe entre ces divers
sangs des différences profondes que le microbe sait apprécier ; il trouve dans le sang de l'Européen bien portant, vigoureux et pléthorique, les éléments nécessaires à sa vie et à
son développement, éléments qu'il ne rencontre pas dans le
sang du nègre ou de l'Européen anémié. De même, le microbe malarien trouve un milieu de culture plus favorable
dans le sang du blanc que dans le sang du nègre. La bacté-
ridie charbonneuse ne semble-t-elle pas faire un choix analogue, lorsqu'elle attaque le mouton mérinos et dédaigne le
mouton algérien qui, même en France, ne prend pas le charbon ? Des faits semblables ne s'observent-ils pas pour la plupart des parasites d'ordre plus élevé ? Darwin a remarqué
que les pous des Polynésiens mouraient sur la tête des matelots anglais. Comme le fait observer le Dr Bordier (1), la puce
préfère le chien à l'homme ; elle recherche aussi la femme
plus que l'homme, et certains hommes plus que certains autres. J'ai fait la remarque que dans les colonies de la zone
torride, le moustique s'attaque moins au nègre qu'au blanc,
et plus au blanc fraîchement débarqué qu'au blanc anémié :
il semble avoir les mêmes goûts que le microbe de la fièvre
jaune.

A côté de cette question de milieu intérieur, il existe peut-

(1) *La Géographie médicale*, par le Dr A. Bordier. Paris, 1884, page
438.

être quelques autres causes particulières, d'ordre secondaire, qui contribuent à accentuer l'immunité relative du nègre vis-à-vis de l'impaludisme. L'action de la haute température continue a pour effet de débiliter l'organisme du blanc, de le mettre en état d'opportunité morbide, de diminuer sa résistance à presque toutes les causes pathogènes, et en particulier à l'attaque du microbe paludéen. Le nègre, au contraire, grâce à des particularités anatomo-physiologiques qui constituent autant de caractères ethniques, est organisé pour supporter impunément l'action continue de la chaleur, comme nous allons tâcher de l'expliquer; il conserve toute sa résistance vitale vis-à-vis du principe infectieux de la malaria.

Enfin, si nous considérons l'accès de fièvre comme une réaction de l'organisme contre un poison, comme une crise dont le résultat est l'élimination, par le rein et surtout les glandes sudoripares, soit du microbe lui-même, soit d'une substance toxique fabriquée par lui, ne serait-on pas autorisé à voir dans le développement organique et fonctionnel du système sudoripare, système bien plus développé chez le nègre que chez le blanc, une circonstance permettant, chez le premier, une rapide élimination du poison à mesure qu'il est formé, tandis que chez le second, le principe toxique s'accumulerait pour produire l'accès de fièvre?

2° **Fièvres bilieuses (2 D.).** — Ces fièvres paraissent être rares chez les nègres et les métis. Nous n'en avons relevé que deux cas.

3° **Cachexie paludéenne (9 D.).** — Si la cachexie paludéenne, aux degrés les plus avancés, se rencontre à chaque pas à la Guyane chez les Européens et les Arabes, on n'a pas souvent l'occasion de la rencontrer chez les nègres de race pure, et il est probable que la plupart de ces 9 cas se rapportent à des métis. Le nègre n'arrive pas à la cachexie paludéenne, d'abord, parce que, comme nous l'avons dit, il est relativement réfractaire au poison paludéen, et, en second lieu, parce que si l'infectieux malarien finit par le pénétrer à la longue, ses accès de fièvre sont souvent pernicieux. Il faut que le nègre soit fortement soumis à l'impaludisme pour que la fièvre se manifeste; il a besoin d'une plus forte dose de poison que le blanc, pour que l'accès éclate; mais si l'accès survient, il ren-

contre un organisme sans réaction, et il est souvent mortel.
Ce fait n'est pas spécial à la fièvre paludéenne : il s'applique
à toutes les maladies aiguës. On peut dire que, d'une manière
générale, les maladies aiguës survenant chez le nègre bien
portant sont plus graves que chez l'Européen dans les mêmes
conditions. Cette tendance à la perniciosité que présente l'accès de fièvre, lorsque par hasard il survient chez le nègre,
n'a pas échappé à l'attention du Dr Laure : « Le nègre, dit
« cet auteur, est réfractaire à la chaleur; il vit impunément
« dans les marais..... La fièvre ne se manifeste pas chez lui
« avec son caractère périodique. » Et ce judicieux observateur ajoute un peu plus loin. « Si les pyrexies (paludéennes)
« ont moins de prise chez les noirs, ils ne sont pas exempts
« de l'état pernicieux qui les surprend toujours; ils manquent
« de force vitale et de réaction; leurs maladies aiguës ne se
« prolongent pas et tendent vers l'adynamie (1). »

III. MALADIES INFECTIEUSES (12 Décès).

1° **Fièvre jaune (2 D.).** — Ces deux décès par fièvre jaune se
rapportent à l'année 1856. L'une des deux victimes était un
mulâtre de Cayenne; l'autre était un nègre de race pure, un
Krowman, arrivé depuis peu de temps de la côte d'Afrique.
Tous deux succombèrent pendant l'épidémie de fièvre jaune,
après avoir présenté des hémorrhagies et des vomissements
noirs.

Il est probable que ce furent là les seules victimes que fit la
fièvre jaune, dans la population de couleur de Cayenne, pendant la terrible épidémie de 1855-1856. Y eut-il d'autres personnes atteintes et, en dehors de ces deux cas mortels, l'épidémie eut-elle quelque influence sur la morbidité de la
population? Les rapports médicaux de Cayenne n'en parlent
pas, mais j'ai trouvé, dans le rapport médical de Mana pour
le deuxième semestre 1856, quelques détails intéressants au
sujet de l'action de la fièvre jaune sur la population nègre et
sur les Indiens Galibis (Peaux-Rouges), race dont nous ne pour-

(1) Laure, *loc. cit.*, page 75

rons étudier la pathologie, car elle n'est pas représentée à
Cayenne, et nos documents ne les concernent pas. Mana est le
centre de population le plus important de la Guyane, après
Cayenne ; il n'y a jamais eu de pénitencier. Il y avait dans ce
bourg, en 1856, 49 blancs et environ 2000 nègres à peu près
tous de race pure. « Sur 49 blancs qui habitaient Mana, 38 ont
« été atteints et 5 ont succombé ; tous, excepté deux, étaient
« acclimatés par un long séjour à la Guyane. L'épidémie ne
« s'est pas limitée à la race blanche : les nègres et les Indiens
« n'ont point échappé à son influence. Aucun nègre n'a suc-
« combé. Ce qu'ils ont éprouvé se réduit à ce qui suit : 1° un
« grand nombre ont été malades ; 2° chez tous la maladie a
« été bénigne ; 3° la nature et la durée des symptômes n'a pas
« permis de méconnaître le caractère de l'affection. — Chez
« un grand nombre, quoique la maladie ait toujours eu une
« issue heureuse, elle s'est manifestée avec intensité. Il y avait
« fièvre vive, vomissements, céphalalgie, oppression, courba-
« ture, anxiété, lombalgie et prostration des forces. Mais les
« symptômes de la seconde période, les hémorrhagies, la sup-
« pression de l'urine, n'ont existé chez aucun. Une autre frac-
« tion de la population nègre a ressenti des symptômes
« fébriles assez légers, qui se sont apaisés dès le deuxième
« jour de l'invasion ; mais tous ont offert ce trait spécial : c'est
« qu'ils ont gardé de la courbature et de la prostration pen-
« dant quatre ou cinq jours, et qu'aucun n'a recouvré promp-
« tement ses forces, comme après une fièvre simple.

« La rivière de Mana est habitée par une tribu d'Indiens
« dont les carbets sont à six lieues au-dessus du bourg. Ces
« Indiens n'ont point échappé à l'influence épidémique. Au
« mois d'août, occupés à faire des abatis pour planter leur
« manioc, ils avaient peu de communications avec Mana. Quand
« ils surent qu'une épidémie y régnait, ils cessèrent entière-
« ment d'y venir. Un grand nombre cependant eurent la fièvre,
« mais elle fut légère. Une femme, qui avait fait un voyage à
« Mana, au début de l'épidémie, succomba, probablement à
« la fièvre jaune. M. Sagot se rendit dans la tribu, quand il
« apprit qu'elle était envahie par la maladie ; mais le passage
« de cette dernière fut rapide, et il ne trouva plus de fébrici-
« tants. Les Galibis des rivières de Conamana et d'Iracoubo,
« la première éloignée de Mana de dix lieues, et la seconde

« de sept, ressentirent aussi l'épidémie, mais ils ne souffrirent
« pas plus que les Galibis de Mana.

« Les lépreux de l'Accarouany, tous nègres, sont restés en
« dehors des atteintes du fléau (1). »

Les épidémies plus bénignes de 1872-73 et 1876-77 n'ont pas
eu de prise sur la population de couleur.

2° **Fièvre typhoïde (8 D.).** — Ces huit décès par fièvre
typhoïde sont répartis sur cinq années. L'année 1859 en présente trois et l'année 1856 deux. Aucun cas ne correspond à
l'année 1874, au commencement de laquelle on observa, parmi
les soldats non acclimatés, une maladie épidémique qui fut
qualifiée de *fièvre typhoïde*, mais qui n'était autre chose que la
fièvre jaune.

3° **Autres maladies infectieuses (2 D.).** — Ces deux décès se
rapportent à deux cas de variole ; ils se sont produits en 1870,
à la même époque que ceux déjà mentionnés dans le personnel
libre européen.

Malgré l'aptitude bien connue de la race nègre pour la
variole, cette maladie, pas plus que les autres fièvres éruptives,
la fièvre typhoïde et la diphthérie, ne semble pas s'être acclimatée dans la population clairsemée de la Guyane française.
Toutes les fois que ces maladies y ont fait leur apparition,
elles avaient été importées. Bajon dit que les fièvres éruptives
n'existaient pas à la Guyane au siècle dernier. « Les fièvres
« pestilentielles, la petite vérole, la rougeole, les fièvres pour-
« prées, qui sont si familières dans la plupart de ces isles
« (Antilles), sont tout à fait inconnues dans ce climat (2). » La
variole qui faisait, au siècle dernier, de nombreuses victimes
parmi les esclaves aux Antilles, n'a été vue à Cayenne qu'une
seule fois par Bajon, dans l'espace de douze ans. La maladie
avait été apportée d'Afrique, en 1766, par un bâtiment chargé
de nègres. Les malades furent isolés sur une île (vraisemblablement une des îles du Salut). Un assez grand nombre de
nègres furent atteints ; la maladie attaqua peu de blancs ; elle
s'éteignit bientôt et ne reparut plus (3).

Un service de vaccination gratuite fonctionne à Cayenne.

(1) Rapports médicaux (Archives de l'hôpital de Cayenne).
(2) Bajon, *loc. cit.*, tome Ier, page 59.
(3) Bajon, *loc. cit.*, tome Ier, page 72.

IV. MALADIES CONSTITUTIONNELLES (82 Décès).

1° Anémie tropicale (54 D.). — Nous avons montré que, dans les climats torrides, la genèse de l'anémie thermique est, chez l'Européen, le résultat nécessaire du changement de milieu, et que les modifications dans la composition du sang qui caractérisent cet état pathologique sont intimement liées à la diminution de l'activité nutritive des éléments anatomiques. Nous avons vu que la pathogénie de l'anémie dérive d'une loi physiologique générale, à savoir : le maintien de la température du corps dans les environs de 37°, température nécessaire à l'activité fonctionnelle de la cellule vivante. Cette déchéance physiologique a une marche lente ou rapide, suivant les circonstances, mais tous les Européens, sans exception, la subissent. Au contraire, chez le nègre, organisé pour résister à la chaleur, l'anémie est une maladie sporadique. Chassaniol (1) estime qu'au Sénégal, chez la négresse, l'anémie est moins fréquente que la chlorose chez la femme en Europe. L'anémie chez le nègre, dans les climats torrides, est due à peu près aux mêmes causes que l'anémie chez l'Européen en Europe ; bien plus, on a découvert chez le blanc et chez le nègre, dans certains cas d'anémie, le même parasite intestinal.

Une collectivité humaine, considérée dans son ensemble, ne peut subsister sans fournir une certaine somme de travail musculaire et sans s'exposer, dans une certaine mesure, à la chaleur solaire. Cette somme de travail nécessaire est plus considérable dans les climats tempérés que dans les climats torrides. On peut avancer qu'un nègre, fournissant sa part moyenne du travail nécessaire à la subsistance d'une collectivité de sa race, échappe à l'anémie. Son organisme est adapté aux climats torrides qui ont été le berceau de sa race. L'Européen, placé dans des conditions identiques à tous les points de vue (travail, alimentation, etc.), serait rapidement miné par l'anémie et succomberait vite. En effet, dans ces conditions, il s'écarterait des règles les plus élémentaires de l'hygiène des

(1) *Contributions à la pathologie de la race nègre*, par le Dr Chassaniol, ancien médecin en chef de la marine à Saint-Louis (Sénégal), in *Archives de médecine navale*, tome III, page 505.

Européens dans les climats torrides ; or, nous savons quelle influence énorme l'action du soleil et le travail musculaire exercent sur la marche de l'anémie. C'est qu'une même somme d'activité musculaire et de chaleur solaire, inoffensive pour un nègre, est rapidement fatale à un blanc. Toutefois, il faut se rappeler que, dans ces climats où les besoins de la vie sont moindres que dans nos climats tempérés, le travail musculaire, au delà d'une limite restreinte, est anti-hygiénique, même pour les races adaptées à ce milieu. C'est surtout le travail au soleil, c'est-à-dire le travail agricole qui, même en faisant abstraction de la question de l'impaludisme, est débilitant et malsain. Une collectivité quelconque en France, par exemple la population d'un arrondissement ou d'un département, fournit aisément, pour subsister, une somme d'activité musculaire de beaucoup supérieure à celle qu'une collectivité égale de nègres ne pourrait fournir impunément, dans les climats torrides. En d'autres termes, un nègre ne peut, sans compromettre l'intégrité de sa santé, travailler dans son pays autant qu'un blanc dans le sien. Ce sont là des faits généraux positifs qu'il ne faut pas perdre de vue. On peut donc dire que les mêmes causes qui précipitent l'évolution de l'anémie chez le blanc, c'est-à-dire la chaleur solaire et le travail musculaire, lorsqu'elles sont poussées au delà d'une certaine limite, produisent aussi l'anémie chez le nègre. Et cela d'autant plus facilement que, d'une manière générale, plus le nègre est soumis à l'action de ces deux causes efficientes de l'anémie, plus il se trouve dans des conditions déplorables au point de vue de l'alimentation et de l'hygiène.

La désassimilation exagérée non compensée par l'assimilation, c'est-à-dire une alimentation mauvaise ou insuffisante, jointe à un travail excessif, dans un climat où le travail musculaire, au delà d'une limite restreinte, est débilitant et malsain, même pour les races adaptées à ce milieu, telle est la cause générale de l'anémie chez le nègre. Cette cause déterminante de l'anémie n'est spéciale ni au nègre ni aux climats torrides. C'est par milliers que se comptent autour de nous, en Europe, ceux qui, oxydant à l'excès leurs éléments anatomiques par un travail musculaire exagéré, et ne réparant pas intégralement, par une alimentation suffisante, la perte causée par cette oxydation, arrivent peu à peu à un état de déchéance de l'activité nutritive. Il est vrai que dans nos climats, où existent de grandes agglomérations urbaines et où l'organisme doit lutter contre le froid, l'anémie n'arrive pas ordinairement à un degré aussi avancé que chez le nègre dans les climats torrides, parce que, le plus souvent, une maladie intercurrente intervient. L'anémie ne dépasse pas habituellement l'état auquel le professeur Bouchardat a donné le nom de *misère physiologique*. Le nombre des globules du sang n'est pas sensiblement diminué, mais ils sont appauvris en hémoglobine; il en résulte une réduction de la quantité d'oxygène absorbée dans l'unité de temps. Les forces physiques sont amoindries; les ressources de résistance à l'action nuisible de tous les modificateurs, et particulièrement au froid, sont diminuées. « La véritable carac-« téristique de la misère physiologique, dit Bouchardat (1), « c'est la diminution continue dans la production de l'acide « carbonique et de l'urée éliminés dans les vingt-quatre heures, « eu égard à l'âge, au poids vif, aux besoins de l'organisation. « Il y a moins de charbon à brûler, moins de chaleur et de « forces produites. » Toutes ces victimes de la *misère physio-logique*, que nous voyons autour de nous en Europe, tous ces appauvris en hémoglobine sont en état d'imminence, d'opportunité morbide vis-à-vis du plus grand nombre des causes pathogènes, y compris le parasitisme (ankylostome). Ils succombent avant l'âge, dans la lutte pour la vie, moissonnés par les maladies *à frigore* ou envahis par le bacille tuberculeux.

Je n'indique là que la cause la plus générale de l'anémie chez le nègre. Il est bien évident, en effet, que toutes les causes particulières qui déterminent l'anémie en Europe produisent le même effet, dans les climats torrides, chez le nègre. C'est ainsi que les hémorrhagies traumatiques ou pathologiques, l'air confiné, les atmosphères nuisibles, certaines intoxications et toutes les maladies aiguës ou chroniques, en général, sont partout des causes efficientes plus ou moins actives de l'anémie.

Les *placers* de la Guyane, dont nous dirons quelques mots à propos des Hindous, réunissent un ensemble de conditions des plus favorables à la production de l'anémie. Travail excessif et pénible, alimentation mauvaise, conditions hygiéni-

(1) Bouchardat. — *Traité d'hygiène.* Paris, 1883, page 593.

ques détestables à tous les points de vue : tels sont forcément les éléments du régime auquel est soumis, en général, le personnel sur les exploitations aurifères. Ce sont vraisemblablement des travailleurs des *placers* qui ont fourni la plus grande partie des 54 décès dus à l'anémie que nous présente ce groupe. Comme chez les Européens libres et transportés, la plupart de ces cas, portant le diagnostic d'*anémie*, sont des cas cliniques mixtes dans lesquels la cachexie palustre peut revendiquer une part plus ou moins considérable. Nous savons aussi que ce groupe se compose de nègres et de métis ; or, il est probable que ces derniers dominent parmi les victimes de l'anémie. En effet, à conditions égales, la résistance que les métis de toutes nuances opposent à l'action débilitante de la chaleur solaire et du travail musculaire est en raison directe de la quantité de sang africain qu'ils possèdent. Entre le mulâtre clair, se rapprochant du blanc, et le nègre de race pure, soumis tous les deux au même régime, la différence, à ce point de vue, est énorme.

Très fréquente à l'époque de l'esclavage, pour des raisons que l'on conçoit facilement, l'anémie du nègre a reçu un grand nombre de noms : *mal-cœur*, *mal d'estomac des nègres*, *cachexie africaine*, *cachexie aqueuse*, *cançaço*, *géophagie*, *dirt-eating*, *opilation*, *hypohémie intertropicale*, etc. Eu égard à la fréquence de cette maladie chez les esclaves, on s'explique difficilement que les parasites intestinaux, dont la présence coïncide presque toujours avec l'anémie, aient échappé pendant si longtemps à l'attention des médecins. Cependant, vers le milieu du siècle dernier, un observateur des plus sagaces et des plus judicieux, Bajon, avait soupçonné l'existence de parasites intestinaux dans l'anémie. Voici, en effet, ce qu'il dit : « J'ai vu des femmes et des hommes chez qui cette « maladie (le mal d'estomac) a été occasionnée par une grande « quantité de vers contenus dans l'estomac ; cette dernière « cause est infiniment plus commune qu'on ne le pense, « parmi les nègres (1). » Je doute cependant que Bajon, dans ces lignes, fasse allusion à l'ankylostome duodénal. Dans l'anémie, les ankylostomes sont le plus souvent accompagnés d'ascarides lombricoïdes, et il est extrêmement probable que

(1) Bajon, *loc. cit.*, tome Ier, page 216.

ce sont ces derniers parasites, rendus par la bouche ou par le rectum, qui avaient attiré l'attention de Bajon.

L'ankylostome duodénal, dont nous ne pouvons nous empêcher de dire quelques mots, a été signalé pour la première fois en 1838 par Angelo Dubini, qui l'avait rencontré dans l'intestin d'une jeune fille morte de pneumonie à l'hôpital de Milan. Cette découverte attira l'attention de ce médecin qui s'empressa de faire de nouvelles recherches. En 1849, Dubini déclarait avoir trouvé le même parasite dans vingt pour cent des cadavres dont il avait pu faire l'autopsie. D'après Dubini, les maladies diverses dont meurent les sujets chez lesquels on trouve l'ankylostome, peuvent n'offrir aucun rapport entre les phénomènes observés et la présence des vers ; mais on trouve le plus souvent ces derniers chez les individus amaigris, à constitution délabrée, chez les cachectiques, les diarrhéiques, etc. La découverte de Dubini était passée inaperçue, lorsque, en 1854, Griesinger publia dans un journal de médecine allemand *(Vierordt's Archiv)* un mémoire où il déclarait que, d'après des autopsies faites par lui au Caire, en 1852, la *chlorose d'Égypte* était de nature parasitaire et due à la présence de l'ankylostome duodénal. Le Dr Bilharz observa et étudia également cet helminthe en Égypte, après Griesinger. Dans un article sur le *mal-cœur*, publié dans les *Archives de médecine navale*, en 1864, MM. Le Roy de Méricourt et Fonssagrives recommandaient aux médecins de la marine de nouvelles recherches sur l'ankylostome duodénal. Bientôt après, les docteurs Silva Lima et A. Vücherer signalèrent l'existence du parasite au Brésil. Dans un article publié par la *Gaceta medica de Bahia*, au mois d'avril 1866, Vücherer rapporta plusieurs observations d'hypohémie intertropicale, suivies d'autopsies qui lui avaient révélé la présence, dans l'intestin grêle, de très nombreux ankylostomes. A la même époque, sans avoir pu prendre connaissance des travaux de Vücherer, les docteurs Grenet et Monestier, médecins de la marine française à Mayotte, mis en éveil par l'article de MM. Le Roy de Méricourt et Fonssagrives, trouvaient l'ankylostome chez des sujets de race makoua (Mozambique), morts après avoir offert pendant la vie tous les caractères de la cachexie aqueuse. L'année suivante, dans son rapport du troisième trimestre 1867, le Dr Riou-Kérangal, médecin en chef de la marine à Cayenne, signalait la présence du parasite dans l'intestin des individus morts d'anémie à la Guyane.

A la Guyane, on a trouvé l'ankylostome non seulement chez des nègres, mais encore chez des individus de toutes les races : des Hindous, des Arabes, des Chinois et des Européens. A l'autopsie de sujets morts dans le marasme, et quelle que fût la cause de ce marasme, diarrhée chronique, cachexie paludéenne, tuberculose, etc., la présence du parasite a été constatée dans le plus grand nombre des cas, mais non dans tous. D'après le Dr Kérangal, les ankylostomes existent, d'une manière particulière, chez les sujets qui ne présentent pas de symptômes bilieux et dont la muqueuse intestinale se trouve généralement décolorée. Ils semblent fuir la présence de la bile. Chez les sujets dont le duodénum est coloré en jaune ou en vert, on trouve les ankylostomes dans l'intestin grêle jusqu'au cœcum. On ne les a jamais rencontrés dans le gros intestin. On les trouve généralement réunis par pelotons dans le duodénum, l'intestin grêle et même le cœcum, quelquefois aussi, mais très rarement, dans l'estomac. Ils sont implantés dans la muqueuse et c'est avec peine que l'on parvient à les détacher avec le scalpel ou par un lavage minutieux. Alors la muqueuse apparaît pointillée et il y a trace d'une légère inflammation. On trouve souvent des lombrics accompagnant les ankylostomes. Nous devons faire remarquer que le Dr Kérangal ne paraissait pas absolument convaincu de la réalité du rôle pathogénique de l'ankylostome et de la nature essentiellement, exclusivement parasitaire de l'anémie. « Y a-t-il « un rapport bien déterminé. dit-il, entre le mal-cœur des « nègres et la présence des ankylostomes ? C'est ce que je « n'oserais affirmer (1). »

Dans le courant de ces dix dernières années, l'ankylostome duodénal a été l'objet de nombreuses études en Europe. Kolisko, en Autriche ; Sonnino, Grassi, Cisinelli et surtout Bozzolo, Concato, Perroncito (ouvriers du Saint-Gothard), en Italie ; Roth, Sonderegger, Bugnion, en Suisse : les docteurs Trossat et Eraud, Riembault (Saint-Étienne), P. Fabre (Commentry), Manouvriez et Lesage (Lille), en France ; le Dr Mayer, en Allemagne ; Masius et Francotte, en Belgique, et d'autres

____

(1) Rapports médicaux (Archives de l'hôpital de Cayenne).

encore, se sont occupés de cet helminthe et de ses rapports avec l'anémie des mineurs et la maladie des ouvriers du Saint-Gothard. L'existence de ce parasite en France a été démontrée, en 1882, par le Dr Perroncito (de Turin). Ce médecin avait déjà publié, en 1880, sur la maladie des ouvriers du Saint-Gothard, un important travail où il concluait, de la manière la plus affirmative, à la nature essentiellement parasitaire de cette affection. Le Dr Perroncito vint à Saint-Étienne, au mois de décembre 1881, dans le but de rechercher l'ankylostome chez les mineurs atteints d'anémie, et ne tarda pas à en démontrer l'existence (communication à l'Académie de Médecine de Paris, 2 janvier 1882). Toutefois, il s'en faut de beaucoup qu'il y ait une relation constante et nécessaire entre l'anémie des mineurs et l'ankylostome duodénal. Comme le dit, dans un travail récent (1), un médecin qui s'est occupé pendant plusieurs années de l'étude de cet helminthe, l'anémie des mineurs n'est pas fatalement liée à l'ankylostome duodénal. Il y a, chez les mineurs, des cas d'anémie sans parasites. D'un autre côté, le parasite a été trouvé chez des sujets dont la mort était due à toute autre cause que l'anémie. On le rencontre surtout chez les sujets affectés de maladies chroniques, qui meurent dans le marasme (cancer, phthisie, cachexie saturnine, etc.). On a trouvé, en outre, des œufs d'ankylostomes dans les selles d'individus qui ne sont ni mineurs ni anémiques.

Pendant que la question de l'ankylostome était agitée en Europe, le Dr Mac-Connell (2), de Calcutta, a fait, en 1882, de nouvelles recherches dans l'Inde, où l'ankylostome est fréquent, dans le but d'établir les rapports qui pourraient exister entre ces parasites et les maladies dans lesquelles on les rencontre. Le Dr Mac-Connell a trouvé des ankylostomes dans l'intestin de 20 Hindous, 19 hommes et une femme, morts au *Medical College Hospital* de Calcutta. Ces helminthes n'ont été trouvés dans l'intestin d'aucun Européen. Sur ces 20 sujets, quelques-uns n'avaient que quatre ou cinq ankylostomes; d'autres en

______

(1) Dr François Trossat. — *De l'ankylostome duodénal, ankylostomasie et anémie des mineurs.* Paris, O. Doin, 1883.

(2) *On Dochmius duodenalis (sclerostoma vel ankylostoma duodenale) as a human parasite in India*, by J.-F.-P. Mac-Connell, professor of pathology and curator of the pathologic Museum medical College Calcutta, in *the Lancet*, 22 juillet 1882.

avaient plus de cinquante. Chez deux sujets, d'autres parasites accompagnaient les ankylostomes : l'un avait un distome dans les voies biliaires, l'autre un tricocéphale (whipworm) et un oxyure vermiculaire (threadworm) dans l'intestin. Sur ces 20 sujets ayant tous des ankylostomes dans l'intestin grêle, 8 seulement étaient anémiés; les 12 autres ne l'étaient pas. Dans les 8 cas où l'anémie existait, cet état paraissait plus directement imputable à la dysenterie ou aux complications malariennes qu'à la présence d'un nombre variable de ces parasites. Ces vingt sujets avaient tous succombé à des maladies bien caractérisées. Sept étaient morts de dysenterie; les autres étaient morts de maladies diverses : cachexie paludéenne, érysipèle, phthisie, cirrhose du foie, tétanos traumatique, méningite, bronchite chronique, pyohémie avec fracture compliquée du pied.

Le Dr Mac-Connell rejette l'idée d'une anémie spécifique. Il regarde ces parasites comme un accident sans grande importance, et leur relation avec une maladie spéciale n'est pour lui qu'une coïncidence. Les basses classes de l'Inde, dit-il, ne prennent pas toujours des aliments d'une absolue propreté et ne font pas beaucoup attention à la qualité de l'eau qu'elles boivent. C'est pourquoi elles ont souvent des vers intestinaux, et particulièrement des ascarides (round worms). La présence de l'ankylostome doit être attribuée à la même cause. Je suis porté à croire, ajoute-t-il, que l'existence de ces vers n'est pas beaucoup moins commune que celle des lombrics, dans l'intestin de cette classe d'individus.

Ce qui contribue encore à faire rejeter l'idée d'une anémie spécifique, due uniquement à la présence de l'ankylostome, c'est que, cliniquement, la maladie des ouvriers du Saint-Gothard n'est pas identique avec l'anémie des mineurs, de même que celle-ci diffère, sur plus d'un point, du *mal-cœur* des nègres. En outre, si l'arrivée dans l'intestin grêle, de quelques larves introduites, soit par les aliments, soit par l'eau, suffit pour déterminer ces maladies diverses, pourquoi, dans les colonies, la cachexie aqueuse est-elle infiniment plus fréquente chez les nègres que chez les négresses? Pourquoi, en Europe, la maladie frappe-t-elle les mineurs, de préférence aux autres parties de la population, dans les localités qu'ils habitent?

A l'heure actuelle, l'ankylostome duodénal existe dans une

grande partie de l'Europe. Sa présence a été démontrée, principalement dans les centres houillers, en Italie, en France, en Allemagne, en Suisse, en Autriche, en Belgique. D'après une communication récente (1885) du professeur Cobbold, auteur d'un excellent traité sur les entozoaires (*Entozoa of man and animals*), cet helminthe n'a pas été signalé en Angleterre, où on l'aurait cherché sans le trouver.

En France, il se rencontre surtout chez les mineurs des bassins houillers de la Loire (Saint-Étienne) et du Nord (Anzin). Il est très rare chez les mineurs de Commentry (Allier).

D'après les recherches du Dr Trossat dans le bassin de la Loire (Saint-Étienne), l'ankylostome existe dans l'intestin de presque tous les nombreux mineurs dont il a eu l'occasion d'examiner les selles. Il a pu constater que cet helminthe existe non seulement chez les houilleurs atteints d'anémie, mais encore dans l'intestin des mineurs non anémiques. Dans presque tous les cas, le microscope faisait découvrir dans les selles d'un même sujet des œufs d'ankylostomes, de tricocéphales, d'ascarides et quelquefois des larves d'anguillules stercorales. Le Dr Trossat a cherché en vain le parasite dans les eaux boueuses des marais qui environnent Lyon (Dombes), soit encore chez des tuiliers, des terrassiers, des paludéens ou des chlorotiques.

Les ankylostomes viennent évidemment de l'extérieur; mais dans quelles conditions existent-ils en dehors de l'intestin de l'homme ? Comment leurs œufs ou leurs larves s'introduisent-ils dans le tube digestif ? On ne sait rien de bien précis à ce sujet. Cependant, on admet que l'infection se produit par l'ingestion de larves arrivées à l'état de maturité parfaite ; celles-ci seraient contenues dans les eaux boueuses des marais ; elles existeraient également sur les légumes qui servent à l'alimentation.

Nous croyons que, pas plus dans les climats tempérés que dans les climats torrides, pas plus chez le nègre que chez le blanc, l'anémie n'est la conséquence nécessaire et fatale de l'introduction de larves d'ankylostomes dans le tube digestif. Nous ne voulons pas dire, cependant, que ces parasites ne jouent aucun rôle et qu'il n'y a pas lieu de tenir compte de leur existence. Pour exercer une action nuisible, il faut que ces h...

minthes soient en nombre considérable ; c'est, en effet, au nombre de 800 à 1500 qu'on les a trouvés, dans les cas où leur influence débilitante est incontestable. Il est donc nécessaire qu'ils se multiplient ; et pour cela, ils ont besoin d'un terrain favorable. C'est toujours la question de graine et de terrain. Quelques larves d'ankylostomes arrivent dans le duodénum : voilà la graine. Si le terrain est défavorable, c'est-à-dire si l'organisme est sain et vigoureux, il se défend contre les parasites ; ceux-ci ne se multiplieront pas, car la muqueuse, aux dépens de laquelle ils vivent, n'étant pas pour eux un aliment approprié, la colonie qu'ils venaient fonder dans le tube digestif ne pourra prospérer ; au bout d'un certain temps, il finiront par être expulsés et disparaîtront complètement. Si, au contraire, ils trouvent un terrain favorable, c'est-à-dire si l'organisme est débilité par les causes générales de la misère physiologique et de l'anémie, par la cachexie paludéenne, par une maladie chronique en général, leur colonie croîtra et se multipliera. Quoique la femelle ne mesure pas plus de 15 à 18 millimètres, et le mâle 9 à 12, ces petits helminthes, fixés sur la muqueuse à l'aide des quatre crochets dont leur tête est armée, ont pour effet, cela n'est pas douteux, de débiliter considérablement l'organisme, lorsqu'ils sont au nombre de 1000 ou 1500. Leur action s'ajoute à l'action de la cause antérieure d'épuisement, qui leur a préparé un terrain favorable. Indépendamment des quatre crochets qui leur servent à s'implanter sur la muqueuse, leur tête est munie de quatre ventouses, au moyen desquelles ils absorbent du sang. Le chatouillement que ces parasites exercent sur la muqueuse du duodénum produit peut-être, par action réflexe, les troubles sympathiques de l'estomac, la géophagie, la *malacia*, qui caractérisent le mal-cœur. Cependant, comme nous l'avons dit, l'anémie des mineurs diffère, au point de vue clinique, de la cachexie africaine.

L'ankylostome ne joue donc, pour nous, qu'un rôle secondaire, mais ce rôle n'en a pas moins une grande importance. Dans les climats torrides, de même que dans les climats tempérés, l'anémie existe, en dehors de l'action de l'ankylostome. Si les causes qui l'ont produite persistent longtemps d'une manière continue, l'anémie peut arriver à un degré extrême et aboutir à la mort. Mais, si le hasard amène quelques larves d'ankylostomes dans le tube digestif d'un sujet en état d'anémie ou de misère physiologique, les parasites trouvent un terrain favorable et se multiplient. L'action nocive des helminthes hâte la marche de la maladie vers le terme fatal et donne à l'état pathologique un aspect symptomatique particulier.

Après avoir exposé notre manière de concevoir le rôle de l'ankylostome duodénal, nous aborderons l'étude des causes qui déterminent la différence que présentent le nègre et le blanc dans la résistance à l'action des climats torrides.

Nous avons avancé que, à conditions égales, une même somme d'activité musculaire et de chaleur solaire, inoffensive pour un nègre, est rapidement fatale à un blanc, dans les climats torrides. C'est une proposition dont l'exactitude, nous l'espérons, sera démontrée dans la dernière partie de ce travail. Pour le moment, nous considérons ce fait comme démontré par l'expérience, et nous nous proposons d'en rechercher l'explication physiologique.

D'abord, nous admettons comme principe indiscutable, nous posons comme axiome que les caractères physiques qui séparent le nègre du blanc ont une raison d'être et qu'ils constituent des conditions d'adaptation à leur climat respectif. L'expérience démontre que le nègre et le blanc étant soumis tous les deux au même genre de vie dans les climats torrides, l'un conserve l'intégrité de sa santé, tandis que l'autre dépérit, miné par l'anémie. De ce fait expérimental nous concluons que le nègre vit autrement que le blanc, c'est-à-dire que la différence pathologique que présentent ces deux types découle d'une différence physiologique. Or, si les caractères physiques qui différencient les deux races ont une raison d'être, c'est évidemment de déterminer ces différences physiologiques nécessaires.

Nos connaissances actuelles, sur les différences physiques et physiologiques que présentent les races humaines, sont encore tout à fait élémentaires sur bien des points. Par exemple, sur l'anatomie et la physiologie comparées de la peau, qui nous intéressent particulièrement ici, combien de détails dont l'analyse scientifique n'a pas encore abordé l'étude! La peau du nègre est-elle plus riche en vaisseaux que celle du blanc? Possède-t-elle un plus grand nombre de glandes sudoripares? Celles-ci sont-elles, chez le nègre, plus volumineuses que chez le blanc? Y a-t-il une différence dans le développement des glandes sébacées, chez les deux races? Par suite du défaut d'investigations précises sur ces diverses questions, nous ne pourrons pas toujours nous appuyer sur des faits positifs, dans le développement du sujet que nous allons traiter : nous serons obligé d'émettre des hypothèses; mais ces hypothèses, dans l'état actuel de nos connaissances anthropologiques, ont déjà en leur faveur beaucoup de probabilités, et nous espérons qu'elles seront confirmées un jour par l'observation directe. Nous nous proposons, du reste, de faire nous-même, si les circonstances nous le permettent, des recherches sur ces différents sujets.

Nous avons dit que, dans les climats torrides, la pathogénie de l'anémie, chez l'Européen, est la conséquence d'une loi physiologique générale, à savoir : le maintien de la température de l'organisme dans les environs de 37°, température nécessaire à l'activité fonctionnelle des éléments anatomiques. La diminution dans la déperdition de calorique par la peau amène la diminution de la production de chaleur animale. c'est-à-dire la diminution de l'activité nutritive qui est elle-même intimement liée à l'appauvrissement du sang en hémoglobine. Donc, si le blanc s'anémie dans les climats torrides, c'est que sa peau élimine une quantité insuffisante de calorique; et si le nègre échappe à l'anémie, c'est que, vraisemblablement, il élimine une quantité plus considérable de chaleur. Nous avons déjà parlé, à propos de l'anémie chez l'Européen, de la fonction des différentes glandes annexes de la peau, et nous savons par quel mécanisme s'opère l'élimination du calorique. Nous basant sur ces données, nous pouvons nous demander quelles sont les conditions capables d'assurer la déperdition maxima de chaleur par la peau. Nous examinerons ensuite si les particularités anatomo-physiologiques de la peau du nègre, particularités connues ou probables, réalisent ces conditions de déperdition maxima.

Les conditions anatomo-physiologiques capables d'assurer la déperdition maxima de calorique par la peau peuvent être résumées de la manière suivante :

A. *Développement plus considérable du système vasculo-sudoripare.*

B. *Volatilité plus grande et, par suite, propriétés plus réfrigé-rantes de la sueur.*

C. *Faible développement du système pilo-sébacé.*

D. *Émission plus considérable de calorique par rayonnement.*

Examinons chacun de ces points en particulier.

A. *Développement plus considérable du système vasculo-sudo-ripare.* — La peau du nègre, dit M. de Rochas (1), est plus épaisse, plus turgescente que celle du blanc. Des investigations précises sur ce point particulier d'anatomie comparée n'ont vraisemblablement jamais été faites. Bien que l'assertion de M. de Rochas ne repose évidemment que sur l'observation vulgaire, nous pensons qu'elle est l'expression d'un fait exact. Nous nous croyons donc autorisé à admettre, comme extrêmement probable, la vascularité plus grande de la peau du nègre.

La peau du nègre, dit encore M. de Rochas, est plus fournie de glandules sudoripares. Aucune recherche d'anatomie comparée n'autorise, croyons-nous, à être aussi affirmatif que cet auteur. Sappey (2), par des recherches patientes et un calcul aussi rigoureux que possible, est arrivé à évaluer à deux millions, au moins, le nombre des glandes sudoripares répandues sur la surface du corps de l'Européen. Ce nombre est-il plus considérable chez le nègre? Ce point d'anatomie sera sans doute éclairci un jour. En attendant, nous ne pouvons admettre le fait que comme probable.

Ce qui nous paraît plus probable encore, c'est la supériorité de volume des glandes sudoripares du nègre sur celles du blanc. La quantité de sueur sécrétée par l'Européen en vingt-quatre heures, à la température moyenne de nos climats, est de 660 grammes, d'après Beaunis; elle est évaluée par d'autres auteurs (Littré et Robin) à près d'un litre. Cette quantité est incontestablement beaucoup plus considérable chez le nègre, dans les climats où sa race vit et a toujours vécu. Chez l'Eu-

(1) Article *Nègres* du Dict. encycl. des Sciences médic.
(2) *Traité d'anatomie descriptive*, par Sappey. Paris, 1877, tome III, page 594.

ropéen, les glandes sudoripares ne fonctionnent avec un peu d'énergie que d'une manière intermittente; chez le nègre, elles sont constamment en activité fonctionnelle. S'il est vrai que la fonction fait l'organe, à un développement fonctionnel plus grand doit correspondre un développement organique plus considérable, chez une race qui a eu pour berceau le climat torride de l'Afrique intertropicale.

La longueur du glomérule sudoripare, chez l'Européen, est de 5 à 7 dixièmes de millimètre, et sa largeur de 3 à 4 dixièmes quand il est ovoïde; ces derniers chiffres donnent son épaisseur quand il est ovoïde (Littré et Robin). Les glandes sudoripares du creux axillaire ont un volume double de celui des glandes qu'on trouve sur les autres parties du corps. En prenant en considération, dit Ch. Robin (1), le volume de chacun des glomérules sudoripares, et de plus leur nombre, d'après le degré d'écartement de leur orifice excréteur d'une région à l'autre du corps, on arrive à reconnaître approximativement que, réunis en un seul amas, ces pelotons formeraient une masse d'un volume égal à celui du poing ou à peu près.

A défaut de recherches anatomiques, le développement fonctionnel du système sudoripare, incontestablement plus accentué chez le nègre que chez le blanc, nous autorise à admettre, comme à peu près certain, un développement organique de ce système beaucoup plus considérable chez le nègre que chez le blanc.

B. *Volatilité plus grande et, par suite, propriétés plus réfrigérantes de la sueur.* — La nature de la sueur, chez le nègre et chez le blanc, constitue, à notre avis, un caractère différentiel des plus frappants, parmi les nombreuses particularités anatomo-physiologiques qui séparent ces deux races. Chez l'Européen, la sueur de la surface générale du corps, sauf dans quelques parties restreintes (creux axillaire, région inguino-scrotale et inguino-vulvaire, intervalle des orteils), n'a pas d'odeur prononcée. Chez le nègre, au contraire, la sueur a une odeur des plus pénétrantes; même l'exhalation cutanée insensible de la peau du nègre laisse échapper ces émanations odorantes *sui generis* perceptibles pour le sens

(1) Article *Sudoripares* du Dict. encyc. des Sciences méd.

olfactif le plus émoussé. Le faux-pont d'un négrier parvenait difficilement, dit-on, à se débarrasser de ce parfum caractéristique. Sans posséder une acuité olfactive au-dessus de la moyenne physiologique, j'ai remarqué le fait suivant que j'ai fait, du reste, constater par plusieurs personnes : lorsqu'on arrive à la côte d'Afrique ou aux Antilles, si on est sous le vent de la terre, on peut, du mouillage, avant toute communication, percevoir facilement l'odeur du nègre. Plusieurs mois après le retour en Europe, il est également très facile de diagnostiquer, par l'odorat seul, si un mouchoir ou une pièce de linge a été blanchi aux colonies ou en France.

L'odeur de la sueur est due à des acides gras (acides caproïque, valérique, caprylique, capronique, butyrique, etc.) libres et volatils. Ces acides existent aussi à l'état de sels à base de soude et de potasse. Les sels de ces acides gras ont presque tous l'odeur de leur acide, mais moins forte (Littré et Robin). L'odeur de la sueur est due à un mélange complexe de ces acides gras volatils à l'état libre et à l'état de sels, car il n'y a pas de couleur ni d'odeur qui, dans l'économie, soient dues absolument à un seul principe immédiat (Littré et Robin). Tous ces principes (acides et sels) volatils, dont la sueur du blanc ne renferme que des traces, existent en abondance dans la sueur du nègre. Peut-être même la sueur de ce dernier contient-elle des principes inconnus qui manquent dans la sueur du blanc. Il est vraisemblable aussi que chez le nègre les acides gras à l'état libre prédominent sur les sels, et que chez lui la réaction de la sueur générale du corps doit être plus fortement acide que chez le blanc.

Il est facile de comprendre que la richesse du liquide sudoral en principes volatils augmente le pouvoir réfrigérant de ce liquide. L'évaporation d'une quantité donnée d'éther, répandue sur la surface du corps, aurait une action réfrigérante que ne produirait pas l'évaporation d'une égale quantité d'eau. C'est une question élémentaire de physique sur laquelle il n'est pas nécessaire d'insister.

Nous concluons donc que l'odeur de la sueur chez le nègre a une raison d'être, et que cette propriété du liquide sudoral joue certainement un rôle considérable dans la résistance de l'organisme à la chaleur du milieu externe.

C. *Faible développement du système pilo-sébacé.* — Les nègres ont le poil rare sur le corps ; leurs cheveux, aussi bien chez la femme que chez l'homme, n'atteignent qu'une longueur très limitée ; leur barbe est très courte et peu abondante ; leurs sourcils même sont très peu fournis ; en un mot, chez eux, le système pileux a un développement bien moindre que chez l'Européen. C'est là un fait d'observation vulgaire, mais qui s'applique seulement aux poils ayant atteint leur complet développement. Nous savons que chez l'Européen, le plus grand nombre des poils ne dépassent pas la première période de développement (poils de duvet). Nous savons aussi que ces poils de duvet manquent seulement à la paume des mains et à la plante des pieds, et qu'ils couvrent toutes les autres parties du corps de l'homme, de la femme, du jeune enfant, même les parties qui nous paraissent les plus lisses (sein, peau des paupières). Nous avons vu également que, malgré leur état rudimentaire, ces poils de duvet contrarient, dans une certaine mesure, la déperdition de la chaleur animale. Le nombre de ces poils de duvet qui ombragent la surface du corps, est-il le même chez le nègre que chez le blanc ? Des recherches précises sur ce sujet particulier pourraient seules fournir une réponse à cette question. Toutefois, s'il y a une différence, à ce point de vue, entre les deux races, les probabilités sont certainement en faveur de l'infériorité numérique des poils chez le nègre.

Les glandes sébacées, qui présentent beaucoup de variabilité dans leur développement chez l'Européen, sont des annexes des follicules pileux, dans lesquels s'ouvre leur canal excréteur. Quelques-unes, mais peu nombreuses, sont indépendantes des follicules pileux. En général, les glandes sébacées sont d'autant plus grosses qu'elles sont annexées à des poils plus petits. Pour ce qui concerne les poils de duvet, le follicule pileux est comme perdu entre les culs-de-sac glandulaires, et on peut dire que c'est par le canal glandulaire que passe le poil. Dans ce cas, c'est le follicule pileux qui semble un annexe de la glande sébacée. Chaque poil de duvet a une ou deux glandes, et chaque glande compte de deux à six culs-de-sac (Ch. Robin) (1).

(1) Article *Sébacées* du Dict. encyc. des Sciences méd.

Nous croyons, bien que les traités élémentaires de physiologie n'insistent pas sur ce point, que le produit des glandes sébacées joue un certain rôle dans la régularisation de la chaleur animale : il s'oppose à la déperdition de calorique, en contrariant l'action des glandes sudoripares.

Il ne faudrait pas croire que les glandes sudoripares n'entrent en jeu que lorsque le liquide sudoral se répand sur la peau : elles fonctionnent à peu près d'une manière continue, mais très modérée. Au niveau de la couche cornée de l'épiderme, le conduit excréteur du follicule sudoripare est contourné en spirale et sans parois propres, de sorte que la petite quantité de liquide sudoral, constamment sécrétée par les glandes sudoripares, en arrivant à ce niveau, s'arrête dans les couches furfuracées les plus superficielles de l'épiderme, comparable aux eaux d'un fleuve qui se perdrait dans le sable, suivant l'expression imagée de Küss et Duval. La sueur n'apparaît donc pas à la surface de la peau ; absorbée par les couches furfuracées les plus superficielles de l'épiderme, elle produit une légère moiteur de ces couches qu'elle imbibe et, s'échappant à l'état de vapeur, constitue ce qu'on nomme l'*exhalation cutanée insensible*. Or, nous savons que la substance grasse sécrétée par les glandes sébacées n'est pas miscible avec l'eau. En venant huiler sensiblement la surface de l'épiderme, elle rend une grande partie de cette surface imperméable à l'eau, et contrarie, dans une certaine mesure, l'exhalation cutanée insensible. Ne dirait-on pas que c'est une intuition instinctive de la fonction des glandes sébacées, qui a conduit empiriquement les races à peau blanche vivant dans des contrées plus chaudes que les nôtres, comme les Turcs et les Arabes, à supprimer l'action de ces glandes, action conservatrice de la chaleur animale et, par conséquent, nuisible dans les climats chauds, par la série des manœuvres minutieuses qui constituent le bain maure ? Peut-on donner une autre explication physiologique du bien-être étrange et prolongé produit par ces manœuvres, bien-être que connaissent tous ceux qui l'ont éprouvé ? La couche de substance grasse qui revêtait l'épiderme étant enlevée, de plus, les glandes sébacées étant vidées de leur contenu par expression, l'exhalation cutanée insensible devient plus active, d'où augmentation de la déperdition de chaleur animale et, par action réflexe, sensation de bien-être, excitation de l'appétit, de la vigueur musculaire, de l'aptitude au travail physique et cérébral. Nous ferons remarquer, en outre, que les peuples de l'extrême Nord renforcent, au contraire, l'action des glandes sébacées, en se faisant sur le corps des onctions avec des substances grasses.

Nous avons vu que le système pileux est manifestement moins développé chez le nègre que chez le blanc. Il nous semble logique d'admettre que les glandes sébacées, qui ne sont que des annexes du système pileux, participent à cette infériorité de développement. L'état rudimentaire de ces glandes, agents de conservation de la chaleur animale, nous explique pourquoi l'acné, qui est si fréquente chez l'Européen, est une maladie à peu près inconnue chez le nègre. Rufz de Lavison et d'autres observateurs en ont fait la remarque. Pour mon compte, je ne me souviens pas d'avoir jamais vu de l'acné chez un nègre, pas plus à la face que sur le dos. En Europe, la plupart des sujets jeunes ont, au printemps et en été, des boutons d'acné sur les épaules et le dos. Ces éruptions sont plus ou moins abondantes, mais leur existence, à un degré quelconque, est à peu près la règle. Chez les nègres, dont on voit souvent les épaules et le dos nus, ces éruptions n'existent jamais. J'ai interrogé à ce sujet plusieurs médecins de la marine et leurs réponses ont été unanimes. Bien que moins apparentes sur la peau noire que sur la peau blanche, ces éruptions seraient cependant perceptibles chez le nègre si elles existaient.

D. *Émission plus considérable de calorique par rayonnement.* — Nous avons dit qu'à la température moyenne de nos climats, une grande partie (environ 73 p. 100) de la chaleur animale perdue, est éliminée par le rayonnement de la surface du corps (rayonnement proprement dit et conductibilité), malgré la présence des vêtements qui atténuent la perte par rayonnement, mais ne l'empêchent pas. Nous avons dit aussi que, conformément à la loi de Newton, la perte de calorique par rayonnement est considérablement diminuée dans les climats torrides. Or, la nature de la surface rayonnante a une grande influence sur l'émission de la chaleur. Nous savons que la surface du corps n'est pas de même nature chez le nègre que chez le blanc. Nous devons, par suite, nous

demander si cette différence de nature a pour conséquence
une variation dans la quantité de chaleur rayonnée dans
l'unité de temps.

On a longtemps admis que le pouvoir absorbant et émissif
des surfaces noires était supérieur à celui des surfaces blanches. Franklin, ayant posé des morceaux d'étoffe de différentes couleurs sur de la neige exposée au soleil, les vit s'en-
foncer à diverses profondeurs en la fondant. Généralisant ce
fait particulier, il en conclut, d'une manière absolue, que les
corps de couleur sombre absorbent mieux la chaleur que les
corps de couleur claire. Leslie avait également cru pouvoir
énoncer comme loi générale que les surfaces blanches absorbent moins que les noires. Ce fait est vrai pour ce qui est de
l'absorption des rayons caloriques lumineux, et surtout des
rayons solaires; il est faux pour les rayons caloriques obscurs; dans ce dernier cas, l'influence de la couleur est nulle. Les
expériences de Melloni qui a substitué le thermo-multiplica-
teur au thermomètre différentiel et au miroir réflecteur de
Leslie, les recherches plus délicates de MM. de la Provostaye
et Desains, Masson et Courtépée, Tyndall, etc., ont démontré
que les phénomènes d'absorption et d'émission de la chaleur
dépendent d'une foule de conditions fort complexes. Du reste,
cette question est encore aujourd'hui un des points les plus
obscurs de la physique. Dans certains cas, par exemple
lorsqu'un corps s'est échauffé en absorbant des rayons
solaires, les rayons caloriques, tour à tour absorbés et émis
par un même corps, ne sont pas de même nature, et on ne
connaît pas les lois de ces transformations. Dans l'ignorance
manifeste où nous sommes des conditions essentielles de ces
phénomènes, dit J. Jamin (1), nous n'avons d'autres ressources que de rechercher des lois empiriques, sans donner
aux expériences exécutées sur ce sujet aucune autre valeur
que celle qu'il faut attribuer à des faits disjoints.

L'expérience démontre que le pouvoir absorbant d'un
corps est égal à son pouvoir émissif. Par exemple, un corps
qu'on porte à une température de 40° en le chauffant au
contact d'un vase rempli d'eau chaude, et qu'on place ensuite

(1) J. Jamin et Bouty. — *Cours de physique de l'École polytechnique.* Paris,
1881, tome III, page 102.

dans une enceinte à la température de 20°, perdra, dans
l'unité de temps, une quantité de chaleur égale à celle qu'il
absorberait si, étant à la température de 20°, il était placé
dans une enceinte à 40°. Dans ce cas, les rayons caloriques
que le corps absorbe en s'échauffant et qu'il émet en se refroi-
dissant sont de même nature. Mais la loi de l'égalité de l'absorption et de l'émission n'est vraie que pour les basses températures ne dépassant pas 100°. Cette loi perd toute signification lorsqu'il s'agit de rayons caloriques lumineux, à cause
de l'hétérogénéité des rayons caloriques tour à tour absorbés
et émis par un même corps. En effet, un corps qui s'échauffe
de 10° au soleil n'absorbe pas des rayons de même nature
que lorsqu'il s'échauffe de 10° à une source de chaleur obscure, par exemple au contact d'un vase rempli d'eau bouillante. Un corps qui s'est échauffé au soleil et qui se refroidit
ensuite n'émet pas des rayons de même nature que ceux qu'il
a absorbés : ces rayons caloriques sont aussi différents que
les rayons rouges du spectre, par exemple, diffèrent des
rayons verts.

On sait que les corps nous paraissent blancs parce qu'ils
diffusent en abondance tous les rayons lumineux ; ils nous
paraissent noirs parce qu'ils les diffusent peu et les absorbent
à peu près tous également. L'expérience démontre, en effet,
que la couleur des corps a une grande influence sur l'absorption des rayons caloriques lumineux, influence qui est en
raison directe de l'intensité de la source calorique lumineuse.
MM. de la Provostaye et Desains ont trouvé que, le pouvoir
absorbant du noir de fumée pour la chaleur solaire étant
représenté par 100, celui du blanc de céruse n'est que de 9.
Pour la chaleur de la lampe d'Argant, le pouvoir absorbant
du noir de fumée étant toujours représenté par 100, celui du
blanc de céruse devient 21. Mais le pouvoir absorbant du
blanc de céruse est égal à 100, comme celui du noir de fumée,
pour la chaleur obscure provenant de l'eau bouillante. Dans
les mêmes conditions, certaines substances parfaitement noires ont un pouvoir absorbant inférieur à celui de la céruse ;
l'encre de Chine, par exemple, a un pouvoir absorbant égal
à 85. Plusieurs substances blanches, telles que le borate de
plomb, le papier à écrire, etc., se comportent comme le blanc
de céruse : vis-à-vis de la chaleur lumineuse, leur pouvoir

absorbant est faible; vis-à-vis de la chaleur obscure, leur pouvoir absorbant et émissif augmente et se rapproche sensiblement de celui du noir de fumée. On peut donc dire que, d'une manière générale, le pouvoir absorbant des substances blanches est faible pour les radiations lumineuses; il augmente quand la température de la source calorique décroît; enfin, pour la chaleur provenant de l'eau bouillante, il augmente encore davantage et se rapproche plus ou moins de celui du noir de fumée. Quelques corps parfaitement blancs, la céruse par exemple, ont pour la chaleur obscure un pouvoir absorbant et émissif absolument égal à celui du noir de fumée et très sensiblement supérieur à celui de plusieurs substances noires. La couleur des corps n'a donc pas d'influence sur leur pouvoir absorbant et émissif pour la chaleur obscure. Les différences que les divers corps présentent sous ce rapport dépendent de causes tout autres que leur couleur.

Il résulte des faits expérimentaux que nous venons de citer, que, dans les pays chauds, le blanchissage extérieur des habitations et l'usage des habits blancs lorsqu'on doit s'exposer au soleil, sont des déductions logiques des lois de la physique.

Le corps de l'homme, avec sa température propre de 37°, lorsqu'il est à l'ombre dans un milieu ambiant ayant une température de 25° ou 27° (climats torrides), n'émet évidemment que des rayons caloriques obscurs. Par conséquent, il y a lieu de conclure que les lois de la physique ne nous autorisent pas à attribuer à la couleur de la peau du nègre une action quelconque sur le rayonnement de la chaleur animale.

Nous croyons, cependant, que le pigment joue un certain rôle dans l'émission du calorique, mais ce rôle n'est pas dû à sa couleur: il doit être attribué aux propriétés purement physiques des granulations pigmentaires. Il est démontré que, d'une manière générale, les corps à surface pulvérulente ont un pouvoir absorbant et émissif supérieur à celui des corps dont la surface est polie; l'argent bruni rayonne moins que l'argent déposé chimiquement; les métaux ternes rayonnent plus que les métaux brillants qui sont les corps dont le pouvoir émissif est le plus faible. Il résulte des expériences de MM. Masson et Courtépée, reprises dans des conditions un peu différentes par M. Tyndall, que l'état physique d'une substance exerce sur le pouvoir émissif une influence capitale. Ainsi, les métaux, dont le pouvoir émissif est très faible et varie notablement de l'un à l'autre quand on les prend sous la forme de lames polies, ont, au contraire, un pouvoir émissif beaucoup plus grand, se rapprochant plus ou moins de celui du noir de fumée, lorsqu'on les emploie sous forme d'une poudre impalpable, telle que la fournissent les réactions chimiques. D'après les résultats obtenus par M. Tyndall, la couleur n'a pas d'influence sur le pouvoir émissif des corps employés dans ces conditions, c'est-à-dire sous forme de poudre impalpable. Il est vrai que le chlorure d'argent blanc a un pouvoir émissif plus faible que le chlorure d'argent noir, mais le carbonate de zinc blanc, le carbonate de chaux, le sucre, corps également blancs, ont un pouvoir émissif supérieur à celui du platine noir et du chlorure d'argent noir. Nous pensons donc que si le pigment a une influence sur le pouvoir émissif de la peau, il la doit, non pas à sa couleur, mais à une propriété purement physique. En effet, les petites granulations pigmentaires qui remplissent l'intérieur des cellules de la couche de Malpighi, chez le nègre, ne réalisent-elles pas les conditions physiques d'une poudre impalpable?

Jusqu'ici, nous n'avons examiné que le cas où le corps de l'homme est placé à l'ombre, c'est-à-dire dans un milieu dont la température (25 à 28°) est inférieure à la température du corps humain. C'est là, en effet, la condition de vie normale, aussi bien pour le blanc que pour le nègre. Même les individus qui, dans les climats torrides, sont les plus exposés à l'action du soleil, les transportés nègres par exemple, passent à l'ombre au moins seize ou dix-huit heures sur vingt-quatre. De plus, lorsqu'ils sont exposés à la chaleur solaire, ils sont toujours protégés, dans une certaine mesure, contre son action directe par les vêtements et la coiffure. Lorsque la température du milieu ambiant est supérieure à la température propre du corps, celui-ci ne peut émettre de la chaleur par rayonnement; il devrait, au contraire, en absorber. S'il n'en absorbe pas, et si sa température reste à peu près constante, c'est grâce à l'intervention énergique de l'évaporation sudorale.

Il n'est pas douteux qu'aux rayons d'un soleil ardent, une pierre noire ne s'échauffe plus qu'une pierre blanche; il n'est pas douteux, non plus, que le cadavre d'un nègre n'absorbe plus rapidement les rayons caloriques lumineux que le cadavre d'un blanc. Mais, dans ces mêmes conditions, le corps d'un homme vivant ne s'échauffe pas comme une pierre ou un cadavre. L'évaporation sudorale entre en jeu pour empêcher l'échauffement de la peau, d'abord, et des parties sous-jacentes, ensuite. Que se passe-t-il dans le cas où deux cadavres, l'un à peau blanche et l'autre à peau noire, sont exposés à l'action d'un soleil ardent ? Les rayons caloriques échauffent d'abord la couche la plus superficielle des cellules cornées de l'épiderme ; la chaleur de cette première couche se transmet à la couche sous-jacente, puis à une troisième et, ainsi de suite, la chaleur gagne peu à peu en profondeur. Dès que la chaleur, ainsi transmise de proche en proche, aura atteint les cellules de la couche profonde de l'épiderme (couche de Malpighi), grâce à l'influence de la couleur blanche sur le pouvoir absorbant (puisque les rayons caloriques sont lumineux), la peau blanche absorbera la chaleur moins vite que la peau noire, et, par suite, le cadavre du nègre s'échauffera plus rapidement que celui du blanc. Mais les choses ne se passent pas ainsi sur le corps de l'homme vivant. Dès que la couche la plus superficielle des cellules cornées de l'épiderme commence à absorber du calorique, la sueur se répand sur la peau et imbibe abondamment ces cellules ; l'évaporation active qui se fait à leur niveau empêche la couche superficielle de s'échauffer, de sorte que la température des couches profondes de l'épiderme (couche de Malpighi) ne varie pas sensiblement, pas plus chez le nègre que chez le blanc. Or, chez le nègre, les cellules cornées de la couche la plus superficielle de l'épiderme ne contiennent pas de pigment ; celui-ci n'apparaît que dans les couches sous-jacentes et va en augmentant de couche en couche, pour atteindre son maximum dans les cellules de la rangée la plus profonde du corps muqueux de Malpighi, appliquées immédiatement sur le derme. Le pouvoir absorbant des granulations noires pour les rayons caloriques lumineux ne peut donc exercer son action.

En résumé, le pigment, grâce à une propriété purement physique, augmente probablement le pouvoir émissif de la surface cutanée pour la chaleur animale. Le pouvoir absorbant pour la chaleur solaire, que le pigment doit à sa couleur, ne peut exercer son action, parce que les granulations pigmentaires sont placées au-dessous de la couche cornée de l'épiderme et que l'évaporation sudorale empêche la chaleur solaire d'atteindre la couche des cellules pigmentées.

Des expériences exécutées dans le but d'établir la différence qui peut exister dans le pouvoir émissif de la peau humaine, blanche et noire, donneraient-elles un résultat? Le sujet exigerait des recherches d'une grande délicatesse, car s'il existe une différence, à ce point de vue, entre la peau du nègre et celle du blanc, elle est évidemment minime. En supposant que le corps du blanc, à la température extérieure de 25°, élimine par rayonnement environ 36 calories par heure, et que le corps du nègre, grâce à ses cellules pigmentées de la couche de Malpighi, en élimine 37 ou seulement 36 et demie, cet avantage, quoique minime au premier abord, et à peine révélé par une délicate expérience de laboratoire d'une durée de dix minutes ou d'un quart d'heure, serait loin d'être négligeable lorsque son effet se serait accumulé pendant des mois et des années.

Nous reconnaissons volontiers que tout ce que nous venons de dire sur le rôle physique et physiologique du pigment n'a que la valeur d'une hypothèse. Cependant, conformément au principe que nous avons énoncé, à savoir que les caractères physiques qui séparent le nègre du blanc ont une raison d'être et sont des conditions d'adaptation à leur milieu respectif, nous sommes convaincu que le pigment joue un rôle dans la résistance de l'organisme à la chaleur du milieu externe. Le pigment est, chez le nègre, l'indice de la santé. Peu accusé au moment de la naissance et pendant la première enfance, il se développe avec l'âge et la force. Il diminue dans la vieillesse et dans l'état de maladie. Il s'efface aussi sensiblement chez le nègre vivant en Europe; et c'est là une preuve certaine que le nègre se porte mal dans nos climats, de même que la pâleur du teint est une preuve que l'Européen dépérit dans les climats torrides. C'est un enfantillage que de vouloir considérer cette décoloration relative du nègre, en Europe, comme une adaptation au climat et une preuve de la variabilité de l'homme sous l'influence du milieu. Cette variation est purement pathologique. Il n'est pas inutile de constater, en outre, que la quantité de pigment cutané va en augmentant des climats tempérés vers les climats chauds et torrides, chez les différentes races adaptées à ces divers milieux : elle est moindre chez l'Anglais et l'Allemand que chez l'Italien et l'Espagnol; elle est moindre chez ceux-ci que chez l'Arabe, et moindre chez ce dernier que chez le nègre. Si nous passons à une autre longitude, nous trouvons que le Chinois du Nord est moins pigmenté que le Chinois du Sud; celui-ci l'est moins que l'Indo-Chinois, lequel, à son tour, est moins teinté que le Malais. Quoi qu'on en ait dit, il y a là un fait général incontestable. Les faits contraires que l'on a objectés sont, pour la plupart, douteux ou exagérés; ceux qui sont positifs sont loin d'avoir une portée aussi générale et ne sont pas tout à fait inexplicables.

Si nous admettons que le pigment cutané doit jouer un rôle dans le rayonnement de la chaleur animale, nous avons dit que ce rôle ne saurait être attribué à la couleur du pigment. C'est dire que nous croyons peu à l'influence de la couleur des poils. On a avancé que les anciens Égyptiens recherchaient, comme plus propres au travail, dans leurs climats chauds, les bœufs à robes noires; mais le fait est-il bien certain? On a fait remarquer aussi que la plupart des animaux des pays froids ont le pelage blanc, et que quelques-uns même changent de couleur aux approches de l'hiver. C'est ainsi qu'en Sibérie, le cheval et la vache domestiques deviendraient plus pâles, pendant l'hiver; l'hermine n'atteint pas en Angleterre la blancheur qu'elle a en Norwège; les renards isatis, ou renards bleus, qui, dans les régions polaires, sont d'un brun gris en été et blancs en hiver, changent à peine de couleur lorsqu'on les transporte en Europe; le lièvre des Alpes ne revêt pas sa robe blanche à une époque fixe, mais cette époque dépend de la précocité hivernale; il en est de même pour le plumage du lagopède. Il est fort douteux que ces changements de couleur, qui trouvent évidemment une explication dans les variations que les changements de température font subir à la circulation périphérique, aient une influence quelconque sur l'émission de la chaleur animale.

Pour résumer les idées que nous venons de développer, nous dirons que toutes les conditions capables d'assurer la déperdition maxima de chaleur animale par la peau sont réunies chez le nègre. Parmi les particularités anatomo-physiologiques qui déterminent ces conditions, l'une est incontestable : c'est la propriété plus réfrigérante de la sueur; d'autres sont à peu près certaines : ce sont le développement plus considérable du système vasculo-sudoripare et le faible développement du système pilo-sébacé; enfin, la dernière est probable : c'est l'émission plus considérable de chaleur animale, par rayonnement, grâce à la présence du pigment cutané. Toutes ces causes diverses, dont l'action tend vers un même but, ont pour effet de déterminer, chez le nègre, une élimination plus considérable de chaleur animale dans l'unité de temps. Dans les climats torrides, la peau de l'Européen est toujours brûlante; la peau du nègre, au contraire, est toujours fraîche, comme l'a remarqué Prichard, et comme tous les observateurs l'ont constaté et répété après lui. En Europe, à la température ordinaire, la peau du nègre est toujours froide; elle l'est encore davantage en hiver, où elle donne presque la sensation du contact d'un animal à sang froid.

L'insuffisance de l'élimination de la chaleur animale par la peau, telle est, comme nous l'avons vu, la cause de la diminution progressive de l'activité nutritive chez l'Européen, dans les climats torrides. Cette insuffisance est accrue par le travail musculaire qui augmente la quantité de calorique à éliminer, et par l'action directe du soleil, qui supprime la déperdition par rayonnement. Il n'y a plus équilibre entre l'élimination et la production de chaleur animale, et comme la température propre de l'organisme ne peut s'élever, l'action réflexe du centre régulateur diminue progressivement la production de chaleur, c'est-à-dire l'activité nutritive. Aussi, le travail musculaire et la chaleur solaire ont-ils une influence capitale sur la marche de l'anémie. Le nègre échappe à l'anémie, sa production de chaleur animale, c'est-à-dire son activité nutritive, ne subit pas de diminution progressive, parce que, mieux organisé que le blanc au point de vue de la déperdition de calorique par la peau, il peut maintenir constamment l'équilibre entre l'élimination et la production de sa chaleur animale.

La quantité de chaleur que l'organisme produit et élimine dans l'unité de temps, quantité qui représente la somme des phénomènes chimiques thermogènes et donne la mesure de l'activité nutritive, est certainement moindre chez l'Européen anémié que chez le nègre; mais elle est moindre aussi chez le nègre, dans son habitat, que chez l'Européen en Europe. Les nègres, et toutes les races des climats torrides, sont inférieurs aux Européens sous le rapport de la force musculaire (toutes choses égales d'ailleurs, taille, âge, etc.)., comme cela résulte des recherches de Péron, Quoy, Gaimard, Gould, et les anthropologistes de la *Novara*. Le nègre, dans les climats torrides, consomme moins d'aliments que l'Européen dans les climats tempérés. Chez ce dernier, la fonction respiratoire est plus considérable (Jousset, Rattray). Chez les nègres et les autres races des climats torrides, la poitrine a une hauteur moindre et elle est plus cylindrique (Jousset); le périmètre thoracique est moins ample (Jousset, Gould, Hutchinson, Short); d'une manière générale, le thorax est moins développé. Il en résulte que leur capacité pulmonaire est moindre que celle de l'Européen, comme l'a démontré l'expérience directe (Gould, Hutchinson, Jousset). Chez ces mêmes races, la température axillaire moyenne est de quelques dixièmes plus élevée que chez l'Européen en Europe (Jousset, Maurel).

Nous pensons avoir démontré que le nègre est organisé pour résister à la haute température continue, tandis que le blanc ne l'est pas. Soumis tous les deux au même régime, au même genre de vie, dans les climats torrides, le nègre et le blanc luttent contre le milieu externe à armes inégales. C'est une expérience qui n'a probablement jamais été faite sur une collectivité de quelque importance, et dans des conditions rigoureuses d'égalité chez les deux races. En effet, ces conditions rigoureuses d'égalité n'existent pas, même au bagne, entre le nègre et le blanc. Le forçat européen n'est pas soumis au même régime alimentaire, au même genre de vie, à la même somme de chaleur solaire et de travail musculaire, que le forçat nègre. Lorsqu'on y regarde de près, la différence des conditions est considérable. Le nègre trouve dans la constitution particulière de son enveloppe cutanée des conditions anatomophysiologiques qui sont autant d'éléments de résistance à la chaleur, et qui n'existent qu'à l'état rudimentaire chez le blanc. L'un vit en conservant sa force et sa santé; l'autre ne tarde pas à dépérir et à succomber.

2° Hydropisie, ascite (27 D.). — Comme chez les Européens libres et transportés, c'est à la cachexie paludéenne et à l'anémie se combinant en proportions variées dans des cas cliniques mixtes, qu'il faut rapporter ces 27 décès. Nul doute que les métis ne soient largement représentés dans ce nombre.

3° Autres maladies constitutionnelles (1 D.). — Ce décès porte comme diagnostic : *accidents et cachexie syphilitiques*. Les maladies vénériennes, surtout la syphilis, étaient rares, paraît-il, à la Guyane, il y a une quinzaine d'années ; mais les choses ont bien changé depuis lors. J'y ai vu plusieurs cas graves de syphilis. A quelles causes faut-il attribuer cette invasion des maladies vénériennes ? La principale est, sans aucun doute, la liberté de la prostitution. Pendant mon séjour à Cayenne, en présence d'une recrudescence de ces maladies parmi les hommes de la garnison, l'autorité militaire avait songé à entrer en pourparlers avec l'autorité municipale, dans le but de faire créer un dispensaire, mais je crois que cette mesure n'a pas encore été établie.

V. APPAREIL CIRCULATOIRE (9 Décès).

Maladies diverses (9 D.). — Ces 9 décès se rapportent à un cas d'anévrisme de l'aorte et à huit cas d'affection organique du cœur. Les affections organiques du cœur m'ont paru fréquentes chez les mulâtres.

VI. APPAREIL RESPIRATOIRE (77 Décès).

1° Tuberculose pulmonaire (45 D.). — La tuberculose pulmonaire, qui a causé un peu plus du dixième des décès de ce groupe, n'a pas tout à fait, comme cause de léthalité, l'importance qu'elle possède en Europe, surtout parmi les populations des grandes villes (1). Ce fait est dû, en partie, à la présence d'autres causes léthifères très actives, parmi les-

(1) D'après Bertillon (article *Décès* du Dictionnaire encyclopédique des Sciences médicales), à Paris, pour la période de six années, 1874-79, sur 100 décès, il y en a 17,54 qui reviennent à la phthisie pulmonaire, et 1,26 aux autres tuberculoses. Citons encore quelques chiffres qui représentent l'action léthifère des principales maladies à Paris, et qui pourront servir de termes de comparaison avec ceux que nous donnons plus loin. Sur 100 décès, il y en a 2,5 qui reviennent à la fièvre typhoïde, 1,38 à la rougeole, 0,61 à la variole, 0,12 à la scarlatine, 0,64 à la coqueluche, 3,03 à la diphthérie, 0,34 à la péricardite et à l'endocardite, 5,45 aux

quelles vient en première ligne l'impaludisme dont l'action sur la mortalité est presque nulle en Europe. Il faut se rappeler aussi que ce groupe, dont les fonctionnaires constituent la majorité, est en quelque sorte un groupe choisi. Il est probable que l'action de la tuberculose pulmonaire se révélerait d'une manière un peu plus énergique si l'on pouvait étudier ses ravages sur l'ensemble de la population de couleur de toute la Guyane, au lieu de l'étudier sur un groupe restreint dont les fonctionnaires et les métis forment le principal élément.

2° Pneumonie et autres maladies (32 D.). — Ces 32 décès sont dus aux maladies suivantes : pneumonie 19, pleuro-pneumonie 7, pleurésie 3, asthme 1, emphysème pulmonaire 1, grippe 1. Il n'y a aucun cas de gangrène du poumon ni d'angine diphthérique.

La pneumonie frappe les nègres, ainsi que les transportés profondément anémiés et cachectiques, au moment des grandes pluies qui s'accompagnent souvent d'un abaissement notable et brusque de la température. Pendant cette période, l'Européen peu anémié jouit d'un regain de vigueur; la diminution de la chaleur lui fait éprouver une sensation de fraîcheur relative et de bien-être; son appétit augmente d'une façon appréciable; mais, à côté de lui, les anémiés, les cachectiques et les nègres contractent des pneumonies mortelles.

C'est un fait bien connu que la pneumonie, chez le nègre, ne se présente pas avec les symptômes bruyants de la pneumonie franche chez l'Européen. L'état fébrile de ce dernier se traduit, chez le premier, par l'état adynamique. Chez le nègre, la pneumonie a une marche insidieuse et une évolution torpide; elle ressemble à la pneumonie des vieillards dans nos climats; et cela, non seulement au point de vue de la symptomatologie, mais aussi au point de vue du pronostic. Nous avons dit qu'il

maladies organiques du cœur, 4,25 à la bronchite aiguë, 5,44 à la bronchite chronique, 0,73 à la pleurésie, 7,05 à la pneumonie, 3,69 aux maladies aiguës de l'estomac, 1,92 aux maladies chroniques de l'estomac, 1,76 à la diarrhée cholériforme des enfants, 0,32 aux abcès du foie, 0,27 à l'ictère grave, 0,75 aux affections chroniques du foie, 0,46 à la cirrhose, 0,90 à la péritonite, 5,86 à l'encéphalite et à la méningite, 6,68 à la congestion ou à l'hémorrhagie cérébrale et aux maladies chroniques du cerveau, 0,50 à la néphrite, 0,31 à la maladie de Bright, 3,40 au cancer, etc.

en était de même pour l'Européen anémié ou cachectique.

Quelle explication peut-on donner de cette aptitude pour la pneumonie que présentent les nègres et les Européens anémiés ? Après les détails dans lesquels nous sommes entré au sujet de l'anémie, l'explication est facile. Le nègre et les anémiés résistent mal aux refroidissements parce que, chez eux, l'activité des phénomènes chimiques de la nutrition étant plus faible, ils produisent moins de chaleur dans l'unité de temps. Viennent-ils à éprouver une perte subite de calorique, ils ne peuvent faire les frais de cette perte et leur température s'abaisse. Un Européen bien portant, qui produit plus de chaleur dans l'unité de temps, subira la même perte de calorique avec un abaissement bien moindre de sa propre température. Supposons, pour fixer les idées, que l'Européen bien portant produise, dans les climats torrides, 100 calories par heure, et que l'Européen anémié et le nègre n'en produisent que 80. S'ils sont tous les trois soumis à une même cause de refroidissement qui leur fasse perdre par rayonnement 90 calories, l'Européen bien portant ne se refroidira pas ; il aura encore, au contraire, 10 calories à éliminer par l'évaporation cutanée insensible, l'échauffement de l'air inspiré, etc., tandis que l'Européen anémié et le nègre subiront un abaissement de leur température propre. Dans nos climats, nous produisons plus de chaleur en hiver qu'en été ; une même perte de calorique, qui ne nous refroidirait pas en hiver, peut produire une diminution de notre température en été ; par exemple, l'immersion pendant cinq ou dix minutes dans un bain à 0° produirait un abaissement plus considérable de notre température en été qu'en hiver. D'après les expériences d'Edwards, citées par le Dr Bordier (1), des moineaux placés dans un vase entouré de glace perdaient, au mois de février, 0°,4 de leur température en une heure ; les mêmes moineaux, placés dans les mêmes conditions au mois de juillet, perdaient dix fois plus, 4°. Faisons remarquer aussi que le nègre est organisé pour éliminer, dans l'unité de temps, plus de chaleur animale que le blanc ; par conséquent, s'ils sont soumis tous les deux à une même cause de refroidissement, non seulement le nègre produira, dans l'unité de temps, moins de chaleur animale que le blanc

____

(1) *La Géographie médicale*, p. 14.

pour faire face à ce refroidissement, mais encore il perdra, dans l'unité de temps, plus de calorique que ce dernier.

La grippe, à laquelle est dû un décès, fait de fréquentes apparitions parmi les nègres. Elle se présente avec des phénomènes nerveux intenses, déterminant des épidémies passagères, mais il y a peu de décès, en général. J'ai trouvé dans les rapports la relation de plusieurs épidémies de grippe. La maladie frappe surtout les nègres et les mulâtres; elle atteint aussi les Européens anémiés et cachectiques, mais elle n'a, en général, pas de prise sur la garnison. Voici un extrait du rapport médical du 1er semestre 1857 : « La grippe a fait son « apparition à Cayenne vers le milieu du mois de juin, a « régné depuis cette époque et continue de régner d'une ma- « nière épidémique, semblant choisir de préférence la popu- « lation noire. Elle a éclaté, à peu près en même temps, sur « tous les individus de cette race. Les ateliers du gouverne- « ment étaient presque entièrement privés de leurs ouvriers « frappés par la maladie. A bord des bâtiments, tous les ma- « telots noirs étaient généralement atteints, tandis qu'il y « avait immunité pour les matelots blancs. Ce n'est qu'à la « fin de juin que les mulâtres ayant à leur tour payé leur tri- « but, la population blanche créole commençait à être frap- « pée. Un peu plus tard, ce furent les individus fatigués par « un long séjour dans la colonie qui furent atteints. Les ma- « lades traités à l'hôpital étaient tous des hommes ayant trois « ou quatre ans de colonie. Les anémiques soumis à l'in- « fluence épidémique ont présenté des symptômes nerveux à « un très haut degré (1). »

Pendant mon séjour à la Guyane, en 1882, le bruit se répandit à Cayenne qu'une épidémie très grave sévissait parmi les nègres Bonis et les nègres Bosh du Haut-Maroni. Informations prises, il ne s'agissait que d'une épidémie de grippe, pendant laquelle la plupart de ces nègres furent malades et quelques-uns d'entre eux succombèrent.

N'est-ce pas à une épidémie de ce genre qu'il faut rapporter le passage suivant de Bajon : « Je me souviens qu'au com- « mencement de l'hiver de 1768, presque tous les nègres de « la colonie et un grand nombre de blancs furent attaqués de

(1) Rapports médicaux (Archives de l'hôpital de Cayenne).

« rhumes dont le plus grand nombre dégénérèrent en fluxions
« de poitrine, surtout chez ceux qui ne prirent pas les pré-
« cautions convenables pour en prévenir les suites. Elles fu-
« rent si communes que plusieurs habitants avaient presque
« tous leurs nègres malades en même temps, et qu'il en mou-
« rut un assez grand nombre (1). »

VII. APPAREIL DIGESTIF (65 Décès).

1° **Maladies du tube digestif (56 D.).** — Parmi les 56 décès
revenant aux maladies de cette classe, il y a 42 cas de dysenterie, 10 cas de diarrhée et 4 cas de gastro-entérite. Les autres affections du tube digestif, telles que l'ulcère et le cancer
de l'estomac, ne sont pas représentées.

La fréquence de la diarrhée et surtout de la dysenterie,
affections presque toujours chroniques, doit être attribuée en
grande partie à l'alimentation défectueuse. La Guyane est
certainement, de toutes nos colonies, celle où la nourriture
laisse le plus à désirer. L'exploitation des mines d'or a fait
abandonner les cultures de toutes sortes, même la culture
maraîchère. Tous les produits alimentaires, même quelquefois les légumes frais, viennent du dehors. On mange à
Cayénne des choux qui arrivent de Boston. L'élevage du bétail, qui serait facile, n'existe pas. Les bœufs qu'on consomme sont importés du Brésil; ils arrivent fatigués par plusieurs journées de mer et la viande est toujours détestable,
souvent même absolument mauvaise. A la suite d'un accident survenu au bâtiment chargé d'approvisionner le pays, il
n'est pas rare de voir la colonie tout entière manquer de
viande pendant des semaines, quelquefois pendant près d'un
mois complet. La population de couleur consomme peu de
viande, et même peu de pain, cette base de l'alimentation de
l'Européen. Dans la ville de Cayenne, plus des deux tiers de
la population (2) ne mangent pas de pain, et dans les quar-

(1) Bajon, *loc. cit.*, tome Ier, page 79.
(2) D'après des renseignements puisés à bonne source, en dehors des
fournitures de la marine, des troupes et de l'administration pénitentiaire, on ne vend pas dans Cayenne plus de 1,000 kilogr. de pain par

tiers (communes), sur les placers, cet aliment est à peu près inconnu ; il est remplacé par la *cassave* et le *couac* (1). Il existe une substance alimentaire qui n'est pas sans influence sur la production des affections intestinales chroniques, c'est le *bacaliau* (2), dont on fait à la Guyane une si grande consommation dans la population indigène et pour l'alimentation des coolies et des transportés. En somme, la cassave et le couac, le bacaliau, les bananes, quelquefois un peu de poisson frais et de gibier, tels sont les éléments fondamentaux de l'alimentation de la population de couleur.

2° Maladies du foie (2 D.). — Les affections du foie paraissent plus rares que chez les Européens. Ces deux décès portent comme diagnostic : *hépatite*. Il n'y a aucun cas d'abcès du foie ; aucun cas de cirrhose, non plus, bien que l'alcoolisme ne soit pas chose rare parmi les nègres.

3° Maladies du péritoine (7 D.). — La nature de ces 7 cas de péritonite n'est pas spécifiée. Peut-être y a-t-il dans ce nombre quelques cas de péritonite traumatique.

VIII. APPAREIL GÉNITO-URINAIRE (4 Décès).

Maladies diverses (4 D.). — Parmi ces 4 décès, il y a 1 cas de néphrite, 1 cas de catarrhe vésical et 2 cas d'urémie.

jour environ. La ration journalière de pain du soldat et du transporté est de 750 grammes. Or, en tenant compte de la présence des femmes et des enfants qui entrent dans la composition de la population indigène, et en fixant à 400 grammes la consommation journalière d'un individu, on trouve 2,500 personnes mangeant du pain, sur une population de plus de 8,000 habitants.

(1) La *cassave* et le *couac* sont faits avec la farine de la racine de manioc. La cassave se présente sous forme de galette. Le couac est simplement la farine de la racine de manioc rapée, pressée, boucanée et enfin rissolée. Il se présente sous forme de petits grumeaux inégaux, de couleur jaunâtre, plus petits que des grains de riz.

(2) Le *bacaliau* (portugais *bacalhao*, morue, poisson salé) est une espèce de morue, de qualité inférieure, provenant de l'Amérique du Nord. Cette variété du genre *gadus* est plus petite et plus mince que la morue ordinaire. Le bacaliau ne vient pas en Europe ; il est expédié exclusivement aux Antilles, aux Guyanes, au Brésil, etc. Il arrive souvent qu'au moment où il est consommé, le bacaliau a subi un commencement

IX. APPAREIL D'INNERVATION (37 Décès).

1° Maladies de l'encéphale et du bulbe (26 D.). — Les causes de ces 26 décès se divisent ainsi : hémorrhagie cérébrale et apoplexie 12, apoplexie séreuse 4, méningite 4, ramollissement cérébral 1, manie aiguë 2, épilepsie 3. Il n'y a aucun cas d'insolation.

2° Maladies de la moelle (1 D.). — Ce décès est relatif à un cas portant le diagnostic : *myélite.*

3° Tétanos (10 D.). — Il y a, sur ce nombre, 6 cas de tétanos traumatique, 2 cas de tétanos spontané et 2 cas dont la nature n'est pas déterminée.

On sait que le tétanos (mal des mâchoires), passe pour être très fréquent chez les nouveau-nés de cette race. Au siècle dernier, Campet estimait que « le mal des mâchoires fait périr à Cayenne la dixième partie des enfants nègres (1) ». Il attribuait le mal des mâchoires à la ligature mal faite du cordon ombilical chez les jeunes nègres. Pour Laure, le *trismus neo-natorum* serait dû à l'impression du froid humide sur le cordon. D'après ces deux auteurs, le trismus épargnerait d'une manière absolue les enfants des Peaux-Rouges. « Nous avons à Cayenne, « dit Campet, trois espèces d'hommes : des blancs, des rouges « et des noirs. On observe, depuis que la colonie existe, que le « mal des mâchoires n'est pas commun aux enfants de chaque « espèce; c'est-à-dire qu'il épargne beaucoup les enfants des « blancs, n'attaque jamais ceux des Indiens et se borne pour « ainsi dire aux petits négrillons (2). »

N'ayant pas fait de recherches spéciales sur ce point, je ne saurais dire quelle est exactement l'importance du rôle du trismus dans la mortalité des nouveau-nés à la Guyane fran-

de putréfaction, car il s'altère très rapidement, surtout dans ces climats. Cette affreuse salaison ichthyoïde se présente alors sous la forme d'une substance rougeâtre, dégageant une odeur infecte, un je ne sais quoi de répugnant qui n'a pas de nom dans la langue française, puisqu'on a été obligé, pour le désigner, de recourir à la langue portugaise.

(1) Campet, *loc. cit.*, page 55.
(2) Campet, *ibidem.*

çaise. Mais, quoique n'ayant pas de chiffres à l'appui, je peux affirmer que le trismus des nouveau-nés est, du moins à l'heure actuelle, bien moins fréquent que ne le dit Campet. Le Dʳ Dubergé (1), médecin de 1ʳᵉ classe de la marine, qui a séjourné pendant quarante-quatre mois à la Guyane française et a passé une bonne partie de ce temps à Cayenne même, a fait des recherches sur la fréquence du tétanos des nouveau-nés. Il voulait, dit-il, appliquer ou conseiller un nouveau traitement. Or, il n'a jamais pu en trouver un seul cas. « A la suite de ces « recherches infructueuses, dit-il, je quittai la Guyane avec « l'idée qu'une maladie que je n'y avais jama rencontrée « pendant un séjour de quarante-quatre mois do ʻtre beau- « coup moins fréquente qu'on ne le dit généralement. »

Et cependant on répète dans tous les livres que le trismus des nouveau-nés fait les plus grands ravages à la Guyane française. Il faut se méfier, en général, de toutes les assertions du même genre, qu'on trouve répétées partout et qui reposent uniquement sur l'appréciation personnelle d'un observateur et non sur des chiffres exacts. Il est probable qu'au Brésil le mal des mâchoires n'est pas beaucoup plus fréquent qu'à la Guyane française, bien qu'on trouve dans tous les livres que, d'après Bourel-Roncière, médecin principal de la marine française, le mal des mâchoires enlève à Rio-Janeiro le quart des jeunes enfants. Il en est de même pour le Sénégal. D'après le Dʳ Chassaniol, « le mal des mâchoires est la cause de la plus grande « mortalité des enfants qui naissent au Sénégal. Pendant la « saison fraîche, cette maladie enlève plus des deux tiers des « nouveau-nés (2). » Toutes ces appréciations sont évidemment entachées d'exagération.

X. APPAREIL LOCOMOTEUR (7 Décès).

Maladies des os et des articulations (7 D.). — Ces décès se

(1) Dubergé. — *Quelques considérations sur les complications des plaies à la Guyane française.* Thèse de Paris, 1875.
(2) Dʳ Chassaniol. — *Contributions à la pathologie de la race nègre,* loc. cit.

rapportent à 3 cas d'*abcès ossifluents*, 2 cas de *nécrose*, 1 cas de *carie* et 1 cas de *carie vertébrale*.

XI. AUTO-INFECTION (23 Décès).

Ulcères, infection putride, etc. (23 D.). — Ces 23 décès portent les diagnostics suivants : *infection putride* ou *résorption purulente* 6, *érysipèle* 1, *ulcères phagédéniques* ou *gangréneux, phlegmons gangréneux, gangrène* de parties diverses 14, *phlegmons diffus* 2.

Je n'ajouterai rien à ce que j'ai déjà dit sur l'étiologie de la plupart de ces ulcères phagédéniques : une plaie légère, une pustule d'ecthyma, l'introduction d'une puce-chique, accident vulgaire et fréquent, en sont souvent le point de départ. Le nègre, peu soigneux de sa personne, en général, y est particulièrement prédisposé. Mais, pour que des accidents graves se produisent, il faut un organisme préalablement débilité par l'anémie ou la cachexie.

Chez les individus de cette race, la gangrène mortelle a quelquefois comme point de départ l'éléphantiasis des Arabes, maladie extrêmement fréquente à la Guyane, parmi les individus âgés, et surtout les femmes; la plupart des vieilles négresses et des vieilles mulâtresses en sont atteintes à des degrés divers.

Citons encore, comme point de départ de complications graves, les affections ulcéreuses, spéciales aux nègres, décrites sous le nom de *yaws* ou *frambœsia*, et désignées généralement, à la Guyane et aux Antilles, sous le nom de *pian*.

XII. NÉOPLASMES (6 Décès).

Cancer, tumeurs diverses (6 D.). — Ces 6 cas portent les diagnostics suivants : *cancer* 1, *tumeur cancéreuse mixte* 1, *squirrhe* 1, *tumeur abdominale* 1, *tumeur* 1, *lèpre* 1.

J'ai rangé parmi les maladies de cette classe un cas de lèpre dont je m'explique difficilement l'existence à l'hôpital de Cayenne. Cette maladie est fréquente à la Guyane, mais les individus qui en sont atteints ne séjournent pas à l'hôpital militaire. Il existe une léproserie à l'Accarouany, sur le territoire de la commune de Mana.

Le cancer est rare dans la race nègre ; tous les observateurs s'accordent là-dessus. Au Sénégal, Girard et Huard disent n'avoir jamais observé de cancer chez les indigènes. Le Dr Chassaniol, qui a longtemps servi au Sénégal, n'a trouvé qu'une seule fois l'occasion de faire l'ablation d'un sein cancéreux (1). Le Dr Landry a vu également un seul cas de cancer dans la race nègre ; c'était chez une mulâtresse.

Bien que le groupe dont nous nous occupons contienne une plus forte proportion de sujets du sexe féminin que les deux groupes d'Européens que nous avons déjà étudiés, bien que la population de couleur de Cayenne, contrairement à ce qui a lieu pour les Européens libres et transportés, renferme tous les éléments d'une population normale, nous ne trouvons que 3 décès par cancer, et encore le diagnostic n'est-il pas bien certain. En effet, j'ai retrouvé les autopsies de deux de ces trois cas, portant le diagnostic de *cancer*, et je crois devoir en donner ici un extrait. Le premier cas se rapporte à une négresse, dont l'âge n'est pas mentionné, morte à l'hôpital de Cayenne le 13 février 1855. C'est le cas portant le diagnostic de *tumeur cancéreuse mixte*. Les renseignements sur le début de l'affection étaient très vagues ; la maladie datait de cinq mois. Cette femme fut transportée à l'hôpital dans un état désespéré, le 12 février : l'asphyxie était imminente. Le lendemain on pratiqua la paracentèse et la mort survint le soir même, quatorze heures après la ponction. Voici les points importants de l'autopsie, qui tient deux grandes pages : « Épan-
« chement de sérosité citrine très considérable dans la cavité
« abdominale ; l'estomac et les intestins sont refoulés en haut
« par une vaste tumeur occupant une grande partie de l'ab-
« domen. On trouve une tumeur cancéreuse, non élastique,
« du poids de 7 à 8 livres, multilobée (9 lobes), s'étendant de
« la partie inférieure du bassin jusqu'au niveau de l'ombilic.

---

(1) Chassaniol, *loc. cit.*

« Elle a contracté avec les parois de l'abdomen et avec les
« organes de cette cavité des adhérences qui ne cèdent que
« très difficilement. Un seul des lobes (c'est le plus volumi-
« neux et le plus élevé) est composé de matière encépha-
« loïde ramollie, pulpe semi-liquide présentant çà et là
« quelques points d'un rouge brun très foncé. Tous les autres
« lobes sont composés de matière squirrheuse. Une enveloppe
« cellulo-fibreuse très forte les entoure. La coupe de ces lobes
« présente des bandes blanchâtres fibreuses concentriques et
« comprenant entre elles une matière d'un blanc bleuâtre, de
« consistance lardacée. Le centre de quelques-uns de ces lobes
« est formé d'un noyau cartilagineux; celui de quelques
« autres, d'un noyau de matière crétacée. Sur deux lobes se
« trouvent deux petites poches ovoïdes, du volume d'une noix.
« Elles sont transparentes et distendues par de la sérosité
« semblable à celle de l'abdomen. Les ganglions lombaires,
« mésentériques et pelviens, sont dégénérés. »

Le second cas est relatif à un nègre, *âgé de vingt-huit ans*, né
aux États-Unis, matelot à bord d'un navire de commerce,
entré à l'hôpital de Cayenne le 4 août 1858 et mort le 21 du
même mois, avec le diagnostic : *squirrhe du pancréas et du
mésentère*. Voici un extrait de l'autopsie : « Le foie est sain ;
« la rate est hypertrophiée et présente sur sa convexité de
« nombreuses bosselures, produites par des tumeurs de ma-
« tière encéphaloïde, de la grosseur d'une noix, et que l'on
« rencontre dans tout l'intérieur de l'organe. Les glandes du
« pancréas et du mésentère sont le siège d'une dégénérescence
« squirrheuse, d'un aspect lardacé, qui commence au pylore
« et s'étend jusque dans les fosses iliaques, en intéressant les
« parois de l'intestin. L'artère aorte, ses branches et la veine
« cave sont intactes. Les ganglions du pli de l'aine, les gan-
« glions cervicaux, toutes les glandes salivaires, et particuliè-
« rement la parotide et la sous-maxillaire du même côté, par-
« ticipent à cet état morbide. Il y a un épaississement notable
« des parois du pharynx. Les organes génito-urinaires
« n'offrent rien de pathologique (1). »

(1) *Registres des autopsies* de l'hôpital de Cayenne.

XIII. INTOXICATIONS (1 Décès).

Alcoolisme, saturnisme, etc. (1 D.). — Ce décès porte comme diagnostic : *delirium tremens*.

XIV. TRAUMATISMES (31 Décès).

1° Traumatismes divers (24 D.). — Ces 24 décès se divisent de la manière suivante : plaies par armes à feu 7, fractures du crâne et plaies de tête 4, plaies pénétrantes 5, brûlure 1, suicide 1, larves de lucilia hominivorax dans les fosses nasales 1, autres traumatismes (fractures, plaies, ruptures d'organes internes) 5. Parmi ces derniers, se trouve un décès par suite de piqûre de *serpent grage*. Le nègre qui avait été piqué fut apporté à l'hôpital dans un état complet de collapsus et succomba le jour même. L'accident datait de huit jours. A l'autopsie, on constata de la congestion de l'encéphale dans toutes ses parties, des plaques gangréneuses sur le foie et divers points de l'intestin, enfin un sphacèle très étendu de la vessie.

Les principaux serpents que l'on trouve à la Guyane sont : le *serpent grage* (*Trigonocéphale*) dont on distingue trois variétés : le *grage ordinaire*, le *grage brun* (*serpent aï-aï*) et le *grage vert;* il y a encore le *serpent à sonnettes* (*crotalus durissus*), le *serpent corail* (*anguis scytale, elaps coralinus*), deux variétés de boas et de nombreuses variétés de couleuvres non venimeuses, parmi lesquelles il faut citer les serpents connus à Cayenne sous les noms de *serpent chasseur, serpent agouti, serpent liane, capaïru,* etc. Il s'en faut de beaucoup que toutes les piqûres de serpent, même de serpent grage, aient une issue fatale. Quelquefois, si la piqûre a été cautérisée à temps, l'accident n'a pas de suites bien graves. D'autres fois, il survient de vastes phlegmons gangréneux qui peuvent guérir ou nécessiter l'amputation d'un membre. J'en ai trouvé quelques observations dans les rapports. En 1865, un nègre fut apporté à l'hôpital, à la suite d'une piqûre de serpent à la partie moyenne du mollet gauche. On pratiqua une incision et on introduisit un bourdonnet de charpie imbibé d'acide chlorhydrique. Il survint des accidents généraux assez graves, mais l'eschare se détacha et le malade guérit complètement. Le sujet ne put dire par quelle espèce de serpent il avait été piqué. En 1864, une piqûre de serpent grage, chez un autre nègre, détermina la gangrène de la jambe et du pied droits. On pratiqua l'amputation de la jambe et le malade guérit.

Le Dr Dubergé, dans le travail dont nous avons parlé plus haut, cite plusieurs faits relatifs à des piqûres de serpent. Parmi les cas qu'il a observés ou dont il a eu connaissance, aucun n'a été suivi de mort. Le Dr Dubergé a appris que le Dr Senelle, médecin de la marine, avait coupé la cuisse à un nègre mordu par un serpent grage. Il a appris également que le Dr Michel, médecin de la marine, avait traité un nègre pour une gangrène du pied, consécutive à une piqûre de serpent; le malade guérit après amputation. Le Dr Dubergé a soigné à Cayenne un nègre mordu par un serpent; le malade guérit. Enfin à Saint-Laurent du Maroni, le Dr Dubergé a traité plusieurs fois des hommes mordus par des serpents dont ils ne pouvaient lui dire l'espèce. Il pratiquait toujours la cautérisation actuelle et il n'en résultait jamais rien de grave. Quant à moi, je n'ai observé qu'un seul fait de ce genre pendant mon séjour à la Guyane. Quelques jours avant mon départ du Maroni, j'ai cautérisé, à Saint-Laurent, un Arabe qui avait été piqué au pied par un serpent. L'accident avait eu lieu environ une heure avant la cautérisation. Malgré le secours d'un interprète, je ne pus obtenir des renseignements suffisants pour déterminer l'espèce du serpent. Cet Arabe eut un phlegmon gangréneux grave, mais j'appris plus tard qu'il avait guéri sans amputation. Les piqûres de serpent sont donc des accidents extrêmement graves, mais l'imagination populaire a certainement exagéré leur gravité, et il est probable que la piqûre du grage brun, le fameux *serpent aï-aï* des nègres (ainsi nommé parce que les personnes piquées ont juste le temps, dit-on, de pousser un cri de douleur avant d'expirer), n'est pas toujours suivie de mort.

Le décès par suite d'introduction de larves de lucilia hominivorax dans les fosses nasales a été observé en 1864. C'est celui d'un nègre nommé Pacoury, âgé de quarante-cinq ans. Cet homme avait été débarrassé de ses larves et paraissait en bonne voie de guérison, lorsqu'il fut, à l'hôpital même, de nouveau victime de la lucilia, et succomba à cette seconde attaque.

2° Traumatismes chirurgicaux (7 D.). — Ce groupe nous fournit 7 décès survenus à la suite d'une opération chirurgicale.

On sait que les traumatismes, qu'ils soient accidentels ou chirurgicaux, déterminent peu de réaction fébrile chez le nègre, pas plus que n'en déterminent, du reste, les divers états pathologiques, la pneumonie, par exemple. On a conclu de ce fait que le traumatisme chirurgical est moins grave chez le nègre que chez le blanc. Qu'aux colonies le blanc ait plus à craindre que le nègre des suites d'une opération chirurgicale, nous ne voyons là rien d'étonnant; mais il s'agit de savoir si le traumatisme est plus grave chez le nègre dans son milieu naturel que chez le blanc dans le sien, en supposant qu'ils soient placés tous les deux dans des conditions analogues, en dehors de toute cause d'infection. Nous croyons qu'on a souvent comparé les résultats fournis par les opérations chirurgicales aux colonies, avec les résultats qu'elles donnaient dans les hôpitaux des grandes villes en Europe, avant l'emploi de l'antiseptie. Les conditions n'étaient pas les mêmes; car, malgré l'existence du tétanos, les chances de complications étaient bien moindres dans les colonies. La différence des résultats tient donc moins à l'influence de la race qu'à la différence des conditions. Ce qui est certain, c'est que, s'il survient une complication à la suite d'un traumatisme, le blanc et le nègre réagiront d'une manière différente : le premier présentera de la fièvre, le second de l'adynamie. L'activité des phénomènes chimiques de la nutrition est moindre chez le nègre que chez le blanc, et nous croyons que, par suite, son énergie et sa résistance vitales sont aussi moindres. Les états morbides (le fait, du moins, nous paraît incontestable pour la plupart des maladies aiguës, et surtout la pneumonie) sont plus graves chez le nègre dans son pays que chez le blanc en Europe. Nous pensons qu'il en serait de même pour les traumatismes chirurgicaux, si les chances de complications étaient égales pour tous les deux.

o.   14

IV

TRANSPORTÉS NÈGRES

I. ORIGINE ET NATURE DU PERSONNEL

Un décret, en date du 20 août 1853, porte que les individus d'origine africaine ou asiatique, condamnés aux travaux forcés ou à la réclusion par les tribunaux de la Guyane, de la Martinique, de la Guadeloupe et de la Réunion, seront envoyés dans les établissements pénitentiaires de la Guyane.

L'administration pénitentiaire désigne sous le nom de *noirs*, les individus transportés à la Guyane en vertu de ce décret. Ces *noirs* comprennent, outre les nègres qui sont en majorité, des Hindous, des Chinois et des Annamites. Ces individus sont forçats ou réclusionnaires, mais il n'existe aucune différence dans le régime de ces deux catégories.

Les *transportés nègres*, dont nous avons à examiner la pathologie, proviennent de nos différentes colonies. C'est la Martinique qui a fourni le plus fort contingent d'individus de cette race, à la suite des faits insurrectionnels qui se sont produits dans cette colonie en 1871. Les individus condamnés pour actes se rattachant à ces événements ont été amnistiés en 1880.

Dans ce groupe des transportés nègres, les individus de race pure dominent; les métis n'y sont qu'en petite minorité; c'est surtout ce qui m'a engagé à les séparer des *nègres* et *métis libres*.

Nous savons que, dans le groupe administratif des *noirs*, les nègres dominent, mais nous ne connaissons pas la proportion exacte qu'ils représentent. Après les nègres, ce sont les Hindous qui sont les plus nombreux ; en troisième lieu viennent les Chinois et les Annamites. Le total des *noirs* transportés à la Guyane depuis 1852, monte à 2973, à savoir : 2222 forçats et 751 réclusionnaires. Le groupe des *noirs* tend à augmenter en nombre, à mesure que les transportés européens diminuent. Au 1er janvier 1869, il y avait 519 *noirs* dans les pénitenciers de la Guyane; il y en avait 533 au 1er janvier 1873, 669 au 1er janvier 1878, 681 au 1er janvier 1882. Enfin, il y en a 769 (dont 31 femmes), à la date du 1er janvier 1884.

Les décès fournis par le groupe des *transportés nègres* sont malheureusement peu nombreux. Ces 97 cas se rapportent tous à des hommes; il n'y a aucun décès de femme.

II. IMPALUDISME (16 Décès).

1° **Accès pernicieux (15 D.).** — Les transportés de cette race sont soumis aux travaux les plus durs. Nous avons déjà dit que dans les premières années de la transportation, les transportés nègres furent envoyés sur un pénitencier où les blancs ne pouvaient être maintenus. Si le forçat européen échappe souvent à la *grande corvée*, parce qu'il a un métier, parce qu'il est écrivain, garçon de bureau, domestique, employé, il n'en est pas de même pour les nègres. En raison de leur résistance, c'est sur ses *noirs* que l'administration compte le plus pour ses chantiers dans les grands bois et ses travaux de toute sorte. Or, l'immunité du nègre vis-à-vis de la malaria n'est pas absolue: il lui faut une plus forte dose de poison qu'au blanc, mais à la longue le principe infectieux le pénètre, surtout lorsqu'il se trouve, comme le transporté, dans des conditions déplorables au point de vue de l'alimentation et de l'hygiène générale.

Sur ces 15 cas d'accès pernicieux mortels, il y en a 6 dans

lesquels la forme de la fièvre n'est pas déterminée ; 4 cas se rapportent à la forme comateuse, 4 cas à la forme algide et 1 cas à la forme pneumonique. La forme algide se présente avec la même fréquence que la forme comateuse, tandis que chez le groupe précédent, la forme comateuse est plus de deux fois plus fréquente que l'algide.

L'histoire du pénitencier de Saint-Georges est bien propre à mettre en évidence l'immunité relative du nègre vis-à-vis de l'infectieux paludéen. Du 23 avril 1853 au 1er janvier 1854, le personnel de ce pénitencier ne se composa que de transportés européens, et un effectif moyen de 248 hommes fournit 76 décès en moins de huit mois et demi : c'est une proportion de 30,6 p. 100 et la mortalité annuelle serait de 43,2 p. 100. En présence de cette énorme mortalité et de l'incapacité de travail dans laquelle se trouvaient les survivants, arrivés à peu près tous à l'hydropisie générale, dans les premiers mois de l'année 1854, les Européens furent évacués sur Cayenne et les îles du Salut, et remplacés par des transportés nègres venus des Antilles. Dans le courant de l'année 1854, le personnel de Saint-Georges se composa de 152 nègres et de 33 blancs. On enregistra 40 décès dans le courant de l'année ; mais, dit le rapport du Dr Saint-Pair, « la plupart de ces « 40 décès ont été fournis par les 33 blancs qui restaient de « l'année précédente. » La mortalité de cette année fut de 21,6 p. 100 (21,5 p. 100 d'après les statistiques officielles imprimées). En 1855 et 1856, il ne restait plus que 4 transportés blancs « qui, par la nature de leurs occupations, étaient « soustraits à l'action du soleil et n'étaient chargés que de « légers travaux » ; la mortalité, pour ces deux années, tombe à 5,6 et 3,2 p. 100 (5,0 et 2,5 p. 100, d'après les statistiques officielles imprimées). En 1855, un effectif de 195 hommes donne 11 décès, dont 1 par fièvre jaune (1), et en 1856, un effectif moyen de 155 hommes ne fournit que 5 décès. Nous avons déjà dit que Saint-Georges fut le seul pénitencier à peu près épargné par la fièvre jaune qui, dans le cours de ces deux années, ravagea tous les autres établissements péniten-

---

(1) Les rapports ne parlent pas de ce décès par fièvre jaune observé à Saint-Georges. Il est seulement porté sur les statistiques et la race du décédé n'est pas indiquée. Il est probable qu'il se rapporte à l'un des quatre blancs.

tiaires sans exception, faisant périr à elle seule, en dix-huit
mois, une moyenne de 30,9 p. 100 des effectifs. Il ne faudrait
pas croire que les conditions hygiéniques de Saint-Georges
avaient beaucoup changé en 1856 et qu'elles différaient de ce
qu'elles étaient en 1853. Saint-Georges et les bords de l'Oyapock étaient en 1856, aussi bien qu'en 1853, absolument ce
qu'ils sont aujourd'hui, c'est-à-dire les points les plus
attrayants et les plus fertiles, mais aussi les plus malsains
de la Guyane française. A l'heure actuelle, les Européens ne
peuvent y séjourner quarante-huit heures sans y contracter la
fièvre. Pendant la première moitié de ce siècle, il y a eu un
poste de soldats à l'Oyapock, le *poste Malouet*. Le séjour des
militaires était fixé à trois mois, mais au bout de ce temps, il
n'y avait plus un homme capable de porter son fusil, et pour
avoir un détachement à peu près valide, on dut réduire à un
mois le séjour des militaires au *poste Malouet*. La différence
des conditions hygiéniques d'un point à l'autre de la Guyane,
est immense. Des troupes casernées à Cayenne ou aux îles du
Salut pendant deux ou trois ans présentent, avec le rapatriement des malades, une mortalité qui n'est pas supérieure et
qui peut même être inférieure à la mortalité de l'armée française en France ; mais il ne faut pas s'en laisser imposer par
ces statistiques trompeuses, car on n'est pas autorisé à généraliser ce fait particulier. Il ne faudrait pas croire, non plus,
qu'il en serait de même si, au lieu de laisser ces troupes à la
Guyane pendant deux ou trois ans, on les laissait pendant
vingt ans, ou seulement pendant dix ans, en ne renvoyant
pas les malades en France. En dehors de l'impaludisme,
l'anémie thermique débilite les Européens ; ses effets sont
lents, mais ils vont sans cesse en s'aggravant. Un soldat qui a
passé deux ans à Cayenne n'a subi, en général, qu'un léger
degré d'anémie qui a disparu trois mois après son retour en
France ; mais les choses iraient tout autrement si on l'y laissait pendant dix ans *pour l'acclimater*.

Quelques années plus tard, on essaya encore d'envoyer
quelques transportés blancs à Saint-Georges ; ils étaient en
petit nombre, occupés seulement à des travaux légers et, par
conséquent, beaucoup moins exposés que les nègres à l'action
de la chaleur et de l'infectieux paludéen. Les statistiques des
décès ne donnent pas la division par race ; mais quelques-uns

des rapports médicaux trimestriels donnent cette division pour les statistiques des malades traités à l'hôpital. Ainsi, dans le courant du quatrième trimestre 1860, on reçut à l'hôpital de Saint-Georges 28 p. 100 du personnel transporté blanc et 2 p. 100 du personnel nègre. Dans le courant du 1er trimestre 1861, la proportion des entrants fut de 58 p. 100 de l'effectif européen et de 6 p. 100 de l'effectif africain (1). Cette comparaison n'est pas moins intéressante et moins probante que la comparaison des décès.

2° Fièvres bilieuses. — Les décès par fièvres bilieuses, déjà en très petit nombre chez les nègres et métis libres, font absolument défaut chez les transportés nègres.

3° Cachexie paludéenne (1 D.). — Il est très rare que le nègre de race pure ait subi la longue série d'accès de fièvre nécessaires pour amener l'état de marasme, l'appauvrissement du sang, et surtout l'engorgement du foie et de la rate, qui constituent la cachexie paludéenne ; et cela, avons-nous dit, pour deux raisons : d'abord, parce qu'il est, jusqu'à un certain point, réfractaire au poison malarien, ensuite parce que l'accès de fièvre, si par hasard il survient chez lui, est souvent grave et a une tendance à la perniciosité. Si le nègre est fortement et longuement soumis à l'action du poison malarien, il a bien des chances de rencontrer un accès pernicieux mortel avant d'avoir le temps d'arriver à la cachexie. Il semble que son organisme ne peut faire les frais de la longue suite d'accès qu'il faut subir, pour acquérir ces rates énormes que possèdent les Arabes et les Européens. L'anémie s'observe assez fréquemment chez le nègre, mais la cachexie paludéenne est très rare. Ce fait est un de ceux qui m'ont le plus frappé à l'hôpital de Saint-Laurent du Maroni, où j'étais chargé des salles des *noirs* et des Arabes. Chez presque tous ces derniers, je trouvais, à la palpation, des rates phénoménales que je ne trouvais pas chez les nègres, même lorsqu'ils semblaient être dans un état de marasme aussi avancé que celui des Arabes. Les nègres étaient anémiés, les Arabes étaient cachectiques. Si on prenait le poids de la rate de tous les transportés, européens, arabes,

(1) Rapports médicaux (Archives de l'hôpital de Cayenne).

nègres, qui meurent à la Guyane, à la suite de n'importe quelle maladie, car ils sont tous plus ou moins cachectiques, je suis convaincu qu'on trouverait, en faisant la moyenne, un écart énorme entre le poids moyen de la rate chez les nègres d'une part, les Européens et les Arabes de l'autre.

III. MALADIES INFECTIEUSES

Aucun décès de ce groupe ne se rapporte à la fièvre jaune, à la fièvre typhoïde et aux autres maladies infectieuses.

IV. MALADIES CONSTITUTIONNELLES (10 Décès).

1° **Anémie tropicale (7 D.).** — Nous avons traité plus haut tout au long la question de l'anémie chez le nègre. Ses causes principales sont la mauvaise alimentation et le surmenage. Or, parmi les transportés de toutes races, ce sont certainement les nègres qui sont le moins ménagés à la Guyane. Quant à l'alimentation des individus de ce groupe, nous entrerons tout à l'heure dans quelques détails à ce sujet.

2° **Hydropisie, ascite (1 D.).** — De même que la cachexie paludéenne pure, les états mixtes de dyscrasie sanguine, résultant de la cachexie et de l'anémie combinées, et aboutissant à l'hydropisie générale, surtout à l'ascite, sont plus rares chez les nègres que chez les métis. Nous savons que le groupe des transportés ne contient qu'un très petit nombre de métis.

3° **Autres maladies constitutionnelles (2 D.).** — Ces deux décès portent comme diagnostic : *accidents syphilitiques*.

V. APPAREIL CIRCULATOIRE (1 Décès).

Maladies diverses (1 D.). — Ce décès se rapporte à un cas d'affection organique du cœur.

VI. APPAREIL RESPIRATOIRE (42 Décès).

1° **Tuberculose pulmonaire (17 D.).** — La tuberculose pulmonaire, à laquelle reviennent 17 décès, a eu sur la mortalité de ce groupe une action proportionnellement plus active que sur le groupe précédent. Les conditions inférieures dans lesquelles se trouvent les transportés, sous le rapport du confortable, ne sont pas étrangères à ce fait.

2° **Pneumonie et autres maladies (25 D.).** — Ces 25 décès portent les diagnostics suivants : pneumonie 17, pleuro-pneumonie 5, pleurésie 2, broncho-pneumonie 1.

L'extrême aptitude du nègre pour les maladies aiguës de la poitrine se révèle dans ce groupe, composé presque exclusivement d'individus de race pure. Ces maladies, chez le nègre, sont non seulement très fréquentes, mais encore excessivement graves. Nous avons déjà parlé de leur pathogénie et nous n'y reviendrons pas. Le nègre échappe à plusieurs des maladies qui atteignent le blanc dans les climats torrides, notamment à la fièvre jaune et à la fièvre paludéenne ; il est, au contraire, plus prédisposé que l'Européen aux maladies aiguës de la poitrine. Mais, qu'il s'agisse des maladies qui ne l'atteignent qu'exceptionnellement, comme la fièvre paludéenne, ou de celles que l'on observe chez lui le plus communément, comme la pneumonie, l'état pathologique est toujours grave chez le nègre. Il semble que son organisme sans réaction ne peut faire les frais d'une maladie aiguë.

Les maladies aiguës de la poitrine jouent le premier rôle dans la mortalité de ce groupe ; elles constituent un facteur plus actif que la tuberculose pulmonaire. Même la pleurésie, presque toujours bénigne chez l'Européen, est souvent fatale pour le nègre. A l'époque de l'esclavage, ces maladies constituaient l'une des causes léthifères qui agissaient avec le plus d'énergie sur les esclaves. Campet signale leur fréquence et leur gravité, dans plusieurs endroits de son livre. « Les inflamma-
« tions de poitrine, dit-il, sont fort communes à Cayenne, spé-
« cialement parmi les esclaves (1). » Et, un peu plus loin, il

(1) Campet, *loc. cit.*, p. 210

ajoute : « Cette maladie (la pneumonie) doit être considérée
« comme une des plus meurtrières qui attaquent (à la Guyane)
« l'espèce humaine, surtout par rapport à ces malheureux
« (les esclaves) .»

VII. APPAREIL DIGESTIF (15 Décès).

1° **Maladies du tube digestif (13 D.).** — Sur ces 13 décès,
il y a 5 cas de dysenterie, 7 cas de diarrhée et 1 cas portant le
diagnostic : *cancer de l'estomac.*

Nous n'avons pas parlé de l'alimentation des transportés européens, afin de ne pas être obligé de scinder ce sujet. Nous
allons dire ici quelques mots sur le régime alimentaire des
transportés des diverses races.

D'après les règlements de l'administration pénitentiaire, il
existe trois rations différentes : la ration de l'Européen, celle
de l'Arabe et celle du *noir.* Nous savons que sous cette dernière dénomination sont compris, indépendamment des nègres,
les Hindous, les Chinois et les Annamites. La ration des *noirs*
est la plus misérable de toutes. Le régime alimentaire des
transportés européens a beaucoup varié. Au début de la transportation, on donna aux forçats la ration des soldats de la
garnison (1) : 250 grammes de viande fraîche cinq fois par
semaine, 50 centilitres de vin, 25 millilitres de tafia pour aci-
dulage, etc. En 1854 (2), la ration de vin fut réduite de 50 à
25 centilitres. Le nombre des distributions de viande fraîche
fut aussi réduit à quatre fois (3), et, un peu plus tard, à trois

(1) Décision du gouverneur de la Guyane, en date du 22 mai 1852.
Voici les considérants de cette décision, que je copie dans le *Bulletin
officiel de la Guyane.* — « *Considérant que, pour entrer comme elle le doit
« dans les intentions du Prince-Président et contribuer à la réalisation de
« sa haute pensée, l'administration locale doit apporter, dans les conditions
« d'existence des transportés, tout le bien-être qui est compatible avec leur
« position et que commandent d'ailleurs les nécessités hygiéniques d'un
« climat et d'un sol nouveaux. — Considérant que, d'après ce qu'indiquent
« l'expérience et l'état de santé satisfaisant des soldats à la Guyane, le
« régime alimentaire des différents corps de troupes qui y sont détachés
« peut être pris pour règle de celui qu'il convient d'appliquer aux trans-
« portés dans l'intérêt de leur santé, — Le gouverneur de la Guyane dé-
« cide, etc... »* —Nous ferons remarquer qu'à l'heure actuelle, la garnison
n'a de la viande fraîche que quatre fois par semaine.
(2) Décision du 28 mars 1854 (*Bulletin officiel de la Guyane*).
(3) Décision du 25 février 1853.

fois (1) par semaine. A partir de 1863 (2), par suite, sans doute, des nécessités budgétaires, on fut obligé de faire des économies sur la ration et il n'y eut plus que deux distributions de viande fraîche par semaine : le jeudi,et le dimanche. Enfin, depuis le 1er janvier 1874 (3), les transportés européens n'ont plus de la viande fraîche qu'une fois par semaine : le dimanche ; la ration de viande fraîche du jeudi a été remplacée par une ration de conserve de bœuf. D'après des renseignements pris sur place, et d'après le *tableau de la ration journalière de vivres* des transportés des différentes races, qui est contenu dans les *Instructions pour le corps militaire des surveillants* (*Paris, Imprimerie nationale, 1881*), à l'heure actuelle, le régime alimentaire du transporté européen est le suivant : 25 centilitres de vin rouge, 750 grammes de pain (ou 750 grammes de couac, ou bien 550 grammes de biscuit), 250 grammes de viande fraîche le dimanche, 500 grammes de poisson salé (bacaliau) le lundi et le vendredi, 180 grammes de lard salé le mardi et le jeudi, 200 grammes de conserve de bœuf (endaubage) le mercredi et le samedi. Je laisse de côté les substances accessoires, telles que légumes verts ou secs, saindoux, sel, huile, vinaigre. A l'époque où je me trouvais à la Guyane, le lard (porc salé), provenant de l'Amérique du Nord, était d'assez bonne qualité, mais la conserve de bœuf, de provenance australienne, était de la dernière qualité qu'on puisse imaginer. Elle est donnée sur les pénitenciers, à tout le personnel, libre et transporté, indistinctement. J'en ai suffisamment mangé pour être autorisé à émettre sur cette question une opinion personnelle compétente.

Les Arabes ont longtemps reçu la ration du transporté européen, y compris le vin et le tafia, qu'ils vendaient le plus souvent. Une décision du gouverneur de la Guyane, en date du 4 juin 1856, insérée au *Bulletin officiel de la Guyane :* « *attendu que le tafia est, de la part des Arabes, l'objet d'un trafic contraire au bon ordre et à la discipline* » dispose que le tafia sera remplacé dans leur ration par... 100 grammes de couac. Ce n'est qu'en 1873 (4) qu'on a établi un régime alimentaire spécial

----

(1) Décision du 31 mars 1853.
(2) Décision du 25 juin 1863.
(3) Décision du 22 octobre 1873.
(4) Décision du 24 février 1873.

pour les Arabes. Dans la ration des transportés de cette race, le vin est remplacé par 17 grammes de café et 17 grammes de sucre; ils ont, pour la cuisine, de l'huile à la place du saindoux, et du bacaliau à la place du porc salé. Ils reçoivent comme les Européens la viande fraîche, la conserve de bœuf et toutes les substances accessoires : légumes verts ou secs, huile, vinaigre, etc.

Quant à la ration des *noirs*, elle a été réglée en 1853 (1) et n'a pas varié sensiblement depuis cette époque. Elle ne comprend ni pain, ni vin, ni viande fraîche, ni conserve de bœuf, ni légumes frais ou secs. Cette ration journalière se compose de 6 centilitres de tafia, 750 grammes de couac et 500 grammes de bacaliau. Aux termes du règlement, les 500 grammes de poisson salé (bacaliau) peuvent être remplacés par 1 kilog. de poisson frais; mais cette disposition du règlement est absolument platonique, car, dans la pratique, les *noirs* n'ont jamais de poisson frais. Je me suis occupé de toutes ces questions, pendant mon séjour sur les pénitenciers, et je visitais souvent les cuisines. Du reste, quand même elle le voudrait, l'administration ne pourrait donner du poisson frais à ses *noirs*. Aux îles du Salut, il n'y a pas de poisson frais, même pour le personnel libre. A Cayenne, le poisson est rare et à un prix tel, que la ration des *noirs*, en poisson frais, coûterait beaucoup plus cher à l'administration que la ration de conserve ou même de viande fraîche. Il en est de même au Maroni. Dans le cas où le poisson salé et le poisson frais manqueraient, le règlement prévoit leur remplacement par du lard salé; mais c'est un cas qui ne doit pas se présenter souvent, car le bacaliau, bon ou mauvais, ne manque jamais à Cayenne. En aucun cas, même les jours de fêtes reconnues par le concordat, même le jour de la fête nationale, le 14 juillet, les *noirs* ne peuvent recevoir de la viande fraîche ou de la conserve de bœuf. Le règlement prévoit aussi le remplacement du couac par le pain, dans le cas où le couac manquerait; mais c'est une circonstance qui ne se présente jamais; l'inverse, au contraire, se produit quelquefois et on est obligé de donner du couac, au lieu de pain, aux Européens. Du reste, les *noirs* sont habitués au couac et le préfèrent certainement au pain. Pour les Hin-

(1) Décision du 31 mai 1853.

dous, les Chinois et les Annamites, les 750 grammes de couac peuvent être remplacés par 750 grammes de riz (1). En somme, les transportés *noirs* sont au régime perpétuel et invariable du couac et du bacaliau bouilli. Et cependant, ils sont beaucoup plus soumis que les transportés européens à l'action des éléments débilitants du climat, ils fournissent beaucoup plus de travail musculaire, ils donnent incomparablement moins de malades, et leur mortalité est plus de deux fois moindre que celle des transportés européens!

2° **Maladies du foie (2 D.).** — Ces deux décès sont relatifs à 1 cas de cirrhose et à 1 cas portant le diagnostic : *hépatite.*

3° **Maladies du péritoine.** — Aucun décès par péritonite n'a été fourni par ce groupe.

VIII. APPAREIL GÉNITO-URINAIRE (1 Décès).

Maladies diverses (1 D.). — Ce cas porte le diagnostic d'*albuminurie.*

IX. APPAREIL D'INNERVATION (6 Décès).

1° **Maladies de l'encéphale et du bulbe (3 D.).** — Ces 3 décès se rapportent à un cas d'*hémorrhagie cérébrale,* un cas d'*apoplexie séreuse* et un cas portant le diagnostic : *épilepsie.*

2° **Maladies de la moelle (1 D.).** — Ce décès porte le diagnostic de *paraplégie.*

3° **Tétanos (2 D.).** — L'un de ces décès est relatif à un cas de tétanos traumatique; dans le second, la nature du tétanos n'est pas spécifiée.

Décision de 22 juillet 1874.

X. APPAREIL LOCOMOTEUR (1 Décès).

Maladies des os et des articulations (1 D.). — Ce cas porte le diagnostic de *carie.*

XI. AUTO-INFECTION (1 Décès).

Ulcères, infection putride, etc. (1 D.). — Ce décès est dû à un *phlegmon diffus.*

XII. NÉOPLASMES

Cancer, tumeurs diverses. — Les maladies de cette classe ne sont pas représentées parmi les causes de décès des transportés nègres.

XIII. INTOXICATIONS (1 Décès).

Alcoolisme, saturnisme (1 D.). — Ce décès se rapporte à un cas d'*intoxication saturnine.*

XIV. TRAUMATISMES (3 Décès).

1° Traumatismes divers (2 D.). — Il y a un cas de fracture du crâne et un cas de larves de *lucilia hominivorax* dans les fosses nasales, observé en 1874.

2° Traumatismes chirurgicaux (1 D.). — Je n'ai relevé qu'un seul décès survenu à la suite d'une opération ; il est consécutif à une amputation de la cuisse.

V

ARABES

I. ORIGINE ET NATURE DU PERSONNEL

Les indigènes de notre colonie d'Algérie, condamnés aux travaux forcés par les cours d'assises ou les conseils de guerre, sont envoyés à la Guyane. Il y a eu des Arabes à la Guyane depuis le début de la transportation, mais ils étaient en petit nombre et se trouvaient tous sur les pénitenciers, noyés pour ainsi dire au milieu des Européens. Le premier décès d'Arabe que je trouve sur les registres de l'hôpital de Cayenne date de l'année 1858. Jusqu'à l'année 1867, le nombre d'Arabes présents au chef-lieu de la colonie semble avoir été très restreint; car, de 1858 à 1867, ils ne fournissent annuellement que deux ou trois décès sur les registres de l'hôpital de Cayenne. La pathologie de ce groupe ne porte donc pas trace de l'influence de l'épidémie de fièvre jaune de 1855-56.

Nous ne connaissons pas le total des Arabes envoyés à la Guyane depuis le début de la transportation. Dans les statistiques officielles, ils sont réunis aux Européens sous le nom de *forçats de race blanche*. D'après les recherches et les calculs que nous avons faits, nous croyons que sur les 17,569 *forçats de race blanche* qu'a reçus la Guyane, il doit y avoir approximativement 4000 Arabes.

Aux termes d'un décret récent (mars 1886), des forçats arabes doivent être envoyés à Obock, pour y être employés à des travaux d'utilité publique.

De même que les transportés *noirs*, les Arabes augmentent en nombre, à la Guyane, à mesure que les Européens diminuent. Aujourd'hui, les Arabes constituent près de la moitié de l'effectif total du personnel transporté. A la date du 1er janvier 1869, sur un effectif de 6742 transportés de toutes catégories, présents à la Guyane, il n'y avait que 909 Arabes. Au 1er janvier 1873, sur un effectif de 4880 transportés, il y avait 1243 Arabes. Au 1er janvier 1878, sur un effectif de 3663 transportés, le nombre des Arabes était de 1287. Au 1er janvier 1882, sur un effectif de 3317 transportés, le nombre des Arabes était monté à 1415. Enfin, à la date du 1er janvier 1884, sur un total de 3441 transportés (hommes et femmes), présents à la Guyane, il y avait 1576 Arabes. Dans ce nombre sont comprises 15 femmes.

Tous ces Algériens musulmans sont en très grande majorité de race arabe; il y a, cependant, un petit nombre de Kabyles, assez facilement reconnaissables à l'ensemble de leur physionomie; quelques-uns même ne comprennent pas la langue arabe. On doit trouver peut-être encore, parmi les transportés arabes, quelques rares Juifs algériens.

Les 333 décès d'Arabes, enregistrés à l'hôpital de Cayenne, appartiennent tous à des hommes.

II. IMPALUDISME (99 Décès).

1° Accès pernicieux (46 D.). — Il y avait peu d'Arabes à la Guyane au début de la transportation, lors de la fondation des premiers pénitenciers, c'est-à-dire à une époque où l'impaludisme a fait tant de victimes parmi les transportés. Ce n'est qu'à partir de l'année 1867 que les Arabes commencent à augmenter en nombre à Cayenne. Or, depuis 1867, le personnel transporté de toutes races, par suite de l'abandon de tous les anciens pénitenciers situés dans l'intérieur de la Guyane, a été bien moins exposé aux coups de l'impaludisme que pendant les huit ou dix premières années de la transportation.Ce sont là des circonstances dont on doit tenir compte.

Dans la plupart (27) de ces 46 cas d'accès pernicieux mortels, la forme de la fièvre n'est pas déterminée. Parmi les formes déterminées, c'est la forme comateuse (8 D.) qui est la première; viennent ensuite la forme algide (6 D.) et la forme pneumonique et thoracique (4 D.).

2° Fièvres bilieuses (12 D.). — Ces 12 cas portent le diagnostic de *fièvre bilieuse* ou *fièvre rémittente bilieuse*. Je n'ai relevé aucun cas de *fièvre bilieuse hématurique*.

Je pourrais faire ici la même remarque que j'ai faite à propos des décès par *fièvres bilieuses* chez les transportés européens : il est possible qu'il y ait, parmi ces 12 cas de *fièvres bilieuses*, quelques cas douteux de fièvre jaune. Sur ces 12 décès, 5 correspondent aux années 1873, 1876 et 1877, années où la fièvre jaune a régné à Cayenne.

3° Cachexie paludéenne (41 D.). — C'est peut-être parmi les Arabes qu'on rencontre les plus beaux cas de cachexie paludéenne, et si les décès se rapportant à cette cause ne sont pas plus nombreux, ce fait est dû surtout à la raison, d'ordre administratif, dont j'ai parlé à propos des transportés européens. Dans cet état de marasme, participant de l'anémie et de la cachexie paludéenne, auquel l'Arabe n'échappe pas beaucoup plus que l'Européen, après un certain nombre d'années passées à la Guyane, ce sont généralement les symptômes de la cachexie qui dominent chez le premier. Il faut considérer, en effet, que les Arabes sont tous soumis au régime ordinaire du bagne, comme les *noirs*. On n'en trouve pas beaucoup qui aient un métier ou qui restent à l'ombre dans les bureaux. Ils sont fortement exposés à l'impaludisme, tandis que les transportés européens y sont soustraits de plus en plus. Cependant l'alimentation des Arabes est, comme nous l'avons vu, meilleure que celle des *noirs*.

III. MALADIES INFECTIEUSES (15 Décès).

1° Fièvre jaune (8 D.). — Nous savons qu'il n'y avait pas d'Arabes présents à Cayenne pendant l'épidémie de 1855-56. Parmi ces 8 décès, 7 se rapportent à l'année 1873 et 1 à l'année 1877.

Nous rechercherons, plus loin, l'aptitude de cette race pour la fièvre jaune. Nous verrons que cette aptitude, tout en étant moindre que celle des Européens, dans des conditions d'acclimatement identiques, est cependant considérable.

2° Fièvre typhoïde (7 D.). — Sur ces 7 décès par fièvre typhoïde, 4 se rapportent à l'année 1870, 2 à l'année 1873 et 1 à l'année 1868.

3° Autres maladies infectieuses. — Les fièvres éruptives et les autres maladies infectieuses, dont l'action est si faible sur les autres groupes, n'ont causé aucun décès parmi les transportés arabes.

IV. MALADIES CONSTITUTIONNELLES (45 Décès).

1° Anémie tropicale (38 D.). — Nous avons dit que chez l'Arabe, après un certain nombre d'années passées à la Guyane, les caractères de la cachexie paludéenne prédominent le plus souvent sur ceux de l'anémie. Aussi voyons-nous que, contrairement à ce qui a lieu pour les transportés européens, les décès portant le diagnostic : *anémie* sont moins nombreux que ceux portant le diagnostic : *cachexie paludéenne.*

Il est certain que l'Arabe, provenant d'un pays à climat plus chaud que celui de la France, ayant un teint plus foncé que celui de l'Européen, résiste mieux que ce dernier à l'action de la haute température continue, lorsque les conditions d'existence sont les mêmes pour l'Arabe et pour l'Européen ; mais à l'heure actuelle, l'Arabe est plus fortement soumis que le transporté européen à l'action de la chaleur et de l'impaludisme, et ces deux causes déterminent chez lui un état de marasme dans lequel la cachexie prédomine et qui se manifeste fatalement au bout d'un certain nombre d'années. Nous avons vu que pendant les quinze premières années de la transportation, la *mortalité annuelle moyenne* des Arabes (8,54 p. 100), ainsi que la durée de leur *vie probable*, a tenu à peu près une place intermédiaire entre la *mortalité annuelle moyenne* des Européens (12 p. 100) et celle des *noirs* (5,75 p. 100). Pendant cette période, la grande masse des Européens était soumise au même genre de vie que les Arabes. L'écart entre la *mortalité annuelle moyenne* de l'Européen et de l'Arabe est certainement beaucoup moindre à l'heure actuelle où les Européens sont de plus en plus en minorité et vivent, beaucoup plus que les Arabes, à l'abri des éléments meurtriers du climat. L'avantage que l'Européen tient de sa position (ouvrier, employé, etc.) compense largement, à notre avis, l'avantage que l'Arabe tient de sa race, et nous croyons que, dans ces dix ou quinze dernières années, la durée de la *vie probable* de l'Arabe n'a pas été de beaucoup supérieure à celle de l'Européen.

2° **Hydropisie, ascite (5 D.).** — Ce sont là très probablement autant de cas de cachexie paludéenne et d'anémie combinées, qui pourraient être ajoutés aux cas relatés plus haut.

3° **Autres maladies constitutionnelles (2 D.).** — L'un de ces deux cas porte le diagnostic : *scrofule*, et l'autre : *accidents syphilitiques*.

V. APPAREIL CIRCULATOIRE (2 Décès).

Maladies diverses (2 D.). — Ces décès se rapportent à deux cas d'affection organique du cœur.

VI. APPAREIL RESPIRATOIRE (93 Décès).

1° **Tuberculose pulmonaire (54 D.).** — La tuberculose pulmonaire est fréquente chez les Arabes. Les uns arrivent à la Guyane avec le germe de la maladie, et, dans ce cas, chez eux comme chez les autres races, la phthisie évolue très rapidement ; quelques mois suffisent souvent. D'autres ne deviennent tuberculeux qu'après un séjour plus ou moins prolongé à la Guyane et, chez eux aussi, en raison de leur débilitation par le climat, de leur alimentation peu réparatrice, de leurs mauvaises conditions hygiéniques, la marche de la maladie est presque toujours rapide.

2° Pneumonie et autres maladies (39 D.). — Ces 39 décès se divisent de la manière suivante : pneumonie 27, pleuro-pneumonie 6, pleurésie 1, gangrène du poumon 2, œdème pulmonaire 1, bronchite capillaire 2. Il n'y a aucun cas d'angine diphthéritique.

Les maladies aiguës de la poitrine, de même que la tuberculose pulmonaire, sont relativement plus fréquentes chez les Arabes que chez les transportés européens. Ce sont surtout les Arabes usés par le climat qui en sont victimes. C'est par une pneumonie mortelle que se termine souvent la vie languissante de ces cachectiques.

VII. APPAREIL DIGESTIF (35 Décès).

1° Maladies du tube digestif (31 D.). — Sur ces 31 décès, 10 sont dus à la dysenterie, 19 à la diarrhée ou à la gastro-entérite et 2 à l'obstruction intestinale. Il n'y a aucun cas de cancer ou d'ulcère de l'estomac.

Nous savons que la diarrhée et la dysenterie chroniques, reconnaissant pour cause principale le mauvais régime alimentaire, compliquent souvent les états cachectiques et en hâtent souvent la terminaison.

2° Maladies du foie (3 D.). — L'un de ces trois décès a pour diagnostic : *hépatite*, et les deux autres : *cirrhose*. Il n'y a aucun cas d'abcès du foie.

3° Maladies du péritoine (1 D.). — Un cas de *péritonite* dont la cause et la nature ne sont pas spécifiées.

VIII. APPAREIL GÉNITO-URINAIRE (7 Décès).[1]

Maladies diverses (7 D.). — Sur ces 7 décès, 4 portent le diagnostic : *albuminurie*, et les 3 autres le diagnostic : *néphrite*.

IX. APPAREIL D'INNERVATION (15 Décès).

1° **Maladies de l'encéphale et du bulbe (8 D.).** — Ces décès sont rangés sous les diagnostics suivants : hémorrhagie cérébrale 1, méningite 4, ramollissement cérébral 1, insolation 1, lypémanie 1.

2° **Maladies de la moelle.** — Aucun décès ne se rapporte aux maladies de cette classe.

3° **Tétanos (7 D.).** — Il y a 2 cas de tétanos spontané ; dans les 5 autres cas, l'origine du tétanos n'est pas déterminée.

X. APPAREIL LOCOMOTEUR (1 Décès).

Maladies des os et des articulations (1 D.). — Ce décès se rapporte à un cas de *carie vertébrale*.

XI. AUTO-INFECTION (12 Décès).

Ulcères, infection putride, etc. (12 D.). — Les diagnostics de ces 12 décès sont les suivants : *infection putride* et *résorption purulente* 3, *érysipèle phlegmoneux* 1, *ulcères phagédéniques* ou *gangréneux, plaies* ou *phlegmons gangréneux, gangrène* de parties diverses 7, *phlegmon diffus* 1.

Comme chez les autres groupes que nous avons déjà examinés, la cause de la plupart de ces décès peut se résumer en deux mots : nfluence de l'état général sur les lésions traumatiques locales, même légères. Chez des hommes dont l'état général est mauvais, qui sont peu soigneux de leur personne, qui marchent le plus souvent nu-pieds, et qui, de plus (il ne faut pas oublier de le mentionner), ont intérêt à avoir une cause d'exemption de travail, faut-il s'étonner de trouver une énorme quantité d'accidents semblables à ceux que nous avons signalés à propos des transportés européens : plaies légères dégénérées en ulcères graves, onyxis ulcéreux ingué·rissables, qui font le désespoir du praticien, plaies de chiques ayant déterminé un ulcère phagédénique? Aussi, les Arabes atteints d'ulcères ne sont pas moins nombreux que les transportés européens, et encombrent, comme eux, les infirmeries et les salles d'hôpital.

Disons, en passant, qu'un microbe a été récemment signalé dans ces ulcères phagédéniqucs, par le D^r Le Dantec, médecin de 2me classe de la marine, qui a fait à la Guyane des recherches micrographiques sur ce sujet (1).

XII. NÉOPLASMES

Cancer, tumeurs diverses. — Aucun décès de ce groupe ne se rapporte aux maladies de cette classe.

XIII. INTOXICATIONS (1 Décès).

Alcoolisme, saturnisme, etc. (1 D.). — Ce décès est relatif à un cas d'*intoxication saturnine*.

XIV. TRAUMATISMES (8 Décès).

1° **Traumatismes divers (6 D.).** — Ces décès sont dus aux

(1) *Archives de médecine navale* (juin 1885).

causes suivantes : fractures du crâne 2, plaies pénétrantes 2, suicide 1, plaies contuses et fractures multiples 1.

Les Arabes n'ont présenté à l'hôpital de Cayenne aucun décès causé par la lucilia. Il ne faudrait pas voir dans ce fait une immunité de la race, car plusieurs décès dus à cette cause ont été constatés chez des Arabes sur les pénitenciers. Une des premières observations de Coquerel se rapporte à un Arabe : c'est le cas (suivi de mort) de Ahmed-ben-el-Hadj qui fut victime de la lucilia sur le pénitencier de Saint-Augustin de la Comté, en 1856.

2° **Traumatismes chirurgicaux (2 D.).** — Je n'ai relevé que 2 décès rapportés aux suites d'une opération chirurgicale.

VI

HINDOUS

I. ORIGINE ET NATURE DU PERSONNEL

Les Hindous, sujets britanniques, qui existent à la Guyane française, y ont été introduits comme travailleurs (*coolies*) (1) après l'abolition de l'esclavage dans les colonies françaises (1848) et la suppression du système qu'on avait qualifié, après l'abolition de la *traite*, du nom d'*immigration africaine*. L'*immigration indienne* qui, dans la main-d'œuvre coloniale, a remplacé la *traite africaine*, a commencé en 1842 dans les colonies anglaises, et même dès 1837 dans quelques-unes d'entre elles. De 1842 à 1875, l'Inde anglaise a fourni aux colonies transocéaniennes 587,650 coolies (2). Pendant les dix années 1869-1878, le nombre des travailleurs partis de l'Inde pour les colonies

(1) Le Dictionnaire de l'Académie française (7e édit., 1878) ne donne pas ce mot. Bescherelle écrit : *coulis* (porteur de palanquin dans l'Inde). Le grand dictionnaire de Larousse donne *coolie* (anglais *coolee*, de l'indoustani *culi*, laboureur loué à la journée). Quelques-uns, ajoute-t-il, écrivent *coolis*. Littré donne *coolis* (anglais *coolee*, de l'indoustani *culi*, turc *culi*, esclave, serviteur). Ce mot a été évidemment emprunté par la langue française à la langue anglaise. Or, on ne trouve nulle part, pas plus dans les dictionnaires anglais que dans l'usage courant, l'orthographe *coolee* donnée par Larousse et Littré. Le grand dictionnaire anglais de Webster donne *cooly*, dont le pluriel est naturellement *coolies*. *The imperial dictionary of the english language*, de John Ogilvie (London, 1882, quatre volumes in-4º) donne : coolie or cooly ; pluriel : coolies.

(2) Elisée Reclus. — *Nouvelle géographie universelle*. Paris, 1883, tome VIII, page 636.

anglaises, françaises et hollandaises, monte à 173.422. Sur ce nombre, il y en avait 4257 pour les colonies hollandaises, 30.995 pour les colonies françaises et 138.170 pour les colonies anglaises (1). Enfin, pendant la période quinquennale 1878-82, le nombre des coolies fournis par l'Inde aux anciennes colonies à esclaves, est de 92.533 (2). C'est une moyenne de 15 à 20.000 par an.

Le premier convoi de coolies hindous, *le Sigisbert-César*, est arrivé à Cayenne au mois de juin 1856, et l'immigration indienne à la Guyane française a continué depuis cette époque jusqu'au commencement de l'année 1877. Depuis que l'exploitation des mines d'or a fait abandonner à peu près complètement la culture à la Guyane française, les coolies hindous qui, dans le principe, étaient introduits pour être employés aux travaux agricoles, ont été envoyés sur les *placers*. Appartenant aux dernières classes de la population de l'Inde, hommes chétifs et malingres pour la plupart, soumis, au milieu des grands bois de la Guyane, aux durs travaux de l'exploitation aurifère et aux pires conditions hygiéniques, les coolies ont présenté une mortalité énorme qui a provoqué, d'abord, des représentations diplomatiques de la part du gouvernement britannique et finalement la suppression de l'immigration indienne à la Guyane française.

De 1856 à 1877, il a été introduit à la Guyane française 20 convois de coolies, formant un total de 8472 Hindous des deux sexes (3). A la date du 1er janvier 1877, 674 coolies seulement étaient retournés dans l'Inde, mais en 1883 et 1884, des convois de rapatriement sont partis de Cayenne et le nombre des rapatriés est de 1184, à la date du 1er janvier 1885. De plus, un convoi de 184 coolies a été transféré à la Guade-

<hr>

(1) E. Avalle. — *Notices sur les colonies anglaises.* Paris, 1883.

(2) Appleton's. — *Annual cyclopædia and register of important events.* New-York, 1885.

(3) La plupart de ces chiffres sont empruntés aux *Notices coloniales, publiées à l'occasion de l'exposition universelle d'Anvers* (*Paris, Imprimerie nationale, 1885*). *Tome III, Guyane.* Cet ouvrage, très complet, a été composé par la Direction des colonies et publié par le ministère de la marine — Quelques chiffres ont été, en outre, puisés dans un recueil de pièces diplomatiques, présenté à la Chambre des Communes par le gouvernement britannique, et intitulé : *Correspondence respecting the discontinuance of coolie importation from India to french Guiana, presented to the House of Commons by command of Her Majesty in pursuance of their address dated 25 th. February 1878.* — London printed by Harrisson and sons.

loupe. Or, à la date du 1er janvier 1885, des 8472 coolies introduits, il n'en restait plus que 2483 ; il en était mort à la Guyane 4621. Aux 2483 coolies survivants, il faut en ajouter 448 autres nés à la Guyane ; ce qui porte à 2931 le nombre total des coolies présents à la Guyane, à la date du 1er janvier 1885.

D'après les rapports du consul d'Angleterre à Cayenne, la mortalité générale des coolies hindous a été de 12,50 p. 100 en 1874 et de 12,15 p. 100 en 1875. Le gouvernement britannique fit des représentations à ce sujet et les autorités françaises prirent quelques mesures (institution des tournées d'inspection sur les placers), pour sauvegarder la vie des pauvres coolies. La mortalité tomba, l'année suivante, à 7,50 p. 100 ; mais les autorités anglaises trouvèrent que ce chiffre était encore deux fois plus élevé que celui de la mortalité des coolies à la Guyane hollandaise et l'immigration indienne fut supprimée (octobre 1876). Les deux derniers convois, en ce moment en formation dans l'Inde, furent cependant autorisés à se mettre en route et arrivèrent à Cayenne, avec 1141 coolies, en janvier et février 1877. Le gouvernement britannique se plaignait surtout de ce que les coolies étaient employés aux travaux meurtriers des placers. En effet, d'après les rapports de son consul, dans le courant de l'année 1875, sur 3309 coolies présents dans la colonie, il y en avait 2307 employés dans les placers et 1002 seulement employés à d'autres travaux. Cette proportion a encore augmenté depuis lors : dans le courant de l'année 1880, sur 4272 coolies présents à la Guyane, 3057 étaient sur les placers.

C'est sur les placers surtout que mouraient les coolies. Conduits au milieu des grands bois de la Guyane, dans des endroits où l'on n'arrive généralement qu'après un pénible voyage de dix, quinze, ou vingt jours de canotage sur les *criques* et de marche à travers les forêts vierges, soumis à de rudes travaux, sans secours médicaux (1), privés des soins hygiéniques les plus élémentaires, n'ayant qu'une nourriture pire que celle des transportés *noirs*, ils succombaient là par centaines aux accès pernicieux, à la dysenterie, au béribéri

---

(1) Sauf sur un ou deux placers qui ont eu un médecin, de temps en temps.

foudroyant, aux ulcères gangréneux, à la résorption purulente. Sur 474 coolies (convoi du *Leicester*), envoyés sur les
placers du Mataroni, à l'Approuague, au mois de mars 1874,
plus de 300 étaient morts au bout d'un an.

Les coolies, en quittant l'Inde, sont engagés pour cinq ans.
Leur salaire à la Guyane française, pendant ces cinq ans, est
le suivant : sur les placers, 12 fr. 50 par mois la première
année et 17 fr. 50 les quatre autres années; aux travaux agricoles, 12 fr. 50 par mois tout le temps de leur engagement. De
plus, les coolies sont nourris par leur engagiste. Leur nourriture est généralement la même que celle des transportés *noirs*,
c'est-à-dire le couac (ou le riz) et le bacaliau, d'une manière à
peu près continue. Une fois leurs cinq années terminées, les
coolies deviennent libres de leur personne et peuvent traiter
directement avec les engagistes. Nous devons dire qu'à l'heure
actuelle, sur les placers, le travail libre, s'il est meurtrier, est
rémunéré à un taux contre lequel le travail agricole ne peut
lutter. Un simple travailleur libre, sur les placers, gagne au
moins cinq francs par jour, net. Cette hausse des salaires est
due uniquement à la rareté de la main-d'œuvre depuis la suppression de l'immigration indienne. Il en serait autrement si
les *placériens* avaient, à volonté, des coolies à 12 fr. 50 par
mois.

A côté des coolies hindous provenant directement de l'Inde,
il existe encore à la Guyane des coolies hindous parmi le personnel transporté. Ceux-ci proviennent de nos différentes
colonies (Antilles et Réunion), où ils ont été introduits comme
travailleurs et condamnés par les tribunaux aux travaux forcés
ou à la réclusion, pendant leur séjour dans le pays. Ils sont
envoyés dans les pénitenciers de la Guyane pour y subir leur
peine. Ces coolies constituent une fraction assez importante du
personnel transporté *noir*, mais ils sont moins nombreux que
les transportés nègres. Les décès, en assez petit nombre,
fournis à l'hôpital de Cayenne par les coolies de la transportation, ont été réunis à ceux des coolies libres. En effet, entre
les coolies libres et les coolies de la transportation, il n'y a pas,
au point de vue du régime, du confort et du genre de vie, la
même différence qui existe entre les Européens libres et les
transportés européens, entre les nègres libres et les transportés
nègres. S'il existe, à ce point de vue, une différence entre les

Hindous de ces deux classes, elle est certainement et de beaucoup en faveur de ceux qui sont dans les pénitenciers. On peut affirmer que la mortalité de ces derniers a toujours été deux ou trois fois moins forte que celle des coolies libres.

Sur les 4621 coolies qui sont morts à la Guyane, il n'y en a pas le dixième qui soient décédés à l'hôpital militaire de Cayenne, où les coolies sont reçus aux frais de leur engagiste, dans des salles spéciales. Les autres sont morts sur les placers, sur les habitations dans les quartiers ou à l'hospice du camp Saint-Denis. Avec les décès des coolies transportés, nous avons un total de 485 décès de coolies, enregistrés à l'hôpital militaire de Cayenne. Sur ce nombre, il y a 72 décès de femmes.

II. IMPALUDISME (80 Décès).

1° **Accès pernicieux (62 D.).** — De toutes les races qui vivent à la Guyane française, la race hindoue est celle qui, considérée dans son ensemble, est la plus exposée aux coups de l'impaludisme. En effet, qu'ils soient occupés aux travaux agricoles, sur les habitations, ou au lavage de l'or, sur les placers, les coolies remuent le sol vierge et respirent les émanations qui s'en dégagent.

Des coolies impaludés, évacués sur Cayenne des placers ou des habitations, et entrés à l'hôpital aux frais de leur engagiste, ont fourni ces 62 décès par accès pernicieux.

Nous croyons que tout ce que nous avons dit, à propos de l'impaludisme chez le nègre, s'applique aussi à l'Hindou noir, organisé, comme le nègre africain, pour résister à la chaleur du milieu ambiant. Plus exposés que les autres races à l'infectieux malarien, les Hindous succombent à l'impaludisme beaucoup moins que les Européens et les Arabes, et à peine un peu plus que les nègres. Ils sont donc, à peu près autant que ces derniers, réfractaires à l'action du poison. Mais l'Hindou, comme le nègre, est doué de peu de résistance vitale, et la fièvre, lorsqu'elle éclate, a aussi chez lui une tendance à la perniciosité.

C'est encore à la forme comateuse que revient le plus grand nombre de décès (18 D.); elle est suivie par la forme algide

(12 D.) ; viennent ensuite, avec 3 décès chacune, les formes ataxique, tétanique et thoracique.

2° Fièvres bilieuses (1 D.). — Ce décès, portant le diagnostic : *fièvre rémittente bilieuse*, a été observé en 1879.

3° Cachexie paludéenne (17 D.). — Si l'on tient compte des conditions dans lesquelles vivent les coolies, le nombre assez restreint de sujets de cette race qui ont succombé à la cachexie paludéenne, c'est-à-dire qui ont pu faire les frais de la longue série d'accès de fièvre nécessaires pour déterminer l'état cachectique, ne peut s'expliquer, comme chez les nègres, que par l'immunité relative de cette race vis-à-vis du poison paludéen, d'une part, et, d'autre part, par la fréquence des accès pernicieux, fréquence proportionnellement plus considérable que chez les Européens et les Arabes.

III. MALADIES INFECTIEUSES (21 Décès).

1° Fièvre jaune (16 D.). — Sur ces 16 décès, 15 se rapportent à l'année 1856, et un à l'année 1877.

Le premier convoi de coolies arriva à Cayenne au mois de juin 1856, au moment où la fièvre jaune atteignait son maximum d'intensité. Sur 250 coolies environ qui se trouvaient à Cayenne, un assez grand nombre furent atteints et fournirent 15 décès (14 hommes et une femme).

L'épidémie de 1872-73, beaucoup moins meurtrière que celle de 1856, ne fit aucune victime parmi les Hindous, bien qu'il y en eut un certain nombre à Cayenne et que plusieurs d'entre eux ne fussent pas acclimatés.

En 1876-77, la fièvre jaune épargna aussi les coolies, mais non d'une manière absolue. Jusqu'au mois de février 1877, aucun cas de fièvre jaune ne fut constaté sur les coolies, bien qu'un convoi de ces immigrants fût arrivé dans la colonie quelques mois avant l'éclosion de l'épidémie. A la fin de l'année 1876, le consul d'Angleterre à Cayenne, ignorant vraisemblablement les faits qui s'étaient produits vingt ans auparavant, signale, dans son rapport à son gouvernement, l'immu-

nité des coolies vis-à-vis de la fièvre jaune. « La fièvre jaune,
« dit-il, a fait son apparition dans la ville de Cayenne, au mois
« de novembre, mais aucun coolie n'en a été atteint ; il semble
« être généralement reconnu et presque hors de doute que
« les coolies ne sont pas sujets à cette maladie particulière,
« bien qu'ils soient sujets aux attaques de la fièvre du pays
« (country fever). » Cependant, au mois de janvier et de février 1877, 1141 coolies (c'étaient les deux derniers convois)
débarquèrent à Cayenne, et deux cas de fièvre jaune, dont un
suivi de mort, furent observés sur des coolies en février et
mars. Le premier cas était celui d'une femme, jeune et vigoureuse, arrivée depuis un mois et demi et n'ayant pas quitté
Cayenne depuis son débarquement. Elle succomba à l'hôpital,
après avoir présenté des hémorrhagies linguales et gingivales,
des selles et des vomissements noirs. Le second cas fut observé
sur un homme de trente-cinq ans, qui n'était pas arrivé par
les derniers convois et avait déjà quelque temps de séjour à
la Guyane. Cet homme guérit, après avoir présenté de l'ictère
et une hémorrhagie gingivale modérée.

2º **Fièvre typhoïde (4 D.).** — Ces décès sont répartis sur
quatre années différentes.

3º **Autres maladies infectieuses (1 D.).** — Ce décès est relatif
à un cas de variole ; il a été observé en 1870, en même temps
que les quelques autres cas présentés par les autres groupes.

IV. MALADIES CONSTITUTIONNELLES (80 Décès).

1º **Anémie tropicale (49 D.).** — Le coolie hindou possède la
plupart des particularités anatomo-physiologiques, et en première ligne le pigment de la peau, qui constituent des conditions de résistance à l'action de la haute température continue.
Sa race a pour habitat une contrée dont le climat n'est pas
moins chaud que celui de la Guyane. Aussi l'anémie, chez lui
comme chez le nègre, reconnaît-elle moins pour cause l'influence de la chaleur que l'alimentation défectueuse, ou même

insuffisante, le travail excessif, les mauvaises conditions d'hygiène, les maladies antérieures, etc.

Il serait difficile d'imaginer un ensemble de conditions mieux choisies, pour conduire un organisme à l'anémie, que celles auxquelles les coolies sont soumis sur les placers : travaux pénibles, absence complète du plus simple confort à tous les points de vue, régime du couac et du bacaliau, souvent insuffisants comme quantité, toujours inférieurs comme qualité, quelquefois même avariés, par suite des difficultés considérables du ravitaillement. Un coolie, usé par la misère physiologique, incapable de tout travail, vient-il à être renvoyé à Cayenne? Il a à supporter les fatigues d'un voyage de dix à vingt jours, et quelquefois davantage, couché au fond d'une pirogue. Le plus souvent, il succombe en route; s'il arrive jusqu'à l'hôpital, ce n'est, plus d'une fois, que pour y mourir avec le diagnostic : *anémie.*

Rappelons que l'ankylostome duodénal a été trouvé chez les Hindous comme chez les autres races.

2° Hydropisie, ascite (12 D.). — Tous ces cas d'hydropisie doivent être rattachés, soit à la cachexie palustre, soit à la dyscrasie sanguine de l'anémie, et, en général, à un état mixte de marasme, participant de ces deux causes. Il existe une maladie hydropique spéciale aux Hindous : le béribéri. Les décès qui lui sont dus ne sont pas compris dans ces 12 cas.

3° Autres maladies constitutionnelles (19 D.). — Parmi ces 19 décès, il y a 5 cas de scorbut, 4 cas d'accidents syphilitiques et 10 cas de béribéri.

Les 5 décès causés par le scorbut ont été observés sur les premiers immigrants des convois de 1856 et des quelques années suivantes.

La syphilis est extrêmement répandue parmi les coolies, et les accidents graves sont loin d'être rares chez eux.

Maladie de misère, au même titre que le scorbut, le béribéri appartient à la famille des troubles constitutionnels de la nutrition. Toutes les circonstances qui contribuent à l'affaiblissement de l'organisme jouent un rôle auxiliaire dans l'étiologie et la pathogénie de ces deux maladies ; mais toutes les deux, scorbut et béribéri, reconnaissent pour cause principale l'alimentation défectueuse. Tandis que le scorbut est dû à la privation des végétaux frais, le béribéri naît de la pauvreté du régime en albuminates et en graisse. C'est là la cause primordiale. Les causes déterminantes sont les mauvaises conditions hygiéniques, l'encombrement dans le faux-pont des navires qui transportent les coolies, l'influence du froid humide sur des races dont l'organisme a une tendance marquée à l'hydropisie, par suite de l'influence dépressive du climat sur les vaso-moteurs.

Il n'est pas fait mention du béribéri à l'hôpital de Cayenne, pendant les dix premières années de l'immigration indienne à la Guyane. Il en est question pour la première fois en 1865. Le 10 octobre de cette année-là, entrait en rade de Cayenne le *Duguay-Trouïn*, bâtiment de commerce apportant un convoi de 400 coolies, parmi lesquels s'étaient montrés plusieurs cas de béribéri. Bien qu'il soit absolument démontré aujourd'hui que cette maladie n'est nullement contagieuse, ce n'est qu'après une quarantaine de huit jours que ce navire put envoyer à l'hôpital une trentaine d'Hindous, présentant, à des degrés divers, les symptômes du béribéri. Cinq seulement succombèrent: trois dans le courant de décembre et deux dans le courant de janvier 1866. Aucune femme ne fut atteinte du béribéri à bord du *Duguay-Trouïn*.

On ne constata plus de décès par béribéri à l'hôpital de Cayenne jusqu'à l'année 1876, époque où cette singulière maladie fut de nouveau observée, non sur des arrivants débarquant des transports encombrés, mais sur des coolies ayant séjourné un certain temps à la Guyane et provenant des placers ou des habitations rurales. Dans le courant du 4e trimestre 1876, huit coolies (sept hommes et une femme) furent traités à l'hôpital pour béribéri. Sur ces huit cas, il y avait deux cas à forme hydropique, un cas à forme mixte et cinq cas à forme paralytique. Trois de ces malades (la femme était du nombre), succombèrent dans le courant du trimestre. Un autre succomba au mois de janvier suivant; ce dernier malade, qui présentait un cas de béribéri à forme hydropique, fut emporté par une péritonite subaiguë, à la suite d'une paracentèse. Enfin, le dernier cas mortel de béribéri a été observé sur une femme, en 1879.

Le béribéri a fait de nombreuses victimes sur les placers. Dans les conditions déplorables où se trouvaient ces malheureux, les cas de béribéri étaient à peu près tous mortels. On y a observé des cas foudroyants dans lesquels les coolies, valides quelques heures auparavant, mouraient sans fièvre, sans élévation de température, et sans qu'on s'en aperçût. Le Dʳ François (1), qui a été, pendant quelque temps, médecin sur un des principaux placers de la Guyane, a publié de nombreuses et curieuses observations de ces cas de béribéri foudroyant. En voici un exemple : un coolie vigoureux, qui venait de faire treize kilomètres à pied, pour chercher une charge qu'il devait remporter à son placer, vint, à 8 heures du matin, se plaindre d'un malaise général et se faire exempter de service. Comme le Dʳ François était au début de sa visite et qu'il avait une centaine de malades à soigner, il l'envoya se coucher, remettant, pour l'examiner, à la fin de la visite. En arrivant près de son hamac, à 11 heures, il trouva que le coolie était mort. Pas un de ses voisins ne s'en était aperçu. Dans ces cas à pronostic grave et à terminaison rapide, les sujets éprouvent « un feu intérieur qui les brûle dans le ventre et qui les dévore ». Les coolies, qui ont vu ces cas se présenter souvent, y sont habitués et ne s'y trompent pas. Pour eux, c'est le signe certain de la mort. Le Dʳ François avait un coolie atteint d'une anasarque tellement énorme, que pour y voir il était obligé de prendre ses paupières à deux mains et de les écarter. Bien que ce cas de béribéri hydropique parût des plus graves au médecin, le malade affirmait qu'il ne mourrait pas. En effet, l'œdème disparut, mais le coolie resta atteint de béribéri à forme paralytique. Cependant, il se remit peu à peu et il commençait à travailler, lorsqu'un soir il dit au médecin qu'il allait mourir. Le docteur l'examina, mais ne lui trouva pas la moindre lésion apparente. Le lendemain, le pronostic du pauvre coolie s'était réalisé : il était mort.

1) *Quelques réflexions sur le béribéri*, par le Dʳ A. François (*Archives médecine navale*, 2ᵉ semestre 1878).

V. APPAREIL CIRCULATOIRE (4 Décès).

Maladies diverses (4 D.). — Ces décès se rapportent à deux cas de péricardite et à deux cas d'affection organique du cœur.

VI. APPAREIL RESPIRATOIRE (88 Décès).

1° Tuberculose pulmonaire (47 D.). — Chez les coolies, surmenés et mal alimentés, la tuberculose pulmonaire est fréquente, mais son action sur la mortalité est forcément affaiblie par la présence d'autres maladies de misère.

2° Pneumonie et autres maladies (41 D.). — Ces 41 décès sont rangés sous les diagnostics suivants : pneumonie, 30 ; pleuro-pneumonie, 3 ; pleurésie, 4 ; congestion pulmonaire, 1 ; emphysème pulmonaire, 1 ; bronchite capillaire, 2. Nous avons à noter l'absence de l'angine diphthéritiqu e.

De même que chez les transportés européens, les Arabes, les nègres et métis libres, le nombre des décès par maladies aiguës de la poitrine égale presque, chez ce groupe, le nombre des décès par tuberculose pulmonaire. La pneumonie, chez l'Hindou, diffère peu de ce qu'elle est chez le nègre ; elle se fait aussi remarquer par sa gravité et ses phénomènes de torpeur.

VII. APPAREIL DIGESTIF (88 Décès).

1° Maladies du tube digestif (82 D.). — Sur ces 82 décès, 48 sont dus à la dysenterie, 28 à la diarrhée, 5 à la gastro-entérite et 1 à l'obstruction intestinale. Il n'y a aucun cas de cancer ou d'ulcère de l'estomac.

Le régime alimentaire du coolie, à la Guyane, n'est en général, guère meilleur que celui du *transporté noir*; sur les placers, il est bien souvent pire. Le bacaliau et le couac, remplacés quelquefois par le riz, forment le fond de son alimentation.

2° **Maladies du foie (4 D.).** — Trois décès portent comme diagnostic : *hépatite;* le quatrième est relatif à un cas d'abcès du foie, observé en 1877. On constata, à l'autopsie, que « le « foie avait un volume considérable et que son parenchyme « était parsemé d'une infinité de petits foyers purulents. « dont la réunion, en un foyer unique, aurait probablement « eu lieu, si l'existence du malade s'était encore prolongée ».

3° **Maladies du péritoine (2 D.).** — La nature de ces 2 cas de péritonite n'est pas spécifiée.

VIII. APPAREIL GÉNITO-URINAIRE (16 Décès).

Maladies diverses (16 D.). — Ces 16 décès portent 10 fois le diagnostic : *albuminurie*, 5 fois le diagnostic : *néphrite*, et une fois le diagnostic : *mal de Bright.*

La proportion des décès par maladies des reins, chez les coolies, est relativement énorme, et ces maladies constituent un facteur sérieux de la mortalité de ce groupe. Cette fréquence de la néphrite est évidemment corrélative de la fréquence des cas d'infection putride et de résorption purulente dont nous allons parler. Les suppurations prolongées, et principalement les suppurations osseuses, sont, en effet, comme on sait, une des causes les plus ordinaires de la néphrite parenchymateuse et surtout de la dégénérescence amyloïde du rein. Nous indiquerons encore, comme cause des maladies de cet organe, indépendamment de la cachexie paludéenne qui ne doit pas être oubliée, la syphilis qui est, comme nous l'avons dit, très répandue parmi les coolies.

IX. APPAREIL D'INNERVATION (17 Décès).

1° **Maladies de l'encéphale et du bulbe (11 D.).** — Parmi

ces 11 décès, il y a 2 cas d'hémorrhagie cérébrale, 3 cas d'apoplexie séreuse, 4 cas de méningite, un cas d'insolation et un cas de tumeur cérébrale.

2° **Maladies de la moelle (1 D.).** — Ce décès se rapporte à un cas d'*ataxie locomotrice*.

3° **Tétanos (5 D.).** — Il y a 3 cas de tétanos spontané et 2 cas de tétanos traumatique.

X. APPAREIL LOCOMOTEUR (3 Décès).

Maladies des os et des articulations (3 D.). — Ces décès sont relatifs à un cas de *carie* et 2 cas de *nécrose*.

XI. AUTO-INFECTION (68 Décès).

Ulcères, infection putride, etc. (68 D.). — Ces 68 décès portent les diagnostics suivants : *septicémie, pyohémie, infection putride* ou *résorption purulente*, 11 ; *érysipèle gangréneux*, 1 ; *ulcères phagédéniques* ou *gangréneux, plaies* ou *phlegmons gangréneux, gangrène* de parties diverses, 55 ; *phlegmon diffus*, 1.

Tout concourt à rendre fréquents les ulcères phagédéniques ou gangréneux sur les coolies : mauvais état général, travaux pénibles les exposant aux blessures, incurie personnelle, absence de soins médicaux sur les placers, et même manque absolu des objets les plus élémentaires nécessaires au pansement d'une plaie ; sans compter que souvent ils provoquent eux-mêmes leurs ulcères et les entretiennent dans le but de se soustraire au travail.

Les ulcères et la gangrène, amenant l'infection putride ou purulente, constituent un facteur sérieux de la mortalité des Hindous ; mais l'influence de ces mêmes causes sur leur morbidité est bien plus grande encore. On peut dire qu'ils n'en meurent pas tous, mais que presque tous en sont frappés.

Nous avons dit que, d'après le Dr Chapuis, les hommes de toutes races atteints d'ulcères représentent 22 p. 100 des entrants, à l'hôpital de Cayenne. Nous estimons que, pour les coolies seuls, cette proportion doit être au moins doublée.

Cet état de choses est signalé à maintes reprises dans les rapports médicaux. Voici un extrait du rapport pour le deuxième trimestre de l'année 1876. « Employés sur les pla-
« cers, ainsi que sur les habitations particulières, les coolies
« indiens entrent à l'hôpital dans un triste état. S'il faut
« rendre justice à plusieurs propriétaires, pour la sollicitude
« qu'ils professent à l'égard de leurs engagés, il est regret-
« table aussi de constater que bien d'autres ne méritent pas
« les mêmes éloges et n'envoient leurs travailleurs à l'hô-
« pital que lorsqu'ils n'en tirent aucun rendement. Ces
« hommes y arrivent dans un état de délabrement déplorable,
« aux prises avec un état cachectique auquel ils succombe-
« ront tôt ou tard, ou porteurs d'ulcères invétérés contre
« lesquels toute médication est impuissante et qui condui-
« sent fatalement à la mort ou à une intervention chirurgi-
« cale sérieuse, que le succès ne couronne pas toujours à
« cause des mauvaises conditions où se trouve un organisme
« si profondément débilité. Il est juste d'ajouter que les
« Indiens eux-mêmes, grâce à leur indifférence et à leur in-
« curie, méritent plus d'un reproche. »

XII. NÉOPLASMES (2 Décès).

Cancer, tumeurs diverses, etc. (2 D.). — L'un de ces décès est relatif à un cas de *polype fibreux ;* le second porte le diagnostic de *lèpre.*

XIII. INTOXICATIONS (2 Décès).

Alcoolisme, saturnisme, etc. (2 D.). — L'un de ces décès a pour diagnostic : *alcoolisme,* et l'autre : *empoisonnement.*

XIV. TRAUMATISMES (16 Décès).

1° **Traumatismes divers (9 D.).** — Ces décès se divisent de la manière suivante : fractures du crâne 2, suicide 1, plaies pénétrantes 3, brûlure 1, fracture et contusion 1, larves de lucilia hominivorax dans les fosses nasales 1. Ce dernier décès a été observé en 1875.

2° **Traumatismes chirurgicaux (7 D.).** — Parmi ces 7 décès, plusieurs se rapportent à des cas de gangrène des membres, dans lesquels l'intervention chirurgicale avait lieu en présence des plus mauvaises conditions.

VII

CHINOIS ET ANNAMITES

I. ORIGINE ET NATURE DU PERSONNEL

Les décès de ce groupe sont trop peu nombreux pour nous donner une idée juste de sa pathologie. Si nous les plaçons ici, c'est uniquement pour exposer le tableau complet des décès qui se sont produits à l'hôpital de Cayenne, dans une période de trente années. Il n'y a que 24 décès de Chinois et 13 décès d'Annamites ; tous se rapportent à des adultes du sexe masculin. Nous avons réuni ces décès dans une même colonne, en raison de leur petit nombre qui ne permet guère une division. Je suis convaicu que la pathologie de ces deux races diffère considérablement et que, à conditions égales, la résistance de l'Annamite au climat de la Guyane est bien plus grande que celle du Chinois.

Il n'est arrivé à la Guyane qu'un convoi de 100 coolies chinois. Ils avaient d'abord séjourné à la Martinique, d'où on les introduisit à la Guyane, à titre d'essai, en 1860. A la date du 1er janvier 1885, il en était mort 67.

Le personnel de la transportation contient aussi quelques Chinois. Ils ont la même origine que les transportés hindous. Introduits comme travailleurs dans nos colonies des Antilles ou de la Réunion, et condamnés par les tribunaux, ils ont été transportés à la Guyane pour y subir leur peine. Enfin, à côté de ces deux catégories de Chinois, il existe encore, dans la ville de Cayenne, une petite colonie d'une centaine de Chinois environ qui sont venus peu à peu de la Guyane anglaise; ils ont accaparé, à Cayenne, une grande partie du petit commerce.

Les Annamites proviennent de notre colonie de Cochinchine. Ils n'ont pas été condamnés par les tribunaux ordinaires ; ce sont des individus déportés *administrativement* à la Guyane, pour des faits se rapportant plus ou moins à la politique. Le nombre des Annamites ainsi déportés a été de trois à quatre cents. Ils n'étaient pas, pour la plupart, internés dans les pénitenciers, mais à l'état de liberté dans la ville de Cayenne. Ils s'occupaient surtout de pêche et approvisionnaient de poisson le marché de la ville. Introduits à la Guyane en 1872, ces Annamites ont été graciés et rapatriés, dans ces dernières années. D'après le dernier volume des *Statistiques coloniales* (Paris, 1885), il existait encore cinquante et un Annamites à Cayenne en 1883. Nous croyons qu'il n'en existe plus actuellement.

Les Chinois et les Annamites n'ont pas subi l'influence de l'épidémie de fièvre jaune de 1855-56. Le premier décès de Chinois, enregistré à l'hôpital de Cayenne, date de l'année 1860, et le premier décès d'Annamite, de l'année 1874.

II. IMPALUDISME (5 Décès).

1º **Accès pernicieux (2 D.).** — Le premier de ces décès appartient à un Chinois, et le second à un Annamite. La forme du premier n'est pas déterminée; le second cas était à forme algide.

2º **Fièvres bilieuses.** — Il n'y a aucun décès causé par ces fièvres.

3º **Cachexie paludéenne (3 D.).** — Deux de ces décès se rapportent à des Annamites, et le troisième à un Chinois.

III. MALADIES INFECTIEUSES

Ni en 1873, ni en 1877, la fièvre jaune n'a fait de victime à Cayenne parmi les Chinois et les Annamites. Aucun décès n'a été causé, non plus, par la fièvre typhoïde et les fièvres éruptives.

IV. MALADIES CONSTITUTIONNELLES (4 Décès).

1° Anémie tropicale (1 D.). — Ce décès se rapporte à un Chinois.

2° Hydropisie, ascite (2 D.). — Un de ces décès a été fourni par un Chinois et l'autre par un Annamite.

3° Autres maladies constitutionnelles (1 D.). — Ce décès, qui porte comme diagnostic : *accidents syphilitiques,* est relatif à un Chinois.

V. APPAREIL CIRCULATOIRE (1 Décès).

Maladies diverses (1 D.). — Ce décès, causé par une *affection organique du cœur,* appartient à un Chinois.

VI. APPAREIL RESPIRATOIRE (10 Décès).

1° Tuberculose pulmonaire (9 D.). — Sur ces 9 décès, 6 reviennent à des Chinois et 3 à des Annamites.

2° Pneumonie et autres maladies (1 D.). — Ce décès par *pneumonie* se rapporte à un Chinois.

VII. APPAREIL DIGESTIF (5 Décès).

1º Maladies du tube digestif (4 D.). — Un de ces 4 décès porte le diagnostic : *dysenterie*, et les 3 autres : *diarrhée ;* 2 d'entre eux reviennent aux Chinois et les 2 autres aux Annamites.

2º Maladies du foie (1 D.). — Il s'agit d'un décès portant le diagnostic : *hépatite,* et se rapporrant à un Chinois.

3º Maladies du péritoine. — Il n'y a eu aucun décès dû à la *péritonite.*

VIII. APPAREIL GÉNITO-URINAIRE (2 Décès).

Maladies diverses (2 D.). — Ces 2 décès portant tous les deux le diagnostic : *albuminurie,* reviennent à un Chinois et à un Annamite.

IX. APPAREIL D'INNERVATION (4 Décès).

1º Maladies de l'encéphale et du bulbe (1 D.). — Il s'agit d'un cas d'*insolation* chez un Chinois.

2º Maladies de la moelle (1 D.). — Ce décès, portant le diagnostic de *myélite,* se rapporte à un Annamite.

3º Tétanos (2 D.). — Ces 2 décès par tétanos reviennent à 2 Chinois ; le premier cas était un cas de tétanos spontané ; la nature du second cas n'est pas déterminée.

X. APPAREIL LOCOMOTEUR (1 Décès).

Maladies des os et des articulations (1 D.). — Il s'agit d'un décès par *carie,* fourni par un Chinois.

XI. AUTO-INFECTION (3 Décès).

Ulcères, infection putride, etc. (3 D.). — Sur ces 3 décès, 2 se rapportent à un cas de *gangrène* et à un cas de *phlegmon gangréneux*, chez deux Chinois ; le troisième décès est relatif à un cas de *phlegmon gangréneux* de la face, consécutif à une piqûre venimeuse, observé sur un Annamite en 1877.

XII. NÉOPLASMES

Cancer, tumeurs diverses. — Aucun décès ne se rapporte aux maladies de cette classe.

XIII. INTOXICATIONS (1 Décès).

Alcoolisme, suturnisme, etc. (1 D.). — Ce décès est relatif à un cas d'*intoxication saturnine* chez un Chinois.

XIV. TRAUMATISMES (1 Décès).

1° **Traumatismes divers (1 D.).** — Ce décès se rapporte à un cas de fracture du crâne chez un Annamite.

2° **Traumatismes chirurgicaux.** — Il n'a été relevé, chez ce groupe, aucun décès consécutif à une opération chirurgicale.

VIII

ÉTUDE COMPARÉE

I. ORIGINE ET NATURE DU PERSONNEL

Il ressort, de ce que nous avons déjà dit, que les différents groupes dont la pathologie fait l'objet de cette étude comparée, quoique vivant tous à la Guyane, sont loin d'y mener le même genre de vie. Ce point a une importance capitale et il ne faut pas le perdre de vue. La vie du soldat, aux colonies, est sensiblement différente de la vie qu'il mène en France. Son service est réduit au strict nécessaire : pas de marches militaires et presque pas d'exercices. Il est évident que, dans ces conditions, la vie du soldat bien logé, mangeant de la viande à peu près tous les jours, buvant du vin, fournissant très peu de travail musculaire, consigné dans la caserne pendant les heures chaudes de la journée (de 10 heures du matin à 4 heures du soir), présente une différence énorme avec la vie du coolie, ou la vie du transporté *noir* et arabe, telle que nous la connaissons. Même la vie du transporté européen, quand on y regarde de près, diffère notablement, à l'heure actuelle du moins, de celle de l'Arabe et du transporté *noir*. Nous avons déjà signalé une différence considérable dans le régime alimentaire. Depuis que les transportés européens sont en minorité à la Guyane, il est bien rare de les voir envoyer à la *grande corvée*, à côté de leurs congénères arabes et *noirs;* presque tous ont un métier ou un emploi (écrivains dans les bureaux, infirmiers, garçons de famille, de bureau, employés de toutes sortes) qui n'exige pas une bien forte dépense d'activité musculaire et les met, d'une façon très appréciable, à l'abri de l'action de la chaleur solaire et du miasme paludéen.

Deux éléments du climat sont redoutables et, bien qu'à des degrés divers, ont une action meurtrière sur toutes les races; ce sont : la chaleur solaire, qui produit l'anémie, et l'infectieux malarien, qui produit l'accès pernicieux et la cachexie. La mesure suivant laquelle chaque groupe est soumis, par son genre de vie, à l'action de ces deux éléments, constitue une condition dont il faut tenir grand compte, car ses conséquences sont considérables. Il faut tenir compte aussi de la somme de travail musculaire. Pour avoir la mesure exacte de l'influence de la race dans la pathologie du nègre et du blanc, il faudrait, comme nous l'avons dit, qu'ils fussent soumis tous les deux au même genre de vie, au même régime alimentaire, à la même quantité de chaleur solaire, et qu'ils fournissent tous les deux la même somme de travail musculaire. Or, à ces divers points de vue, l'égalité est loin d'exister, même au bagne, entre le blanc et le nègre.

II. IMPALUDISME

1° **Accès pernicieux.** — Les décès par accès pernicieux représentent 11, 5 p. 100 des décès des Européens libres morts à l'hôpital de Cayenne; cette proportion est de 11, 6 p. 100 pour les nègres et métis libres, de 12, 8 p. 100 pour les Hindous, de 13, 8 p. 100 pour les Arabes; elle s'élève jusqu'à 15, 5 p. 100 pour les transportés nègres; enfin, pour les transportés européens, elle atteint le chiffre considérable de 27, 1 p. 100. Le nombre absolu des décès de Chinois et d'Annamites est trop restreint pour nous fournir des chiffres proportionnels dignes de confiance.

Chez tous les groupes, la forme qui a produit le plus grand nombre de décès est la forme comateuse; chez tous les groupes, aussi, la forme algide occupe le second rang. Il y a lieu de remarquer, toutefois, que chez les transportés nègres, la

forme comateuse et la forme algide présentent un nombre
égal de décès, tandis que chez tous les autres groupes, la forme comateuse l'emporte d'un tiers environ sur la forme algide.
La forme qui tient le troisième rang n'est pas la même partout :
c'est la forme ataxique chez les Européens libres et transportés, tandis que c'est la forme pneumonique et thoracique chez
les nègres et métis libres, les transportés nègres et les Arabes ;
quant aux Hindous, les formes ataxique, tétanique, et thoracique, occupent chez eux le troisième rang avec un nombre éga
de décès. Si, chez les transportés européens, la forme ataxique
tient le troisième rang, comme chez les Européens libres, cette
forme est suivie de près par la forme thoracique, car la différence entre ces deux formes n'est que d'une unité. Cette particularité tend à les rapprocher des nègres ; nous avons encore
là une preuve de l'aptitude des Européens anémiés pour les
maladies aiguës de la poitrine.

La fièvre pernicieuse cholériforme n'est représentée que chez
les Européens libres et transportés.

2° Fièvres bilieuses. — L'action des fièvres bilieuses sporadiques, comme facteur de la mortalité, est absolument nulle
chez les transportés nègres ; elle est très faible chez les coolies
hindous (0, 2 p. 100) et chez les nègres et métis libres (0, 5 p. 100) ;
elle s'élève à 3, 4 p. 100 des décès chez les Européens libres, à
3, 6 p. 100 chez les Arabes et à 6, 1 p. 100 chez les transportés
européens.

Ces fièvres, que l'on observe à l'état sporadique, et qui, au
point de vue de la symptomatologie, ne présentent pas, le plus
souvent, de caractère bien tranché, les différenciant de la fièvre
jaune, se distinguent de cette dernière par le choix de leurs
victimes : celles-ci sont plus nombreuses dans le personnel
sédentaire et acclimaté des transportés européens et arabes
que dans le personnel sans cesse renouvelé et toujours peu
acclimaté des Européens libres.

Nous avons dit que nous croyons à l'existence, à la Guyane,
de fièvres bilieuses sporadiques, ressemblant à la fièvre jaune
légère, sans être de nature amarile. Elles ressemblent d'autant plus à la fièvre jaune que le sujet, sur lequel on les observe, est moins acclimaté. A l'occasion d'une fatigue, d'une
marche au soleil, on voit survenir la *fièvre inflammatoire*, du-

rant deux, trois, ou quatre, jours, et présentant, à un degré extrême, tous les symptômes de la première période de la fièvre jaune. Cette période est suivie quelquefois, mais non toujours, de suffusion ictérique. Ces fièvres sont bénignes, en général.

Un argument sérieux contre la théorie de Bérenger-Féraud et Burot, qui considèrent ces fièvres sporadiques comme étant de nature amarile, c'est qu'il existe des fièvres semblables à la *fièvre bilieuse inflammatoire* des Antilles et de la Guyane dans des contrées de la zone torride où la fièvre jaune n'a jamais été vue. On observe dans l'Inde des fièvres identiques à ces prétendues fièvres amariles atténuées, comme le démontre le Dr Corre (1), en comparant la description de la *fièvre ardente* de l'Inde, d'après Morehead, avec la description de la *fièvre bilieuse inflammatoire* des Antilles, d'après Bérenger-Féraud et Guéguen.

Les fièvres de nature amarile sont contagieuses ; lorsqu'elles apparaissent et qu'elles trouvent un aliment, c'est-à-dire des individus peu ou pas acclimatés, elles déterminent des épidémies, en choisissant les nouveaux venus avec une précision remarquable. Si le principe infectieux manque d'aliment, et si la maladie semble frapper les acclimatés d'une manière sporadique, comme au Maroni de 1874 à 1878, elle est, chez eux, beaucoup plus bénigne que chez les nouveaux venus. Cette affinité extraordinaire que possède le principe infectieux amaril pour le riche sang de l'Européen non acclimaté, et la gravité plus grande de la maladie qu'il détermine chez ce dernier, sont, pour nous, la caractéristique, le critérium de la nature amarile de l'infectieux. Nous avons vu que, l'année dernière, aux îles du Salut, parmi les nombreux Européens et Arabes ayant plus de six ans de Guyane, aucun ne fut atteint pendant l'épidémie de fièvre jaune. Bien plus, la *mortalité des atteints* a été de 52 p. 100 pour les individus ayant de un mois à un an de séjour, et de 28,57 p. 100 pour les individus ayant de un an à deux ans de séjour, tandis qu'elle a été nulle pour les individus ayant de deux à six ans de présence dans la colonie. Sur seize individus atteints, qui se trouvaient dans ces

____

(1) *Traité des fièvres bilieuses et typhiques des pays chauds*, par le Dr A. Corre, médecin de 1re classe de la marine. Paris, 1883.

conditions, aucun n'a succombé. Or, comment admettre que le principe infectieux, le microbe, qui, lorsqu'il sévit épidémiquement, épargne ainsi les acclimatés, et qui, si par hasard il en atteint quelques-uns, se montre si bénin pour eux, comment admettre, disons-nous, que ce même microbe, lorsqu'il ne se manifeste que par des cas sporadiques et d'une façon atténuée, puisse rechercher ces mêmes individus acclimatés et déterminer chez eux des maladies plus graves que chez les non acclimatés?

En attendant que l'anatomie pathologique ait découvert un caractère essentiel, séparant nettement les fièvres de nature amarile de celles qui ne le sont pas, nous pensons qu'il existe, à la Guyane, des fièvres bilieuses sporadiques qui ont, au point de vue des symptômes, beaucoup d'analogie avec la fièvre jaune légère, mais qui ne sont pas de nature amarile. Voici les raisons sur lesquelles nous appuyons notre opinion :

1° Ces fièvres ne sont pas particulières aux pays ayant eu des épidémies de fièvre jaune : elles existent, avec des symptômes identiques et le même caractère bénin, dans des régions de la zone torride où la fièvre jaune n'a jamais été vue (Inde).

2° Ces fièvres bilieuses sporadiques ne sont certainement pas contagieuses.

3° Elles ne confèrent pas d'immunité contre une nouvelle atteinte.

4° Elles atteignent indifféremment les acclimatés et les nouveaux venus. Elles sont probablement plus fréquentes chez les premiers que chez les derniers, ou tout au moins, chez les acclimatés, la maladie est plus souvent complète, car l'ictère manque plus rarement. Chez les nouveaux venus, ce dernier symptôme fait plus souvent défaut, et la fièvre inflammatoire n'est pas bilieuse.

5° Enfin, nous avons établi que ces fièvres bilieuses sporadiques, généralement bénignes, sont cependant beaucoup plus graves chez les acclimatés.

3° Cachexie paludéenne. — La proportion des décès par cachexie paludéenne est de 1,0 p. 100 chez les transportés nègres, de 2,2 p. 100 chez les nègres et métis libres, de 3,2 p. 100 chez les Européens libres, de 3,5 p. 100 chez les

Hindous, de 4,9 p. 100 chez les transportés européens et de 12, 3 p. 100 chez les Arabes.

Nous connaissons la cause, d'ordre administratif, qui diminue la proportion des décès par cachexie paludéenne chez les transportés européens; bien que la même cause existe pour les Arabes, cette proportion, chez eux, est deux fois et demie plus élevée que chez les transportés européens.

Si nous réunissons les proportions de décès par accès pernicieux, par fièvres bilieuses et par cachexie paludéenne, afin d'avoir la mesure de l'action totale de l'impaludisme sur chaque groupe, nous trouvons que cette action totale représente 14,3 p. 100 des décès chez les nègres et métis libres, 16,5 p. 100 chez les transportés nègres, 16.5 p. 100 également chez les Hindous, 18,1 p. 100 chez les Européens libres, 29,7 p. 100 chez les Arabes et 38,1 p. 100 chez les transportés européens. Chez les Chinois et Annamites, cette proportion, basée sur le petit nombre de décès que nous avons, serait de 13,5 p. 100.

On peut voir que le nègre meurt très peu de cachexie paludéenne, et que l'action de l'impaludisme se traduit, chez lui, presque exclusivement par des accès pernicieux. Ce fait est de la plus haute importance. Supposons qu'un certain nombre de nègres soient soumis à l'action d'un foyer intense de malaria, comme à Saint-Georges de l'Oyapock. Malgré leur immunité relative, il y aura parmi eux plusieurs cas de fièvre dont quelques-uns se transformeront, chez ces organismes sans réaction, en accès pernicieux à forme algide ou pneumonique. Quelques-uns de ces nègres succomberont donc à l'impaludisme, mais ceux qui survivront conserveront leur vigueur et échapperont à la cachexie paludéenne. Si nous supposons maintenant qu'un nombre égal d'Europens ou d'Arabes soient soumis à l'action du même foyer paludéen, qu'arrivera-t-il? Les décès par accès pernicieux seront beaucoup plus nombreux que chez les nègres, au bout du même laps de temps; de plus, les survivants seront *tous* tombés dans cet état de dyscrasie sanguine et de marasme qui constitue la cachexie paludéenne. Ils peuvent encore, dans cet état, traîner, pendant un certain nombre d'années, une vie languissante; mais ce stigmate de déchéance dont ils sont marqués, non seulement ne les quittera plus, mais encore se transmettra à leur descendance. Les rares enfants survivants des transportés européens mariés au

Maroni sont tous dégénérés ; et cette dégénérescence est autant
le fait de l'hérédité que de l'influence du milieu sur les enfants
eux-mêmes, depuis leur naissance. Telle est la conséquence de
l'extrême rareté de la cachexie paludéenne chez les nègres :
l'impaludisme ne supprime que l'individu ; il ne s'attaque pas
à la descendance de ceux qu'il a épargnés. Chez les Européens
et les Arabes, au contraire, non seulement l'impaludisme supprime l'individu, mais il atteint encore la descendance de ceux
qu'il a laissés survivre, et détruit la race.

Très rares chez les nègres, les décès par cachexie paludéenne
atteignent leur proportion maxima chez les Arabes. L'Arabe,
nous l'avons dit, résiste certainement mieux que l'Européen
au climat de la Guyane, c'est-à-dire à la chaleur et à l'impaludisme, mais la différence qui existe entre eux est moindre
qu'on ne croit. Or, dans les pénitenciers, l'Arabe n'est pas mé-
nagé comme l'est l'Européen, depuis plus de quinze ans. Si
l'on fait abstraction de la différence que nous avons signalée
dans l'alimentation, l'Arabe est soumis au même régime que
le transporté *noir*. C'est pourquoi, quoique ayant un peu moins
d'aptitude que l'Européen pour l'impaludisme, il est, en définitive, plus impaludé que ce dernier. Eu égard à la prédominance numérique des Européens, lors de la fondation des
premiers pénitenciers, les Arabes présentent une proportion
de décès par accès pernicieux beaucoup plus faible que celle
des Européens ; mais, en revanche, la cachexie paludéenne a
fait, parmi eux, proportionnellement deux fois et demie plus
de victimes que chez les Européens.

La fréquence extrême de la cachexie paludéenne chez les
Arabes, le nombre considérable de foies hypertrophiés et de
rates énormes que l'on rencontre chez eux, n'a pas échappé à
l'attention des médecins qui ont passé par la Guyane : « Il est
« à remarquer, dit le Dr Gourrier, dans un de ses rapports, que
« les Arabes sont plus particulièrement sujets à cette manifes-
« tation de l'intoxication palustre (la cachexie). Chez eux, l'hy
« pertrophie de la rate est presque la règle, et les différentes
« formes d'hydropisie se remarquent plus fréquemment que
« chez les autres malades (1). » Le Dr Maurel qui, lui aussi, a
vu de près les Arabes à la Guyane, et particulièrement au Ma-

(1) Rapport du 3e trimestre 1878 (Archives de l'hôpital de Cayenne).

roni, dit de son côté : « J'ai vu, pendant plus d'un an, les
« Arabes concessionnaires du Maroni, et je puis affirmer
« qu'autant que les autres peuples, ils paient leur tribut au
« miasme paludéen. Les accès pernicieux sont peut-être moins
« fréquents, mais la cachexie est leur sort inévitable. La diffé-
« rence ethnique peut donc se résumer ainsi : moins de formes
« aiguës, prédominance des chroniques (1). »

III. MALADIES INFECTIEUSES

1° **Fièvre jaune.** — L'action de la fièvre jaune, comme cause
léthifère, est absolument nulle chez les transportés nègres, et
à peine sensible (0, 5 p. 100) chez les nègres et métis libres.
Les décès dus à cette maladie représentent 2,4 p. 100 du total
des décès chez les Arabes, 3,3 p. 100 chez les Hindous et
4,5 p. 100 chez les transportés européens. Cette proportion
monte au chiffre énorme de 46,6 p. 100 chez le personnel
mobile et sans cesse renouvelé des Européens libres.

La fièvre jaune est, de toutes les maladies, celle où l'influence de la race est la plus manifeste. Cette influence ressort
des chiffres que nous venons de citer ; toutefois, ces chiffres ne
nous donnent pas la mesure exacte de l'aptitude ethnique. Il
faut se rappeler, en effet, que les transportés européens
n'étaient représentés que par un petit nombre d'individus présents à Cayenne pendant l'épidémie de 1855-56, et que les
Arabes n'étaient pas représentés du tout à Cayenne pendant
cette période. La question de l'aptitude ethnique pour la fièvre
jaune mérite donc d'être examinée de plus près.

Il existe une autre influence, au moins égale à celle de la
race, qui modifie l'aptitude d'un individu pour la fièvre jaune,
c'est celle du séjour antérieur dans le pays, c'est-à-dire de
l'acclimatement. Nous devons même dire, en passant, que
l'acclimatement ne confère d'immunité relative que vis-à-vis
de la fièvre jaune ; un long séjour dans les climats torrides,
en produisant l'anémie, augmente, au contraire, l'aptitude du
sujet pour toutes les maladies, y compris la fièvre paludéenne.

____

(1) Dr Maurel. — *Traité des maladies paludéennes à la Guyane*, page 36.

La vieille théorie, encore tenace, d'après laquelle l'acclimatement conférerait l'immunité vis-à-vis de toutes les maladies des climats torrides, y compris la fièvre paludéenne, n'est que le résultat erroné de la généralisation d'un fait tout particulier. Les déductions de cette généralisation sont en désaccord formel avec l'observation positive des faits. Pour avoir l'influence réelle et unique de la race dans l'aptitude à contracter la fièvre jaune, il faut donc que les groupes que l'on a à comparer se trouvent dans des conditions identiques, au point de vue de l'acclimatement.

Avant d'essayer de mettre en lumière l'influence réelle de la race, disons quelques mots de l'influence de l'acclimatement. C'est un fait bien connu que, pour les individus d'une même race, le degré de susceptibilité pour la fièvre jaune, ainsi que les chances de mortalité, est inversement proportionnel au temps de séjour antérieur des individus dans le pays. Nous nous contenterons de citer quelques faits, pris dans l'histoire des épidémies de fièvre jaune à la Guyane, qui nous donneront la mesure de l'immunité relative conférée par l'acclimatement, conformément à la loi générale que nous venons d'énoncer.

En 1855, lorsque la fièvre jaune éclata aux îles du Salut, le personnel se composait de transportés arrivés successivement de France depuis 1852. L'épidémie avait commencé le 10 juin 1855 ; elle s'était arrêtée dans le courant de septembre, faute d'aliment, et il n'y avait plus que quelques cas isolés. Or, à la date du 1ᵉʳ octobre 1855, voici ce que l'on constatait: les transportés arrivés à la Guyane en 1852 et 1853 avaient succombé dans la proportion de 4 p. 100 ; ceux arrivés en 1854, dans la proportion de 8 p. 100 ; ceux arrivés en mars et juillet 1855, dans la proportion de 45 et 41 p. 100. Ce chiffre de 41 p. 100, fourni par les hommes arrivés en juillet, et inférieur à la mortalité de ceux arrivés en mars, s'explique par les mesures d'isolement sur l'île Saint-Joseph, moins encombrée que l'île Royale, mesures qui ne furent pas prises pour le convoi arrivé quatre mois auparavant (1).

A Saint-Augustin, pendant l'épidémie de 1856, le personnel transporté se composait d'individus ayant, les uns de trois à

____

(1) Rapports médicaux (Archives de l'hôpital de Cayenne).

quatre ans de séjour à la Guyane, et les autres de deux à dix mois seulement. Dans le courant du deuxième semestre 1856, pendant lequel sévit l'épidémie, le premier groupe mourut dans la proportion de 4 p. 100 et la mortalité du second fut de 33 p. 100 (1).

A Cayenne, pendant le premier trimestre de l'année 1856, la garnison se composait de 648 hommes d'infanterie, sur lesquels 200 (arrivés en décembre) n'avaient pas trois mois de séjour dans la colonie. Pendant le trimestre, les non acclimatés furent frappés dans la proportion de 75 p. 100 et perdirent 27 p. 100 de leur effectif, tandis que la mortalité des autres ne fut que de 3 p. 100 (2). Remarquons cependant que ces derniers n'avaient pas seulement l'acclimatement en leur faveur ; ils avaient, en outre, traversé une épidémie de fièvre jaune, l'année précédente.

Rappelons aussi l'exemple de la garnison des îles du Salut en 1872-73. Une compagnie de 85 hommes fournit 38 cas de fièvre jaune et 15 décès en deux mois et demi, tandis que les transportés européens, acclimatés, logés à côté des soldats sur le même plateau, ne fournissaient que 2 cas et un décès. Et ce décès ne tomba pas au hasard dans le tas : il fut fourni par un Européen qui n'avait que trois mois de colonie, isolé au milieu des acclimatés. Nous pourrions citer encore l'épidémie de Cayenne en 1877, pendant laquelle on n'enregistra qu'un seul décès de transporté (un Arabe). Toutes les épidémies, sans exception, ont mis le même fait en évidence.

Nous devons donc, pour obtenir la mesure de l'influence ethnique seule dans l'aptitude pour la fièvre jaune, ne comparer entre eux que des groupes se trouvant dans des conditions identiques, sous le rapport de l'acclimatement.

Les Hindous, venant d'un pays où la fièvre jaune est tout à fait inconnue, arrivent à Cayenne au mois de juillet 1856, pendant que l'épidémie atteignait son maximum de développement. Sur 250 environ, qui étaient présents à Cayenne pendant l'épidémie, il en meurt 15, soit 6 p. 100. Des Européens, dans des conditions identiques, auraient succombé dans la proportion de 30 à 45 p. 100. La différence mesure donc

(1) Rapports médicaux (Archives).
(2) Rapports médicaux (Archives).

l'influence de la race seule. Mais, pendant les deux épidémies ultérieures, beaucoup moins meurtrières il est vrai, la susceptibilité des Hindous a été beaucoup moindre. Au commencement de l'année 1877, plus de 1100 coolies arrivent à Cayenne, traversent le foyer épidémique ou y séjournent, mais il ne se produit parmi eux qu'un seul décès par fièvre jaune. Sur 46 décès fournis par le personnel européen libre à l'hôpital de Cayenne dans le courant de l'année 1877, 32 (c'est-à-dire 69, 3 p. 100) sont dus à la fièvre jaune. Dans le courant de la même année, sur 32 décès de coolies, enregistrés à l'hôpital de Cayenne, il n'y en a qu'un (c'est-à-dire 3,1 p. 100) dû à la fièvre jaune. La susceptibilité de ce groupe, pendant cette épidémie, a donc été environ vingt fois moindre que c lle des Européens libres. En 1873, bien qu'il y ait à Cayenne des Hindous peu ou pas acclimatés, la fièvre jaune les épargne; et cependant, sur les 63 décès que les Européens libres fournissent à l'hôpital de Cayenne dans le courant de cette année, 36 sont dus à la fièvre jaune.

Les documents ne nous permettent pas de mesurer exactement l'action léthifère de la fièvre jaune sur les Arabes non acclimatés et tombant tout à coup dans un foyer épidémique. Voici cependant quelques faits. Au 1er janvier 1874, le personnel du Maroni se composait de 793 transportés européens, 433 Arabes et 251 *noirs*. Les Européens avaient fait presque tous un long séjour dans la colonie; les Arabes étaient, en général, moins acclimatés, quelques-uns même étaient arrivés récemment. Pendant le premier trimestre de l'année 1874, la mortalité des Européens par fièvre jaune fut de 1,8 p. 100 ; celle des Arabes de 8,3 p. 100 ; les *noirs* furent tous indemnes. Il est probable que si tous les Arabes avaient été des nouveaux venus à la Guyane, leur mortalité aurait été augmentée; mais il est douteux qu'elle eût atteint le chiffre de 20 à 45 p. 100 qui a mesuré maintes fois la mortalité des transportés européens, dans ces conditions. En 1873, à Cayenne, l'action de la fièvre jaune fut aussi plus sensible sur les Arabes, peu acclimatés, que sur les Européens, dont la plupart étaient des libérés ayant un long séjour colonial. Sur 51 décès de transportés européens, enregistrés à l'hôpital de Cayenne dans le courant de cette année-là, 3 seulement, c'est-à-dire 5,8 p. 100, étaient dus à la fièvre jaune, tandis que sur

34 décès d'Arabes, 7, c'est-à-dire 20,5 p. 100, avaient été causés par cette maladie.

Il y avait à Cayenne, pendant les épidémies de 1872-73 et 1876-77, un certain nombre de Chinois et d'Annamites. Bien que la plupart ne fussent pas très longuement acclimatés, la fièvre jaune les épargna. Ils eurent, pendant ces deux épidémies, la même immunité que les Hindous en 1873. Au Maroni également, pendant le premier trimestre 1874, à côté des 433 Arabes peu acclimatés qui fournirent 36 décès, il y avait 254 transportés *noirs*, parmi lesquels se trouvaient un certain nombre de Chinois et d'Annamites; or, là aussi, ils furent absolument indemnes.

Il est donc bien évident que, indépendamment de l'influence de l'acclimatement, l'influence ethnique, dans la susceptibilité pour la fièvre jaune, est des plus considérables. On peut presque dire que cette maladie n'est redoutable que pour les Européens. Bien plus, si l'on fait abstraction de l'épidémie de 1855-56, qui a causé 986 décès parmi le personnel transporté, on peut dire que les deux épidémies ultérieures de fièvre jaune n'ont fait de victimes, d'une manière sérieuse, que parmi les Européens libres. En effet, depuis 1856, par suite de l'acclimatement des transportés européens et de l'immunité relative (Arabes) ou absolue (*noirs*) des transportés d'autres races, la fièvre jaune n'a probablement pas fait, dans toute la Guyane, plus de 200 victimes parmi le personnel de la transportation. La plupart de ces décès ont été observés au Maroni, de 1874 à 1878, sur des nouveaux venus Européens et Arabes.

De tous les faits que nous venons d'examiner en détail, nous pouvons tirer les conclusions suivantes :

Les Européens peu ou pas acclimatés, libres aussi bien que transportés, tombant, à la Guyane, dans des foyers de fièvre jaune, ont succombé à cette maladie dans des proportions variant de 15 à 45 p. 100 des effectifs présents.

L'immunité du groupe des nègres et métis libres, vis-à-vis de la fièvre jaune, n'a pas été absolue, mais l'action de cette maladie sur sa mortalité est tout à fait négligeable.

Les transportés nègres, qui ont traversé les trois épidémies, ont été absolument indemnes.

L'aptitude ethnique des Arabes pour la fièvre jaune n'a pu être mesurée exactement; elle paraît être, à conditions d'acclimatement égales, deux ou trois fois moindre que celle des Européens. Les faits observés l'année dernière, aux îles du Salut, tendraient, il est vrai, à infirmer un peu cette assertion, mais il resterait à savoir si les conditions d'acclimatement étaient les mêmes pour les deux races. Or, il est très probable que les Arabes de l'île Royale avaient, en général, un temps de séjour antérieur moindre que celui des Européens ; car, depuis long-temps, on n'envoie à la Guyane qu'un très petit nombre de transportés européens, tandis qu'on y expédie chaque année un ou deux convois d'Arabes.

La susceptibilité ethnique des Hindous vis-à-vis de la fièvre jaune, pendant l'épidémie grave de 1856, a été, à conditions d'acclimatement égales, sept à huit fois moindre que celle des Européens. Pendant les deux épidémies ultérieures, moins graves, la susceptibilité ethnique des Hindous a été encore plus faible comparativement à celle des Européens.

Il est probable que l'aptitude ethnique des Chinois et des Annamites doit se rapprocher de celle des Hindous. Ce groupe, dont les membres étaient plus ou moins acclimatés, a été indemne, tant à Cayenne qu'au Maroni, pendant les deux épidémies de fièvre jaune qu'il a traversées.

2° **Fièvre typhoïde.** — L'action de la fièvre typhoïde, comme facteur de la mortalité, est absolument nulle chez les transportés nègres : elle représente 0,8 p. 100 des décès chez les Hindous, 1, 4 p. 100 chez les transportés européens, 1, 9 p. 100 chez les nègres et métis libres, et 2, 1 p. 100 chez les Arabes ; enfin elle s'élève à la proportion de 5,0 p. 100 chez les Européens libres.

Cette proportion est assez forte chez les Européens libres, mais nous avons fait remarquer que plus de la moitié (33 cas sur 56) de ces décès portant le diagnostic de *fièvre typhoïde*, observés en 1873 et en 1874, n'ont absolument rien de commun avec la dothiénentérie et doivent être rapportés à la fièvre jaune.

3° **Autres maladies infectieuses.** — L'influence des fièvres éruptives sur la mortalité est nulle chez les transportés européens, les Arabes et les transportés nègres ; elle est extrêmement faible chez les autres groupes où elle ne représente

que 0, 2 p. 100 des décès chez les Hindous, 0, 3 p. 100 chez
les Européens libres, et 0,5 p. 100 chez les nègres et métis
libres.

Nous avons dit que les fièvres éruptives, de même que la
diphthérie et probablement aussi la fièvre typhoïde, ne semblent pas avoir trouvé à la Guyane une population assez dense
pour s'acclimater. Après avoir été importées, elles s'éteignent,
pour n'apparaître qu'après une nouvelle importation.

IV. MALADIES CONSTITUTIONNELLES

1° Anémie tropicale. — Les cas cliniques portant ce diagnostic représentent, chez les divers groupes, les proportions de
décès suivantes : 3, 5 p. 100 chez les Européens libres, 7, 2 p.
100 chez les transportés nègres, 10,0 p. 100 chez les transportés européens, 10, 1 p. 100 chez les Hindous, 11, 4 p. 100
chez les Arabes et 13, 1 p. 100 chez les nègres et métis libres.

Nous savons que le personnel européen libre séjournant
indéfiniment à la Guyane est peu nombreux ; la très grande
majorité des membres de ce groupe ne passent que quelques
années dans la colonie et sont incessamment renouvelés ; de
plus, ils sont trop peu exposés à l'action des causes déterminantes de l'anémie pour que celle-ci puisse arriver à un état
avancé. Nous savons également qu'il y a une cause, d'ordre
administratif, qui tend à diminuer les décès de cette classe
chez les transportés européens et les Arabes. Les transportés
nègres, presque tous de rare pure, quoique incomparablement
plus exposés que tous les autres groupes aux causes ordinaires
de l'anémie, nous présentent la proportion la plus faible, après
les Européens libres. La plus forte proportion nous est donnée
par les nègres et métis libres. Nul doute que ce fait ne soit
dû à la présence d'une quantité notable de métis clairs dans
la composition de ce groupe.

Les proportions de décès enregistrés avec le diagnostic
d'*anémie tropicale*, sont loin de mesurer l'action réelle et totale
de l'anémie chez les différents groupes. C'est un point sur lequel nous avons déjà insisté à plusieurs reprises. On ne porte
le diagnostic d'*anémie* que lorsque le sujet meurt dans le ma-

rasme, sans lésion organique déterminée. L'anémie débilite l'organisme et le livre sans défense à l'action de presque toutes les causes morbifiques. Ordinairement, les anémiques, ainsi que les cachectiques, succombent à la diarrhée ou à la dysenterie chroniques, aux affections aiguës de la poitrine, surtout la pneumonie, à la tuberculose, aux complications du traumatisme, etc.

2° Hydropisie, ascite.— L'action de ces maladies sur la mortalité se traduit, chez les différents groupes, par les chiffres suivants : transportés nègres 1,0 p. 100, Arabes 1,5 p. 100, Européens libres 1,6 p. 100, Hindous 2,5 p. 100, transportés européens 3,8 p. 100, nègres et métis libres 6,5 p. 100.

Les remarques que nous venons de faire, à propos de l'anémie tropicale, et celles que nous avons faites plus haut à propos de la cachexie paludéenne, peuvent s'appliquer à l'hydropisie et à l'ascite qui ne sont, le plus souvent, que des formes avancées des deux entités morbides précédentes.

3° Autres maladies constitutionnelles. — Ces diverses maladies représentent, dans la mortalité de chaque groupe, les proportions de décès suivantes : Européens libres 0,2 p. 100, transportés européens 0,2 p. 100, nègres et métis libres 0,2 p. 100, Arabes 0,6 p. 100, transportés nègres 2,1 p. 100, Hindous 3,9 p. 100.

C'est le béribéri qui a fait monter à un chiffre assez élevé la proportion des décès de cette classe chez les Hindous.

V. APPAREIL CIRCULATOIRE

Maladies diverses. — L'action de ces maladies sur la mortalité représente les proportions suivantes : 0,6 p. 100 chez les Européens libres et chez les Arabes, 0,8 p. 100 chez les coolies hindous, 0,9 p. 100 chez les transportés européens, 1,1 p. 100 chez les transportés nègres et 2,2 p. 100 chez les nègres et métis libres.

Les endocardites et les affections organiques du cœur sont des maladies qui paraissent fréquentes chez les métis.

VI. APPAREIL RESPIRATOIRE

1° **Tuberculose pulmonaire.** — L'action léthifère de la tuberculose pulmonaire représente les proportions suivantes : 6,4
p. 100 des décès chez les Européens libres, 8,3 p. 100 chez les
transportés européens, 9,7 p. 100 chez les Hindous, 10,6 p.
100 chez les nègres et métis libres, 16,3 p. 100 chez les Arabes
et 17,5 p. 100 chez les transportés nègres.

La faible proportion des décès de cette classe, chez les
Européens libres, s'explique facilement par la nature du personnel et le fréquent rapatriement des phthisiques du personnel militaire. Ce sont les Arabes qui, après les transportés
nègres, paient le plus lourd tribut à la tuberculose pulmonaire.

2° **Pneumonie et autres maladies.** — L'action de ces maladies
sur la mortalité représente les proportions suivantes chez les
divers groupes : 1,5 p. 100.]chez les Européens libres, 7,7 p.
100 chez les nègres et métis libres, 7,8 p. 100 chez les transportés européens, 8,5 p. 100 chez les coolies hindous, 11,7 p.
100 chez les Arabes et 25,8 p. 100 chez les transportés nègres.

L'action de la tuberculose pulmonaire sur la mortalité présente des différences notables d'un groupe à l'autre ; mais ces
différences sont bien plus frappantes pour les maladies aiguës
de la poitrine. La population européenne libre, en grande
partie jeune, vigoureuse, souvent renouvelée, ne paye qu'un
tribut insignifiant aux maladies de cet ordre. Les transportés
européens succombent à ces maladies à peu près dans la
même proportion que les nègres et métis libres. L'action des
maladies aiguës de la poitrine est un peu plus marquée chez
les Hindous et les Arabes, mais elle s'élève considérablement
chez les transportés nègres : plus du quart des décès de ce
dernier groupe sont dus à ces maladies.

On peut remarquer encore que les chiffres proportionnels
représentant l'action de la tuberculose, pulmonaire et des maladies aiguës de la poitrine, offrent un écart considérable, à
l'avantage de la tuberculose, chez les Européens libres. Ces
chiffres tendent à se rapprocher les uns des autres chez les
Arabes, les nègres et les métis libres, les Hindous et les trans-

portés européens, mais la supériorité numérique est toujours du côté de la tuberculose. C'est l'inverse chez les transportés nègres : les maladies aiguës de la poitrine l'emportent de plus d'un tiers sur la tuberculose pulmonaire.

Si nous réunissons ensemble toutes les maladies de l'appareil respiratoire, le total représente les proportions suivantes : 7,9 p. 100 des décès chez les Européens libres, 16,1 p. 100 chez les transportés européens, 18,2 p. 100 chez les Hindous, 18,6 p. 100 chez les nègres et métis libres, 28,0 p. 100 chez les Arabes et 43,3 p. 100 chez les transportés nègres. Cette proportion serait d e 27,1 p. 100 chez les Chinois et Annamites.

VII. APPAREIL DIGESTIF

1° **Maladies du tube digestif.** — Les maladies du tube digestif représentent, dans la mortalité de chaque groupe, les proportions suivantes : 5,1 p. 100 chez les Européens libres, 9,3 p. 100 chez les Arabes, 10,2 p. 100 chez les transportés européens, 13,4 p. 100 chez les transportés nègres, 13,5 p. 100 chez les nègres et métis libres, et 16,9 p. 100 chez les coolies hindous.

Ce sont, à peu de chose près, les groupes dont le régime alimentaire laisse le plus à désirer qui fournissent les plus fortes proportions de décès par maladies du tube digestif.

2° **Maladies du foie.** — L'action des maladies de foie sur la mortalité ne représente que les faibles proportions suivantes : 0,5 p. 100 chez les nègres et les métis libres, 0,9 p. 100 chez les Arabes, 0,9 p. 100 chez les coolies hindous, 1,5 p. 100 chez les Européens libres, 1.5 p. 100 chez les transportés européens et 2,1 p. 100 chez les transportés nègres.

Si nous ne tenons compte que des décès par abcès du foie, les proportions qu'ils représentent sont les suivantes : 0,2 p. 100 chez les Hindous et 0,5 p. 100 chez les deux groupes d'Européens, libres et transportés. Quant aux Arabes, aux nègres et métis libres, et aux transportés nègres, aucun décès par abcès du foie n'a été observé chez ces trois groupes.

3° **Maladies du péritoine.** — L'action léthifère des maladies
du péritoine est faible ; elle est nulle chez les transportés
nègres; elle est représentée chez les autres groupes : par les
chiffres proportionnels suivants : 0,3 p. 100 des décès chez les
Européens libres, 0,3 p. 100 chez les Arabes, 0,4 p. 100 chez
les transportés européens. 0,4 p. 100 chez les Hindous, 1,7
p. 100 chez les nègres et métis libres.

L'action de l'ensemble des maladies de l'appareil digestif
sur la mortalité se traduit, chez les divers groupes, par les proportions suivantes : Européens libres 6,9 p. 100 des décès,
Arabes 10,5 p. 100, transportés européens 12,1 p. 100, transportés nègres 15,5 p. 100, nègres et métis libres 15,7 p. 100,
Hindous 18,2 p. 100. Chez les Chinois et Annamites, cette proportion serait de 13,5 p. 100.

VIII. APPAREIL GÉNITO-URINAIRE

Maladies diverses. — La proportion des décès dus aux
maladies de cet appareil, maladies qui sont presque toutes des
lésions des reins, est la suivante chez les différents groupes :
Européens libres 0,3 p. 100, transportés européens 0,6 p. 100,
nègres et métis libres 1,0 p. 100, transportés nègres 1,0 p. 100,
Arabes 2,1 p. 100, Hindous 3,3 p. 100.

Indépendamment de la cachexie paludéenne et de la syphilis, ce sont les suppurations prolongées, surtout les suppurations osseuses, dont le rôle dans l'étiologie et la pathogénie
des lésions du rein est bien connu, qui doivent être invoquées
pour expliquer la fréquence de ces affections chez les Arabes et
surtout les Hindous.

IX. APPAREIL D'INNERVATION

Maladies de l'encéphale et du bulbe. — La proportion des
décès dus aux maladies de cette classe se traduit par les
chiffres suivants : transportés européens 2,0 p. 100, Européens

libres 2, 1 p. 100, Hindous 2, 3 p. 100, Arabes 2, 4 p. 100,
transportés nègres 3, 1 p. 100, nègres et métis libres 6, 3
p. 100.

Les maladies des centres nerveux et de leurs membranes paraissent fréquentes, à la Guyane, chez les nègres et surtout chez les métis. Le même fait a été remarqué par les observateurs au Brésil. Le D⊂r⊃ Sigaud (1) dit que dans ce pays, les affections de la moelle, du cerveau et de ses membranes, sont fréquentes parmi les nègres, contrairement à l'opinion de Thévenot, qui prétend que ces maladies sont rares parmi les nègres au Sénégal.

2° **Maladies de la moelle.** — Ces maladies nous donnent les proportions de décès suivantes : transportés européens 0,1 p. 100, nègres et métis libres 0,2 p. 100, Hindous 0,2 p. 100, Européens libres 0,4 p. 100, transportés nègres 1,0 p. 100. Ces maladies ne sont pas représentées chez les Arabes.

3° **Tétanos.** — La proportion des décès causés par le tétanos est la suivante chez les différents groupes : Européens libres 0,7 p. 100, transportés européens 0,9 p. 100, Hindous 1,0 p. 100, Arabes 2,1 p. 100, transportés nègres 2,1 p. 100, nègres et métis libres 2,4 p. 100.

De même que pour les maladies des centres nerveux, ce sont les nègres qui présentent la proportion la plus élevée. Les Arabes paraissent avoir pour le tétanos une aptitude bien marquée, se rapprochant beaucoup de celle des nègres et dépassant très sensiblement celle des Hindous. Enfin, en dernier lieu viennent les Européens, transportés et libres.

L'ensemble des maladies de l'appareil d'innervation nous donne les proportions de décès suivantes : transportés européens 3,0 p. 100 Européens libres 3,2 p. 100, Hindous 3,5 p. 100, Arabes 4,5 p. 100, transportés nègres 6,2 p. 100, nègres et métis libres 8,9 p. 100.

______

(1) J.-F.-X. Sigaud. — *Du climat et des maladies du Brésil.* Paris, 184

X. APPAREIL LOCOMOTEUR

Maladies des os et des articulations. — L'action des maladies de cette classe sur la mortalité se traduit par les proportions de décès suivantes : Européens libres 0,2 p. 100, transportés européens 0,3 p. 100, Arabes 0,3 p. 100, Hindous 0,6 p. 100, transportés nègres 1,0 p. 100, nègres et métis libres 1,7 p. 100.

XI. AUTO-INFECTION

Ulcères, infection putride, etc. — Les maladies de cette classe représentent, dans la mortalité de chaque groupe, les proportions de décès suivantes : transportés nègres 1,0 p. 100, Européens libres 2,0 p. 100, Arabes, 3,6 p. 100, transportés européens 3,9 p. 100, nègres et métis libres 5,6 p. 100, Hindous 14,0 p. 100.

Nous nous sommes déjà suffisamment étendu sur les causes de l'énorme proportion de décès par auto-infection que présentent les coolies hindous. Il est à remarquer que c'est le groupe fournissant, avec les Hindous, le plus de travailleurs aux placers, c'est-à-dire le groupe des nègres et métis libres, dont la proportion de décès par auto-infection tient le deuxième rang, laissant sensiblement en arrière celle des transportés européens et des Arabes. Les transportés nègres, qui sont soumis aux plus durs travaux, mais qui se trouvent sous la surveillance de l'administration, reçoivent des secours médicaux, et sont envoyés à l'hôpital en temps opportun, présentent la proportion la plus faible.

XII. NÉOPLASMES

Cancer, tumeurs diverses. — Les maladies de cette classe ne sont pas représentées chez les Arabes et les transportés nègres. Les décès causés par ces maladies nous donnent, chez les

autres groupes, les proportions suivantes : Hindous 0,4 p. 100,
transportés européens 0,5 p. 100, Européens libres 0,6 p. 100,
nègres et métis libres 1,4 p. 100.

Si nous ne prenons que les cas portant le diagnostic : *cancer*, et si nous y adjoignons les cas de cancer de l'estomac, que
nous avons rangés parmi les maladies de l'appareil digestif,
nous trouvons les proportions suivantes : transportés européens 0,4 p. 100 (4 cas de cancer, plus 2 cas de cancer de l'estomac), Européens libres 0,5 p. 100 (5 cas de cancer, plus 1 cas
de cancer de l'estomac), nègres et métis libres 0,7 p. 100
(3 cas de cancer). Il y a, en outre, un cas de cancer de l'estomac chez les transportés nègres.

Malgré le résultat que nous donnent ces chiffres, en tenant
compte, d'une part, de la nature spéciale du personnel européen, tant libre que transporté, et, d'autre part, des doutes
qui existent sur l'exactitude du diagnostic des cas de cancer
chez les nègres et métis libres, on peut dire que chez ce dernier groupe, qui présente cependant tous les éléments d'une
population normale, le carcinome est, d'une manière absolue,
une rareté pathologique. Le cancer semble très rare aussi
chez les Hindous et les Arabes.

La lèpre tuberculeuse, à laquelle se rattachent deux décès,
(un nègre libre et un Hindou), est endémique à la Guyane. Désignée, dans le pays, sous le nom de *cocobé*, décrite par divers
auteurs sous le nom de *mal rouge de Cayenne*, cette maladie a
été observée sur toutes les races, sauf les Indiens Peaux-Rouges.
Ce sont les nègres qui en sont, de beaucoup, le plus fréquemment atteints. La léproserie de l'Accarouany renfermait, dans
ces dernières années, une quarantaine de lépreux (1) des deux
sexes, lesquels, à part quelques Hindous, étaient tous de race
nègre à peu près pure. Toutefois il y a eu, ou il y a encore, à
l'Accarouany, une religieuse européenne lépreuse qui avait la
surveillance de la léproserie. Il s'en faut de beaucoup que tous
les lépreux de la Guyane soient internés à l'Accarouany, car
l'opinion de la contagion de la lèpre perdant de plus en plus de
terrain dans les idées des habitants, les mesures d'isolement
des lépreux sont loin d'être ce que l'on se figure généralement
en Europe. Les lépreux sont assez nombreux parmi les nègres

____

(1) A la fin de l'année 1885, il y en avait 38.

à Cayenne; ils circulent en toute liberté. On ne les envoie à
l'Accarouany que lorsque la maladie est arrivée à un degré
très avancé, lorsqu'elle a envahi la face, et surtout lorsqu'ils
sont indigents. La maladie paraît plus rare parmi les métis.
Après les nègres, ce sont les coolies hindous qui semblent
avoir le plus d'aptitude pour la lèpre. Aucun Européen, libre
ou transporté, n'existait à la léproserie de l'Accarouany, dans
ces dernières années. Je ne pourrais dire si, parmi les nègres
et les quelques Hindous qui y étaient internés, il s'en trouvait
quelques-uns appartenant au personnel transporté. En 1882
et 1883, la transportation n'avait que deux lépreux : un Européen et un Arabe. Ces deux lépreux se trouvaient aux îles du
Salut; ils n'étaient nullement isolés; ils vivaient avec les
autres malades dans la salle des *incurables*. La maladie, chez
l'Arabe, était à un degré moins avancé que chez l'Européen.
Celui-ci avait des gros tubercules ulcérés à la face et sur
d'autres parties du corps.

Pendant mon séjour à la Guyane, j'ai vu, à l'hôpital de
Cayenne, un gendarme, habitant la colonie depuis de nombreuses années, qui présentait sur la peau quelques taches
légèrement cuivrées, avec anesthésie, taches qui n'étaient,
sans aucun doute, autre chose que le *mal rouge* à son début.
Cet homme fut renvoyé en France.

Campet (1) qui, au siècle dernier, a passé dix-huit années à
la Guyane, à une époque où les familles blanches étaient
beaucoup plus nombreuses qu'aujourd'hui, dit n'avoir vu et
connu à Cayenne que trois blancs atteints de lèpre : un
maçon, un négociant et un chevalier de Saint-Louis.

En parlant de cette maladie, Laure, dans le travail que
nous avons déjà cité, dit : « Depuis l'émancipation, la lèpre
« envahit les familles blanches; elle se propage avec une telle
« rapidité qu'un dixième de la population en est infecté (2). »
Il ne faudrait pas croire, d'après ce passage, que les lépreux
se comptaient par douzaines parmi les blancs, à l'époque où
Laure était à la Guyane. En effet, ces lignes ont été écrites il
y a près de trente ans. Or, dix ans après l'abolition de l'esclavage, les familles blanches de la Guyane devaient déjà com-
mencer à s'éclaircir. A l'heure actuelle, on trouve quelques

(1) Campet, *loc. cit.*
(2) Laure, *loc. cit.*, page 75.

fonctionnaires qui ont avec eux leur famille ; ces familles, en général, ne séjournent qu'un temps limité à la Guyane, retournent souvent en France et changent souvent de colonie ; elles vivent dans un confort suffisant et, chez elles, la lèpre ne doit pas s'observer souvent. En dehors de ces familles de fonctionnaires et des transportés, on peut facilement compter sur ses doigts les familles blanches établies dans le pays (1). Parmi ces quelques familles blanches, il y en a une qui *passe pour avoir eu* un ou plusieurs lépreux parmi ses membres. Tel est l'exposé exact de la vérité. Pour que le dixième de la population fût affecté de la lèpre, comme le dit Laure, il faudrait qu'il y eût, à l'heure actuelle, rien que dans la population de couleur, environ 1700 lépreux. Personne ne peut dire le nombre exact des lépreux que renferme la Guyane française. Il faudrait pour cela soumettre la population entière à une visite médicale minutieuse. Toutefois, ce qu'on peut affirmer, c'est que la proportion donnée par Laure est, à l'heure actuelle du moins, fortement exagérée.

D'après des chiffres empruntés à la *Géographie médicale* du Dr Bordier, à l'heure actuelle, on compterait en Norwège, dans le Finmark, 1 lépreux sur 1383 habitants, dans le nord de Drotheim 1 sur 1530, dans le sud 1 sur 968, en Strevangen 1 sur 871, en Nordland 1 sur 528, dans le sud de Bergen 1 sur 580, dans le nord 1 sur 272. Dans la province de Helsingeland, en Suède, on comptait, il y a quelques années, un lépreux sur 95 habitants. A la Guyane française, pour une population de couleur qui n'atteint pas tout à fait 17,000 habitants, il y a une quarantaine de lépreux internés ; mais si on soumettait la population entière à un examen médical, on trouverait peut-être 100 lépreux, peut-être 200, peut-être même davantage. Le nombre des lépreux internés à l'Accarouany ne peut donner la mesure réelle de la fréquence de la lèpre dans la population. Il serait donc impossible, même en faisant des recherches sur ce sujet, de dire si l'expansion de la lèpre a augmenté ou diminué depuis l'émancipation ou depuis le siècle dernier.

---

(1) Nous avons dit que, en dehors des fonctionnaires et des transportés, il n'y a pas, à l'heure actuelle, établis d'une manière fixe dans la colonie, 75 blancs (hommes, femmes, enfants) de race pure, Français ou étrangers, créoles ou nés en Europe.

En résumé, voici tout ce qu'on peut dire sur cette question : la lèpre est endémique à la Guyane française ; elle y existait au siècle dernier et aussi au xviie siècle ; à l'heure actuelle, elle est fréquente parmi les nègres, plus rare parmi les métis, plus rare encore parmi les Européens, même les transportés. Elle est aussi rare chez les transportés arabes que chez les transportés européens. Les coolies hindous en sont le plus souvent atteints, après les nègres.

A quoi tient la différence que présentent les diverses races à ce point de vue ? Se rattache-t-elle à l'alimentation ? C'est un sujet que nous n'aborderons point, pas plus que l'étiologie de la lèpre et la question si controversée de sa contagion.

La lèpre n'a jamais été observée chez les Peaux-Rouges. Le Dr Saint-Pair, qui a habité la Guyane pendant de nombreuses années, dit, dans un de ses rapports, n'avoir jamais vu un Peau-Rouge lépreux (1). A Surinam, dit le Dr Van Leent (2), il n'existe pas un seul cas, dûment constaté, qu'un Indien ait été attaqué par la lèpre. Le Dr Uhlig, directeur de la léproserie de Batavia (Guyane hollandaise), dans son rapport officiel, se prononce de la sorte : « J'ai fait des recherches « spéciales sur ce point, et je sais que ni à la Guyane fran- « çaise, ni à la Guyane britannique, ni ici (Surinam), un « Indien lépreux n'a jamais été vu. Quelques tribus indiennes « même qui se sont mêlées avec la race nègre et qui portent le « nom d'*Indiens Karboeges*, n'en offrent aucune trace. »

Cependant, pour ne pas se faire de fausses idées sur la valeur de ces documents, il faut savoir que le nombre d'Indiens que renferment les Guyanes est très faible. A la Guyane française, il n'est estimé qu'à 2000, dans les documents officiels. Cette estimation officielle est de 7000 à la Guyane anglaise ; elle n'est pas déterminée dans les statistiques officielles de la Guyane hollandaise, mais le nombre d'Indiens Peaux-Rouges qu'elle renferme n'est certainement pas supérieur à celui de la Guyane anglaise.

(1) Rapports médicaux (Archives de l'hôpital de Cayenne).
(2) Dr Van Leent. — *La Guyane néerlandaise* (*Archives de médecine navale*, novembre 1880).

XIII. INTOXICATIONS

Alcoolisme, saturnisme, etc. — La proportion des décès de cet ordre se traduit, dans chaque groupe, par les chiffres suivants : nègres et métis libres 0,2 p. 100, Arabes 0,3 p. 100, Hindous 0,4 p. 100, Européens libres 0,5 p. 100, transportés européens 0,6 p. 100, transportés nègres 1,0 p. 100.

XIV. TRAUMATISMES

1° Traumatismes divers. — Les décès par lésions traumatiques accidentelles représentent, chez les divers groupes, les proportions suivantes : Arabes 1,8 p. 100, Hindous 1,9 p. 100, transportés nègres 2,1 p. 100, Européens libres 2,3 p. 100, transportés européens 3,2 p. 100, nègres et métis libres 5,8 p. 100.

La proportion élevée des décès de cette classe chez les nègres et métis libres est facile à expliquer. En dehors des fonctionnaires, qui entrent de droit à l'hôpital, les malades de ce groupe n'y sont reçus que contre remboursement des frais de séjour. Or, cette partie du personnel sollicite plus volontiers son admission à l'hôpital dans un cas de traumatisme accidentel que dans un cas de maladie interne.

2° Traumatismes chirurgicaux. — Les décès consécutifs à une intervention chirurgicale, qui n'ont certainement pas été notés tous, et qui sont souvent rapportés à la maladie ayant nécessité l'opération, nous donnent les proportions suivantes : Européens libres 0,2 p. 100, transportés européens 0,4 p. 100, Arabes 0,6 p. 100, transportés nègres 1,0 p. 100, Hindous 1,4 p. 100, nègres et métis libres 1,7 p. 100.

L'action totale des traumatismes accidentels et chirurgicaux sur la mortalité, se traduit par les proportions suivantes : Arabes 2,4 p. 100, Européens libres 2,5 p. 100, transportés nègres 3,1 p. 100, Hindous 3,3 p. 100, transportés européens 3,6 p. 100, nègres et métis libres 7,5 p. 100.

RÉSUMÉ DE L'ÉTUDE COMPARÉE

Pour terminer cette étude comparée, nous croyons devoir jeter un coup d'œil d'ensemble sur ce que nous venons de dire, et essayer de condenser, de résumer à grands traits, la pathologie de chaque groupe.

Si nous réunissons ensemble la fièvre jaune, l'impaludisme, l'anémie et l'hydropisie, nous pouvons dire que, sur 100 décès d'Européens libres, observés à l'hôpital de Cayenne dans l'espace de 30 années, près de 70 (69, 6 p. 100) sont dus à l'action de la haute température continue et de l'infectieux paludéen et amaril; près de 8 (7, 9 p. 100) reviennent à la tuberculose pulmonaire, à la pneumonie et aux autres maladies de l'appareil respiratoire; près de 7 (6, 9 p. 100) se rapportent aux maladies de l'appareil digestif. Les autres décès (15, 6 p. 100) sont dus à des maladies diverses, parmi lesquelles les plus actives sont : la fièvre typhoïde (5,0 p. 100) (1), les maladies variées de l'appareil d'innervation, y compris le tétanos (3, 2 p. 100), les lésions traumatiques accidentelles et chirurgicales (2,5 p.100), l'auto-infection (2,0 p. 100).

Sur 100 décès de transportés européens, observés à l'hôpital de Cayenne, plus de 56 (56, 4 p. 100) sont dus à l'action de la haute température continue et de l'infectieux paludéen et amaril, mais il y a lieu de faire observer que des circonstances particulières ont atténué, *à Cayenne*, l'action de la fièvre jaune sur ce groupe; plus de 16 (16, 1 p. 100) ont été causés par la tuberculose pulmonaire, la pneumonie et les autres maladies de l'appareil respiratoire; plus de 12 (12, 1 p. 100) se rapportent aux maladies de l'appareil digestif. Les autres décès (15, 4 p. 100) sont dus à des maladies diverses, dont les principales sont : l'auto-infection (3, 9 p. 100), les traumatismes accidentels et chirurgicaux (3, 6 p. 100), les maladies diverses de l'appareil d'innervation, y compris le tétanos (3,0 p. 100).

Sur 100 décès de nègres et métis libres, observés à l'hôpital de Cayenne, plus de 34 (34, 4 p. 100) reconnaissent pour cause l'impaludisme, l'anémie, l'hydropisie et la fièvre jaune, l'ac-

(1) Nous avons vu que plus de la moitié de la proportion qui revient à la fièvre typhoïde doit être rapportée à la fièvre jaune.

tion de cette dernière maladie étant à peu près insignifiante
(0, 5 p. 100); près de 19 (18, 6 p. 100) reviennent à la tuberculose pulmonaire, à la pneumonie et aux autres maladies de
l'appareil respiratoire; près de 16 (15, 7 p. 100) sont dus aux
maladies de l'appareil digestif. Les autres décès (31, 3 p. 100)
ont été causés par des maladies diverses, parmi lesquelles il
convient de citer : les maladies de l'appareil d'innervation, y
compris le tétanos (8, 9 p. 100), les lésions traumatiques accidentelles et chirurgicales (7,5 p.100), l'auto-infection (5, 6 p.100),
les maladies de l'appareil circulatoire. (2, 2 p. 100).

Sur 100 décès de transportés nègres, observés à l'hôpital
de Cayenne, près de 25 (24, 7 p. 100) ont été causés par l'impaludisme, l'anémie et l'hydropisie, l'action de la fièvre jaune
ayant été nulle sur ce groupe; plus de 43 (43, 3 p. 100) se rapportent à la tuberculose pulmonaire, à la pneumonie et aux
autres maladies de l'appareil respiratoire; plus de 15 (15, 5 p. 100)
reviennent aux maladies de l'appareil digestif. Les autres décès
(16, 5 p. 100) sont dus à des maladies diverses, parmi lesquelles
nous citerons : les affections de l'appareil d'innervation, y
compris le tétanos (6, 2 p. 100), et les traumatismes accidentels ou chirurgicaux (3, 1 p. 100).

Sur 100 décès de transportés arabes, observés à l'hôpital de
Cayenne, 45 (45,0 p. 100) se rapportent à l'impaludisme,
l'anémie, l'hydropisie et la fièvre jaune dont l'action sur ce
groupe a été atténuée par suite de circonstances particulières;
28 (28,0 p. 100) ont eu pour cause la tuberculose pulmonaire,
la pneumonie et les autres maladies de l'appareil respiratoire,
plus de 10 (10, 5 p. 100) reviennent aux maladies de l'appareil
digestif. Les autres décès (16, 5 p. 100) se rapportent à des
maladies diverses, dont les principales sont : les maladies de
l'appareil d'innervation, y compris le tétanos (4, 5 p. 100),
l'auto-infection (3, 6 p. 100), les traumatismes accidentels et
chirurgicaux (2, 4 p. 100), les maladies du rein et de l'appareil
génito-urinaire (2, 1 p. 100), la fièvre typhoïde (2, 1 p. 100).

Sur 100 décès de coolies hindous, observés à l'hôpital de
Cayenne, plus de 32 (32, 4 p. 100) se rapportent à l'impaludisme, la fièvre jaune, l'anémie et l'hydropisie; plus de 18
(18, 2 p. 100) reconnaissent pour cause la tuberculose pulmonaire, la pneumonie et les autres maladies de l'appareil
respiratoire; plus de 18 (18, 2 p. 100) sont dus aux maladies

de l'appareil digestif. Les autres décès (31, 2 p. 100) reviennent à des maladies diverses, parmi lesquelles les plus actives ont été : l'auto-infection (14, 0 p. 100), le béribéri et les autres maladies constitutionnelles (3, 9 p. 100), les maladies de l'appareil d'innervation, y compris le tétanos (3, 5 p. 100), les maladies du rein et de l'appareil génito-urinaire (3, 3 p. 100), les traumatismes accidentels et chirurgicaux (3, 3 p. 100).

Le nombre trop restreint des décès de Chinois et d'Annamites, observés à l'hôpital de Cayenne, ne nous permet pas de nous faire une idée exacte de la pathologie de ce groupe. Néanmoins, en nous basant sur ces faibles chiffres, nous pouvons dire que sur 100 décès de Chinois et d'Annamites, il y en aurait près de 22 (21, 6 p. 100) se rapportant à l'impaludisme, à l'anémie, à l'hydropisie et à la fièvre jaune dont l'action a été nulle sur ce groupe, par suite de circonstances particulières ; plus de 27 (27, 1 p. 100) reviendraient à la tuberculose pulmonaire, la pneumonie et les autres maladies de l'appareil respiratoire; plus de 13 (13, 5 p. 100) reconnaîtraient pour cause les maladies de l'appareil digestif. Quant aux autres décès (37, 8 p. 100), ils se rapporteraient à des maladies diverses, dont les principales seraient : les maladies de l'appareil d'innervation, y compris le tétanos (10, 8 p. 100), l'auto-infection (8, 1 p. 100), les maladies de l'appareil génito-urinaire (5, 4 p. 100).

CONSIDÉRATIONS GÉNÉRALES

SUR LA COLONISATION

DEUXIÈME PARTIE

*Non excogitandum neque fingendum, sed invenien-
dum quid natura faciat aut ferat.*

BACON.

De même que le plus grand nombre des végétaux
et des animaux, l'homme, le plus complexe des êtres
vivants, n'est pas cosmopolite : il ne lui est pas
permis de changer impunément de latitude et de
climat.

I

Conditions de la vie des Européens
dans les climats torrides.

Les races humaines ne diffèrent pas moins entre elles par
leurs caractères pathologiques que par leurs caractères physiques. Les différences pathologiques qui séparent les races
peuvent paraître légères, lorsqu'on se borne à l'observation
des faits qu'on voit autour de soi et qu'on se contente d'un
examen passager ne portant que sur l'individu; elles se ré-
vèlent considérables, profondes, lorsque, embrassant un long
espace de temps et faisant intervenir les chiffres, on étudie
des groupes de race différente dont le genre de vie se ressemble un peu. Ces différences pathologiques, dérivant elles-
mêmes de différences physiques et physiologiques, ont des
conséquences immenses : une race vit et prospère là où une
autre dépérit et s'éteint.

L'Européen rencontre à la Guyane trois obstacles, trois
ennemis terribles, contre lesquels il a à lutter : l'infectieux
amaril, l'infectieux paludéen et la haute température conti-

nue. La fièvre jaune, il est vrai, n'apparaît que par épidémies plus ou moins espacées, et un séjour antérieur de quelques années diminue pour l'Européen les chances d'y succomber. Néanmoins, il faut envisager les faits tels qu'ils sont : la fièvre jaune est un facteur sérieux de la mortalité des Européens dans ce pays. Elle a fait, depuis le commencement de ce siècle, six apparitions; ses épidémies semblent se rapprocher de plus en plus; le microbe amaril a une tendance manifeste à s'acclimater, à renaître sur place. Si les dernières épidémies ont été moins meurtrières que celle de 1855-56, c'est peut-être uniquement parce qu'elles ont rencontré moins d'éléments favorables, capables d'activer leur développement en leur servant d'aliment. Quoi qu'il en soit, si nous laissons de côté la fièvre jaune qui n'apparaît que par intervalles, l'Européen trouve encore en face de lui deux ennemis dont l'action est constante : l'infectieux paludéen et la haute température continue.

On peut dire que la vie de l'Européen à la Guyane et dans toutes les contrées à climat torride (1), en général, est la lutte permanente de son organisme contre l'action de ces deux éléments. La chaleur agit bien plus par sa continuité que par son intensité; l'Européen peut supporter passagèrement des températures très élevées; c'est la continuité qui est fatale à son organisme. La chaleur continue produit chez lui le ralentissement de l'activité nutritive des tissus et en même temps des modifications dans la composition du sang, d'où résulte la diminution lente, mais graduelle, de la vigueur physique et intellectuelle, de l'aptitude au travail musculaire et cérébral. Cet état de déchéance physiologique progressive, que produit la haute température continue sur l'organisme de l'Européen, a pour effet d'amoindrir de plus en plus sa résistance vitale à presque toutes les causes pathogènes, et particulièrement à la fièvre paludéenne, à la tuberculose, aux

(1) Nous avons dit que la zone des climats torrides est comprise entre les lignes isothermes de + 25°. Voir les cartes des climats. Cette zone représente plus d'un tiers de la surface du globe. Les principaux pays qu'elle comprend sont : les trois quarts de l'Afrique, la moitié nord de Madagascar, la partie méridionale de l'Arabie, l'Hindoustan, l'Indo-Chine; en Amérique, une petite partie du sud du Mexique, toutes les Antilles, l'Amérique centrale, la Colombie, les Guyanes, la partie nord du Brésil; en Océanie, les Archipels de la Malaisie, une petite bande au nord de l'Australie, et un grand nombre d'autres îles.

maladies aiguës de la poitrine, aux affections du tube digestif, aux complications du traumatisme. Quant à l'impaludisme, son action est beaucoup moins lente que celle de la
haute température continue. Cette action peut devenir rapidement mortelle (fièvres compliquées, accès pernicieux), ou
bien déterminer en quelques mois un état de cachexie palustre des plus graves.

La chaleur paraît, au premier abord, un obstacle moins
redoutable que l'impaludisme; mais, si l'on considère qu'elle
produit la déchéance vitale et la diminution de la résistance
de l'organisme à presque toutes les maladies, que son action
est permanente, constante, fatale, et surtout que ses effets
s'accumulent et s'aggravent avec le temps, son influence apparaît considérablement agrandie. L'existence de l'impaludisme n'est que contingente. L'homme n'est pas désarmé
contre le poison malarien : une contrée peut être assainie.
L'homme ne peut rien contre la chaleur; il ne lui appartient
pas de changer les conditions thermiques d'une contrée.
L'action de la température est donc l'obstacle inéluctable que
rencontre l'homme lorsqu'il change de latitude dans ses migrations. Elle suffirait à elle seule pour amener le dépérissement lent et la suppression des races du Nord vivant dans les
climats torrides, alors qu'elles sont organisées pour résister
au froid, de même qu'elle produirait l'extinction des races
organisées pour résister à la chaleur, si elles étaient transportées dans les climats tempérés ou froids.

La lutte que l'immigrant européen (1) doit soutenir contre
les deux éléments redoutables du climat : chaleur et impa-

(1) Par *Européens* nous entendons surtout les Européens des climats
tempérés, c'est-à-dire les Français, les Anglais, les Allemands, etc. On sait,
en effet, que la ligne isotherme de $+$ 15° longe les Pyrénées, coupe l'Italie
et passe au nord de la Grèce; par conséquent, l'Espagne, la Grèce et une
bonne partie de l'Italie sont situées dans la zone des climats chauds. Les
considérations qui suivent s'appliquent aux Européens passant des climats
tempérés dans les climats torrides, en franchissant la zone des climats chauds,
qui représente un écart isothermique de dix degrés. L'Allemand et l'Espagnol
diffèrent physiquement : ils diffèrent aussi pathologiquement, lorsqu'ils sont
transportés tous les deux dans un nouveau milieu. La température annuelle
de l'Algérie ne diffère pas sensiblement de celle du sud de l'Espagne. En
Algérie, l'Espagnol du Sud travaille et prospère, mais il n'en est pas de même
de l'Allemand. Il y a même, à ce point de vue, en Algérie, une différence
appréciable entre le Français du Nord et le Français du Midi. Néanmoins,
les considérations qui suivent s'appliquent aussi, comme nous le verrons
plus loin, aux Espagnols et aux autres Européens de la zone des climats
chauds.

ludisme, sera d'autant plus longue que l'immigrant sera moins
exposé à leur action. Le fonctionnaire ou le commerçant européen, résidant à Cayenne, peu exposés au miasme paludéen,
restant à l'abri du soleil pendant toute la journée, vivant sans
travail musculaire pénible, ayant une bonne alimentation, en
un mot s'entourant de tous les soins hygiéniques que peut se
permettre un homme dans une situation aisée, peuvent vivre
à la Guyane pendant de longues années. L'action du climat
n'agit sur eux qu'avec une extrême lenteur. Il en est tout autrement du transporté européen envoyé à la *grande corvée*, ou
concessionnaire rural au Maroni. Celui-là est fatalement condamné à mourir cachectique au bout de peu d'années, parce
qu'il est exposé, dans les conditions les plus défavorables, à
l'action de deux éléments meurtriers auxquels le fonctionnaire et le commerçant sont soustraits en grande partie. En
outre, il doit fournir une certaine somme d'activité musculaire, et nous avons vu que le travail musculaire a une action
considérable sur la genèse et la marche de l'anémie : nous
sommes entré dans de longs développements et de longues
considérations physiologiques à ce sujet. La manière de vivre
constitue donc une question capitale sur laquelle on ne saurait trop insister. C'est le travail, en effet, et surtout le travail
agricole, qui est rapidement meurtrier pour l'Européen dans
les climats torrides. Il est meurtrier, non seulement pour
l'Européen, mais encore, lorsqu'il est poussé au delà d'une
certaine limite, pour les races indigènes, même pour le nègre.
Nous avons déjà dit, et nous le répétons, qu'une collectivité
de nègres ne peut fournir impunément, dans les climats torrides, la somme de travail musculaire, et surtout de travail
musculaire au soleil, qu'une égale collectivité de blancs fournit aisément dans les climats tempérés.

Depuis près de quatre siècles que l'Europe déverse des
flots d'émigrants sur le reste du globe, la race blanche n'a
réussi à se maintenir dans les climats torrides qu'en vivant
à l'état de minorité dominatrice et privilégiée au milieu d'autres races, c'est-à-dire soustraite, en grande partie, à l'influence des éléments du climat qu'il lui faudrait affronter
pour subsister seule par ses propres forces. C'est un détail
qui n'est pas indifférent, de même qu'il n'est pas indifférent
aux orangers, aux palmiers, aux bananiers, qu'on cultive à

Paris, de vivre en serre chaude ou en rase campagne comme des pommiers. Pour employer le langage des économistes, les Européens n'ont réussi à fonder dans ces climats que des colonies d'exploitation et de plantations; nulle part ils n'ont fondé des colonies de peuplement. Les colonies de plantations n'ont pu se développer et se maintenir que par la *traite des nègres* et, depuis la suppression de la traite et l'abolition de l'esclavage dans la plupart de ces colonies, par l'*immigration indienne*, qui n'est, au fond, qu'un succédané un peu mitigé de la *traite africaine*. Les anciennes colonies à esclaves où l'*immigration indienne* a été largement pratiquée sont encore riches et prospères, tandis que celles où cette main-d'œuvre est rare ou fait défaut sont en décadence, et plusieurs d'entre elles marchent visiblement vers la ruine.

Une société humaine peut être comparée à un organisme vivant, composé de plusieurs organes accomplissant chacun une fonction spéciale. Partout, dans les climats torrides, l'Européen a dû se contenter de remplir les fonctions sociales les plus importantes, les plus intelligentes, mais qui sont précisément celles qui le mettent à l'abri de la chaleur continue et de l'impaludisme, et qui, de plus, exigent la plus faible somme d'activité musculaire. Il a été l'intelligence qui dirige, mais nulle part le bras qui exécute. Il n'a jamais vécu qu'en dominateur, comme l'Anglais dans l'Inde, le Français dans l'Indo-Chine, le Hollandais, l'Espagnol dans les archipels de la Malaisie, le planteur de nationalités diverses aux Antilles. Même dans ces conditions privilégiées, si l'Européen peut vivre dans les climats torrides, ce n'est pas sans danger pour sa santé et sans péril pour sa vie. Le climat opère une sélection sévère : beaucoup succombent, quelques-uns résistent. La mortalité et la morbidité des Anglais dans l'Inde et des Français dans l'Indo-Chine n'est pas la même que la mortalité et la morbidité des individus de la même classe (soldats, fonctionnaires, négociants) en Angleterre et en France.

Si l'Européen, né en Europe, ayant grandi en Europe, ayant émigré à l'état d'adulte bien constitué, ne saurait passer sans danger sa vie entière dans les climats torrides, l'action du climat sur sa descendance est bien plus sensible encore. Les caractères anthropologiques de la race blanche d'Europe ne sont pas en harmonie avec les climats torrides ; l'action du milieu climatérique sur la race (individu et descendance) est une action constante et accélératrice, comme l'action de la pesanteur sur un corps qui tombe ; ses effets s'aggravent d'année en année sur l'individu, de génération en génération sur la descendance. L'action du climat sur une race non adaptée au milieu est lente, lorsque cette race vit à l'abri des éléments du climat. Lorsqu'on compare la mortalité des Européens, ayant émigré à l'état adulte et vivant dans des conditions de vie artificielle, avec la mortalité des races indigènes, la différence est presque toujours en faveur des Européens, mais il ne faut pas s'en laisser imposer par ces statistiques trompeuses. Ces statistiques ne signifient absolument rien. Il faut embrasser l'action du climat sur une suite de générations, et voir ce que deviennent les rejetons de la race non adaptée, au bout d'un séjour continu ayant duré l'espace de deux ou trois générations.

C'est, en effet, l'action du climat sur les rejetons de plusieurs générations successives qui donne la vraie mesure de l'adaptation d'une race au milieu. Dans les climats torrides, la fréquence des avortements, la mortalité excessive des enfants, la déchéance physiologique, dont sont frappés les survivants, déchéance qui est de plus en plus accentuée de génération en génération, sont les agents d'une sélection énorme qui doit amener, au bout de peu de générations, la dépopulation progressive et l'extinction finale de la race blanche séjournant indéfiniment dans ces climats, même dans les meilleures conditions de vie artificielle. Aussi, les exemples de familles européennes résidant, *d'une manière continue,* dans les climats torrides, pendant une ou deux générations, sont-ils extrêmement rares. Les colons, les fonctionnaires, les commerçants, qui ont émigré dans ces contrées, n'ont jamais abandonné la mère-patrie sans esprit de retour, comme l'ont fait leurs compatriotes dans d'autres régions plus favorables, par exemple, les Français au Canada, les Anglais, les Allemands, les Européens de toutes nationalités dans l'Amérique du Nord. C'est en allant de temps en temps se retremper dans l'air vivifiant de la métropole, en faisant élever les enfants en Europe, en s'infusant, par des alliances avec les nouveaux venus, le riche sang du pays d'origine, que la race blanche s'est maintenue dans les colonies à climat torride. C'est là un point qui a une extrême importance.

Nous avons dit que l'action du climat s'aggrave d'année en année sur l'individu : l'Européen séjournant dans les climats torrides descend une pente au bout de laquelle est la disparition de l'individu et l'extinction de la race. Il descend cette pente d'une manière lente ou rapide, suivant les conditions de vie artificielle dans lesquelles il se trouve. Cette descente graduelle est très rapide si l'Européen est obligé d'affronter les éléments du climat pour subsister ; elle est lente et peut durer l'espace de plusieurs générations, s'il vit en se conformant strictement aux règles de l'hygiène des Européens dans les colonies intertropicales. Tant que l'Européen séjourne dans le pays, cette descente est progressive ; mais quelques mois de séjour en Europe, dans de bonnes conditions de bien-être et de confort, lui permettent de remonter de temps en temps cette pente. Un Européen jeune et condamné à séjourner quarante ans de sa vie dans les climats torrides, même à l'abri des éléments du climat, n'a pas beaucoup de chances d'arriver au terme de son séjour s'il doit résider d'une manière continue, sans jamais quitter le pays ; il en a beaucoup plus, s'il lui est permis, tous les trois ou quatre ans, d'aller passer quelques mois dans son pays d'origine. L'homme respire seize fois par minute : si on l'empêchait de respirer pendant dix ou quinze minutes, il n'aurait pas beaucoup de chances de survivre à l'expérience, tandis qu'il en aurait beaucoup si on lui permettait de respirer une seule fois toutes les deux minutes ou toutes les minutes.

Les nègres et toutes les races des climats torrides se sont indéfiniment maintenus dans ces pays en subsistant par leurs propres forces et affrontant les éléments du climat, tandis que les blancs qui n'y ont jamais vécu que d'une vie artificielle, à l'abri des éléments du climat, ne s'y sont pas maintenus d'une manière continue. Cette non-continuité du séjour des Européens, dont nous venons de voir l'importance au point de vue biologique, ne mérite pas moins d'être prise en considération lorsqu'on envisage la colonisation au point de vue économique. Dans les colonies de peuplement (États-Unis, Canada, etc.), tous les colons n'ont pas les moyens d'aller de temps en temps passer quelques mois de villégiature dans leur pays d'origine, faire une saison à Vichy, etc. Dans ces pays, la vie est dure, comme en Europe, pour les masses qui travaillent de leurs mains pour subsister. En Europe, en France par exemple, tous les Français ne peuvent pas se permettre d'aller de temps en temps faire un voyage d'agrément de quatre ou cinq mois en Italie, en Espagne, en Amérique, etc. Ce n'est donc pas sans raison que nous insistons sur ce petit détail de la non-continuité du séjour des Européens dans les climats torrides. Ce détail paraît insignifiant : il a cependant une importance énorme, tant au point de vue biologique qu'au point de vue économique.

Les colonies de la zone torride, quoique ayant été, depuis près de quatre siècles, le siège d'immigrations européennes incessantes, ne possèdent toujours qu'un très petit nombre d'Européens, noyés au milieu des races indigènes. Bien que l'Angleterre soit seule maîtresse de l'Inde depuis plus d'un siècle, parmi les 128.000 Anglais, militaires et civils, qui se trouvent actuellement dans la colonie, combien y en a-t-il qui soient nés dans l'Inde ? Les soldats, qui constituent la moitié de ces 128.000 Anglais, sont tous nés dans la Grande-Bretagne ; il en est de même pour la presque totalité de l'armée des fonctionnaires civils et des simples particuliers, négociants, etc., qui constituent l'autre moitié des Anglais établis dans le pays. Même aux Antilles, dans les anciennes colonies à esclaves, où la population blanche, aujourd'hui en décadence rapide, est montée, au siècle dernier, à un chiffre considérable, en dehors des conditions dont nous avons parlé (voyages fréquents en Europe, envoi des enfants dans le pays d'origine, mariages avec les nouveaux venus, etc.), il est difficile de trouver aujourd'hui des rejetons de la deuxième génération. Il est fort probable que dans aucune des colonies françaises et anglaises de la zone torride, où les Européens sont établis depuis près de quatre siècles, il n'a jamais existé, en dehors de ces conditions, *un seul* rejeton de la quatrième et peut-être de la troisième génération. Pour ce qui regarde spécialement la Guyane française, où des milliers de familles parties de France sont venues se fixer depuis le commencement du dix-septième siècle, parmi les soixante-trois *blancs français,* non fonctionnaires, que compte aujourd'hui cette colonie, d'après les statistiques officielles, il n'y a pas (je peux l'affirmer, car j'ai fait des recherches sur ce point) *un seul* rejeton de la deuxième génération, c'est-à-dire un adulte mâle, de race blanche pure, qui n'ait jamais quitté la Guyane, et dont le père et la mère, nés dans le pays, soient dans le même cas.

A la Guyane française (et il en est de même pour toutes les colonies de la zone torride), il est possible que la race blanche, placée dans de bonnes conditions de confort, de bien-être, en un mot de vie artificielle, soustraite en grande partie à l'action des deux éléments redoutables du climat qu'une collectivité humaine est obligée d'affronter pour vivre, pût subsister jusqu'à la troisième génération; mais il ne faut pas croire que ce soit là une loi générale. Il ne faut pas se hâter de généraliser un fait particulier et établir comme règle absolue ce qui n'est qu'un phénomène exceptionnel. Nous voyons quelquefois autour de nous mourir des centenaires : il ne faut pas en conclure que tous les enfants qui naissent sont sûrs d'arriver à l'âge de cent ans. Les rejetons de la troisième génération que donnerait la race blanche seraient rares : ils seraient, comme les centenaires, le produit d'une sélection énorme. La descendance irait sans cesse en diminuant, jusqu'à ce que l'extinction finale arrivât, par suite de l'absence d'élément mâle apte à la reproduction de l'espèce (1). Toutefois, si l'extinction finale de la race n'est pas douteuse, sa reproduction jusqu'à la troisième génération n'est qu'une hypothèse. On peut admettre que la race blanche donnerait, à la Guyane, quelques rares rejetons de la troisième génération, dans les meilleures conditions de vie artificielle, de même que l'on peut admettre que l'homme pourrait vivre sans man-

---

(1) Les anciennes familles ne sont plus représentées que par des rejetons du sexe féminin. La sélection opérée par le climat se fait en faveur des femmes. Ce phénomène est encore plus marqué chez les adultes que chez les enfants. Il se produit également chez les races indigènes, et nous en reparlerons plus loin. Bajon, au siècle dernier, avait déjà remarqué ce fait, à la Guyane. « On peut dire avec vérité, écrit cet auteur, qu'il meurt dans « ces climats infiniment moins de femmes que d'hommes, et qu'elles y vi- « vent beaucoup plus longtemps. Aussi y voit-on un grand nombre de « veuves, quelquefois même de plusieurs maris, tandis qu'il y a peu d'hom- « mes qui le soient. »

La descendance des transportés concessionnaires européens, établis et mariés au Maroni, sera éteinte dès la première génération : il n'y aura pas un seul rejeton de la deuxième génération, et l'extinction finale de la race s'opérera par suite de l'absence de l'élément mâle apte à la procréation. Le même phénomène a été remarqué pour la descendance des Anglais dans l'Inde, des Espagnols et de leurs métis aux Philippines, etc.

ger pendant plusieurs semaines; mais on trouve peu de gens disposés à le démontrer, en en faisant l'expérience. A la Guyane, comme dans les autres contrées à climat torride, dès que les Européens se sentent fatigués par le climat et anémiés, ils ne s'obstinent pas à rester dans la colonie : ils vont respirer l'air du pays d'origine. Ils savent que ces climats sont malsains pour les enfants, et ils les font élever en Europe.

Principaux essais de colonisation avec des travailleurs européens à la Guyane française. — La colonisation pénitentiaire.

Les Européens ayant émigré à l'état adulte ne vivent donc que difficilement, pendant un temps limité, dans les climats torrides. Si tous les liens étaient rompus avec le pays d'origine, la durée pendant laquelle leur descendance se maintiendrait serait très limitée; et cela alors qu'ils se trouvent à l'abri des éléments meurtriers du climat, à l'état de minorité aristocratique et privilégiée au milieu des races indigènes dont ils ne représentent que la cinquantième, la centième ou la millième partie. Mais les conditions seraient bien changées, si la race blanche était obligée de subsister seule, de former une société complète à elle seule, d'accomplir par ses propres forces, sans le concours d'autres races, toutes les fonctions que doit accomplir un organisme social, en un mot, si elle était réduite à cultiver elle-même le sol qui doit la nourrir.

C'est une entreprise que, depuis plus de trois siècles, les Européens ont tentée à maintes reprises. Nulle part ils n'ont réussi à fonder, par leurs seules forces, quelque chose de durable dans les climats torrides. Ce sont les essais de colonisation de ce genre, aboutissant invariablement à des catastrophes, c'est le spectacle de ces masses d'émigrants se fondant au soleil des tropiques, qui faisait dire à Montesquieu, dans les *Lettres persanes*, que « l'effet des colonies est d'affaiblir le « pays d'où on les tire, sans peupler ceux où on les envoie ». Si on voulait faire l'histoire de toutes les entreprises coloniales de ce genre, il faudrait un volume. Pour me borner à ce qui concerne la Guyane française seule, les essais faits par la race blanche pour exploiter de ses propres mains le sol de ce pays sont nombreux et tous ont avorté misérablement. Je n'ai pas l'intention de faire ici leur histoire détaillée : je me contenterai de rappeler les principaux et les plus concluants.

Les premiers établissements des Français à la Guyane datent du commencement du dix-septième siècle et je n'en dirai rien.

Nous avons dit quelques mots, ailleurs, de l'expédition de la *France équinoxiale*, dont A. Biet a fait la relation. Cet essai de colonisation par des travailleurs européens, entrepris en 1652, aboutit à un désastre et je n'y reviendrai pas.

Je ne reviendrai pas non plus sur la fameuse expédition de Kourou, dont nous avons longuement parlé dans la première partie de ce travail. Ces 12,000 colons sont morts à la Guyane, comme nous l'avons vu, sans laisser aucune trace. Les dépenses occasionnées à l'État par le transport des émigrants, les vivres, les approvisionnements, le matériel de toute sorte, les avances faites aux colons, etc., ont été estimées officiellement à plus de trente millions de francs, et il faut tenir compte de la différence de la valeur de l'argent au dix-huitième siècle et à l'heure actuelle.

Trois ans après l'issue fatale de l'expédition de Kourou, on fit, sur une plus petite échelle, un autre essai avec d'anciens soldats européens que l'on installa comme agriculteurs, aux frais de l'État, sur la rive droite de la rivière de Tonnégrande, à dix lieues de Cayenne. La plupart de ces colons ne manquaient ni d'intelligence ni d'activité ; leur entretien coûta très cher à l'État, et cette entreprise n'aboutit à rien. Au bout de quatorze ans, les résultats de l'expérience furent constatés par le célèbre administrateur Malouet, qui fut intendant de la Guyane pendant deux ans et occupa, dans la suite, une haute situation dans l'administration des colonies, à Paris : la plupart de ces colons étaient morts, et les survivants étaient dans un état tel, que Malouet les renvoya en France « *pour s'en débarrasser* ». Cet essai de colonisation, entrepris sur une petite échelle, avait coûté près d'un million de francs au Gouvernement qui l'avait subventionné et à la Compagnie qui l'avait tenté.

Je passe sous silence l'histoire des déportés du 18 fructidor, dont 161 sur 328 sont morts à la Guyane pendant les quelques années qu'ils y ont séjourné. D'autres essais, non moins concluants que ceux du dix-septième et du dix-huitième siècle, ont été tentés au dix-neuvième siècle, sous le gouvernement de la Restauration : tous ont également avorté.

En 1821, sous le gouvernement de M. de Laussat, un essai de colonisation fut tenté à *Passoura*, aux frais de l'État, avec sept familles irlandaises, venues des États-Unis et comprenant en tout 20 individus. Au bout d'un an, six étaient morts; les autres, anémiés et cachectiques, se découragèrent et abandonnèrent la colonie.

On rechercha alors les moyens d'introduire des cultivateurs français à la Guyane. Une commission spéciale avait été chargée, dès 1820, d'aller explorer à cet effet les contrées arrosées par la Mana. A son retour en France, cette commission émit un avis favorable. En 1823, au mois de juillet, sous l'administration du baron de Milius, capitaine de vaisseau et gouverneur de la colonie, 164 colons européens furent envoyés à la Guyane, aux frais de l'État. Il y avait parmi eux 31 agriculteurs bretons recrutés à Brest, dont 6 étaient mariés et avaient emmené leur femme. Le restant de la troupe se composait d'un certain nombre d'orphelins et d'un détachement d'ouvriers militaires et de sapeurs. On fonda un établissement agricole, sous le nom de la *Nouvelle-Angoulême*, sur les bords de la Mana, près du premier saut, à 60 kilomètres de la mer.

Au bout de deux mois, parmi ces 164 travailleurs, il y avait eu 12 décès par accès pernicieux. En dix mois, sur les 31 cultivateurs recrutés à Brest, 17 étaient morts; tous les autres étaient cachectiques. Ils revinrent à Cayenne et, peu de temps après, furent renvoyés en France.

Ce n'était là qu'une expédition préparatoire. D'après le plan que l'on avait conçu, une fois les premiers travaux de défrichement achevés, plusieurs convois d'immigrants devaient arriver de la métropole. Le gouvernement, trouvant peu encourageants les débuts de la *Nouvelle-Angoulême*, se contenta d'envoyer à la Guyane trois familles du Jura et quatre Alsaciens, formant un total de dix-sept personnes. Comme en 1765, et plus tard à l'époque de la transportation, on se figura qu'on avait mal choisi l'emplacement: on abandonna l'ancien établissement dans le haut de la Mana et les nouveaux colons furent établis à deux lieues de l'embouchure du fleuve. Ces travailleurs européens arrivèrent dans la colonie vers la fin de l'année 1824, et furent installés aux frais de l'État, qui les pourvut abondamment de toutes les choses nécessaires. Ils se livrèrent à la culture et réussirent à élever du bétail; mais les maladies arrivèrent bientôt. Quelques-uns moururent d'accès pernicieux; tous furent atteints de fièvres intermittentes. Après avoir végété jusque vers le milieu de l'année 1828, ces trois familles demandèrent à quitter la colonie, et le gouvernement ordonna leur retour en France. Au moment de leur départ, tous étaient profondément anémiés et cachectiques.

Tel était le résultat auquel avait abouti, après de sérieuses dépenses, la fondation de la *Nouvelle-Angoulême*, lorsque Mme Javouhey, fondatrice et supérieure générale de la congrégation des sœurs de Saint-Joseph de Cluny, offrit à M. de Chabrol, alors ministre de la marine, de continuer l'entreprise de la colonisation de la Guyane avec des travailleurs blancs. Il s'agissait de créer, sur les bords de la Mana, à l'endroit même où avaient été installées, en 1824, les trois familles du Jura, des établissements propres à servir d'asile aux enfants trouvés: on aurait eu ainsi un recrutement assuré de colons des deux sexes. Cette offre philanthropique fut agréée par le gouvernement, et une expédition préparatoire, composée de trente-six sœurs de la congrégation, de trente-neuf cultivateurs engagés pour trois ans et de quelques enfants trouvés, partit en août 1828, aux frais de l'État, sous la conduite de la supérieure. Nous n'entrerons pas dans les détails de cet essai de colonisation : nous nous contenterons de dire que le gouvernement fit de grands sacrifices pour faire réussir cette œuvre. Malgré la subvention annuelle très considérable que M^mo Javouhey recevait de l'État, son entreprise échoua complètement.

Tous les essais de colonisation avec des travailleurs blancs, entrepris à la Guyane française, ont donc avorté misérablement, aussi bien au dix-neuvième siècle qu'au dix-huitième ou au dix-septième. Il faut bien remarquer que tous ces colons, qui ont essayé de travailler de leurs mains à la Guyane, n'ont pas été livrés uniquement à leurs seules forces. Tous ont été soutenus par l'État et toutes ces entreprises ont coûté de l'argent au budget métropolitain. Que l'on ait procédé avec prudence, sur une petite échelle, comme à l'époque de la Restauration, que l'on ait, au contraire, fait les choses en grand, sur une vaste échelle, comme à Kourou en 1764, le résultat a été le même. Depuis le dix-septième siècle, il y a eu à la Guyane des Européens faisant du commerce, il y a eu des colons, des *habitants propriétaires*, comme on les appelait, qui possédaient des esclaves ; mais quelques négociants et quelques grands propriétaires ne constituent pas un organisme social ; s'ils étaient seuls, ils seraient bientôt morts de faim. Les Européens travaillant de leurs mains, subsistant par leurs seules forces, affrontant les éléments du climat qu'une collectivité humaine, considérée dans son ensemble, doit affronter pour vivre, n'ont jamais réussi, malgré les secours considérables de l'État, à fonder quelque chose de durable.

Enfin, il existe encore un essai de colonisation, entrepris à la Guyane avec des travailleurs européens. C'est l'essai le plus récent et le plus probant de tous, car l'État y a dépensé des millions (1). Je veux parler de la colonisation par la transpor-

(1) Combien a coûté la transportation à la Guyane depuis 1852 ? J'ai fait des recherches à ce sujet dans la collection des budgets du département de la marine et des colonies (service colonial). Le budget spécial de la transportation n'est établi qu'à partir de l'année 1862. Pendant les dix premières années, les dépenses des établissements pénitentiaires sont réunies aux dépenses du personnel civil et militaire (chap. 1) et du matériel civil et militaire (chap. 2). Cette lacune peut heureusement être comblée, car les premiers volumes des *Notices sur la transportation*, publiées par le département de la marine et des colonies, donnent la liste des crédits du service pénitentiaire pendant ces dix années. Je dois faire remarquer aussi qu'il n'a été dressé un budget spécial pour la transportation à la Nouvelle-Calédonie qu'à partir de l'année 1870. Les dépenses des trois années antérieures sont comprises dans le budget du service pénitentiaire à la Guyane. En empruntant mes chiffres aux *Notices sur la transportation* pour la période décennale 1852-62, et à la collection des budgets du service colonial pour les vingt-quatre années suivantes, j'ai trouvé que le total des sommes inscrites au budget pour le service pénitentiaire à la Guyane, de 1852 à 1885 (inclusivement), monte à 109.291.177 francs. A la Nouvelle-Calédonie, les crédits de la transportation, pour la période 1870 (inclusivement) à 1885 (inclusivement), montent à 65.273.017 francs, et ceux de la déportation à 25.021.018 francs.

Le chiffre de 109.291.177 francs ne représente pas toutes les dépenses de la transportation à la Guyane. Il faut y ajouter le coût du voyage à la Guyane, dont l'estimation officielle est de 250 francs par individu, ce qui nous donne plus de 6 millions pour l'ensemble des transportés. Il faut y ajouter aussi les dépenses des troupes en garnison sur les pénitenciers

tation, au Maroni. Depuis 1859, des concessions de terrain ont
été faites à des transportés européens; des femmes, recrutées
dans les maisons centrales de France, ont été envoyées à la
Guyane, et plus de 400 ménages ont été ainsi installés. Des
sommes énormes ont été dépensées dans cette entreprise, qui

et les dépenses des avisos destinés au ravitaillement et au service des
établissements pénitentiaires. J'estime que ces deux dépenses accessoires
représentent le tiers, et peut-être la moitié, des dépenses du service pénitentiaire proprement dit. Aux beaux jours de la transportation, il y a eu à la
Guyane une flottille de 14 avisos ou goëlettes de la marine de l'Etat. Nous
croyons donc que les dépenses budgétaires occasionnées par la transportation
à la Guyane dépassent de beaucoup 150 millions.

Dans le budget de 1883, le total des dépenses du service pénitentiaire
aux colonies est de 8.259.880 francs (6.183.584 francs pour la Nouvelle-
Calédonie et 2.076.346 francs pour la Guyane) et, dans le budget de 1885,
de 7.481.037 francs (5.446.766 francs pour la Nouvelle-Calédonie et
2.034.271 pour la Guyane). Il faudrait y ajouter les dépenses des troupes
et des avisos. Nous devons faire remarquer, en outre, que la transportation
consomme ce qu'elle produit (budget sur ressources spéciales).

Les *Notices statistiques sur les colonies françaises* (Paris, 1883), publiées
par la direction des colonies, estiment le coût du transport d'un condamné à la Nouvelle-Calédonie à 1.000 francs, et son prix d'entretien
dans la colonie, pour l'année 1883, à 760 francs. Pour la Guyane, le prix
du transport est estimé à 250 francs, et le prix de l'entretien d'un condamné, pour 1883, à 830 francs. Nous ne savons de quelle manière est
calculé l'effectif moyen qui a servi à établir ce dernier chiffre, car, si
nous divisons le total des dépenses prévues au budget pour l'année 1883,
par le nombre des condamnés en cours de peine existant à la date du
31 décembre 1883, soit 2,252 (y compris les femmes), nous obtenons
921 francs. Quoi qu'il en soit, en prenant le chiffre officiel de 830 francs,
et en y ajoutant les dépenses accessoires dont nous avons parlé, on arrive
à cette conclusion qu'à la Guyane un forçat (européen, arabe ou *noir*),
indépendamment du produit de son travail qu'il consomme (budget sur
ressources spéciales), coûte annuellement à l'Etat de 1,100 à 1,200 francs.
C'est là la moyenne de tous les transportés pris en bloc, mais un transporté
européen coûte certainement davantage. Quant aux *transportés concessionnaires*, c'est-à-dire aux vrais colons, qui, à l'époque la plus florissante,
n'ont jamais été guère plus d'un millier, et dont le nombre est aujour-
d'hui réduit à trois ou quatre cents, ils coûtent beaucoup plus cher. Si
nous entrions tant soit peu dans l'analyse du budget de la transportation,
il ne serait pas difficile de démontrer que ces colons, bien loin de subsister par leurs propres forces, ont coûté de tout temps et coûtent actuellement, chacun, au moins 2,500 francs d'entretien par an. Ce serait malheureux pour les contribuables, si la France, au lieu de posséder trois ou
quatre cents colons de cette espèce, en possédait trois ou quatre millions,
ou seulement trois ou quatre cent mille.

Dans le budget de l'année 1850, les sommes prévues pour les dépenses
des bagnes dans les ports militaires, montaient à 2.125.000 francs, pour
7,500 forçats. Un forçat coûtait donc 283 francs; mais, en retranchant le
montant du travail exécuté par ce personnel dans les arsenaux, on trouvait que l'entretien annuel d'un forçat revenait environ à 100 francs.

Lorsqu'on parcourt les pièces officielles (rapports des commissions du
budget, messages présidentiels, dépêches ministérielles) qui se rapportent
à l'établissement et aux débuts de la transportation à la Guyane, il est
curieux de voir quelles illusions naïves, basées, du reste, sur les idées
courantes et fausses du cosmopolitisme de l'homme, on nourrissait à cette
époque touchant l'avenir de la transportation. Quelle ignorance profonde
et toute française des choses coloniales! On était intimement convaincu

n'a abouti qu'à l'avortement le plus complet (1). La plupart de
ces mariages ont été dissous par la mort de l'un des conjoints,
après une durée moyenne d'un peu plus de cinq ans et demi.
Quant à la descendance, un grand nombre de ces mariages
ont été stériles. Chez les femmes, devenues rapidement anémiques et cachectiques, les avortements ont été extrêmement
fréquents. La moyenne d'enfants nés vivants n'a été que de
0,9 par mariage. Les enfants, déjà peu nombreux, ont supporté
une mortalité énorme (2), et presque tous ceux qui ont survécu, surtout les garçons, sont frappés de dégénérescence phy-

que la transportation devait produire suffisamment pour faire face à ses
dépenses et même au delà. On se figurait qu'il n'y avait qu'à donner des
concessions de terrain aux transportés et leur envoyer des femmes. Une
fois installés et mariés, ils devaient se tirer d'affaire tout seuls et avoir
de nombreux enfants. Un décret, qui n'est pas encore abrogé et dont on
s'est autorisé pour infliger des vexations gratuites à plusieurs personnes à
la Guyane, a exclusivement réservé pour les besoins de la transportation
la moitié du territoire compris entre le Maroni et la Mana, c'est-à-dire un
territoire ayant la superficie de plusieurs départements français, alors que la
colonie pénale du Maroni, après trente ans de colonisation pénitentiaire,
a la superficie d'une petite commune et va toujours en diminuant. La nombreuse descendance de ces transportés concessionnaires devait former une
colonie florissante qui serait, suivant l'expression d'un ancien directeur
des colonies, « le produit du crime épuré dans le mystère de la génération ». Cette entreprise devait marcher toute seule ; une vaste et
belle colonie devait ainsi être fondée, presque sans dépenses pour le budget de
l'Etat.

« *Les charges énormes dont les bagnes grevaient le budget* » constituaient
l'un des principaux arguments invoqués en faveur de la transportation,
laquelle devait « *rendre la peine des travaux forcés plus efficace, plus*
« *moralisatrice, moins dispendieuse et en même temps plus humaine, en l'uti-*
« *lisant aux progrès de la colonisation française* ». (Message présidentiel
du 12 novembre 1850). Aujourd'hui, à la Guyane, un transporté (sans distinction de race) coûte onze ou douze fois plus cher que ne coûtait un
forçat dans les bagnes ; ce serait bien davantage encore (au moins quinze
ou seize fois plus cher), si on ne tenait compte que des transportés européens, car l'entretien des Arabes, et surtout des *noirs*, revient à bien meilleur
marché que celui des Européens ; ils fournissent plus de travail et moins de
journées d'hôpital que ces derniers.

Rejeter dans les colonies l'écume sociale de la métropole, purger l'ancien
monde au profit du nouveau, c'est là un système très séduisant et dont
l'application paraît toute simple, lorsqu'on n'a que des idées philosophiques et générales sur toutes les questions que soulève l'application de
ce système. Il n'en est pas de même lorsqu'on examine les choses de
près. L'Angleterre, qui a pratiqué ce système avant nous, *dans d'autres
conditions et d'une manière bien différente*, a fini par l'abandonner, bien que
ce ne soient pas les colonies qui lui manquent. Nous avons la conviction
qu'on sera amené un jour, en France, à imiter l'Angleterre et à renoncer
complètement à la transportation, ou du moins à modifier profondément le
système.

(1) Voir : *La colonisation de la Guyane par la transportation*. Paris, 1888.
loc cit. — Voir aussi : *Bulletin de la Société des études coloniales et maritimes.*
(*Août, septembre, octobre, novembre 1883*).

(2) Des recherches sur la *mortalité infantile* au Maroni, comparée avec
la *mortalité infantile* en France, ont donné les résultats suivants : pendant la première année de la vie, la mortalité des enfants de la colonie

sique (1). La descendance de ces transportés-concessionnaires sera éteinte dès la première génération : il n'y aura pas un seul rejeton de la deuxième génération.

Ces colons de race blanche se trouvaient, au Maroni, dans des conditions matérielles d'alimentation, de logement, de confort, qui sont loin d'être inférieures à celles de nos populations agricoles en France. En effet (et il importe d'en tenir grand compte), ces concessionnaires européens n'ont pas été livrés uniquement à leurs seules forces : depuis 1857, tous les efforts de la transportation entière, avec les millions qu'elle a coûté, ont été concentrés au Maroni, pour soutenir ces colons et faire réussir cette entreprise. Il s'en faut de beaucoup que le Maroni ait été créé par les concessionnaires : l'établissement du Maroni est l'œuvre, le produit du travail de la transporta-

pénitentiaire a été deux fois plus forte que la mortalité des enfants légitimes en France. Pour les enfants de un à deux ans, la mortalité, au Maroni, a dépassé le double de la mortalité en France. Pour les enfants de deux à trois ans, la mortalité, au Maroni, a été plus de trois fois plus forte qu'en France, etc.

Voici de quelle manière, dès l'année 1866, un médecin de la marine, chef du service de santé au Maroni, le Dr Ducret, résumait la situation de cette descendance : « Vers l'âge de deux ans et demi, trois ans, ces enfants « pâlissent, s'infiltrent, deviennent en très peu de temps anémiques et meu- « rent. Ceux qui survivent ne tardent pas à devenir la proie des fièvres inter- « mittentes, reviennent périodiquement à l'hôpital, et il n'est pas difficile « de prévoir comment ils finiront..... En somme, cette jeune génération ne « semble rien promettre de bon pour l'avenir. » (*Rapports médicaux. — Archives* « *de l'hôpital de Cayenne.*)

Des recherches sur la *survie* ont donné les résultats suivants : un enfant né en France a plus de chances d'arriver à l'âge de 25 ans, et presque autant de chances d'arriver à l'âge de 30 ans, qu'un enfant né au Maroni d'atteindre l'âge de 2 ans. Un enfant né en France a plus de chances d'arriver à l'âge de 55 ans qu'un enfant né au Maroni n'a de chances d'arriver à l'âge de 5 ans. Un enfant né en France a tout autant de chances de parvenir à l'âge de 65 ans qu'un enfant né au Maroni d'atteindre l'âge de 10 ans.

(1) La dégénérescence est d'autant plus marquée que ces enfants sont plus avancés en âge. Plusieurs sont atteints d'infirmités (éléphantiasis, hydropisie, etc.) De plus, la dégénérescence est notablement plus accentuée chez les garçons que chez les filles. L'extinction de la race s'opérera par suite de l'absence d'élément mâle apte à la procréation, car aucun de ces garçons ne sera en état de reproduire son espèce en s'alliant avec les rares filles qui pourraient peut-être avoir des enfants.

A la date du 1er janvier 1888, les enfants mâles de la colonie pénitentiaire, ayant de 10 à 20 ans, étaient au nombre de 24. L'aîné de tous ces garçons, le nommé Jacques L., à l'âge de vingt ans et trois mois, mesurait 1^m,28 et pesait 28 kilogs. Rappelons que le poids moyen d'un adulte mâle de vingt ans est de 60 kilogs, et sa taille moyenne de 1^m,67. La taille minima exigée pour l'aptitude au service militaire en France est de 1^m,54 centimètres. On voit que le Maroni donne de beaux conscrits.

Un autre, le nommé Louis C., à l'âge de dix-neuf ans et six mois, mesurait 1^m,30 et pesait 29 kilogs 500 grammes. Citons encore parmi les plus beaux spécimens : Auguste H., à l'âge de douze ans et quatre mois, taille 1^m,22, poids 20 kilogs 80 ; François P., à douze ans et un mois, taille 1^m,26, poids 25 kilos 800 ; Victor B., à onze ans, taille 1^m,17, poids 21 kilogs 500, etc.

tion entière, pendant trente ans. On peut ajouter que c'est son œuvre unique, car la transportation n'a rien exécuté, à la Guyane, en fait de travaux publics : c'est à peine si on pourrait citer une quinzaine de kilomètres de routes, dans l'île de Cayenne, routes qui existaient déjà et qui ont été seulement agrandies et réparées par les Arabes et les *noirs*, sous le gouvernement du colonel L. La transportation a construit un pénitencier à Cayenne, mais elle n'a pas bâti de logements aux îles du Salut où existent encore les baraques provisoires de 1852, dans lesquelles forçats, soldats, officiers, sont logés d'une manière honteuse. J'emploie cette expression, parce que je l'ai entendue de la bouche d'un général inspecteur. Tous les bras de la transportation ont été employés au Maroni pour soutenir ces concessionnaires qu'on a dû entretenir *indéfiniment*, en les renouvelant sans cesse, à mesure qu'ils succombaient.

Si l'État n'avait pas été là, pour nourrir et habiller ces colons pendant tout le temps, ou à peu près, qu'ils ont lutté contre l'anémie et la cachexie ; si l'État n'avait pas été là, pour leur fournir, d'une manière incessante, directement ou indirectement, des subsides de toutes sortes, en argent ou en nature, pour les soigner et les nourrir à l'hôpital lorsqu'ils étaient malades (car ils ont tous passé plus de temps à l'hôpital qu'au travail), pour leur donner des secours médicaux et des médicaments gratuits à domicile, pour nourrir (allocation de la ration aux enfants à partir de l'âge de deux ans), habiller, soigner, élever (internat gratuit à l'école avec nourriture et habillement) leurs enfants (1), ces colons ne seraient certes

(1) Il est fâcheux que le gouvernement ne puisse pas appliquer à toute la France le système social appliqué à la colonie pénitentiaire du Maroni, laquelle compte près de 30 années d'existence. Il faudrait qu'un homme politique, sans demander aucun impôt aux citoyens, trouvât le moyen d'assurer tous les services publics, de donner la ration de vivres et des vêtements confectionnés à tous les Français et à tous les enfants à partir de l'âge de deux ans, d'accorder une forte prime en argent et un trousseau complet à tous les nouveaux ménages en les mariant, de faire voyager gratuitement tous les citoyens sur les chemins de fer et les bateaux à vapeur, de les faire soigner gratuitement à domicile par les médecins et les pharmaciens de l'État, d'élever, d'habiller et de nourrir gratuitement tous les enfants des deux sexes dans les écoles et les lycées de l'État; je passe sous silence quelques autres petits avantages. L'homme politique qui aura résolu ce problème aura évidemment trouvé la solution, cherchée en vain jusqu'ici, de la *question sociale;* mais j'affirme, sur l'honneur, qu'il n'aura fait qu'appliquer exactement à la métropole le système social *actuellement* en vigueur dans la colonie pénitentiaire du Maroni, laquelle a été fondée en 1857 et aura bientôt, par conséquent, trente années d'existence. J'affirme, en outre, que ce système social ne peut être changé et qu'il existera tant qu'il y aura des colons dans la colonie.

pas parvenus à produire les beaux rejetons qu'ils ont donnés, car ils seraient morts de misère et de faim avant d'avoir eu des enfants, au lieu de mourir de cachexie au bout de quelques années. L'anémie, c'est-à-dire le dépérissement lent mais inévitable, la cachexie palustre, acquise fatalement au bout de peu de temps, amènent l'incapacité de travail, et, sans travail, il n'y a pour une collectivité humaine aucun moyen de subsister et de faire subsister des enfants.

Prétendre que l'échec de la colonisation pénale est dû à la nature des colons, cela est bientôt dit et c'est là un argument extrêmement commode; mais il ne faut pas se payer de mots; il ne faut pas oublier que l'administration pénitentiaire n'ignore pas que tout le monde n'est pas à marier dans les bagnes. Je n'entrerai pas dans le détail de toutes les précautions qu'on a prises pour faire le choix des colons à marier : en somme, ces 400 colons mariés sont le produit d'une sélection faite sur plus de 24.000 transportés. Quelqu'un pourrait-il sérieusement soutenir que si ces mêmes ménages avaient été placés en France, dans des conditions identiques, leur descendance se serait éteinte dès la première génération? Nous attendons, pour en être convaincu, que l'État en ait l'expérience. Elle coûterait certainement moins cher que l'expérience faite au Maroni.

III

La colonisation européenne dans les climats tempérés et dans les climats torrides. — Le Canada et la Guyane.

Tous les faits que nous venons de citer sont indéniables, et cependant ils ne peuvent rien contre l'idée du cosmopolitisme de l'homme, qui est en nous; on peut le dire, une idée innée, car elle est la conséquence de l'esprit classique et découle naturellement de la conception abstraite de l'homme à laquelle nous ont habitués tous les systèmes philosophiques. L'univers est le domaine de l'homme, et les différences qui séparent les races humaines se réduisent à une insignifiante question d'épiderme. Si les faits ne sont pas conformes à notre théorie, c'est la faute des hommes et non celle des lois de la nature. Si tous ces émigrants sont morts et ont disparu sans laisser de trace, c'est l'imprévoyance et l'incapacité de leurs chefs, c'est leur paresse, ce sont leurs vices, c'est l'administration pénitentiaire, qui en sont cause. Tous ces colons étaient vraisemblablement privés de l'instinct de la conservation individuelle, et, suivant l'expression d'un partisan du cosmopolitisme de l'homme, « *ils sont morts parce qu'ils n'ont pas voulu se donner la peine de vivre.* »

On répète, depuis un siècle, que le désastre de Kourou est dû à l'incurie et à l'impéritie de ceux qui dirigeaient cette entreprise, aux excès, à la paresse, aux vices des colons. C'est un argument facile dont on a un peu trop abusé, en y ajoutant du roman et de la fantaisie. Les colons de Kourou n'ont pas été débarqués et abandonnés sans ressources, comme le fait s'est produit, il y a quelques années, dans une affaire de ce genre qui a eu un grand retentissement (1). Cette entreprise a été dirigée par l'État qui y a dépensé plus de trente millions. On a mis, dit-on, trop de précipitation dans l'exécution de ce projet de colonisation, on a manqué de méthode. Si, au lieu d'envoyer 12.000 émigrants, on n'en avait envoyé que 2.000, si l'État s'était chargé de les nourrir, de les entretenir, de les hospitaliser, etc., *d'une manière indéfinie*, comme les colons de la transportation, en les renouvelant à mesure qu'ils auraient succombé, ces colons auraient certainement végété pendant quelques années, comme les concessionnaires du Maroni, en occasionnant d'énormes dépenses à l'État, mais le résultat final aurait certainement été le même. Si on a procédé avec précipitation, c'est que l'on avait des raisons pour agir ainsi. Il faut connaître, en effet, l'idée qui a présidé à l'entreprise de Kourou, et nous allons l'exposer en quelques mots.

Pendant la guerre de Sept ans, on avait été frappé, tant en Angleterre qu'en France, des services énormes qu'avaient rendus les colonies de peuplement de l'Amérique du Nord, au point de vue de la levée des troupes et du recrutement des équipages des escadres : on pouvait ainsi facilement combler les vides faits par les combats et les maladies. Depuis la mort de Montcalm, tué sous les murs de Québec (14 septembre 1759), et la capitulation de cette place (18 septembre 1759), l'Angleterre était restée seule maîtresse du Canada. En présence des forces considérables que les Anglais y avaient envoyées, le Gouvernement français, qui avait laissé succomber Montcalm sans secours, avait renoncé à l'idée de recommencer la lutte sur ce point. La France n'avait plus de colonies de peuplement en Amérique ; elle ne possédait plus que des colonies à esclaves.

---

(1) Expédition de *Port-Breton*, organisée par le marquis de Rays qui avait, sur la fondation des colonies de peuplement dans la zone torride, des idées absolument philosophiques, car il s'est bien gardé d'accompagner les malheureux qu'il a envoyés mourir en Océanie, sous prétexte d'y fonder la colonie de la *Nouvelle-France*. Chez lui, le colonisateur à idées abstraites était doublé d'un escroc à idées très positives. Il a été jugé et condamné par la cour d'assises de la Seine en 1883.

Ainsi placée dans une condition d'infériorité, la France, dans ses guerres futures avec l'Angleterre, devait fatalement succomber, d'après les idées de M. de Choiseul, et perdre les derniers établissements qui lui restaient encore en Amérique. Il fallait donc, à tout prix, fonder ce que l'on appelle aujourd'hui une colonie de peuplement; il fallait au plus tôt créer un nouveau Canada. Au temps de M. de Choiseul, aussi bien qu'à l'heure actuelle, on admettait comme un principe hors de discussion, comme un dogme, que l'homme est cosmopolite : ce qui était possible au Canada l'était également à la Guyane. Les préparatifs de l'expédition de Kourou furent faits avant la fin de la guerre, et aussitôt après la signature du traité de Paris (3 novembre 1763), qui mit fin à la guerre de Sept ans et consacra la perte définitive du Canada, M. de Chanvalon partit de Rochefort (14 novembre 1763) pour la Guyane avec le premier convoi de colons.

Si ces 12.000 colons dont nous connaissons le sort, au lieu d'être envoyés dans une colonie à climat torride, avaient été placés dans un autre climat, dans l'Amérique du Nord ou au Canada par exemple, le résultat aurait été bien différent. Certes, ils auraient eu à bord le typhus et la fièvre typhoïde, mais ils ne seraient pas tous morts. Après cette sélection, les survivants, placés en face de conditions matérielles identiques à celles où ils se trouvèrent à Kourou, auraient rapidement amélioré leur situation par le travail, parce qu'au lieu d'être frappés par l'anémie et la cachexie, comme ils le furent à la Guyane, ils auraient conservé leur vigueur. A l'heure actuelle, leur descendance formerait un peuple.

De 1663 à 1760, 10.000 Français, au maximum, ont émigré au Canada. En 1760, les Franco-Canadiens étaient au nombre de 70.000, et à l'heure actuelle, la descendance de ces 10.000 émigrés a certainement atteint le chiffre de plus d'un million et demi d'individus de race française pure (1), ce qui représente

(1) Au recensement de 1880, la population totale du Canada était de 4.324.810 habitants; sur ce nombre, il y en avait 1.298.929 d'origine française (*Census of Canada 1880-81. Tome 1er, Ottawa, 1882*). De plus, on sait qu'il existe un courant d'émigration assez fort entre le Canada et les Etats-Unis. Le nombre des Franco-Canadiens qui ont émigré aux Etats-Unis n'est indiqué ni dans les statistiques canadiennes ni dans les statistiques américaines; ce nombre est estimé par les uns à 200.000, par d'autres à 300.000, par d'autres encore à 500.000. Le nombre des Français qui ont émigré au Canada depuis la cession à l'Angleterre est très faible : en effet, sur ce nombre de 1.298.929 Ca-

environ la population de quatre départements français, ou approximativement la vingt-quatrième partie du total de la population de la France. Pendant une certaine période, les Franco-Canadiens ont dépassé la loi du développement de l'espèce humaine formulée par Malthus, et basée par cet économiste sur le développement de la race anglo-saxonne dans l'Amérique du Nord. Ils s'en éloignent naturellement de plus en plus, à mesure que la population augmente, mais leur développement n'en est pas moins remarquable et, d'après les chiffres officiels que nous venons de citer, on voit que l'immigration est absolument étrangère à leur multiplication. En supposant que l'expédition de Kourou eût été conduite avec toute la sagesse possible, où seraient actuellement les descendants des 12.000 Français qui débarquèrent à la Guyane en 1764? Si l'essai de colonisation de Kourou, au lieu de coûter 30 millions, en avait coûté 150 ou 200, comme la transportation, les colons auraient végété pendant quelques années, au lieu de périr au bout de quelques mois, mais le résultat final n'aurait pas été changé, parce que ces colons et leur descendance étaient condamnés, de par une loi biologique, à s'éteindre et à disparaître sans laisser de trace.

Il est absolument certain que, sans parler de la transportation,

nadiens d'origine française, il n'y en a que 4.889 nés en France. Les Canadiens d'origine française tiennent le premier rang; après eux viennent les Canadiens d'origine irlandaise, au nombre de 957.408; ceux d'origine anglaise, au nombre de 881.801; ceux d'origine écossaise, au nombre de 699.863; ceux d'origine allemande, au nombre de 254.819, etc. Bien que les caractères anthropologiques qui séparent les Canadiens de diverses origines soient peu marqués, les groupes se mélangent beaucoup moins qu'on ne croit : le pays d'origine, la langue, la race, la religion, les traditions, séparent les Canadiens de chaque nationalité. Ne voyons-nous pas, chez nous, des groupes de même sang, de même race, de même langue, comme les protestants par exemple, se maintenir indéfiniment. Il y a quelques rares mariages mixtes, mais les enfants rentrent dans l'un ou l'autre camp et les groupes subsistent toujours.

Au recensement de 1870 (*Census of Canada, 1870-71. Tome* 1er, *Ottawa,* 1873), sur un total de 3.485.761 habitants, les Canadiens d'origine française étaient au nombre de 1.082.940. Sur ce nombre, 2.899 seulement étaient nés en France. Les Canadiens d'origine irlandaise étaient au nombre de 846.414, ceux d'origine anglaise au nombre de 706.369, ceux d'origine écossaise au nombre de 549.946, ceux d'origine allemande au nombre de 202.991. En dix ans, l'augmentation de la population avait donc été de 19,9 p. 100 pour les Canadiens d'origine française, de 13,1 p. 100 pour les Canadiens d'origine irlandaise, de 24, 7 p. 100 pour les Canadiens d'origine anglaise, de 27, 2 p. 100 pour les Canadiens d'origine écossaise, et de 25, 2 p. 100 pour les Canadiens d'origine allemande. Ce sont là des augmentations énormes. Pour établir un terme de comparaison, nous ferons remarquer qu'en 65 ans (1821-1886), la population de la France n'a augmenté que de 16 p. 100.

la Guyane a reçu de France, depuis le commencement du dix-septième siècle, plus d'immigrants des deux sexes que le Canada. En outre, le Gouvernement français a fait à la Guyane, pour favoriser ces immigrations et soutenir ces colons, des dépenses très considérables qu'il n'a pas faites au Canada. Or, à l'heure actuelle, les résultats obtenus sont bien différents. La descendance des immigrants français a atteint, au Canada, le chiffre de plus d'un million et demi d'individus, représentant à peu près la population de quatre départements français. Ce sont les autorités anglaises qui les ont comptés, et on peut être sûr qu'elles n'en ont pas exagéré le nombre. A la Guyane, au contraire, en dehors des fonctionnaires qui ne passent que quelques années dans la colonie, il existe, à l'heure actuelle, 63 *blancs français*, et encore un bon nombre d'entr'eux sont-ils nés en France ! Ce sont les autorités françaises qui les ont comptés, et je suis bien convaincu qu'on n'en a laissé aucun de côté ; au contraire, je crois qu'il a fallu bien chercher pour arriver à un total aussi élevé. Pour exprimer toute ma pensée, je dirai même que ce chiffre de 63, quoique officiel, est très sensiblement exagéré, et que j'ai, non pas la conviction, mais la certitude absolue, qu'il n'y a pas, à la Guyane française, 63 *blancs français* (hommes, femmes, enfants, créoles ou nés en Europe), non entretenus directement par le budget métropolitain, le budget colonial, ou le budget communal.

Pourquoi cette différence dans les résultats ? Les partisans du cosmopolitisme de l'homme nous répondent : c'est parce que les Français qui ont émigré à la Guyane étaient tous des paresseux, des ivrognes, des hommes souillés de tous les vices physiques et moraux, tandis que les Français qui ont émigré au Canada étaient doués de toutes les vertus. Quant à nous, nous répondons : c'est parce que l'homme n'est pas cosmopolite ; c'est parce que tous les principes abstraits, que l'on applique à l'homme, et qui découlent des idées philosophiques et de l'esprit classique, sont des principes faux, basés sur l'ignorance du monde extérieur, en dehors de ce qui nous entoure immédiatement, et sur la manie de la généralisation des phénomènes qui se produisent autour de nous ; c'est parce que les caractères physiques qui séparent les races humaines ne sont pas un pur effet du hasard et ont une raison d'être ; c'est parce que le problème de l'émigration et de la colonisation est autrement complexe que ne se le figurent ceux qui n'ont sur cette question que des idées philosophiques, générales et abstraites (1).

La théorie du cosmopolitisme de l'Européen est une thèse difficile à soutenir, lorsqu'on veut examiner impartialement les faits. Pour soutenir cette thèse, on est obligé d'admettre que, pendant quatre siècles, tous les ivrognes, tous les fainéants de la France, de l'Angleterre et de l'Europe entière, se sont donné le mot pour émigrer uniquement dans les colonies de la zone torride, tandis que, seuls, les hommes vertueux ont

(1) Les déclamations creuses, sur l'émigration en masse des Européens dans les climats torrides, qui se débitent à la tribune des assemblées politiques ou qui s'étalent dans les journaux et les livres, échappent quelquefois à la plume de certains auteurs qui pourraient tenir un peu plus compte de l'analyse scientifique des faits. C'est ainsi que l'auteur de l'article *colonisation* du *dictionnaire encyclopédique des sciences médicales*, après avoir constaté que les habitants du pays basque et du littoral méditerranéen émigrent, d'une manière notable, à la Plata, au Chili, à l'Uruguay, où ils sont perdus pour la France, ajoute : « Que ne s'efforce-t-on d'attirer ce courant d'émigration en Algérie, ou bien, pour donner satisfaction au goût d'aventures plus lointaines, à la Guyane, à la Martinique, à la Guadeloupe, où nous avons tant de peine à maintenir une population stationnaire ». Je n'ai rien à dire pour l'Algérie ; mais, par quels moyens faut-il attirer ces émigrants à la Guyane, à la Martinique, à la Guadeloupe ?

Ces Français qui émigrent ainsi ne sont évidemment pas tous des grands négociants ou des hommes d'affaires possédant de forts capitaux : la grande masse est composée d'hommes, artisans ou agriculteurs, qui travaillent de leurs mains. Qu'iraient faire ces travailleurs, ne possédant rien, si ce n'est leurs bras, à la Guyane, à la Martinique, à la Guadeloupe, surtout dans l'état actuel de ces colonies ? La race blanche a à peu près disparu à la Guyane, et elle est en train de disparaître aux Antilles où les blancs, possesseurs du sol, diminuent à vue d'œil. Ces immigrants auraient vite disparu et n'augmenteraient guère la population, car les Européens qui, dans la lutte pour la vie, n'ont d'autres armes que leurs bras, sont incapables d'assurer leur subsistance dans ces pays.

Si la durée de la *vie probable* du transporté européen à la Guyane a été de quelques années, c'est que ce transporté est loin de vivre uniquement du travail de ses bras. Un transporté (européens, arabes, *noirs*), indépendamment du produit de son travail qu'il consomme, (budget sur ressources spéciales), coûte au budget de l'Etat onze ou douze cents francs par an, et, pour un transporté européen pris à part, cette somme est certainement plus élevée encore. Si le transporté européen vit pendant quelques années, c'est que les contribuables travaillent en France et paient l'impôt pour l'entretenir, c'est que le budget le nourrit et le soigne lorsqu'il est malade, car il ne faut pas oublier qu'il passe une bonne partie de son temps à l'hôpital. Le transporté est un fonctionnaire qui coûte beaucoup plus cher à l'Etat que beaucoup de fonctionnaires en France, car combien de retraités et de serviteurs actifs de l'Etat ont une pension ou une solde inférieures à douze cents francs ! Si la France avait une colonie peuplée, comme le Canada, de quatre ou cinq millions de colons européens dont chacun coûterait au budget de la métropole onze ou douze cents francs d'entretien par an, comme un transporté, les contribuables seraient bien à plaindre.

Des Européens, arrivant seulement au nombre de deux ou trois mille à la la Guyane, comme le veut l'auteur que j'ai cité, auraient sûrement le sort des colons de Kourou en 1764.

émigré dans les colonies de peuplement. Quoi qu'il en soit de la vertu des émigrants, nous venons de voir ce qu'est devenue la descendance des 20.000 Français, au maximum, (mettons 30.000, si on veut,) qui sont partis de France pour le Canada, depuis le dix-septième siècle. Pendant la même période, c'est par centaines de mille que se comptent les émigrants des deux sexes qui sont partis de France pour les trois seules colonies de la Martinique, de la Guadeloupe et d'Haïti. Leur descendance, qui ne se maintient que par l'apport incessant de nouveau sang européen et grâce aux conditions dont nous avons parlé, n'est probablement pas représentée aujourd'hui par 10.000 blancs de race pure, ou pouvant passer pour tels. Tandis que l'immense majorité des Franco-Canadiens peut remonter facilement à quatre ou cinq générations sans trouver un de ses ascendants qui ait quitté le Canada, on ne trouverait probablement pas, parmi ces 10.000 blancs français des Antilles, *un seul* rejeton de la troisième génération dont les ascendants n'aient jamais quitté le pays. En outre, le nombre des Franco-Canadiens va toujours en augmentant d'une manière sensible, tandis que le nombre des blancs des Antilles, malgré l'arrivée incessante de nouveaux venus d'Europe, est en décroissance rapide, et dans les deux colonies où ces descendants blancs existent encore, ils disparaîtront certainement un jour, comme ils ont déjà disparu à Haïti.

Les colonies à climat tempéré sont des terres qui produisent des hommes de race blanche, tandis que les colonies à climat torride sont des terres qui en consomment et en dévorent. On confie aux colonies à climat tempéré quelques milliers de colons européens, et, au bout d'un siècle, elles en ont produit des centaines de mille. Au contraire, les colonies à climat torride reçoivent en un siècle des Européens par centaines de mille, et elles n'en possèdent toujours que quelques milliers. De plus, ces Européens des colonies à climat torride ne peuvent vivre, pour un temps limité, qu'à l'abri des éléments du climat, dans des conditions de vie artificielle, à l'état de minorité aristocratique au milieu des races indigènes, et sont loin de subsister par leurs seules forces. Si, dans une colonie à climat torride, on plaçait des colons européens par centaines de mille, et, s'ils étaient réduits à subsister par leurs seules forces, en résidant

d'une manière continue dans le pays, comme leurs congénères
établis dans les colonies à climat tempéré, non seulement ils ne se multiplieraient pas, mais ils disparaîtraient
sûrement jusqu'au dernier; et cela, non pas au bout de quelques siècles, mais au bout de quelques années et même de
quelques mois.

Les contrées situées dans la zone des climats torrides sont
à jamais fermées pour la race blanche des climats tempérés,
subsistant seule, formant un organisme social à elle seule, se
maintenant et se perpétuant sans avoir besoin d'emprunter
des bras étrangers pour cultiver le sol qui doit la nourrir.
La race européenne des climats tempérés n'a pu et ne peut
se maintenir dans ces régions que d'une manière artificielle,
sans travail musculaire, à l'abri des éléments du climat qu'il
lui faudrait affronter pour subsister seule, dans des conditions
de bien-être et de confort qu'elle est incapable de se créer
par ses seules forces. Et même dans ces conditions absolument privilégiées, elle ne peut s'y maintenir que pour un
temps très limité. Le climat opère sur les Européens bien
constitués, ayant émigré à l'état adulte, une sélection sévère
qui va toujours en s'aggravant, c'est-à-dire que leur mortalité
augmente avec leur temps de séjour (1). L'action constante,
accélératrice du climat, sur la race blanche dont l'organisation physique n'est pas en harmonie avec les climats torrides,
se révèle d'une manière bien plus énergique sur la descendance. La sélection faite par le climat, déjà sévère pour les
Européens ayant émigré à l'état adulte, est bien plus sévère
encore pour les rejetons nés dans le pays. Les rejetons de la
première génération sont rares et difficiles à élever; ceux de
la seconde le sont encore davantage, de sorte qu'un groupe
d'Européens qui séjournerait d'une manière continue et indé-

(1) D'après les recherches du général Préval, citées par le Dr Boudin, la
mortalité de l'armée française, pendant les sept années de service, allait en
diminuant d'année en année, de sorte que la mortalité pendant la septième
année était près de quatre fois moindre que la mortalité de la première année.
C'est le phénomène inverse qui se produit aux colonies, comme l'ont démontré les statistiques des troupes anglaises. Aux Antilles, où l'on avait maintenu
des garnisons européennes pendant onze années consécutives, dans l'espoir
qu'elles s'acclimateraient, la mortalité augmentait légèrement, mais progressivement, d'année en année, de sorte que la mortalité pendant la onzième année
représentait le double de la mortalité de la première année. (Voir : Boudin —
Traité de géographie et de statistique médicales. — Paris 1857 — Tome II
page 161).

finie dans les climats torrides, même dans des conditions absolument privilégiées, et qui ne recevrait plus de nouvelles recrues de son pays d'origine, se fondrait graduellement et disparaîtrait totalement au bout d'un très petit nombre de générations.

On peut comparer l'Européen à une plante transportée hors de son habitat. Ce n'est que par des soins assidus, en la plaçant autant que possible à l'abri de l'action du climat étranger, en lui créant, pour ainsi dire, une vie artificielle, qu'on peut arriver à la conserver pour un temps limité. S'il est difficile d'assurer sa conservation, il est bien plus difficile encore d'obtenir sa reproduction. De même que le plus grand nombre des végétaux et des animaux, l'homme, le plus complexe des êtres vivants, n'est pas cosmopolite : il ne lui est pas permis de changer impunément de latitude et de climat. Suivant sa race, son habitat est circonscrit. Les caractères physiques qui différencient les races humaines constituent des conditions d'adaptation au milieu dans lequel elles vivent. Un type humain est organisé pour résister au froid, un autre à la chaleur.

I V

Conditions de la vie des races adaptées aux climats torrides. — Esclavage colonial. — Mortalité des nègres. — Illusions de la statistique. — Idée générale et abstraite des phénomènes biologiques.

Tandis que la race blanche, livrée à ses seules forces, ne peut subsister dans les climats torrides, et que, même dans des conditions de vie artificielle, comme une plante exotique, elle ne se perpétuerait que pendant un nombre très limité de générations, la race nègre, dans ces mêmes climats, vit et prospère. Elle a eu pour berceau et pour habitat l'Afrique intertropicale. Organisée pour vivre dans les climats torrides, cette race, grâce au pigment de sa peau, au développement de son système sudoripare, à la qualité de sa sueur, à l'état rudimentaire de son système pilo-sébacé, échappe à l'action fatale que la haute température continue exerce sur les phénomènes chimiques de la nutrition de l'organisme chez le blanc. Alors que ce dernier ne peut vivre péniblement, dans les climats torrides, qu'avec beaucoup de bien-être et peu de travail, c'est-à-dire, pour employer le langage des économistes, en consommant beaucoup et produisant peu, le nègre n'a besoin que de peu de chose pour vivre et prospérer. Nous avons dit de quoi se compose la ration du transporté *noir* : pas de pain, pas de vin, pas de viande. L'Européen, soumis à ce régime et à ce genre de vie, serait vite miné par l'anémie.

Peu de travail suffit donc au nègre pour produire ce qui est nécessaire à sa subsistance. Il ne faut pas oublier que dans ces climats, c'est le travail, et surtout le travail au soleil, qui, poussé au delà d'une limite restreinte, est pénible, malsain et anémiant, même pour le nègre. L'activité musculaire qui augmente la production de chaleur animale, est contraire à l'hygiène. C'est l'inverse dans nos climats tempérés où l'organisme a surtout à lutter contre le froid. On est habitué à tout rapporter à notre point de vue d'Européens et à établir des axiomes absolus, des principes inflexibles, des lois générales, s'appliquant à tous les hommes de tous les temps et de tous les climats. Cette manie de la généralisation est le résultat de l'ignorance la plus profonde du monde extérieur. Tout ce qui se rapporte à l'homme est variable et contingent, parce que l'homme est un être essentiellement variable et divers. Qu'il s'agisse d'hygiène, de morale, de religion, de politique, de justice et de droit, rien n'est plus vrai que le mot de Pascal : « Vérité en deçà des Pyrénées, erreur au delà ». Pour ce qui concerne spécialement l'hygiène, comme le dit avec beaucoup de justesse le professeur Proust : « Quelles différences profondes, « absolues, selon les temps, les lieux et les climats! A coup « sûr, l'hygiène de l'Européen ne saurait être celle de l'habi-« tant des tropiques; ici la sobriété et la paresse, là une ali-« mentation généreuse et une incessante activité, constituent « les éléments nécessaires au maintien de la santé et de la « vie (1). »

Le nègre travaillant peu et produisant uniquement ce qui lui est nécessaire pour sa subsistance, vit, se perpétue et se multiplie dans les contrées les plus malsaines de la zone torride. Dans ces conditions, il échappe à l'impaludisme et à l'anémie qui, dans une situation semblable, amèneraient l'extinction rapide de la race blanche. Les côtes de l'Afrique intertropicale, berceau de la race nègre, sont les contrées du monde les plus malsaines pour les Européens. A moins de 150 kilomètres de Saint-Laurent du Maroni sont établis, sur les bords

(1) A. Proust. — *Traité d'hygiène.* Paris 1881, page 3.

du haut-fleuve, les *nègres Bonis* et les *nègres Bosh* (1), descendants des esclaves marrons évadés, au siècle dernier, de la colonie hollandaise de Surinam. Ils sont retournés à la vie africaine et vivent là heureux. Chacun est heureux à sa manière : pourquoi vouloir tout rapporter à notre point de vue d'Européens? L'idéal du bonheur pour un nègre n'est pas le même que pour un blanc. Le bien, le beau, le juste, tout cela est relatif. Tandis que la race des colons européens, malgré les dépenses énormes qu'a faites l'État pour les soutenir, est éteinte dès la première génération, les nègres se sont perpétués et ont prospéré. Et cependant, ils n'ont jamais eu, comme ces travailleurs blancs, ni les subsides continuels et permanents, ni la ration, ni la quinine, ni les médicaments gratuits de l'administration. Au contraire, les Hollandais ont plus d'une fois fait des expéditions dans le haut-fleuve, pour mettre la main sur eux, car l'esclavage n'a été aboli dans la colonie qu'en 1863. Ne pouvant les saisir, ils se vengeaient en brûlant leurs carbets et leur coupaient les vivres en détruisant leurs plantations de manioc. Tous ceux qui ont vu ces nègres robustes, dont plusieurs viennent souvent à Saint-Laurent, peuvent dire si ces descendants des esclaves marrons du siècle dernier sont dégénérés à l'heure actuelle.

Le blanc, avons-nous dit, ne vit qu'avec peine dans les climats torrides, en consommant beaucoup et produisant peu. Lorsque le nègre se trouve placé précisément dans les conditions inverses, c'est-à-dire lorsqu'il produit beaucoup et consomme très peu, en d'autres termes, lorsqu'il est soumis à un travail excessif et qu'il vit dans les pires conditions hygiéniques, lui aussi paye son tribut à l'impaludisme, à l'anémie, et sa mortalité s'élève. Tel est, jusqu'à un certain point, le

____

(1) Tous ces nègres sont d'origine hollandaise et parlent le *taki-taki* (patois nègre hollandais). Les villages des *nègres Bosh* (nègres des bois) sont sur les bords du Tapanahoni, et les villages des *nègres Bonis* sur les bords de l'Awa. Le confluent de ces deux rivières forme le Maroni. Les *nègres Bonis* ont pris le nom d'un de leurs chefs de bande du siècle dernier, un certain Boni, regardé aujourd'hui par eux comme un héros de légende.

En 1861, une commission franco-hollandaise, composée de quatre membres de chaque nationalité, remonta le Maroni, dans un but d'exploration scientifique et pour fixer les limites des deux Guyanes. La relation de ce voyage a été faite par M. Vidal, lieutenant de vaisseau et membre de la commission (*Revue maritime et coloniale*, juillet et août 1862). Les *Bosh* furent placés sous le protectorat hollandais et les *Bonis* sous le protectorat français. Le *Grand-man* Adam, *roi* des Bonis, reçut une pension de 1200 francs par an. Elle est

cas du transporté nègre (1). Tel était aussi le cas du nègre esclave. Mais, dans ces conditions, l'impaludisme, l'anémie et les maladies, ainsi que nous l'avons déjà mis en lumière, ne suppriment que l'individu : la race n'est pas atteinte ; tandis que l'état cachectique, rapidement et fatalement produit par la haute température continue et l'impaludisme chez l'Européen qui a résisté pendant un certain nombre d'années à l'action du climat, amène la dégénérescence de la descendance, comme l'ont surabondamment démontré les concessionnaires du Maroni.

La variation pathologique que l'action du climat imprime, non seulement à l'organisme du blanc vivant comme le transporté concessionnaire du Maroni, mais encore à l'organisme du blanc vivant suivant les règles de l'hygiène des Européens dans les colonies intertropicales, s'aggrave d'année en année sur l'individu, de génération en génération sur la descendance, et doit fatalement produire l'extinction finale de la race. Au

payée aujourd'hui à son successeur, le *Grand-man* Anato, qui en touche le montant à Saint-Laurent.

Bien que les *Bonis* parlent le *taki-taki*, comme les Bosh, un grand nombre d'entre eux, au contact des placériens de Cayenne, ont appris le patois nègre français. Il y a même un *Boni* qui parle le français pur d'une manière assez convenable : c'est Apatou, qui a accompagné le Dr Crevaux, lors de ses voyages dans l'intérieur de la Guyane. Apatou a été emmené en France et présenté à la Société de géographie de Paris qui lui a offert un fusil d'honneur ; il descend souvent à Saint-Laurent, et depuis qu'il a vu manœuvrer des régiments de cavalerie en France, il est devenu très ambitieux. Pendant que j'étais au Maroni, il m'a fait ses confidences : à cette époque, il faisait de l'opposition au gouvernement établi, conspirait dans l'ombre et préparait un coup d'Etat pour se faire nommer roi des Bonis. Il avait élaboré tout un programme de gouvernement qui devait faire le bonheur de son peuple.

(1) La mortalité des transportés nègres est plus élevée que celle des nègres libres aux Antilles ou à la Guyane ; de même que dans les bagnes, en France, la mortalité était plus élevée que dans la population normale : c'est là un fait tout naturel.

Les documents statistiques sur la transportation, publiés par l'administration pénitentiaire, laissent beaucoup à désirer. C'est ainsi que dans les *Tableaux de la mortalité* des transportés, la division par race n'est pas donnée, tandis que cette division existe pour d'autres tableaux de nulle importance. Nous avons déjà dit que, d'après des chiffres empruntés à un important rapport du Dr Kérangal et puisés par lui à la direction de l'administration pénitentiaire à Cayenne, pendant les quinze premières années de la transportation, la mortalité annuelle moyenne des transportés européens a été de 12,0 p. 100, celle des Arabes de 8,54 p. 100, et celle des *noirs* de 5,75 p. 100. La mortalité des nègres, qui forment la majorité des *noirs*, serait légèrement inférieure à ce dernier chiffre, car les Chinois, et probablement aussi les Hindous, résistent moins que les nègres. Nous rappellerons que ces derniers n'ont pas la même ration que les Européens, qu'ils ont toujours été employés aux travaux les plus durs, et que, dans les premiers temps de la transportation, on les a envoyés sur les pénitenciers les plus malsains, comme à Saint-Georges de l'Oyapock, en 1854.

contraire, le nègre transporté en Amérique dans les colonies à climat torride, est, au bout de la cinquième, de la dixième, de la quinzième génération, absolument semblable physiquement au nègre né en Afrique : il n'a pas varié, car il n'a pas changé de milieu climatérique. Les blancs des Antilles ne se sont maintenus qu'en faisant de temps en temps des voyages en Europe pour y rétablir leur santé : les nègres des Antilles n'ont pas été obligés d'aller de temps en temps passer quelques mois de villégiature dans leur pays d'origine, au Sénégal ou au Gabon.

Lorsqu'une race est adaptée à son milieu, et lorsqu'elle n'a pas autour d'elle la concurrence vitale d'une autre race aussi bien adaptée qu'elle, aussi grande que puisse être la mortalité des individus, la race ne peut pas s'éteindre, car la descendance ne subit pas de variation pathologique constamment progressive : la natalité s'élève en même temps que la mortalité et vient fatalement combler les vides. On peut presque dire que l'élévation de la mortalité n'a pas d'importance ; il en est tout autrement lorsque la race n'est pas complètement adaptée au milieu, car alors la natalité est loin de combler les vides faits par la mortalité. L'action du climat s'aggrave de génération en génération sur la descendance ; les rejetons sont de plus en plus rares et de moins en moins vivaces. Quand la race est adaptée au milieu, les individus meurent, la race survit. Quand la race n'est pas adaptée, les individus meurent, et la race aussi.

Dans les colonies à esclaves, on a tué par le travail des millions de nègres, en leur faisant produire le plus qu'on pouvait et ne leur laissant consommer que le moins possible. Pour montrer que tout est relatif, nous ferons remarquer que ces nègres, qu'on a ainsi tués par le travail, travaillaient cependant beaucoup moins que nos populations des campagnes en Europe ; mais ils étaient dans un climat où les besoins de la vie sont moindres que dans nos climats tempérés, et où le travail, au delà d'une mesure restreinte, est anti-hygiénique. En Europe, des millions de blancs se sont de tout temps égorgés entre eux, dans des guerres continuelles. Et cependant, ni la race africaine dans les colonies de plantations à climat torride, ni la race blanche en Europe, ne se sont éteintes. On peut affirmer que la race africaine ne s'éteindra dans aucune des colonies de la zone torride, où elle a été transportée depuis près de quatre siècles; elle ne s'y éteindrait pas, même si l'esclavage existait encore et devait y exister toujours. L'extinction de la race nègre, dans ces pays, est un phénomène aussi impossible à prévoir que l'extinction de la race blanche dans les États-Unis du Nord ou en Europe.

Une race adaptée au milieu où elle vit, peut supporter impunément des mortalités effrayantes, car la natalité, sans cesse réprimée par des causes diverses, suit, pour ainsi dire, automatiquement les variations de la mortalité. Si une maladie épidémique faisait en Europe 200 millions de victimes, en enlevant les deux tiers des habitants dans l'espace d'une semaine, il ne faudrait pas vingt-cinq ans pour que les vides fussent comblés et que la population fût revenue à son chiffre normal. La multiplication des hommes, lorsque les moyens de subsistance existent, peut dépasser de beaucoup la loi de Malthus, car cette loi est basée sur l'observation du développement d'une race qui était adaptée à son milieu, mais qui avait tout à créer. Les hommes sont vite faits, lorsqu'il y a de quoi les faire subsister: or, dans l'hypothèse dont je parle, les moyens de subsistance (maisons, champs cultivés, machines, etc.) existeraient en Europe. Les deux lois de Malthus sont vraies: comme la multiplication de toutes les espèces vivantes, la multiplication des hommes, assurée par l'instinct génésique, n'aurait pas de limite, si le manque de moyens de subsistance n'était là pour la réprimer. La contrainte morale... ou immorale (restriction des mariages, célibat forcé, prostitution stérile, mesures calculées pour annihiler les conséquences de l'acte génésique, etc.), l'infanticide détourné, par le manque de soins, qui fait varier dans des proportions énormes la mortalité des enfants suivant les catégories, les maladies de misère qui enlèvent les enfants et les adultes, sans parler des guerres meurtrières qui suppriment les adultes les plus vigoureux, sont toujours intervenues et interviendront toujours pour restreindre le développement de l'espèce humaine.

Il ne faut pas se baser uniquement sur la mortalité pour juger de l'avenir d'une race et de son degré d'adaptation au milieu où elle vit: on arriverait à de fausses conclusions. Il n'est pas douteux que la mortalité des esclaves était de beaucoup supérieure à la mortalité de leurs maîtres; et cependant, il s'en faut de beaucoup que la race blanche soit mieux adaptée que la race africaine au climat des Antilles.

Dans le milieu du siècle dernier, dit Leroy-Beaulieu (1), sur 80.000 nègres de la Barbade, il en mourait tous les ans 5.000. Un observateur plein d'autorité, Bryan Edwards, calculait la décroissance de la population noire à 2, 5 p. 100 par an. D'après Alexandre de Humboldt (2), qui a visité l'Amérique intertropicale en 1823, la mortalité des nègres, à cette époque, était très différente d'une colonie à l'autre, et même d'une plantation à l'autre. A Cuba, dit cet auteur, la mortalité des esclaves varie selon le genre de culture, selon l'humanité des maîtres et des gérants, et selon le nombre des négresses qui peuvent donner des soins aux malades. Il y a des plantations dans lesquelles il en périt annuellement de 15 à 18 p. 100..... La mortalité moyenne des nègres récemment introduits est encore de 10 à 12 p. 100. Que prouvent tous ces chiffres? Ils prouvent uniquement que le nègre était un objet de consommation, une machine qu'on pouvait renouveler lorsqu'elle était usée. Il fallait faire du sucre et gagner de l'argent le plus possible; si les nègres mouraient, ce n'était là qu'un léger détail : il en restait encore en Afrique où la race ne s'éteint pas, et où la population noire ne diminuait certainement pas, bien que la traite y eût puisé douze millions de nègres pour les transporter en Amérique. Cette émigration n'a pas plus diminué la population de l'Afrique, que l'émigration aux États-Unis d'Amérique n'a diminué la population de l'Angleterre. Mais si, la traite étant supprimée, l'esclavage avait toujours duré aux Antilles, il ne faut pas croire que la mortalité se serait maintenue à un chiffre aussi élevé, que la décroissance de la population aurait indéfiniment persisté, et que la race se serait éteinte. Les blancs ne pouvaient subsister sans le secours de leurs nègres, et ils se seraient éteints avant ces derniers. Les planteurs auraient été obligés de modérer leur consommation d'esclaves, de manière à permettre à la natalité d'équilibrer au moins la mortalité : c'était plus que leur intérêt; c'était pour eux une question de vie ou de mort.

<hr>

(1) Paul Leroy-Beaulieu. — *De la colonisation chez les peuples modernes.* Paris, 1882, page 202.
(2) Alexandre de Humboldt. — *Voyage aux régions équinoxiales du Nouveau Continent.* Paris, 1826 tome XI, page 353.

C'est là un point qui n'a pas échappé à l'attention d'Alexandre de Humboldt, lequel n'était pas un statisticien en chambre. A Cuba, en 1823, les planteurs pouvaient se donner le luxe d'avoir des mortalités de 15 à 18 0/0 parmi leurs esclaves : la traite y était pratiquée sur une grande échelle, puisque en dix ans, de 1811 à 1820, d'après les chiffres réunis par de Humboldt, cette colonie avait reçu 116,000 nègres des côtes d'Afrique. Il en était tout autrement dans la plus grande des colonies voisines, à la Jamaïque, où la traite était abolie officiellement depuis 1808. D'après de Humboldt (1), qui s'appuie sur des documents anglais qu'il a recueillis sur place et qu'il cite, avant l'abolition de la traite, la Jamaïque n'équilibrait pas, par la natalité, la mortalité de ses esclaves, de sorte que la population diminuait et que la colonie perdait annuellement 7,000 individus, ou 2,5 0/0. Depuis l'abolition de la traite, ajoute le célèbre voyageur, la diminution de la population est presque nulle. Ajoutons que, depuis l'abolition de l'esclavage, la population africaine n'a cessé de s'accroître d'une manière constante à la Jamaïque, de même que dans les autres Antilles.

C'est parce que la traite alimentait sans cesse les colonies à esclaves, que les planteurs se sont peu préoccupés, pendant trois siècles, de faire des statistiques pour savoir si la mortalité l'emportait sur la natalité. Toutes les Antilles, sans exception, possédaient au moment de l'abolition de la traite, et comptent actuellement, beaucoup moins de nègres qu'elles n'en ont reçu de la côte d'Afrique pendant trois siècles et demi. D'après Alexandre de Humboldt (2), la Jamaïque a reçu en 300 ans, de 1521 à 1820, 850,000 nègres, ou, pour nous arrêter à une évaluation plus certaine, en 108 ans, de 1700 à 1808, près de 677,000 esclaves ; et cependant cette île ne possédait pas, en 1823, 380,000 nègres et mulâtres, libres et esclaves. En 1871, la Jamaïque n'avait que 493,053 nègres et mulâtres. Toutes les colonies anglaises des Antilles qui, en 1823, n'avaient que 700,000 nègres et mulâtres, libres et esclaves, avaient reçu en 106 ans, de 1680 à 1786, selon les registres des douanes, 2,130,000 nègres des côtes d'Afrique (3).

(1) De Humboldt, *loc. cit.*, tome XI, page 354.
(2) De Humboldt, *loc. cit.*, tome XI, p. 347.
(3) Alexandre de Humboldt, ibidem.

D'après Moreau de Jonnès (1), dans l'espace de 320 ans, la traite a tiré d'Afrique environ 12 millions de nègres, représentant une valeur commerciale de plus de 6 milliards de francs. Or, il est fort douteux qu'il y ait, à l'heure actuelle, 12 millions de nègres de race pure en Amérique, tant sur le continent que sur les îles.

Tous ces faits ne prouvent que deux choses : d'abord, que l'esclavage n'était pas précisément un régime plein de douceur, ce que personne n'ignore, et ensuite, que les planteurs avaient intérêt, au point de vue commercial, à tirer incessamment leurs nègres d'Afrique, plutôt que de leur permettre de se reproduire sur place, en laissant la natalité équilibrer la mortalité. Tous les chiffres que nous avons cités, considérés d'une manière abstraite, semblent démontrer que la race africaine était moins bien adaptée que la race européenne au climat des Antilles, et cependant il s'en faut de beaucoup que cela soit vrai. Lorsqu'on se base uniquement sur la mortalité pour juger les questions de ce genre, on arrive à de faux résultats. Il est probable qu'au Jardin des Tuileries, la mortalité des marronniers est supérieure à celle des orangers. Un statisticien en chambre, à idées philosophiques abstraites, s'emparant des chiffres relatifs à la mortalité de ces deux espèces végétales, en conclurait immédiatement que l'oranger est mieux adapté que le marronnier au climat de Paris. Ses statistiques seraient exactes, mais ses conclusions seraient fausses.

Des statisticiens à courte vue, comparant, au dix-huitième ou au dix-neuvième siècle, la mortalité des nègres à celle des blancs, et envisageant les chiffres d'une manière abstraite, en avaient conclu que la race africaine devait s'éteindre un jour et que la race blanche seule survivrait. Or, c'est un phénomène qui ne pouvait pas se produire, parce que les blancs ne pouvaient et ne peuvent subsister sans le secours des nègres. Le résultat final de la lutte des races dans ces pays sera précisément l'inverse de ce qu'ont prédit ces statisticiens en chambre.

Dans les colonies de plantations de la zone torride, la race africaine était adaptée au milieu et la disproportion des sexes

(1) Moreau de Jonnès. — *Recherches statistiques sur l'esclavage colonial.* Paris, 1842.

n'existait pas ; la race n'a pas dégénéré ; elle n'a pas subi de variation pathologique constamment progressive et s'est indéfiniment perpétuée. Mais si la race ne s'est pas éteinte, les individus ont présenté des mortalités énormes. Si la mortalité des esclaves était énorme, et si la population africaine avait besoin d'être sans cesse alimentée par la traite, c'est que l'esclavage du dix-septième et du dix-huitième siècle était un régime épouvantablement dur. On a fait travailler ces nègres dans leurs climats torrides, *presque* autant que des blancs dans leurs climats tempérés. Or, une même somme de travail, d'activité musculaire, hygiénique pour un blanc dans les climats tempérés, est anti-hygiénique pour un nègre dans les climats torrides. Rien de ce qui se rapporte à l'homme n'est absolu. Les hygiénistes qui proclament que le travail est hygiénique, et qui érigent cette proposition en axiome inflexible, en loi générale, sont tout autant dans l'erreur que ceux qui proclament des principes absolus en politique.

On a souvent répété qu'on peut prouver tout ce qu'on veut avec des statistiques. C'est absolument vrai, et je me charge de démontrer, à l'aide de statistiques officielles et exactes, que la Guyane française, où tous les essais de colonisation européenne ont échoué, est une colonie beaucoup plus saine que le Canada, où la colonisation européenne a réussi. Il est également très facile de prouver par des statistiques que la Guyane, où les milliers de familles françaises qui y ont émigré depuis près de trois siècles, n'ont pas laissé *un seul* rejeton de la deuxième génération, est plus salubre pour les Européens que le point le plus salubre de France. C'est une proposition dont on a déjà plusieurs fois fait la démonstration, à l'aide de statistiques officielles, tant dans les journaux et les livres qu'à la tribune des assemblées politiques.

Pourquoi peut-on prouver tout ce qu'on veut avec des statistiques, même officielles et exactes? Parce qu'on considère les chiffres d'une manière philosophique et abstraite ; parce qu'on compare entre elles des données statistiques qui ne sont pas comparables. On prend, par exemple, les chiffres de la mortalité des soldats qui ne passent que deux ans dans une colonie et dont les malades sont sans cesse rapatriés, et de ces chiffres on tire des conclusions qu'on applique à d'autres Européens qui doivent séjourner indéfiniment dans cette même colonie, et dont le genre de vie doit être très différent de celui des soldats. Un statisticien en chambre prend des chiffres représentant la mortalité des blancs et celle des nègres, et il en tire une conclusion, sans se préoccuper qu'entre le genre de vie du nègre et le genre de vie du blanc qui se conforme aux règles de l'hygiène des Européens dans les colonies intertropicales, il y a un abîme dont il ne se doute pas. La différence entre leur genre de vie n'est certainement pas moindre que celle qui existe entre le genre de vie du marronnier et le genre de vie de l'oranger au Jardin des Tuileries. De plus, notre statisticien oublie que ces nègres se perpétuent indéfiniment dans ces climats, tandis que ces blancs ont émigré à l'état d'adultes bien constitués et que, chez eux, l'action du climat va en aggravant ses effets, d'année en année sur l'individu, et de génération en génération sur la descendance.

Nous avons vu qu'à la Guyane, la comparaison de la mortalité du forçat blanc et du forçat nègre ne nous donne pas la mesure exacte de l'influence de la race, car le genre de vie auquel l'un et l'autre sont soumis présente des différences notables à tous les points de vue, lorsqu'on y regarde de près; mais les statisticiens en chambre n'ont pas l'habitude de regarder les choses d'aussi près et s'en tiennent aux chiffres, considérés d'une manière philosophique et abstraite. Si le forçat blanc vivait absolument comme le forçat nègre, sa mortalité, qui est déjà plus de deux fois plus forte que celle de ce dernier, serait peut-être trois ou quatre fois plus élevée que celle du forçat nègre. Il ne faut pas oublier, en outre, car c'est un point capital, que les ascendants de ce forçat nègre ont éternellement vécu dans les climats torrides, tandis que ce forçat blanc y a émigré à l'état adulte : or, l'action des climats torrides sur la race européenne (individu et descendance) est une action constante et par conséquent accélératrice, comme l'action de la pesanteur sur les corps qui tombent.

La race européenne ne s'acclimate pas dans les climats torrides, si on entend par *acclimatement* la faculté de s'adapter au milieu et de se reproduire indéfiniment, sans jamais quitter le pays. La démonstration est faite par une observation de près de quatre siècles. La race blanche résiste pendant un temps qui est plus ou moins long, mais qui, dans les meilleures conditions de vie artificielle, ne dépasse pas quelques géné-

rations. Pour que la race blanche s'acclimatât, il faudrait
qu'elle acquît les caractères physiques des races de ces pays,
caractères qui sont des conditions nécessaires de l'adaptation
au milieu. Or, on n'a jamais vu, dans les climats torrides, un
blanc se changer en nègre par la seule action du climat. La
descendance de la race blanche ne présente pas, après plusieurs générations dans les climats torrides, la moindre tendance à acquérir les caractères physiques de la race nègre.
Le mot *acclimatement* n'a une signification que lorsqu'il s'agit
de l'immunité relative contre la fièvre jaune, conférée à l'Européen par un séjour antérieur dans le pays.

Il faut se défier des sophismes étayés sur des statistiques,
même officielles et exactes. Qu'on me permette une comparaison qui est absolument juste. On peut, à Paris, avec beaucoup de soins et beaucoup d'argent, avoir des orangers qui
produisent des fruits. Si un agriculteur des environs de Paris
ou de Normandie, faisant des statistiques dans lesquelles
entreraient le prix moyen d'une orange, le nombre moyen
d'oranges produites par un oranger, et le nombre moyen d'o-
rangers qui peuvent pousser dans un hectare de terrain,
s'appuyait sur ces statistiques et sur ces moyennes pour
planter vingt hectares d'orangers en pleins champs, chacun
est convaincu que cet agriculteur aurait des mécomptes dans
la pratique. Et cependant, est-ce que ses statistiques ne seraient pas exactes? Oui, elles seraient exactes pour des orangers vivant d'une vie artificielle, mais elles seraient fausses
pour des orangers vivant d'une vie naturelle, comme des
pommiers en Normandie.

Toutes les statistiques où l'on compare la mortalité des
Européens avec la mortalité des races indigènes des climats
torrides, ont la même valeur que les statistiques relatives à
ces orangers : elles sont vraies pour des blancs qui ont émigré
à l'état d'adultes bien constitués et qui vivent, pour un temps
limité, d'une vie artificielle, sans travail musculaire, conformément aux règles de l'hygiène des Européens dans les colonies intertropicales; elles sont fausses pour des blancs vivant
comme des nègres, des Hindous, des Annamites, des Malais, etc., c'est-à-dire d'une vie naturelle, travaillant et séjournant indéfiniment dans le pays. Ces statistiques deviennent de
plus en plus fausses, à mesure que le temps de séjour des

blancs augmente. Quant à la descendance, il n'y a plus de terme de comparaison, car les Européens, vivant dans ces conditions de vie naturelle, ne peuvent pas laisser de descendance et leur race doit s'éteindre avec eux.

Nous sommes habitués à généraliser tous les phénomènes que nous voyons autour de nous, et c'est de la manie de la généralisation que proviennent toutes les idées fausses qui ont cours à travers le monde. Ce qui est vrai dans nos climats tempérés est faux dans les climats torrides. Tout ce qui se rapporte à l'homme, dans l'ordre physique comme dans l'ordre moral, varie avec la latitude, et il ne faut pas un grand esprit d'observation pour s'apercevoir que les principes absolus, généraux, abstraits, sont faux et conduisent à des résultats absurdes.

Nous voyons autour de nous, dans nos climats, les hommes qui s'exposent au soleil en été, au froid en hiver, qui vivent et travaillent en plein air à la campagne, jouir d'une santé aussi bonne, sinon meilleure, et arriver à un âge aussi avancé que les hommes qui vivent sans grand travail musculaire et toujours à l'ombre, dans les villes. Or, la généralisation de ce phénomène nous conduit à une idée fausse, car ce qui est exact dans nos climats, est diamétralement opposé à la vérité dans les climats torrides. En généralisant ce que nous voyons autour de nous, nous arrivons à la conception abstraite de la vie des Européens aux colonies, et nous nous figurons que tous les Européens qui émigrent dans les climats torrides, sont exposés aux mêmes maladies et ont à peu près les mêmes chances de mourir. Cette façon abstraite, générale, on peut dire philosophique, de concevoir la vie des Européens aux colonies, est radicalement fausse, car, dans ces pays, la manière de vivre a, sur la morbidité et la mortalité, une influence énorme qu'elle n'a pas dans nos climats.

A la Guyane, entre la vie du fonctionnaire ou du négociant aisé, chez lesquels l'anémie n'a qu'une marche lente, et la vie du forçat européen, il y a déjà une différence considérable; entre la vie de ce même fonctionnaire ou du négociant et la vie du forçat nègre ou du coolie, il y a un abîme. En Europe, un malheureux journalier, vivant à la campagne et gagnant péniblement sa vie à la sueur de son front, se porte souvent mieux et arrive souvent à un âge plus avancé que beaucoup de millionnaires. A la Guyane, un millionnaire peut sûrement conserver l'intégrité de sa santé, ne subir qu'un léger degré d'anémie, vivre jusqu'à un âge avancé, et avoir des enfants qui seront ce que sont tous les créoles qui ont vécu dans de bonnes conditions; au contraire, un travailleur européen, vivant comme un coolie, est certainement condamné à succomber à un accès pernicieux, ou du moins à mourir de cachexie paludéenne, avec une rate d'un kilog. au minimum, au bout de peu de temps; s'il a emmené sa femme avec lui, on peut être sûr qu'ils ne laisseront pas de créoles après eux.

Dans les colonies à climat torride, ces faits sont de toute évidence; ils sautent aux yeux. On ne les aperçoit pas, lorsqu'on n'a que l'idée abstraite de la vie des Européens aux colonies. Si ces faits n'existent pas au même degré et d'une manière aussi générale dans nos climats tempérés, est-ce qu'il n'y a pas, cependant, certains cas où se manifeste l'influence de la manière de vivre? Est-ce que la tuberculose a la même évolution chez le riche oisif que chez le pauvre qui travaille? Lorsqu'on entre tant soit peu dans l'analyse des faits, est-ce qu'il n'y a pas plusieurs manières de vivre à Paris? On vit à Paris dans d'excellentes conditions de santé, mais on y meurt aussi de misère physiologique et d'anémie, bien que cette anémie reconnaisse d'autres causes que celles qui produisent l'anémie tropicale.

V

Les métis dans les divers climats.
L'avenir des métis dans les climats torrides.

Les métis de toutes nuances qui, à la Guyane comme dans
toutes les anciennes colonies à esclaves, constituent une portion notable de la population, opposent à l'anémie et à l'impaludisme une résistance proportionnelle à la quantité de
sang africain qu'ils possèdent. Leur manière de vivre doit
surtout être prise en sérieuse considération. A la Guyane, un
certain nombre de métis travaillent avec les nègres à l'exploitation de l'or, la seule industrie qui fasse subsister le pays, et
ce genre de travaux malsains fait certainement peser sur les
métis, doués de moins de résistance que les nègres, une plus
forte mortalité que sur ces derniers. En général, c'est dans les
professions sédentaires, dans le commerce, dans les carrières
libérales et les administrations diverses, que les métis, surtout
les métis clairs, exercent leur activité, c'est-à-dire qu'ils se
trouvent dans des conditions qui atténuent sur eux, comme
sur les Européens, l'action de la haute température continue
et de l'impaludisme.

A la Guyane et dans toutes les autres colonies à esclaves de
la zone torride, les métis, surtout les métis clairs compris dans
les nuances partant du demi-sang pour se rapprocher du blanc,
ne pourraient certainement pas subsister sans le secours des

nègres. Un organisme social, composé exclusivement de métis obligés de subsister par leurs seules forces, marcherait rapidement vers l'extinction, non par dysgénésie et paragénésie, comme on l'a prétendu, mais par suite de l'action des éléments du climat qu'ils seraient forcés de subir, action qu'ils ne subissent que d'une manière atténuée, dans l'état actuel des choses.

Nous devons dire, en passant, que nous ne croyons pas beaucoup à la paragénésie des métis humains quels qu'ils soient. La paragénésie est loin d'être prouvée ; au contraire, certains faits, comme le développement remarquable de la population de couleur dans les États-Unis du Sud, sont un argument à peu près décisif en faveur de l'eugénésie des métis humains, du moins des métis du nègre et du blanc, les plus nombreux de tous. La dysgénésie et la paragénésie ont été invoquées pour expliquer certains phénomènes qui peuvent facilement être rattachés à d'autres causes, lorsqu'on y regarde de près.

Si, dans les anciennes colonies à esclaves, la race blanche forme une caste aristocratique fermée qui a été, et est encore presque partout, maîtresse du sol, du commerce, des instruments de travail, et qui occupe les hauts emplois ainsi que les professions libérales, on peut dire que les métis forment une bourgeoisie qui, en général, va grandissant en importance, en richesse, en nombre. La division par race n'est plus donnée, depuis longtemps, dans les documents statistiques officiels des colonies françaises : on a pensé vraisemblablement que la suppression de cette division contribuerait à effacer le préjugé de couleur. Dans les Antilles anglaises, le nombre des nègres et des métis augmente d'une manière constante, en même temps que le nombre des blancs diminue : c'est un phénomèn général, sans exception. Il en est certainement de même dans les Antilles françaises, où la population prise en bloc (y compris les blancs, mais non compris les immigrants hindous et chinois) augmente d'une façon assez rapide, comme nous le verrons plus loin. On peut même affirmer que les métis augmentent d'une manière plus rapide dans les Antilles françaises que dans les Antilles anglaises, car la décadence de la population blanche est incomparablement plus accentuée dans les colonies françaises que dans les colonies anglaises.

Les métis augmentent en nombre à mesure que les blancs diminuent, parce qu'ils remplacent ces derniers dans le commerce, dans les professions libérales, dans les administrations diverses, etc. Et cependant, les métis sont en décroissance rapide à Haïti : pourquoi cette différence? Parce que cette dernière colonie est arrivée à une phase plus avancée de l'évolution sociale et anthropologique par laquelle doivent passer tous ces pays. Les phases successives de cette évolution sont : la lutte des métis et des négres contre les blancs ; la lutte des nègres contre les métis; et enfin la lutte des nègres entre eux, comme en Afrique.

On peut affirmer que dans toutes les anciennes colonies à esclaves de la zone torride, l'avenir n'est pas aux métis, comme on l'a prétendu. A la suite des révolutions politiques vers lesquelles tend fatalement l'antagonisme des races, révolutions qui ne sont qu'une question de temps et dont tous ces pays seront tôt ou tard le théâtre, la sélection naturelle faite par le climat, les conditions diverses de la vie et les luttes politiques, amènera peu à peu la diminution du nombre des métis et peut-être même, dans un avenir plus lointain, leur disparition à peu près complète, pour ne laisser subsister que la race pure mieux adaptée au milieu.

Il est absolument certain que, par suite des causes dont je viens de parler, et surtout par suite des guerres civiles, guerres de race, guerres d'extermination sauvages et sans merci, qui, aux yeux de l'anthropologiste, ne sont qu'une des formes de la lutte pour la vie, le nombre des métis est en décroissance progressive et rapide à Haïti, où, depuis bientôt un siècle, il n'existe plus, comme dans les autres Antilles, de nombreux Européens célibataires, soldats ou fonctionnaires. Il n'y a pas de statistique, mais ce fait est un de ceux qui n'ont pas besoin de la statistique pour se révéler : c'est un phénomène qui saute aux yeux et tous les observateurs sont d'accord là-dessus.

Dans une étude récente sur Haïti (1), étude faite avec un remarquable esprit d'observation, un écrivain consciencieux

---

(1) *Haïti ou la République noire*, par Sir Spenser Saint-John, ancien ministre résident et consul général d'Angleterre à Haïti. — Traduit par J. West, capitaine de frégate en retraite. — Paris, 1886.

qui a habité longtemps le pays et qui, du reste, était bien placé pour observer, puisqu'il était ministre-résident et consul général d'Angleterre à Port-au-Prince, n'a pas négligé de noter ce phénomène digne d'attention. Les sympathies de l'auteur anglais sont visiblement pour les métis qui, dit-il, (et c'est la vérité), représentent la civilisation à Haïti; néanmoins, il constate que les métis décroissent rapidement en nombre et en importance, qu'ils s'éloignent de plus en plus de la teinte claire et prennent une couleur plus sombre, en d'autres termes, qu'ils retournent au nègre pur et que la quantité de sang européen va toujours en diminuant à Haïti. Quant à nous, qui n'avons ici de sympathies ni pour les métis, ni pour les nègres, ni pour les blancs, qui n'avons d'autre but que de faire une étude purement anthropologique, en dehors de toute considération d'un autre ordre et en nous bornant à constater impartialement des faits positifs pour en tirer des déductions scientifiques, nous enregistrons ce phénomène de concurrence vitale et de sélection naturelle. L'avenir est certainement à la race nègre pure, qui seule survivra. Les métis luttent pour subsister et perpétuer leur race, car le préjugé de couleur et de race est aussi vif chez les métis que chez les blancs purs; mais les métis sont insuffisamment adaptés au milieu; ils succombent dans la lutte contre la race pure et le climat. Ils sont sûrement condamnés à disparaître complètement. La dysgénésie et la paragénésie sont certainement étrangères à ce phénomène, car ces mêmes métis du nègre et du blanc prospèrent dans les Etats-Unis du sud, comme nous allons le voir.

La prophétie de M. de Quatrefages ne se réalisera pas dans les contrées de la zone torride où la race européenne des climats tempérés, d'une part, et une race adaptée aux climats torrides, d'autre part, ont donné naissance à des métis possédant des caractères intermédiaires. L'éminent professeur du Museum a, d'une manière générale, exprimé l'opinion « que « l'avenir appartient évidemment aux races croisées... et « qu'un jour les métis couvriront la terre entière. » (1) Cette opinion est basée sur les déductions philosophiques de la théorie monogéniste et non sur l'observation des faits.

(1) Article *Races humaines* in Dict. encyc. des sciences méd.

On peut affirmer que dans aucune des régions de la zone torride, les métis des Européens venus des climats tempérés et des indigènes adaptés aux climats torrides (nègres, Hindous, Indo-Chinois, Malais, etc.,) ne remplaceront les indigènes de race pure, car ils sont incapables de subsister seuls par leurs propres forces, comme ces derniers. Tant qu'il y aura des Européens dans le pays, les métis constitueront un produit artificiel et passager ; leur nombre sera toujours limité, car, de même que les Européens, ils ne peuvent subsister qu'à l'état de minorité au milieu de la race indigène pure.

Sans doute, les métis sont beaucoup mieux adaptés que les Européens, mais ils le sont insuffisamment pour constituer à eux seuls un organisme social, affronter les éléments redoutables du climat, fournir la somme d'activité musculaire qu'une collectivité humaine doit fournir pour subsister. Le métis résiste mieux que l'Européen lorsqu'il mène le même genre de vie que lui, mais il résiste beaucoup moins qu'un indigène de race pure, lorsqu'il affronte les éléments du climat, travaille et vit comme ce dernier. Les métis pourront remplacer la race conquérante venue des climats tempérés ; mais le jour où ils se trouveront seuls en face de la race pure adaptée aux climats torrides, ils succomberont fatalement dans la lutte contre le milieu et la race pure ; ils disparaîtront, par le simple jeu de la sélection naturelle, comme sont en train de disparaître les métis d'Haïti.

Les races indigènes, adaptées aux climats torrides, ne peuvent pas disparaître, tant qu'elles ne se trouveront qu'en face des Européens et de leurs métis, car ni les Européens ni les métis ne peuvent subsister sans le concours de la race indigène pure. Pour que cette dernière pût disparaître, il faudrait que, par suite de certaines circonstances, elle eût à ses côtés la concurrence vitale d'une autre race aussi bien adaptée qu'elle aux climats torrides.

Les idées philosophiques courantes sont évidemment conformes à la théorie de M. de Quatrefages : une race adaptée aux climats torrides, d'une part, et les Européens venus des climats tempérés, d'autre part, doivent nécessairement donner naissance à une race intermédiaire, possédant la résistance au climat de la première race et les qualités intellectuelles de la

seconde, race intermédiaire qui est appelée à remplacer les
deux races pures.

Cette conception abstraite et philosophique de la fusion des
races n'a qu'un seul défaut : c'est qu'elle ne peut se réaliser.
Les deux races ne peuvent pas se fondre dans une race mixte,
parce que cette race mixte est incapable de subsister seule.
Les métis ne peuvent former à eux seuls un organisme social ;
ils ne peuvent vivre que dans certaines conditions de vie artificielle ; ils sont insuffisamment adaptés au milieu pour affronter impunément les éléments redoutables du climat ; ils peuvent
constituer une classe bourgeoise, mais non les classes populaires qui travaillent. Leur nombre sera toujours forcément
limité.

Tous ces faits qui sont radicalement en opposition avec les
idées philosophiques courantes que résume la théorie de
M. de Quatrefages, sont vrais, non seulement pour les métis
des Européens venus des climats tempérés et des races indigènes des climats torrides, (nègres, Hindous, Indo-Chinois, etc.),
mais même pour les métis des Espagnols venus des climats
chauds et des indigènes malais, aux îles Philippines. Un document espagnol, qui est d'origine officielle et qui a été écrit à
l'occasion de l'exposition coloniale d'Amsterdam (1), constate
des faits absolument contraires à la théorie de l'avenir des
métis dans ces colonies. Bien plus, ce document expose nettement la véritable raison qui s'oppose au développement des
métis, c'est-à-dire leur adaptation insuffisante au milieu pour
affronter les éléments redoutables du climat, et leur inaptitude
au travail musculaire. « C'est un phénomène digne d'une
« étude spéciale d'un autre ordre, dit ce document, que la nul-
« lité de développement, par descendance sur place, de la race
« européenne dans ce pays. Même la race croisée ou métisse,
« d'Européen et d'indigène, ne se développe pas. La mortalité
« est plus forte chez les enfants du sexe masculin que sur ceux
« du sexe féminin ; la principale cause du faible nombre de
« générations que donne la race croisée, est dans le peu d'apti-
« tude que déploie cette race pour le travail actif ; les produits
« semblent retourner au type primitif, et se confondent avec

____

(1) *La poblacion de Filipinas, censo general, densidad de la misma,* etc., *escrito
para la exposicion colonial de Amsterdam.* Manila, 1883.

« les indigènes de race pure, au bout de peu de générations. »

L'auteur du document officiel auquel sont empruntées ces lignes semble peu initié aux questions anthropologiques, car, d'après les réflexions dont il fait suivre la constatation de ce phénomène, il se figure que ce retour de la descendance des métis au type indigène pur constitue une variation due à l'action du milieu. Il en est de même, aux yeux de beaucoup de personnes, même instruites, pour le retour des métis haïtiens au nègre pur, alors que ce fait est simplement, aux Philippines comme à Haïti, un phénomène de sélection naturelle et de variation par le croisement de retour vers le type pur.

La prophétie de M. de Quatrefages, certainement fausse dans les climats torrides, est bien plus fausse encore dans les climats tempérés, où la race européenne a émigré et où elle se développe d'une manière prodigieuse; car, ici, elle est adaptée au milieu, elle travaille et subsiste par ses seules forces, sans avoir besoin du concours des races indigènes, comme dans les climats torrides.

On peut proclamer hautement que ni dans les États-Unis du nord, ni au Canada, l'avenir n'appartient aux métis des Européens et des indigènes. A l'heure actuelle, ces métis ne représentent qu'une minorité infime, une quantité absolument négligeable (1), en présence des flots pressés d'Européens de race pure. Ils sont loin d'augmenter dans la même proportion que ces derniers. Lorsque la race indigène pure, déjà considérablement réduite, aura disparu, (ce qui est son sort inévitable), les caractères anthropologiques des rares métis qui subsisteront encore, se rapprocheront de plus en plus de ceux de la race envahissante, et la quantité de sang indigène ira sans cesse en s'affaiblissant, jusqu'à disparition complète,

(1) Au recensement de 1880 (*tenth census*) le total de la population de l'Union américaine était de 50,155,783 habitants. Sur ce nombre, les Indiens civilisés (civilized Indians), c'est-à-dire taxés, ne figurent que pour 66,407, et les métis ne représentent certainement qu'une fraction de ce dernier nombre. Le nombre des Peaux-Rouges sauvages, c'est-à-dire non taxés, que contient le territoire entier de l'Union, n'est estimé, dans les statistiques officielles, qu'à 383,712 individus. A côté d'eux, il y avait, en 1880, 43,402,970 blancs purs, 6,580,793 individus de couleur (nègres et mulâtres), 105,465 Chinois et 148 Japonais. Et les flots de population européenne montent toujours avec une rapidité prodigieuse.

Au recensement de 1880, le total de la population du Canada était de 4,324,810 habitants. Le nombre des Peaux-Rouges n'est estimé, dans les statistiques officielles, qu'à 108,547 individus, et les métis ne représentent vraisemblablement qu'une faible fraction de ce nombre.

comme le sang européen va sans cesse en diminuant, à l'heure
actuelle, à Haïti. Que ce soit par le libre jeu de la concurrence vitale, que ce soit par la répression sanglante des
révoltes provoquées par le mépris dans lequel la race pure
tient ces bâtards, comme le fait se produit souvent et s'est
encore produit l'année dernière, lors de la révolte des métis
qui a abouti à l'exécution de Riel, au Canada, peu nous importe
à nous, anthropologistes, qui n'avons pas à entrer dans des
considérations sentimentales et n'envisageons que les résultats. Or, le résultat ici n'est pas douteux : les métis, qui ne
sont qu'une minorité faible et insignifiante, disparaîtront
devant la race pure qui est le nombre et la force.

Ni dans les climats tempérés, où la race européenne, adaptée
au milieu, subsiste par ses seules forces (États-Unis du Nord,
Canada), ni dans les climats torrides, où la race européenne
ne peut subsister, pour un temps limité, qu'en vivant à l'état
de minorité aristocratique et privilégiée au milieu des races
indigènes qui travaillent pour nourrir leurs conquérants,
l'avenir n'appartient certainement pas aux métis. Nous n'en
dirons pas autant des climats intermédiaires, c'est-à-dire des
climats chauds, lorsque les deux races en présence sont
venues, l'une des climats tempérés, et l'autre des climats torrides, comme dans les États-Unis du Sud. Ici, la prophétie de
M. de Quatrefages pourrait bien se réaliser, car nous croyons
à l'eugénésie des métis humains, du moins des métis du nègre
et du blanc.

Depuis l'émancipation, le développement de la population de
couleur dépasse notablement celui de la population blanche,
dans les États-Unis du Sud (1). Les statistiques américaines ne
donnent pas la division de la population de couleur en nègres
de race pure et en métis : le nègre africain et le mulâtre blanc
auquel il faut regarder la base des ongles pour s'assurer qu'il
n'est pas de race pure, sont indistinctement réunis dans ces
statistiques sous la rubrique de *colored,* bien qu'entre ces
deux types anthropologiques il y ait un abîme. Il est absolu-

(1) En 1800, il y avait aux États-Unis 1,002,037 individus de couleur, nègres
et mulâtres, libres et esclaves. En 1850, le nombre des individus de couleur,
libres et esclaves, était de 3.638.808 ; en 1860, ce nombre était de 4.441.830 ;
en 1870, il était de 4,880,009. Enfin, en 1880, le nombre des individus de couleur (*colored*) est monté à 6.580.793.

ment certain que l'augmentation remarquable de la population
de couleur n'est due, ni à l'immigration, ni à la fusion des
races, car le préjugé de couleur est aussi vif, sinon plus vif,
dans l'Union américaine qu'ailleurs. Il est fort douteux que
cette augmentation de la population soit due à la multiplication des nègres de race pure. Le nègre africain n'est pas là
dans son véritable milieu, et, bien que la résistance des races
semble, d'une manière générale, plus facile dans les migrations
qui se font des climats chauds vers les climats plus froids que
dans celles qui se font des climats froids vers les climats
chauds, ce n'est vraisemblablement pas la multiplication des
nègres de race pure qui est la cause principale de l'augmentation de la population de couleur dans les États-Unis du Sud.
Il est extrêmement probable qu'elle est due à la multiplication
des métis entre eux ; cette race intermédiaire pourrait bien
être appelée, dans ce milieu particulier, à remplacer les deux
races pures.

Si nous croyons à l'avenir des métis dans le cas spécial dont
nous venons de parler, il s'en faut de beaucoup que la théorie
de M. de Quatrefages ait une portée générale, même dans les
climats chauds. Dans les colonies situées dans la zone des
climats chauds, où la race européenne venue des climats tempérés est imparfaitement adaptée au milieu, et se trouve en
présence de races indigènes complètement adaptées, comme
en Algérie, le mélange des races ne se fait pas, et l'avenir
n'est certainement pas aux métis des indigènes et des Européens des climats tempérés. De 1867 à 1872, il n'a été contracté, en Algérie, que 32 mariages croisés entre chrétiens et
musulmans. Ce sont les mariages surtout qu'il faut considérer
dans l'étude de ces questions, car la prostitution est le plus
souvent stérile, et, presque partout, l'illégitimité a, sur la
mortalité des enfants, une influence énorme.

La question des métis dans les contrées situées dans la zone
des climats chauds, comme au Mexique, au Pérou, au Chili,
etc., est une question très complexe que nous n'aborderons
pas, car elle s'écarte de notre sujet, puisque ces considérations générales ne s'appliquent qu'aux migrations des Européens passant des climats tempérés dans les climats torrides,
en franchissant la zone des climats chauds qui représente un
écart isothermique de 10 degrés.

VI

Le préjugé de couleur
au point de vue physiologique et anthropologique.

Il existe chez l'homme un penchant naturel, une sorte d'*af-finité ethnique*, qui le pousse instinctivement à rechercher la femme de sa race, et réciproquement, chez la femme. L'*affinité ethnique*, se traduisant par le préjugé de couleur, de race, de caste, est d'autant plus vive que les différences anthropologiques séparant les deux races sont plus tranchées. Les caractères physiques, et surtout l'odeur de l'exhalation cutanée insensible, font naître une répugnance invincible entre les individus de sexe différent, appartenant à des races opposées. Plus le nègre a la peau foncée, le facies prognathe, les cheveux crépus, etc., plus il répugne à la femme blanche, plus elle le trouve laid, et vice-versâ, pour la négresse et le blanc.

Lorsque l'homme déroge à cette loi générale, c'est qu'il y est forcé; car l'*instinct génésique* parle plus haut que l'*affinité ethnique*. Partout où il existe des métis provenant de deux races à caractères anthropologiques très opposés, comme le blanc et le nègre, c'est que, chez l'une des deux races, les sexes étaient en proportions très inégales. En effet, dans toutes les colonies d'exploitation et de plantations, les femmes européennes ont toujours été très peu nombreuses. Les soldats et les fonctionnaires célibataires constituent, la plupart du temps, la majorité des Européens vivant dans le pays. L'instinct génésique ne perd jamais ses droits, et lorsqu'une collectivité d'hommes est privée de femmes, on verrait des hybrides d'hommes et d'animaux divers, si l'hétérogénésie n'intervenait pas. Au contraire, les métis sont très peu nombreux, ils ne constituent qu'une quantité absolument négligeable, et on peut dire que le mélange des races ne se fait pas du tout, dans les colonies de peuplement où l'émigrant européen est adapté au milieu, où la vie et le travail du colon sont faciles, parce que, dans ces conditions, les femmes émigrent comme les hommes, et la disproportion des sexes n'existe pas.

Est-il nécessaire que nous insistions pour montrer combien est grande et naïve l'illusion de ceux qui ont rêvé, et rêvent encore, la paix sociale universelle par la fusion des races, le métissage général et la disparition du préjugé de couleur, dans les colonies de la zone torride. La théorie qui veut faire du métissage la pierre angulaire de la colonisation dans ces pays, est en opposition formelle avec les lois biologiques. La fusion des races ne se commande pas, et quand même on la rendrait obligatoire par des décrets et des lois, on n'arriverait pas à changer les lois de la nature.

Les caractères physiques des races indigènes (nègres, Hindous, Indo-Chinois, Malais, etc.) sont des conditions d'adaptation à leur milieu ; ces caractères physiques ont une raison d'être et sont loin de se réduire à une insignifiante question d'épiderme. Les métis de ces races et des Européens venus des climats tempérés pourront remplacer les blancs, mais ils sont incapables de subsister seuls par leurs propres forces, en dehors du concours de la race indigène pure ; ils ne formeront jamais qu'une classe bourgeoise vivant, jusqu'à un certain point, à l'abri des éléments meurtriers du climat, car ils sont insuffisamment adaptés au milieu ; leur nombre sera toujours forcément limité et ne constituera jamais qu'une minorité au milieu de la race indigène pure. Les métis ne composeront jamais les masses populaires qui travaillent, qui affrontent les éléments redoutables du climat, qui fournissent l'activité musculaire, et sans le concours desquelles les autres classes sociales ne peuvent subsister.

Prétendre que le préjugé de couleur, de race, de caste, n'est qu'un préjugé ridicule qui n'a aucune raison d'être et qu'il

faut faire disparaître, cela est vite dit; mais toutes les déclamations ne changent rien à l'état des choses et n'empêchent
pas ce qui existe d'exister. Du reste, on ne voit pas souvent
ceux qui proclament ces belles théories, qu'on trouve même
dans des livres de science, donner l'exemple, en allant se
marier au Gabon ou au Sénégal. Le préjugé de couleur, que
nous considérons ici uniquement au point de vue de la procréation humaine et de la perpétuation de l'espèce, mais qui a
d'autres conséquences au point de vue social, existe et existera
toujours dans les colonies de la zone torride, comme ailleurs,
aussi bien entre les blancs et les métis, qu'entre les métis et
les indigènes de race pure, tant que ces divers types anthropologiques seront représentés. Le préjugé de couleur existe également entre les métis de diverses nuances. Nous avons vu que
la fusion complète des races dans un type mixte est un phénomène qui ne peut pas se produire : les lois biologiques s'y opposent; la race indigène pure ne peut pas disparaître et les métis ne pourront jamais constituer qu'une minorité bourgeoise.
Quant à argumenter pour savoir s'il ne serait pas préférable
que le phénomène de la fusion complète des races pût se produire et que le préjugé de couleur disparût, cela est aussi oi-
seux que d'argumenter pour savoir s'il ne vaudrait pas mieux
que l'homme possédât des ailes au lieu de posséder des bras.
Il s'agit uniquement d'examiner les faits tels qu'ils sont et de
déterminer la portée scientifique du préjugé de couleur.

On peut proclamer hautement que le préjugé de couleur,
de race, de caste, est un sentiment naturel, instinctif et indestructible : il ne peut disparaître qu'avec la race. Le préjugé de couleur, de caste, est à la race, ce que l'instinct de la
conservation est à l'individu : les races luttent instinctivement
pour subsister et se maintenir pures, comme l'individu lutte
pour vivre; pas plus que les individus, les races ne veulent
disparaître. L'instinct génésique assure la perpétuation de
l'espèce ou de la race : le préjugé de couleur assure sa pureté. Le préjugé de couleur est d'autant plus vif que les caractères anthropologiques qui séparent les deux races sont plus
opposés. Le préjugé de couleur est un sentiment instinctif qui
a une signification et un rôle physiologiques, au même titre
que l'instinct de la conservation individuelle et l'instinct génésique. Vouloir déraciner le préjugé de couleur par la persua-

sion ou par la force, par des déclamations ou par des décrets,
c'est certainement aussi ridicule et aussi inutile que de vouloir
empêcher, par des discours ou par des lois, les hommes de man-
ger ou les sexes de s'aimer. Le préjugé de couleur, de race, de
caste, a toujours existé, il existe, et il existera tant qu'il y aura
sur notre globe des races anthropologiquement distinctes,
c'est-à-dire éternellement.

Toutes les lois générales ont des exceptions : il y a des déro-
gations à l'affinité ethnique et au préjugé de couleur ; mais ce
sont des faits exceptionnels. Les conditions qui ont donné
naissance aux métis existent toujours. Cependant, en dehors
de ces unions purement physiologiques, en dehors de ces sa-
tisfactions impérieuses de l'instinct génésique, il n'est pas
absolument rare de voir des blancs épouser des mulâtresses
claires se rapprochant plus ou moins sensiblement de la race
pure, car le préjugé de couleur n'est pas un sentiment absolu :
il va en s'affaiblissant à mesure que la divergence des caractères anthropologiques diminue. Les personnes qui ne connaissent pas les colonies se figurent que les blancs qui épousent
des mulâtresses n'ont pas le préjugé de couleur : c'est là une
profonde erreur. Ces mêmes blancs, qui épousent des mulâtresses claires, n'épouseraient pas, la plupart du temps, une
mulâtresse foncée ou une négresse pure. S'il n'est pas absolument rare de voir des mariages entre des blancs purs et des
mulâtresses claires, la réciproque, au point de vue des sexes,
est moins fréquente (1). Quant aux unions dans lesquelles les
deux conjoints appartiennent chacun à une race opposée
pure, elles constituent des faits absolument extraordinaires ; on
peut dire que cela est vrai, aujourd'hui, même pour les unions
purement physiologiques.

Il ne faudrait pas croire que le préjugé de couleur a disparu
à Haïti ; il existe, aussi vif, chez les métis que chez les blancs
purs. On ne voit pas souvent un mulâtre clair s'unir à une
négresse pure, et *vice versâ*, qu'il s'agisse d'unions légales ou
d'unions simplement physiologiques. Un mulâtre clair a tout

---

(1) Il en est de même dans les vieilles noblesses européennes, bien qu'elles
soient, à peu près toutes, tellement métissées, par quatorze siècles de contact
avec les races qui les entourent, qu'on peut dire qu'il n'existe plus de différence anthropologique facilement appréciable : le fait incarné dans le *Maître
de forges* s'observe plus rarement que le fait incarné dans le *Gendre de Mon-
sieur Poirier*.

autant de répugnance pour une mulâtresse foncée ou pour une négresse pure, qu'un blanc pour une mulâtresse claire ou une mulâtresse foncée. D'une manière générale, on peut dire qu'il est extrêmement rare de voir une mulâtresse, qu'elle se soit mariée devant l'officier de l'état civil ou sur l'autel de la nature, avoir des enfants plus noirs qu'elle.

VII

Quelques mots sur les différentes races qui vivent à la Guyane française.

Tandis que la population de couleur (nègres et métis) augmente, d'une manière rapide, dans les Antilles françaises, la population de couleur de la Guyane française est en décroissance depuis un demi-siècle (1). La situation économique (2)

(1) Voici quelques chiffres officiels sur la population de la Guyane française depuis 1830. Indépendamment de la population de couleur (nègres et métis), ces chiffres comprennent quelques *blancs* non fonctionnaires. Ces derniers ont considérablement diminué depuis 1848. Nous avons dit qu'en 1883 il n'y avait pas 75 blancs de toute nationalité, de tout âge et des deux sexes.

Années.	Population.	Années.	Population.
1830	22.666 hab.	1870	17.951 hab.
1845	19.795	1875	16.731
1850	17.598	1880	17.301
1860	19.784	1883	16.951
1865	18.145		

(2) D'après le dernier volume des *Statistiques coloniales* (*Paris, Imprimerie nationale, 1885*), la valeur des importations venant de France, des colonies françaises et de l'étranger, monte à 5.844.479 fr. pour l'année 1883. Pendant la même année, la valeur de l'or brut exporté de la Guyane représente une valeur de 5.398.558 fr. Les autres produits exportés ne représentent que la faible valeur de 337.457 fr., dans laquelle le rocou préparé entre pour plus de la moitié (171.567 fr). On voit que la colonie ne vit que de son or. La fortune toute factice du pays repose uniquement sur les productions aurifères, c'est-à-dire sur un capital bien précaire.

L'exploitation de l'or, à la Guyane française, a commencé il y a une treu-

qu'a créée l'exploitation de l'or, et les travaux meurtriers de
cette exploitation constituent deux des principales causes de
ce phénomène; mais il en existe d'autres que nous ne pouvons
exposer sans sortir du terrain purement anthropologique dont
nous ne pouvons nous écarter. Il est absolument certain que la
diminution de la population africaine n'est pas due au climat;
car le nègre est aussi bien dans son milieu naturel à la Guyane
qu'aux Antilles. De plus, la population de couleur augmente à
la Guyane anglaise La cause véritable de ce phénomène est
complexe, mais elle est, en somme, d'ordre purement économique. Nous ajouterons même que cette cause est spéciale à
la Guyane française. Il serait long et difficile de l'exposer, car
les personnes qui n'ont jamais quitté l'Europe ne peuvent pas
concevoir ce phénomène d'une manière exacte. Nous ferons
remarquer seulement que la diminution de la population est
la conséquence de la mortalité excessive des adultes du sexe
masculin (1), et il est certain que cette mortalité porte particulièrement sur les métis.

taine d'années. En 1848, la colonie avait 47 usines à sucre; aujourd'hui, il y
en a une : celle du Maroni, qui appartient à l'Etat, lequel est loin d'y gagner
de l'argent. En dehors du Maroni, où est établie la transportation, on ne
trouverait pas, actuellement, un hectare de canne à sucre dans toute la
Guyane française.

À la Guyane anglaise, où il existe de l'or comme à la Guyane française, les
Anglais ont mis des obstacles insurmontables à son exploitation. La principale culture est la canne. La valeur des produits exportés de la Guyane anglaise, pour l'année 1878, est de 62.689.300 francs. Les Anglais sont peu nombreux à la Guyane; mais, indépendamment d'une population de couleur
beaucoup plus considérable qu'à la Guyane française, il y a dans la colonie
plus de 50.000 coolies hindous.

(1) Les 16.951 habitants de la Guyane se divisent en 8.142 individus du sexe
masculin et 8.809 individus du sexe féminin. Si nous ne prenons que les individus au-dessous de quatorze ans, nous en trouvons 2.148 du sexe masculin et
1.995 du sexe féminin. Il y a, par conséquent, une différence sensible en faveur des mâles; c'est l'inverse chez le groupe des individus au-dessus de
quatorze ans, célibataires, mariés ou veufs. Nous avons, en effet, dans ce
groupe 5,994 hommes et 6,814 femmes. Mais, détail plus caractéristique, il y
a, dans ces deux derniers nombres, 661 veufs et 1,190 veuves. Dans le groupe
des adultes au-dessus de quatorze ans, il y a donc 879 hommes pour 1,000 femmes; dans la population prise en bloc, il y a 924 hommes pour 1,000 femmes.

On sait qu'il naît environ 105 enfants du sexe masculin pour 100 enfants
du sexe féminin. Ce phénomène est général, en Europe. La proportion des
sexes ne varie que dans de très faibles limites, et toujours il y a prédominance numérique des mâles; il en est probablement ainsi partout, mais les
hommes meurent plus que les femmes, et dans la suite, les proportions des
sexes s'équilibrent à peu près, dans les populations normales en Europe. En
France, depuis le commencement du siècle, la proportion des sexes, dans la
composition de la population, a varié de 950 à 1005 hommes pour 1,000 femmes.
En général, il y a un léger excédent du nombre des femmes sur celui des
hommes. L'excès du nombre des femmes sur celui des hommes a atteint sont

La rareté des mariages et la grande proportion de naissances illégitimes jouent peut-être aussi un rôle dans la dépo-

maximum en 1821, à la suite des grandes guerres de l'Empire. En 1861 (longue paix), il y avait exactement 1,000 hommes pour 1,000 femmes. En 1866 (même cause), il y avait 1,005 hommes pour 1,000 femmes. En 1872, après la guerre, il n'y avait plus que 992 hommes pour 1,000 femmes. En 1876, il y avait 993 hommes pour 1,000 femmes, etc.

Si les deux sexes s'équilibrent à peu près numériquement en Europe, malgré les guerres, il n'en est pas de même dans les climats torrides, et le fait que nous venons de signaler pour la Guyane ne lui est pas particulier : c'est un phénomène général, et dans certaines colonies, à la Martinique par exemple, il est même plus accentué qu'à la Guyane française. Dans ces climats, nous l'avons déjà dit, le travail est plus meurtrier, même pour le nègre, qu'il ne l'est dans nos climats tempérés pour le blanc. C'est le sexe qui fournit le plus d'activité musculaire au soleil, qui succombe le plus. Il y a prédominance numérique des femmes, parce que les hommes travaillent plus qu'elles. C'est l'inverse qui a lieu chez certaines races dégradées de l'Océanie, où c'est la femme qui travaille. Si nous prenons la population fixe (nègres, métis et blancs) des Antilles françaises, en laissant de côté les immigrants hindous et chinois, nous trouvons à la Guadeloupe, en 1867, sur une population totale de 126.288 habitants, 60.689 individus du sexe masculin pour 65.599 individus du sexe féminin : en 1877, il y avait 72.816 hommes pour 75.668 femmes, total 148.484 habitants. A la Martinique, en 1867, il y avait, sur une population totale de 141,713 habitants, 64.157 hommes pour 77.556 femmes ; en 1877, il y avait 77.367 hommes pour 84.415 femmes ; au 31 décembre 1884, sur une population totale de 167.679 habitants, il y avait, 79.396 hommes pour 88.283 femmes. Je me suis assuré que ce phénomène est général dans toutes les Antilles anglaises, sans exception, pour la population fixe. Nous ferons même remarquer qu'aux Etats-Unis, il y a prédominance des mâles dans la population blanche du Nord, fait dû en partie à l'immigration, tandis qu'il y a prédominance des femmes dans la population de couleur des Etats du Sud. En effet, au recensement de 1880, sur 43.402.970 blancs, il y avait 22.130.900 hommes et 21.272.070 femmes, tandis que sur 6.580.793 individus de couleur, il y avait 3.253.115 hommes pour 3.327.678 femmes.

On peut affirmer que ce phénomène est général dans toutes les contrées de la zone torride où c'est l'homme qui travaille le plus. Lorsque ce phénomène ne se manifeste pas, c'est qu'il y a une cause perturbatrice qui intervient, comme dans l'Inde où la population masculine l'emporte numériquement sur la population féminine. En 1880, le total de la population de l'Inde anglaise (états directement soumis et états protégés) était de 253.891.821 habitants, se divisant en 129.941.851 individus du sexe masculin et 123.949.970 individus du sexe féminin. La cause perturbatrice qui intervient ici est connue : c'est l'infanticide des enfants du sexe féminin, infanticide direct souvent, mais le plus souvent indirect, par le manque de soins dans lequel on laisse les jeunes enfants du sexe féminin. Lors du premier recensement de l'Inde (1870), dans le district de Meerut, on trouva, pour les enfants âgés de moins de douze ans, 8 filles contre 80 garçons. Un acte de législature a été promulgué en 1870, pour appliquer des mesures spéciales aux villages et aux districts où l'infanticide des filles est pratiqué. La loi est appliquée partout où il y a moins de 54 filles pour 100 garçons, mais la limite exacte de son application est à la discrétion du Gouvernement. (*The encyclopædia britannica*, ninth edit., 1881, tome XII, article *India*). Bien que l'auteur de l'article nous dise que l'infanticide des petites filles est, à l'heure actuelle, une coutume *à peu près extirpée* (almost stamped out), on peut affirmer qu'il n'en est rien, lorsqu'on voit la prédominance numérique considérable des mâles dans l'Inde. L'infanticide des enfants du sexe féminin, dans l'Inde, est une coutume dont l'origine se perd dans la nuit des temps, et dont la cause est la constatation du fait que nous avons signalé, à savoir l'excès de la mortalité des hommes sur celle des femmes dans les climats torrides. C'est une pratique malthusienne qu'il ne faut pas

pulation (1), mais ce rôle est tout à fait secondaire, car, dans
ces pays, l'illégitimité est loin d'avoir, sur la mortalité des

juger au point de vue étroit de la morale européenne, car tout varie avec la
latitude, même la morale.

(1) La proportion des naissances illégitimes n'est pas donnée pour la Guyane
dans les documents statistiques officiels. Cette proportion est à peu près la
même qu'à la Martinique, la seule colonie pour laquelle ce détail soit signalé
dans les documents officiels (*Notices coloniales*, Paris, Imprimerie Nationale,
1885, tome III, page 172). Sur 5,600 naissances, enregistrées à la Martinique
dans le courant de l'année 1883, il y avait 1621 naissances légitimes et
3.979 naissances illégitimes ; sur 5453 naissances, enregistrées dans le courant
de l'année 1884, il y avait 1615 naissances légitimes et 3838 naissances illégitimes. La proportion des naissances illégitimes a donc été de 71 p. 100 en
1883 et de 70 p. 100 en 1884. En Europe, cette proportion est de 7,54 p. 100
pour la France entière, de 26,44 p. 100 pour le département de la Seine, de
7,28 p. 100 pour la Belgique, de 6,1 p. 100 pour l'Angleterre, etc. (Bertillon,
Dictionnaire encyclopédique des sciences médicales). Dans les colonies de la zone
torride, l'illégitimité n'a pas, sur la mortalité des enfants, l'influence énorme,
absolument démontrée, qu'elle a dans nos sociétés européennes, parce que la
déconsidération qui s'attache à la fille-mère en Europe, et la réprobation,
injuste si on veut, mais réelle, qui accompagne le bâtard, n'existent pas.

Nous avons dit que tout ce qui se rapporte à l'homme : l'hygiène, la religion, la politique, la justice et le droit, et même la morale, varie avec la latitude. Suivant le mot de Cabanis : chaque latitude a son empreinte, chaque
climat a sa couleur. N'est-ce pas une variation de la morale que cette absence
de déconsidération envers la fille-mère, et de réprobation à l'égard du bâtard. On
peut affirmer que, dans l'esprit des masses populaires de ces colonies, on ne
trouve pas trace de ces sentiments à l'égard de la fille-mère et du bâtard, sentiments qui sont si vifs dans l'esprit des masses populaires en Europe, surtout dans les campagnes. Tous les phénomènes, dans l'ordre physique comme
dans l'ordre biologique ou sociologique, ont une cause ; cette variation de la
morale est un phénomène qui a une cause au point de vue scientifique et anthropologique : nous ne donnerons pas ici l'explication de ce phénomène
parce que cela nous entraînerait trop loin.

N'est-ce pas également une variation de la morale que la pratique de l'infanticide dans l'Inde? Comme nous l'avons démontré plus haut, l'infanticide
est certainement appliqué dans l'Inde, à l'heure actuelle, sur une immense
échelle, car il s'agit d'une population qui se chiffre par centaines de millions
d'habitants, et dans laquelle le nombre des mâles est très sensiblement en
excès, alors que partout dans les climats torrides, c'est la proportion inverse
qui existe et doit exister. Dans nos climats, l'infanticide est réprouvé par les
mœurs et puni par les lois; dans ces pays, l'infanticide des enfants du sexe
féminin a été établi par les mœurs et les lois comme une mesure d'hygiène
sociale. La loi contre l'infanticide, promulguée par les Anglais en 1870, tout
en ayant l'air de donner satisfaction à la morale au point de vue européen,
tolère l'infanticide, puisque la sanction pénale de la loi est appliquée seulement
d'une manière collective aux villages et aux districts où on trouve moins de
54 filles pour 100 garçons. En somme, les Anglais ont réprimé les abus les plus
criants, mais ils ont respecté les mœurs et les lois locales au sujet de l'infanticide. Pourquoi cette variation de la morale au sujet de l'infanticide? Parce que
la coutume de l'infanticide des enfants du sexe féminin, coutume dont l'origine
se perd dans la nuit des temps, se rattache à la constatation, faite par les
anciens Hindous, d'un phénomène biologique qui est particulier aux climats
torrides, et qui n'existe pas, malgré les guerres, dans nos climats tempérés.

Si la morale varie suivant la latitude, l'hygiène ne varie pas moins : un
manteau fourré est hygiénique à Paris au mois de janvier; il ne l'est pas
dans l'Inde ou aux Antilles. On peut en dire autant de la politique qui n'est,
en somme, que l'hygiène des collectivités et des organismes sociaux. La religion varie aussi : non seulement il existe des religions différentes qui se partagent l'opinion des hommes sur la terre, mais encore une même religion, le

enfants, l'influence considérable qu'elle a en Europe ; de plus, ces deux conditions ne sont pas spéciales à la Guyane : elles existent, au même degré, dans les Antilles françaises, où cependant la population de couleur augmente (1).

La diminution de la population n'a pas été constamment progressive : il y a eu quelques soubresauts. Cet état de choses se modifierait certainement avec un changement dans la situation économique du pays ; mais, dans l'état où est actuellement la colonie, ce changement ne s'opérerait pas sans une crise terrible. La diminution de la population indigène, prise en bloc, ne constitue pour nous qu'un phénomène passager : les métis diminueront probablement ; ils pourront même disparaître à peu près complètement , le jour, peut-être peu éloigné, où il n'y aura plus de placers, plus d'exportation d'or, par conséquent plus de commerce, et où les nègres retourneront à la vie africaine ; mais, dans l'état actuel des choses, la population africaine ne peut pas s'éteindre à la Guyane française. Nous ne sommes donc pas de l'avis du Dr Laure qui, ne jugeant que d'après les apparences du fait brutal, a prédit que le nègre « aura disparu du sol dans un temps qu'on pourrait calculer (2) ».

L'Hindou, originaire d'un pays de la zone torride peut-être plus chaud que la Guyane, vivant de peu comme le nègre, présentant les caractères anthropologiques que nous co..sidé-

---

christianisme ou le catholicisme, par exemple, présente, suivant la latitude, des variations considérables sur plus d'un point. Les religions sont obligées de s'adapter au milieu, en changeant de climat. Une même action qui, en Europe, est un péché absolument mortel conduisant directement en enfer, ne constitue souvent, dans les climats torrides, aux yeux des missionnaires, qu'un péché tout à fait véniel qui n'empêche pas d'aller au paradis. Tous les principes absolus, appliqués à l'homme considéré d'une manière abstraite, sont faux et conduisent à des résultats absurdes.

(1) Il est d'usage d'attribuer à la transportation la décadence de la Guyane française depuis 1848, et l'état misérable dans lequel est actuellement cette colonie. Un pays dans lequel on rejette le rebut de la population de la France ne peut, dit-on, attirer des colons honnêtes et doit même les faire fuir. Cette assertion est radicalement fausse. La transportation n'est absolument pour rien dans la décadence de la Guyane. Si la transportation n'avait pas existé, l'état actuel de la colonie ne serait pas différent de ce qu'il est ; bien au contraire, il serait encore pire. La transportation entretient à la Guyane des troupes, des fonctionnaires, et jette dans la circulation quelques millions du budget métropolitain qui contribuent à faire vivre quelques commerçants. A l'heure actuelle, l'Européen qui débarque à Cayenne ne trouve pas même un hôtel au chef-lieu de la colonie. Sans la présence des fonctionnaires et des troupes, non seulement l'Européen qui débarque ne trouverait pas un hôtel, mais il ne trouverait pas même un morceau de pain : tout le monde mangerait du *couac*.

(2) Laure, *loc. cit.*, page 75.

rons comme des conditions nécessaires de la résistance à la haute température continue, en un mot organisé pour vivre dans les climats torrides, se trouve dans son milieu naturel à la Guyane. Quoique ces coolies appartiennent au rebut de la population de l'Inde, la mortalité énorme qu'ils ont présentée à la Guyane française n'est pas une de ces fatalités inéluctables contre lesquelles on ne peut rien. S'il n'est guère possible d'empêcher le soldat non acclimaté d'être atteint par la fièvre jaune, ou le transporté européen qui travaille au soleil de contracter la fièvre et d'être miné par l'anémie et la cachexie, il est possible, il est même facile, d'empêcher que 14 p. 100 des décès des coolies morts à l'hôpital militaire soient dus à la résorption purulente, et plus de 3 p. 100 à la néphrite infectieuse, proportions qui sont certainement beaucoup plus élevées encore chez les nombreux coolies morts sur les placers ou à l'hospice des indigents du camp Saint-Denis. Si les coolies hindous ont présenté une mortalité qui a rarement été dépassée par la mortalité des nègres aux plus mauvais jours de l'esclavage colonial, c'est qu'ils se sont trouvés, sur les placers, dans des conditions pires que celles du nègre esclave dans les colonies de plantations.

Il n'est nullement douteux que les Hindous ne soient adaptés au climat de la Guyane. S'ils étaient livrés à eux-mêmes, subsistant seuls par leurs propres forces, leur race se perpétuerait indéfiniment sans jamais s'éteindre, dans ces climats. Mais il est un point sur lequel il faut attirer l'attention. Les nègres qui, à l'époque de l'esclavage, présentaient des mortalités de 10 à 12 p. 100, et même de 15 à 18 p. 100 (de Humboldt), ne travaillaient pas uniquement pour assurer leur subsistance, comme en Afrique : ils travaillaient, en même temps, pour faire subsister et enrichir leurs maîtres. De même, les coolies qui, à la Guyane française, ont présenté une mortalité énorme, ne travaillaient pas uniquement pour assurer leur subsistance : ils travaillaient aussi pour enrichir leurs engagistes des placers. C'est un détail dont il ne faut pas faire abstraction.

C'est le travail qui est meurtrier dans les climats torrides. Les chiffres de la mortalité, considérés d'une manière abstraite, ne signifient absolument rien au point de vue de l'adaptation d'une race au milieu.

Quant aux Chinois qu'on a introduits dans les colonies

intertropicales d'Amérique, ils proviennent des provinces
méridionales de la Chine, c'est-à-dire de régions situées dans
la zone des climats chauds, sur la limite de la zone torride,
régions où existent cependant des variations thermiques saisonnières. Nous avons, en Europe, l'idée abstraite et générale
du Chinois, de même que le Chinois a l'idée abstraite de l'Européen : pour nous, tous les Chinois se ressemblent, bien qu'il
y ait, entre le Chinois du nord et le Chinois du sud, presque
autant de différence physique qu'entre l'Anglais et l'Italien,
l'Allemand et l'Espagnol.

Le Chinois des provinces méridionales de la Chine n'a pas
tous les caractères physiques des races organisées pour résister à la chaleur continue. Aussi, comme travailleur dans les
climats torrides, est-il inférieur au nègre et à l'Hindou. L'expérience semble l'avoir démontré, car on a à peu près complètement renoncé, depuis longtemps, à l'importation de travailleurs chinois dans les colonies à climat torride d'Amérique (1).
Lorsque le Chinois émigre dans les contrées plus chaudes que
son pays d'origine, comme l'Indo-Chine, c'est dans les métiers
divers, dans le petit commerce, en un mot dans les professions
sédentaires, qu'il exerce son activité. Il vit un peu comme
l'Européen : à l'état de minorité au milieu des races indigènes,
par conséquent, dans des conditions qui atténuent sur lui
l'action du climat. Il en est de même dans les colonies de la
zone torride où le Chinois a été transporté comme travailleur :
une fois son engagement terminé, c'est vers les professions
sédentaires et surtout le petit commerce, que l'attire l'instinct
de la conservation individuelle, comme il est facile de le
remarquer. Du reste, le Chinois n'abandonne jamais son pays
sans esprit de retour. Une colonie de Chinois non mêlés à

(1) En mars 1866, les représentants de l'Angleterre, de la France et de la
Chine, ont signé une convention pour la réglementation de l'immigration chinoise. Les conditions imposées étaient telles qu'il devenait impossible aux
planteurs, au point de vue de leurs intérêts, d'avoir recours à cette main-
d'œuvre. On renonça à l'immigration chinoise qui a ainsi pris fin dans les
colonies de plantations françaises et anglaises. L'importation des coolies chinois a été pratiquée encore sur divers points de l'Amérique, au Pérou, dans
les Antilles espagnoles, etc., et a donné lieu à des abus qui rappelaient les
atrocités des plus mauvais jours de la traite africaine. La lumière a été faite
sur cette question par le procès retentissant jugé à Hong-Kong, le 29 mars 1871.
Il s'agissait d'un convoi de coolies chinois, embarqués sur le navire français
La nouvelle Pénélope, qui s'étaient révoltés à bord, et avaient tué le capitaine ainsi que sept hommes de l'équipage.

d'autres races, vivant dans une contrée de la zone torride, et surtout dans une contrée paludéenne comme la Guyane, ne prospérerait pas. Les décès l'emporteraient vite sur les naissances ; la race dépérirait ; elle ne se perpétuerait pas indéfiniment comme la race africaine et hindoue. La descendance subirait une variation pathologique, lente, mais constamment progressive, et finirait sûrement par s'éteindre.

L'Annamite, avec sa peau fortement foncée, est certainement organisé, comme l'Hindou, pour résister à la haute température continue. Son pays d'origine est situé dans la zone des climats torrides. Il n'est nullement douteux que cette race ne soit apte à vivre et à se perpétuer indéfiniment à la Guyane, en subsistant par ses seules forces.

L'Arabe algérien provient d'une contrée située dans la zone des climats chauds, où sa race est fixée depuis douze siècles, contrée dont la latitude et le climat sont à peu près ceux du pays qui a été le berceau de sa race. Pas plus que le Chinois du sud, l'Arabe ne possède les principaux caractères anthropologiques nécessaires pour résister à la haute température continue. Dans son pays, les variations thermiques des saisons sont très appréciables. Dans les conditions où il se trouve à la Guyane, l'Arabe est sensible au poison malarien. Sa mortalité tient à peu près le milieu entre celle du transporté européen et celle du transporté *noir*.

Au Maroni, on a remplacé par des Arabes les concessionnaires européens qui sont morts de cachexie. On a aussi introduit quelques femmes de cette race, et on a institué des mariages musulmans. Nous ne voyons pas la nécessité de fonder, à grands frais pour le budget de la France, une colonie arabe à la Guyane ; mais si cette entreprise devait être poursuivie, on peut être certain qu'elle n'aboutirait à rien de durable. La descendance de ces ménages donnerait peut-être quelques rares rejetons de la deuxième ou de la troisième génération, au lieu de s'éteindre dès la première génération comme la descendance des concessionnaires européens, à la condition, toutefois, que le budget fît *indéfiniment* pour les concessionnaires arabes les mêmes dépenses considérables qu'il a faites pour les concessionnaires européens qui sont morts ; mais le résultat final de l'entreprise serait certainement le même qu'avec les Européens.

VIII

Non-cosmopolitisme des races des climats torrides. — Conséquences du non-cosmopolitisme de l'homme sur les phénomènes biologiques de l'avenir. — Colonies de domination ou d'exploitation dans les climats torrides.

Il ne faudrait pas croire que les races qui, grâce à des caractères physiques différents des nôtres, peuvent vivre et se perpétuer indéfiniment dans les climats torrides, ont le privilège d'être plus cosmopolites que la race blanche d'Europe. Comme l'a remarqué le Dr Boudin, c'est peut-être l'inverse qui semblerait se rapprocher de la vérité. Le climat de l'Europe est malsain pour le nègre (1).

De même que le blanc dans les climats torrides, le nègre, dans nos climats tempérés, ne vit que difficilement, d'une vie artificielle, dans les villes, avec mille précautions; et cela, pour un temps limité et non sans danger. Les nègres (et ceux

---

(1) En 1817, un régiment de soldats nègres, d'environ 1000 hommes, fut envoyé en garnison à Gibraltar, c'est-à-dire à l'extrémité la plus méridionale de l'Europe, dans la zone des climats chauds. Ce régiment séjourna à Gibraltar pendant vingt-deux mois. Durant cette période, il perdit 119 hommes. Tandis que la mortalité annuelle des soldats anglais était de 2,14 p. 100, celle des soldats nègres était de 6, 20 p. 100. La proportion des décès dus aux maladies de l'appareil respiratoire était de 0,53 p. 100 de l'effectif chez les blancs, et de 4,30 p. 100 de l'effectif chez les nègres (Dr Boudin. *Traité de géographie et de statistique médicales*. Paris, 1857, tome II).

que l'on appelle des nègres ne sont, la plupart du temps, que
des métis) que l'on voit en Europe, ont émigré à l'état adulte
et on ne les voit pas souvent se reproduire. Le climat serait
bien plus malsain encore pour les enfants. Les dangers que
court dans nos climats le nègre ayant émigré à l'état adulte,
seraient bien plus grands, s'il était obligé de travailler de ses
mains, d'affronter les éléments du climat pour vivre. Si l'Européen craint le soleil dans les climats torrides, le nègre craint
le froid en Europe. De même qu'il existe une hygiène des
Européens dans les colonies intertropicales, il existe une
hygiène des nègres dans les climats tempérés : ils passent
l'hiver dans des chambres bien chauffées, restant quelquefois
des semaines entières sans sortir.

C'est à l'état de nature qu'il faudrait observer le nègre en
Europe. Il faudrait le voir soumis entièrement à l'action du
climat, occupé à la culture du sol qui fournit à l'homme la
satisfaction de ses plus indispensables besoins, et sans laquelle
une société ne peut exister ; car, sans la culture du sol, les
membres de la collectivité humaine dont l'activité s'exerce
dans les branches variées de l'industrie, du commerce et des
arts, ne subsisteraient pas. Une colonie de nègres, obligés de
subsister par leurs propres forces dans les environs de Paris,
vivant de la vie de nos populations des campagnes en France,
s'alimentant comme elles, s'habillant comme elles, travaillant
comme elles, ne donnerait pas un seul rejeton de la deuxième
génération et disparaîtrait plus rapidement que la colonie des
travailleurs blancs du Maroni. La phthisie et les maladies
aiguës de la poitrine enlèveraient les adultes; des maladies
variées décimeraient les enfants.

Le blanc dépérit dans les climats torrides, et ce dépérissement, cette variation pathologique s'aggrave d'une manière
constamment progressive chez l'individu et chez la descendance. Le nègre dépérit aussi visiblement en Europe, et ce
dépérissement, conséquence du défaut d'harmonie entre
les caractères anthropologiques de la race et le milieu, aurait
sûrement une marche constamment progressive chez la descendance.

Sauf la fièvre jaune qui est particulière à certaines contrées,
les maladies qui tuent les blancs dans les climats torrides
(anémie et impaludisme), et s'opposent à leur migration,

n'épargnent pas les nègres d'une manière absolue, mais ces maladies frappent les individus de l'une et l'autre race dans des proportions bien différentes, lorsque ces individus sont soumis au même genre de vie. De même, en Europe, des nègres vivant et travaillant comme des blancs, succomberaient aux mêmes maladies que ces derniers, mais dans d'autres proportions qu'eux.

Le nègre, dans nos climats, est, suivant l'expression consacrée, un candidat à la phthisie (1) et à la pneumonie. Si l'on considère que la tuberculose, qui supprime les organismes faibles ou affaiblis et qui est le principal agent de la sélection naturelle dans nos climats, fait annuellement près d'un million de victimes en Europe, si l'on considère que la pneumonie et les maladies aiguës de la poitrine constituent des facteurs extrêmement énergiques de la mortalité de nos populations des campagnes, on peut se faire une idée des ravages que feraient ces maladies sur une collectivité considérable de nègres, vivant et travaillant dans nos climats tempérés, comme une collectivité de blancs.

Si une collectivité de nègres, par exemple la population de la Martinique, du Sénégal ou du Gabon, vivait, dans son pays, suivant les règles de l'hygiène des Européens dans les climats torrides, c'est-à-dire en restant à l'ombre toute la journée et en ne fournissant aucun travail musculaire, cette collectivité ne pourrait pas subsister, car si le nègre vit de peu, il n'a pas encore trouvé le moyen de vivre de rien du tout; de même, en Europe, si une collectivité de blancs, par exemple la population d'un arrondissement ou d'un département, vivait suivant les règles de l'hygiène du nègre dans les

(1) On sait qu'il en est de même pour tous les animaux de la zone torride, et le fait est bien connu pour les singes. Le nègre, dans les climats tempérés, élimine plus de chaleur animale que le blanc : sa production de calorique est insuffisante. Il se trouve, par le fait de sa race et de ses caractères anthropologiques, dans la condition des blancs atteints de *misère physiologique*. L'état de misère physiologique, qui est caractérisé, d'après Bouchardat, par l'insuffisance de la quantité d'acide carbonique et d'urée éliminée dans les vingt-quatre heures, diminue la résistance du sujet à l'action nuisible de tous les modificateurs, et particulièrement la résistance aux maladies *a frigore* et à la tuberculose. Le nègre, dans nos climats, a toujours la peau froide. Le nègre dans les climats tempérés, et le blanc dans les climats torrides, grâce à leurs caractères anthropologiques respectifs, arrivent tous les deux, par un mécanisme différent, à un état de misère physiologique, d'insuffisance de l'activité nutritive, qui les met l'un et l'autre dans un état *d'opportunité morbide* vis-à-vis de presque toutes les causes pathogènes.

climats tempérés, si tous les membres de la collectivité s'enfermaient tout l'hiver dans des appartements bien chauffés et restaient des semaines entières sans sortir, il est probable que la population serait vite morte de faim. Si on remplaçait la population de la Martinique, qui compte environ 167.000 habitants, par la population d'un arrondissement français ayant un même nombre d'habitants, il n'est pas difficile de dire ce que ces blancs seraient devenus au bout de moins d'un quart de siècle; de même, si on remplaçait la population d'un arrondissement ou d'un département français par une population de nègres des Antilles ou du Gabon, on verrait ce qu'ils seraient devenus au bout du même laps de temps.

La haute température continue, nécessaire à la vie du nègre, fait dépérir et supprime la race blanche; les variations thermiques des saisons et les basses températures, indispensables à la santé du blanc, sont mortelles pour le nègre. Les différences physiques qui séparent le nègre du blanc ne sont pas un pur effet du hasard, n'ayant aucune signification et aucune raison d'être; ces différences physiques, d'où dérivent des différences physiologiques et pathologiques, constituent des conditions d'adaptation à des milieux opposés. Une race est organisée pour résister au froid: la haute température continue, produisant l'anémie *thermique*, suffirait pour amener son extinction dans les climats torrides. L'autre race est organisée pour résister à la chaleur: le froid amènerait son extinction certaine dans les climats tempérés.

Considérés des hauteurs sereines de la science pure, envisagés au point de vue de la biologie générale, les caractères pathologiques des races humaines, qui ne permettent à l'Européen de vivre dans les climats torrides que dans des conditions particulières, toujours difficiles, et pour un temps limité, constituent une sauvegarde qui protège les races inférieures des régions intertropicales du globe contre l'envahissement de leur habitat, et, par suite, préserve leur existence ellemême. C'est un avantage immense que ces races ont en leur faveur, dans le terrible *struggle for life* où s'entrechoquent, sans trève ni merci, les espèces contre les espèces, les races contre les races, les individus contre les individus. La supériorité ethnique de l'Européen s'affermit de plus en plus, grâce aux découvertes de la science, aux applications de la vapeur et de l'électricité, et surtout au perfectionnement incessant des armes de guerre. La vapeur, en abrégeant les distances, a singulièrement élargi, au siècle où nous sommes, le champ de lutte des peuples et des races. S'il n'existait aucune différence pathologique entre les races humaines, si l'Européen était cosmopolite, s'il pouvait vivre au centre de l'Afrique intertropicale aussi bien qu'en Europe, l'existence des races inférieures des climats torrides serait sérieusement menacée. Partout, dans la nature, le fort supprime le faible que rien ne protège.

Malheur aux races en retard qui occupent sur notre globe des régions où l'Européen peut travailler et subsister par ses seules forces : elles sont fatalement condamnées à disparaître devant les flots pressés d'Européens qui débordent de plus en plus sur le monde (1). Des masses compactes d'émigrants de race caucasienne envahissent l'Amérique du Nord et s'y multiplient, en refoulant devant eux le Peau-Rouge, l'habitant primitif. Les deux races en présence suivent une progression inverse : l'une diminue à mesure que l'autre augmente. Depuis le commencement de ce siècle, cette augmentation, due plus encore à la multiplication sur place qu'à l'immigration, se chiffre par près de cinquante millions (2) de représentants de la race envahissante pure, sans parler de la

(1) D'après les recherches de M. Levasseur (*communication à l'Association pour l'avancement des sciences — Session de Grenoble, 1885*), le nombre des Européens hors d'Europe (race pure et métis) était d'environ dix millions, au commencement de ce siècle. En 1885, ce nombre était estimé à quatre-vingt-deux millions. Ce nombre représente environ le quart de la population de l'Europe. La population des Etats-Unis d'Amérique et du Canada représente plus des sept-dixièmes de ces quatre-vingt-deux millions d'Européens hors d'Europe.

(2) En 1790, la population blanche des Etats-Unis était de 3.172.066 habitants. Elle était de 4.306.446 en 1800, de 19.553.068 en 1850, de 26.922.537 en 1860, de 33.589.377 en 1870, et de 43.402.970 en 1880. La population totale des États-Unis, non compris les Peaux-Rouges sauvages (non taxés), était de 3.929.214 habitants en 1790, de 5.308.483 en 1800, de 23.191.876 en 1850, de 31.443.321 en 1860, de 38.558.371 en 1870, et de 50.155.783 en 1880.

Indépendamment des blancs, dont nous venons de donner les chiffres, et de la population de couleur (*colored*), dont nous avons donné les chiffres plus haut, la population des Etats-Unis comprend actuellement des Asiatiques et des Indiens civilisés (taxés), parmi lesquels se trouvent vraisemblablement les métis. Les Asiatiques se divisent en Chinois et Japonais. Les Chinois étaient au nombre de 34.933 en 1860, de 63.199 en 1870, et de 105.465 en 1880. A cette dernière date (*tenth census*), l'État de Californie avait, à lui seul, 75.132 Chinois. Les Japonais étaient au nombre de 55 en 1870, et de 148 en 1880. Les Indiens civilisés (taxés), compris dans la population totale, étaient au nombre de 44.021 en 1860, de 25.731 en 1870, et de 66.407 en 1880. Il n'est pas fait

quantité considérable de sang européen représentée par plusieurs millions de métis dans les États-Unis du Sud. Les liens politiques, qui unissaient ces immigrants à leur pays d'origine, ont pu se rompre : cette rupture n'a été que le point de départ d'un développement plus rapide. Un jour viendra où la race immigrante aura tout envahi, et ce jour-là, les derniers Peaux-Rouges, dont le nombre est déjà considérablement réduit à l'heure actuelle (1), auront disparu de ce sol qui avait appartenu entièrement à leur race, comme ont déjà disparu les Caraïbes des Antilles, les Tasmaniens et d'autres races encore. Les Peaux-Rouges ne survivront pas même par leurs métis, car, comme nous l'avons montré, ces derniers ne constituent actuellement qu'une quantité absolument négligeable et disparaîtront sûrement avec la race pure, devant la concurrence vitale de la race envahissante. Les nouveaux venus auront dépossédé, supprimé la race indigène, et réellement conquis le pays. C'est un événement inévitable, fatal, contre lequel toutes les révoltes du sentimentalisme ne peuvent rien.

Le même fait se produira encore sur d'autres points du

---

mention des Indiens civilisés, ni des Asiatiques, dans les statistiques des recensements antérieurs.

Il y a lieu de faire remarquer que, contrairement à ce que l'on croit généralement, le développement prodigieux de la population de l'Union américaine est dû beaucoup plus à la multiplication sur place qu'à l'immigration. En effet, sur les 50.155.783 habitants du *tenth census* (1880), il y en avait seulement 6.679.943 nés hors du territoire de l'Union, tandis que 43.475.840 étaient nés aux États-Unis. Les trois gros volumes du *ninth* (1870) et du *tenth census* (1880), auxquels nous empruntons tous ces chiffres, ne donnent pas le nombre d'immigrants arrivés aux États-Unis dans chacune des périodes décennales, mais nous trouvons ce renseignement dans le *Statistical abstract of the United States for 1883 (Washington, 1884)*. Tandis que pendant la période décennale 1870-80 la population a augmenté de 11.597.412 habitants, dans l'espace de douze années (du 30 juin 1872 à la fin de 1883), les États-Unis n'ont reçu que 4.552.586 immigrants, dont 3.692.715 venus d'Europe, 175.566 venus de Chine, et 760 des autres parties de l'Asie ; les 683.545 autres provenaient de divers points de l'Amérique et des autres parties du monde.

De 1800 à 1880, la population blanche des États-Unis a augmenté de 39.096.524 individus. En y ajoutant environ quatre millions de blancs purs pour le Canada, et en calculant l'augmentation probable de la population de 1880 à 1886, on trouve que la population blanche de l'Amérique du Nord a augmenté, depuis le commencement de ce siècle, de près de cinquante millions d'individus de race pure, sans tenir compte de la quantité considérable de sang européen représentée par les nombreux métis des États du Sud.

(1) On a vu, d'après les chiffres officiels cités plus haut, que le nombre de Peaux-Rouges (y compris les métis), civilisés ou sauvages, taxés ou non taxés, que renferment actuellement les territoires entiers de l'Union américaine et du Dominion du Canada, dépasse à peine un demi-million.

globe, par exemple, dans le sud de l'Australie, et surtout dans la Nouvelle-Zélande où la race européenne présente le développement le plus prodigieux par l'immigration et la multiplication sur place (1).

On peut affirmer qu'un pareil phénomène n'aura lieu dans aucune des régions de la zone des climats torrides. Les races de ces pays (nègres, Hindous, Indo-Chinois, Malais, etc.) ne peuvent pas disparaître, ni devant les Européens ni devant leurs métis. Sous le fallacieux prétexte de leur apporter la civilisation, c'est le sort des Peaux-Rouges de l'Amérique du Nord qu'on leur apporterait sûrement, avant peu de siècles, si les Européens pouvaient subsister par leurs propres forces dans les climats torrides, et s'y multiplier suivant la loi de Malthus, comme aux États-Unis ou au Canada. Mais les caractères pathologiques des races humaines sont là, pour restreindre le nombre des immigrants et les empêcher de se reproduire. L'Européen ayant émigré à l'état d'adulte bien constitué ne peut subsister par son propre travail; pour vivre, pendant un temps limité, il a un besoin absolu, indispensable, du concours et du travail des indigènes. Le nombre des Européens qui peuvent se maintenir dans ces pays est, par suite, très fortement restreint. Si le nombre des immigrants européens dépasse la proportion que le travail des indigènes peut régulièrement nourrir, ou si ces Européens, méconnaissant les lois biologiques, essaient de subsister seuls par leurs propres forces (expédition de Kourou, colonisation pénitentiaire, essais innombrables de colonisation avec des travailleurs européens dans les climats torrides), la nature se charge de faire respecter ses lois : elle ne tarde pas à faire disparaître ceux qui les transgressent.

Qu'il s'agisse des Anglais dans l'Hindoustan, des Français dans l'Indo-Chine, des Hollandais, et même des Espagnols, dans les Archipels de la Malaisie, des Français, des Anglais, des Allemands, des Portugais, sur les côtes de l'Afrique

(1) L'augmentation de la population européenne, en nouvelle Zélande, a été plus rapide que dans aucune des colonies anglaises d'Australie, y compris la Nouvelle-Galles-du-Sud, dont les progrès constituent des phénomènes si remarquables.

La Nouvelle-Zélande n'avait, en 1851, que 26.707 habitants de race européenne; en 1871, elle en avait 256.260, et en 1881, 534.032. Inutile de dire que les Maoris suivent fatalement la progression inverse.

intertropicale, ils ne seront jamais qu'en infime minorité (1),
vivant en dominateurs privilégiés au milieu des races indi-

(1) Voici quelques chiffres au sujet du nombre des Européens dans les colonies d'exploitation et de domination.

D'après la *Revue statistique générale des Indes néerlandaises*, mise en tête du
catalogue de la section des colonies néerlandaises à l'exposition internationale
coloniale d'Amsterdam en 1883, (imprimée à Leyde, 1883), le nombre des indigènes directement soumis à la domination hollandaise en Malaisie, était, en
1881, de 25.904.371. Il y avait, en outre, dans ces colonies, 345.078 Chinois,
16.437 Arabes, et 28.570 autres Orientaux, soit un total de 26.294.456 Océaniens et Asiatiques. Le nombre des Européens civils (fonctionnaires et simples particuliers, négociants, etc.) était de 41.676, dont 33.740 habitaient Batavia et d'autres localités de l'île de Java. L'armée comprenait 31.693 soldats,
dont 15.400 Européens, 156 africains et 16.130 indigènes. Il existe, en outre,
des gardes civiques et d'autres corps auxiliaires indigènes (police, etc.). La
flotte coloniale comptait 4.476 marins, dont 2.818 Européens. Dans notre calcul, nous laisserons de côté la marine; nous ne ferons intervenir que les Européens (civils et soldats), d'un côté, les indigènes et les Asiatiques de l'autre.
On trouve, de cette manière, qu'il y a un Européen pour 460 indigènes ou
Asiatiques, c'est-à-dire qu'il y a 460 indigènes pour nourrir un Européen. La
proportion des Européens est beaucoup plus forte que dans l'Inde anglaise ;
mais il faut savoir que l'esclavage a existé dans les Indes néerlandaises et n'a
été aboli qu'en 1860. Nous établirons plus loin l'influence de l'esclavage sur
la densité de la population européenne dans les colonies à climat torride. De
plus, à l'heure actuelle, la liberté complète du travail n'existe pas. L'État
monopolise presque toutes les cultures (café, épices, etc.) qui se font par le
travail forcé des indigènes, avec livraison obligatoire des produits, lesquels
sont ensuite vendus en Hollande pour le compte de l'État. Ce système entretient une armée immense de fonctionnaires civils. En somme, l'esclavage, aboli
en 1860, a été remplacé par le servage.

D'après un document de source officielle (*La poblacion de Filipinas, censo
general, densidad de la misma, etc., escrito para la exposicion colonial de Amsterdam — Manila, 1883*), il n'existe qu'un seul recensement, très imparfait, de la
population indigène des Philippines, recensement fait en 1876 par les soins de
l'archevêque de Manille, avec le concours de son clergé. D'après ce recensement, il y avait, en 1876, aux Philippines, 5.501.356 indigènes chrétiens, payant
la capitation, 602.853 montagnards idolâtres et Malais mahométans, 1962 personnes appartenant au clergé régulier et séculier, 5.552 fonctionnaires civils
de toute espèce, 13.265 personnes non sujettes à la capitation comme étant
de race espagnole, et comprenant vraisemblablement un grand nombre de
métis, 378 étrangers en grande partie de race caucasienne, 30.797 Chinois,
14.545 personnes appartenant à l'armée et 2.924 à la marine de guerre ; ce
qui donne, comme total général, 6.173.632 individus. On ne dit pas si toutes
les personnes appartenant à l'armée sont de race espagnole pure. L'auteur du
document cité plus haut, en tenant compte des causes d'erreur que présente
le recensement de 1876, causes d'erreur qui ont fait diminuer le chiffre de la
population de 5 à 10 p. 100, et en calculant, en outre, l'augmentation probable de
la population, d'après certaines données fournies par la population de la province de Manille, estime la population totale des Philippines, en 1882, à
7.513.632 habitants, « chiffre, dit-il, indubitablement inférieur à la vérité ».
Nous ajouterons qu'un officier d'artillerie espagnol, qui a habité pendant plusieurs années les Philippines, et a publié sur cette colonie un travail des plus
sérieux (*Francisco de Moya y Jimenez — Las Islas Filipinas en 1882, estudios
historicos, geographicos, estadisticos, y descriptivos — Madrid, 1883*) critique vivement le procédé qui a servi au recensement de 1876. D'après des recherches personnelles et des calculs qu'il a faits, il estime à 10.425.534 habitants la population des Philippines en 1882.

En supposant que tout le clergé, tous les fonctionnaires civils, toute l'armée, tous les étrangers *en grande partie* de race caucasienne, et toutes les personnes non sujettes à la capitation « *por ser de raza española* » fussent de

gènes, car ils ne peuvent subsister, pour un temps limité, qu'à cette condition. Leur domination, établie et maintenue par la force, reine du monde, peut durer pendant une suite de siècles, tant que subsisteront les conditions qui assurent leur suprématie ethnique, mais elle aura besoin pour se maintenir de l'arrivée constante de nouveaux immigrants venant de la

race européenne pure, suppositions qui sont certainement bien loin d'être exactes, et en admettant, d'autre part, le nombre de sept millions seulement pour la population indigène, on trouverait un Européen pour 196 indigènes. Ce chiffre ne mérite aucune confiance, il est certainement trois ou quatre fois inférieur à la réalité. D'après Francisco de Moya, dans toutes les Philippines, il y a, tout compris, *à peine* (*escusamente*) 14.000 Espagnols, sur une population totale de 10.425.534 habitants.

Nous ne citerons pas de chiffres pour les colonies des côtes de l'Afrique intertropicale. Ces pays, qui ont été le berceau de la race nègre, sont extrêmement malsains pour l'Européen et ne lui permettent qu'un séjour très limité, tandis que les nègres y ont toujours vécu, s'y sont toujours perpétués et s'y perpétueront indéfiniment. Toutes ces colonies ne sont, en somme, que des comptoirs. On y trouve beaucoup de soldats et de fonctionnaires qu'on renouvelle incessamment, et qui ne sont là que pour protéger quelques négociants et quelques traitants. Le projet de créer (avec le budget de la métropole) des milliers de kilomètres de chemin de fer dans les colonies de cette espèce, projet qui a englouti, en pure perte, un nombre considérable de millions, peut passer pour l'une des idées les plus fantastiques du dix-neuvième siècle et même des temps modernes. Quant au métier de *conquérant pacifique*, pour lequel s'engoue notre époque sentimentale, c'est tout simplement un métier de dupe.

Au second recensement de l'Inde anglaise (1881), le total de la population indigène était de 253.891.821 habitants. Ces énormes masses humaines forment, d'après Elisée Reclus, plus de la sixième partie de la population totale du globe. Entre le premier (1871) et le second recensement, la population s'était accrue de plus de 15 millions d'hommes. La partie directement soumise à l'administration anglaise comptait, en 1881, 201.888.897 habitants ; les autres indigènes, soit 52.002.924 habitants, appartenaient aux États protégés (*feudatory or native states*). Nous ne tiendrons compte que de la population des États directement soumis à l'administration anglaise, car les États protégés n'ont ni administrateurs européens, ni garnisons européennes, si ce n'est une faible garde pour les résidents anglais. L'armée anglaise était, en 1881, de 64.509 hommes, et l'armée indigène de 126.088 hommes. En 1883, le contingent européen, n'était que de 59.370 hommes, et le contingent indigène de 120.882 hommes, y compris 3212 officiers, la plupart anglais. Dans les colonies anglaises, de même que dans les colonies françaises, les effectifs militaires portés sur les statistiques ne sont jamais absolument complets et, d'après Elisée Reclus, l'effectif réel des Anglais armés qui maintiennent dans la soumission plus d'un quart de milliard d'hommes, ne dépasse guère 50,000 individus (*Nouvelle géographie universelle, tome VIII, page 704*). Avant la révolte des cipayes, en 1857, le contingent européen ne formait que le quart de l'armée de l'Inde ; aujourd'hui il doit, en principe, former le tiers. En dehors de l'armée, le nombre des Anglais de toute espèce, de tout âge, de tout sexe, y compris l'armée des fonctionnaires civils, est de 64.061. En laissant de côté les États protégés, comme nous l'avons dit, si on divise le nombre des Anglais militaires et civils donnés pour 1881, soit 128,570 individus, par le chiffre énorme de la population directement soumise à l'administration anglaise, on trouve qu'il y a dans l'Inde un Anglais pour 1570 indigènes, c'est-à-dire qu'il faut plus de quinze cents indigènes, payant l'impôt, pour nourrir un Anglais vivant directement du budget (soldats, fonctionnaires) ou aux dépens de ceux qui vivent du budget (négociants, individus de professions diverses, etc.).

Nous parlerons plus loin de la Cochinchine française.

mère-patrie, car la race conquérante ne peut se reproduire et se perpétuer dans ces climats. Ils seront toujours des étrangers dans le pays, et leur domination sera toujours précaire. Si les liens politiques qui les rattachent à la métropole venaient à être rompus, leur domination ne survivrait pas à cette rupture, et ces dominateurs ne tarderaient pas à disparaître, car ils succomberaient rapidement dans la lutte contre le climat et contre les hommes.

IX

Les anciennes colonies à esclaves. — Densité de la population blanche. — Sa décadence. — Son avenir.

Dans les anciennes colonies à esclaves de la zone torride, la population européenne a aussi toujours été en minorité au milieu de la race africaine, mais la proportion des blancs a été, grâce à l'état social, beaucoup plus considérable que dans les colonies dont nous venons de parler et où les Européens n'exercent que la domination politique. La densité de la population blanche, dans les colonies à esclaves, a atteint son point culminant dans la seconde moitié du dix-huitième siècle. Depuis cette époque, malgré l'existence de l'esclavage, malgré l'arrivée constante de nouveaux immigrants venus d'Europe sans lesquels la race européenne n'aurait pu se maintenir, la population blanche n'a fait que décroître, d'une manière absolue et d'une manière relative. Tant qu'a duré l'esclavage, la décadence de la race blanche a été lente, mais progressive ; elle s'est accentuée davantage, surtout dans les colonies françaises, pendant la seconde moitié du dix-neuvième siècle.

Nous ferons remarquer, d'abord, que la densité de la population européenne (rapport du nombre des blancs au nombre des nègres) a été en raison inverse de la latitude du pays

d'origine des colons européens. Dans les colonies espagnoles(1),
la population blanche a été plus dense que dans les colonies
françaises, et un peu plus dense dans ces dernières que dans
les colonies anglaises. A la Martinique, en 1767, le rapport du
chiffre de la population blanche au chiffre de la population de

(1) Toutes ces considérations s'appliquent, avons-nous dit, aux Européens
passant des climats tempérés dans les climats torrides ; cependant elles sont
également vraies pour les Espagnols, bien qu'ils proviennent d'un pays situé dans
la zone des climats chauds. Aux Philippines, ils ne sont qu'à l'état de minorité
privilégiée au milieu des races indigènes, et sont loin de subsister par leurs
seules forces. Il en est de même aux Antilles, bien que la densité de la population blanche y soit beaucoup plus considérable que dans les Antilles françaises et anglaises. La température annuelle de la Havane est de 25° à peine,
c'est-à-dire juste sur la ligne isotherme qui sépare les climats torrides des
climats chauds. Il existe évidemment à Cuba, ainsi qu'à Puerto-Rico, des
climats partiels, sur les hauteurs, climats partiels dont la température annuelle
est très sensiblement inférieure à 25°. Nous ne nous occupons pas de la latitude géographique des pays. mais seulement de leur latitude isothermique,
déterminée par la température annuelle. Nous soutenons, en effet, que la température est l'obstacle le plus sérieux qui s'oppose à la migration des races
en latitude, et que cet obstacle est inéluctable. Les autres obstacles, tels que
l'impaludisme, la fièvre jaune, sont contingents et secondaires.
Le territoire de la France est compris entre les lignes isothermes de 10° et 15°.
La température annuelle dans laquelle entrent la plupart des climats locaux
est de 12° environ. La température annuelle de Paris est de 10°,7. Le territoire de l'Espagne est compris entre les lignes isothermes de 15° et 19°. La race
espagnole a prospéré et subsisté par ses seules forces dans toutes les régions
de la zone des climats chauds des deux hémisphères, même dans des pays
dont la latitude géographique présente un certain écart avec la latitude géographique de l'Espagne. Nous avons dit, en effet, que nous ne tenons compte
que de la latitude isothermique ; or, si la latitude géographique est le principal élément de la température annuelle d'un lieu, d'autres éléments, surtout
l'altitude, interviennent aussi. L'altitude détermine un climat analogue à celui
de l'Espagne, dans des contrées dont la latitude géographique est sensiblement
inférieure à la latitude géographique de l'Espagne (hauts plateaux du
Mexique).
L'altitude détermine aussi des climats partiels chauds, (à température annuelle inférieure à 25°), dans des contrées situées dans la zone des climats
torrides. Les Antilles sont situées dans la zone torride, mais toutes
ces îles, même les plus petites, ont des hauteurs sur lesquelles les Européens vont se refaire et où la température annuelle est bien inférieure à 25°.
Dans toutes les contrées à climat chaud, les Espagnols travaillent et subsistent
par leurs seules forces, tandis que les Allemands, les Anglais, et même les
Français sont loin de prospérer comme eux (Algérie), lorsqu'ils travaillent
comme eux et vivent absolument comme eux. Pour bien apprécier la différence
ethnique, il faut comparer la résistance des hommes qui travaillent au soleil,
car cette différence se révèle d'une façon beaucoup moins sensible lorsqu'on
compare la résistance des hommes qui vivent à l'abri des éléments du climat.
Dans toutes ces contrées où la race espagnole a prospéré, la température
annuelle ne diffère pas sensiblement de la température annuelle de la partie
moyenne ou méridionale de l'Espagne. La température annuelle d'Oran est de
16°1, celle d'Alger de 20°,6, celle de Mexico de 16°,6, celle de Valparaiso de
15°,4, celle de Montevido de 17°,3, celle de Buenos-Ayres de 16°,9. Il est certain que sur les hauteurs de Cuba et de Puerto-Rico, il existe des climats
partiels dont les températures annuelles sont comprises entre 25° et 20°, et
descendent même au-dessous de ce dernier chiffre.
Cette considération, jointe à l'existence de l'esclavage dans les Antilles
espagnoles (l'île de Cuba seule a plus de 200.000 esclaves), sans parler de

couleur (esclave et libre) a atteint l'énorme proportion de
1 blanc sur 6 habitants (1), c'est-à-dire qu'il y avait 5 nègres
pour 1 blanc. A la Guadeloupe, en 1767, et à la Guyane française, en 1769, ce rapport était de 1 blanc sur 7 habitants,
tandis que dans les Antilles anglaises, ce rapport n'a guère
dépassé 1 blanc sur 8 à 10 habitants, c'est-à-dire qu'il fallait
7 à 9 nègres pour nourrir 1 Anglais, tandis qu'il suffisait de 5
à 6 nègres pour nourrir un Français. En 1788, dans les colonies
françaises, le rapport du nombre des blancs au nombre des
individus de couleur (esclaves et libres), était le suivant : à
Haïti 1 blanc sur 16 habitants, à la Martinique 1 blanc sur 9
habitants, à la Guadeloupe 1 blanc sur 7 habitants, et à la
Guyane 1 blanc sur 9 habitants (2). A la même époque (1788),
dans les onze colonies anciennes de l'Angleterre aux Antilles,
le rapport du total de la population blanche au total de la population de couleur, était de 1 blanc sur 10 habitants (3).

Après avoir atteint son point culminant dans la seconde
moitié du dix-huitième siècle, la population blanche des Antilles françaises et anglaises n'a fait que décroître, d'une manière absolue et d'une manière relative, malgré l'immigration
constante, malgré l'apport incessant de sang européen par les
mariages en Europe ou avec les nouveaux venus dans la colonie,
malgré l'existence de l'esclavage, malgré les conditions toutes
particulières dans lesquelles vivaient les blancs. Dans les onze

l'absence de statistiques aussi dignes de confiance que celles qui existent pour
les colonies françaises et anglaises, rend extrêmement complexe la question de
l'avenir de la race espagnole pure à Cuba et à Puerto-Rico. Nous nous bor-
nerons donc aux Antilles colonisées par les Européens venus des climats tempérés (Français, Anglais, Hollandais).

(1) En 1767, il y avait à la Martinique, 12,450 blancs, 1814 affranchis (métis)
et 70,553 esclaves ; total de la population : 84,817 habitants. En 1767, il y
avait à la Guadeloupe, 11,863 blancs, 1162 affranchis, et 71,751 esclaves;
total de la population : 84,876 habitants. En 1769, il y avait à la Guyane
française, 1291 blancs et 8,047 esclaves ; total : 9,338 habitants.

(2) L'état de la population dans ces colonies françaises était le suivant, en
1788 :

	Blancs.	Affranchis.	Esclaves.	Totaux.
Haïti.	27,787	21,810	405,828	455,425
Martinique.	10,603	4,851	83,416	98,870
Guadeloupe.	13,466	3,044	85,461	101.971
Guyane.	1,307	494	10,748	12,549

(3) Les onze colonies anciennes de l'Angleterre aux Antilles sont les suivantes : Jamaïque, Barbade, Antigoa, Saint-Christophe, Névis, Montserrat,
Vierges, Grenade, Dominique, Saint-Vincent, Tabago. Ces onze colonies
avaient ensemble, en 1788, 52,722 blancs, 12,960 affranchis, et 467,353 esclaves;
total : 533,035 habitants.

colonies anciennes de l'Angleterre aux Antilles, prises en bloc, la population blanche de l'année 1832, comparée à la population blanche de l'année 1788, présente une diminution de 26 p. 100 (1). A la Martinique, la population blanche de l'année 1826, comparée à celle de 1767, présente une diminution de 20 p. 100 (2). A la Guadeloupe, la population blanche de l'année 1826, comparée à celle de l'année 1788, présente une diminution de 14 p. 100 (3). A la Guyane française, la population blanche de l'année 1826, comparée à celle de l'année 1788, présente une diminution de 15 p. 100 (4). Nous ne parlons pas d'Haïti, qui comptait 27,787 blancs en 1788, et où on aurait eu de la peine pour en trouver quelques douzaines en 1826, aussi bien qu'à l'heure actuelle.

La décroissance de la population blanche n'est pas moins sensible, si on la considère au point de vue relatif (rapport de la population blanche à la population totale). Dans les onze colonies anciennes de l'Angleterre aux Antilles, il y avait, en 1788, 1 blanc sur 10 habitants, c'est-à-dire 1 blanc pour 9 individus de couleur (esclaves ou libres); en 1832, il n'y avait plus que 1 blanc sur 17 habitants. La Martinique, qui avait 1 blanc sur 6 habitants en 1767, n'avait plus que 1 blanc sur 9 habitants en 1788, et 1 blanc sur 10 habitants en 1826. Depuis 1827, la division par race n'est plus donnée dans les statistiques officielles françaises imprimées; mais, d'après Moreau de Jonnès (*Recherches statistiques sur l'esclavage colonial*, Pa-

---

(1) Nous avons donné plus haut l'état de la population dans les onze colonies anciennes de l'Angleterre aux Antilles, en 1788. En 1832, ces onze colonies avaient 38,558 blancs, 95,689 affranchis et 526.231 esclaves; total : 660,478 habitants. La population blanche avait diminué de 14,164 individus. Les affranchis avaient augmenté de 82,729 individus; enfin, les esclaves avaient augmenté (traite) de 58,878 individus.

(2) En 1826, la Martinique avait : 9,937 blancs, 10,786 affranchis et 81,142 esclaves; total : 101,865 habitants. En comparant ces chiffres à ceux de l'année 1767, donnés plus haut, on trouve que les blancs avaient diminué de 2,513 individus, que les affranchis avaient augmenté de 8,972 individus, enfin que les esclaves avaient augmenté (traite) de 10,589 individus.

(3) En 1826, la Guadeloupe avait: 11,569 blancs, 9,500 affranchis et 96,400 esclaves; total : 117,469 habitants. En comparant ces chiffres à ceux de l'année 1788, donnés plus haut, on trouve que les blancs avaient diminué de 1,897 individus, que les affranchis avaient augmenté de 6,456 individus, enfin, que les esclaves avaient augmenté (traite) de 10.989 individus.

(4) En 1826, la Guyane française avait 1,102 blancs, 1,831 affranchis, et 18,231 esclaves; total : 21,164 habitants. En comparant ces chiffres à ceux de l'année 1788, donnés plus haut, on trouve que les blancs avaient diminué de 209 individus, que les affranchis avaient augmenté de 1,837 individus, enfin que les esclaves avaient augmenté (traite) de 7.488 individus.

ris, 1842), qui, en sa qualité de directeur de la statistique générale au ministère du commerce, a eu en mains les documents
officiels manuscrits, la proportion des blancs à la Martinique
était de 1 sur 11 habitants, en 1842. La Guadeloupe, qui avait
1 blanc sur 7 habitants en 1767 et en 1788, n'avait plus que 1
blanc sur 10 habitants en 1826, et 1 blanc sur 11 habitants en
1842, d'après Moreau de Jonnès. La Guyane française, qui
avait 1 blanc sur 7 habitants en 1769, n'avait plus que 1
blanc sur 9 habitants en 1788, 1 blanc sur 19 habitants en
1826, et 1 blanc sur 21 habitants en 1842, d'après Moreau
de Jonnès.

Pendant tout le dix-septième et tout le dix-huitième siècle,
la population esclave, tuée par le travail, ne s'est maintenue et
n'a augmenté que par la traite. Depuis l'abolition de la traite (1)
jusqu'au moment de l'abolition définitive de l'esclavage (2),

(1) C'est l'Angleterre qui a pris, dès 1806, (Résolution de la chambre des
communes du 10 juin), l'initiative de l'abolition de la traite. Aux termes du
bill voté le 6 février 1807, la traite devait être abolie dans les colonies britanniques à partir du 1er janvier 1808. Un décret de la Convention, en date
du 27 juillet 1793, avait supprimé les immunités et les primes accordées aux
négriers, mais avait respecté la liberté du commerce des esclaves. Ces immunités et primes furent rétablies par la loi du 30 mai 1802.

A partir de 1815, l'abolition de la traite entra dans le domaine de la politique internationale, et l'Angleterre a conclu successivement des conventions
avec toutes les puissances, dans le but de mettre un terme au commerce des
esclaves africains. En France, de 1815 à 1825, la traite fut abolie, en principe, et le commerce des esclaves sous pavillon français fut très faible. A
partir de 1825, (loi du 25 avril), la traite ouverte cessa ; elle ne fut plus
qu'un commerce de contrebande ; il en fut de même de l'introduction des
esclaves dans les colonies françaises. Dans les colonies espagnoles et portu-
gaises, malgré les conventions internationales signées par ces Etats, la traite
s'est faite longtemps ouvertement et sur une grande échelle, sous le pavillon
de ces puissances.

De 1821 à 1823, plus de 58,000 esclaves ont été introduits au Brésil, par
le seul port de Rio-de-Janeiro. D'après des documents authentiques, réunis
par de Humboldt, en dix ans, de 1811 à 1820, Cuba a reçu plus de 176,000
esclaves. Dans les colonies d'Amérique où l'esclavage existe encore, (Antilles
espagnoles et Brésil), la traite est un commerce de contrebande, naturellement favorisé par les planteurs, et qui se pratique sûrement encore à l'heure
actuelle.

(2) L'esclavage a été aboli par décret de la Convention le 4 février 1794. Le
décret d'abolition fut appliqué plus ou moins effectivement à la Guyane et à
la Guadeloupe. La Martinique était à cette époque au pouvoir des Anglais ;
à la Réunion, l'assemblée coloniale refusa d'exécuter le décret et l'esclavage
fut maintenu. On connaît les événements qui se produisirent à Haïti. L'esclavage fut rétabli officiellement, dans les colonies françaises, par décret du
19 mai 1802.

En Angleterre, le mouvement anti-esclavagiste, commencé à la fin du siècle
dernier, gagna du terrain à partir de 1807 (abolition de la traite). Le bill du
15 août 1833, qui proclamait l'abolition de l'esclavage dans les possessions
britanniques, devait entrer en vigueur à partir du 1er août 1834, mais le
régime de la liberté du travail ne fut pas appliqué immédiatement ; il y eut

les planteurs ont été obligés de modérer leur consommation de nègres : l'esclavage s'était bien mitigé au dix-neuvième siècle, comparativement à ce qu'il avait été pendant les deux siècles précédents, lorsque les planteurs avaient intérêt à tirer tout le parti possible de leurs esclaves, quitte à les renouveler sans cesse, puisque la traite leur en fournissait les moyens. A mesure que la population blanche, arrivée à son apogée dans la seconde moitié du dix-huitième siècle, suivait une progression décroissante, la population africaine présentait un mouvement inverse. Jusqu'au moment de l'abolition de la traite, l'augmentation de la population esclave a été due uniquement à l'introduction des nègres d'Afrique; mais, depuis l'abolition de l'esclavage, la population africaine des Antilles présente un mouvement progressif auquel la traite est absolument étrangère.

La population libre de couleur, qui est portée sur les statistiques officielles sous la rubrique d'*affranchis*, et dont les métis formaient la plus grande partie, a présenté, depuis le milieu du siècle dernier, un mouvement ascensionnel extrêmement rapide. De 1788 à 1832, dans les onze colonies anciennes de l'Angleterre aux Antilles, pendant que la population blanche diminuait de 26 p. 100, la population libre de couleur augmentait de 638 p. 100, et la population esclave augmentait de 12 p. 00. A la Martinique, de 1767 à 1826, tandis que la population blanche diminuait de 20 p. 100, les affranchis augmentaient de 494 p. 100, et la population esclave augmentait de 15 p. 100. A la Guadeloupe, de 1788 à 1826, tandis que la population blanche diminuait de 14 p. 100, les affranchis aug-

une période transitoire, dite de préparation, de sept années, pendant laquelle les nègres ne pouvaient abandonner les plantations. Ce n'est qu'en 1842 que le régime de la liberté complète du travail fut effectivement appliqué, et c'est en ce moment que commença l'*immigration indienne*.

On sait que dans les colonies françaises l'esclavage a été définitivement aboli par décret du 4 mars 1848, et la liberté du travail a été effective deux mois après la promulgation du décret dans les colonies. La Hollande a aboli l'esclavage dans ses colonies de la Malaisie en 1860, et dans ses colonies des Antilles et de la Guyane en 1863.

L'abolition de l'esclavage aux Etats-Unis d'Amérique constitue l'un des grands événements de l'histoire contemporaine. On sait que l'abolition de l'esclavage a été la cause de la terrible guerre de sécession, qui a mis aux prises le Nord et le Sud, et a ensanglanté l'Union pendant quatre ans (1861-65). La déclaration du président Lincoln, en date du 22 septembre 1862, proclama l'abolition de l'esclavage à partir du 1er janvier 1863. Après la victoire complète du Nord (1865), l'abolition définitive fut votée par le Congrès américain, comme amendement à la constitution de l'Union, le 18 décembre 1865.

mentaient de 212 p. 100, et la population esclave augmentait de 12 p. 100. A la Guyane française, de 1788 à 1826, tandis que la population blanche diminuait de 15 p. 100, les affranchis augmentaient de 270 p. 100, et la population esclave de 69 p. 100.

Depuis l'abolition de l'esclavage dans les colonies anglaises et françaises, le mouvement respectif des diverses catégories de la population, s'est régularisé, mais n'a pas changé : les métis et les nègres augmentent, les blancs diminuent. Si nous prenons, par exemple, la Jamaïque, la plus grande des Antilles après Cuba et Haïti, et la plus peuplée des colonies anglaises du golfe du Mexique, car sa population représente plus de la moitié de la population totale des onze colonies anciennes de l'Angleterre aux Antilles, nous trouvons que, de 1787 à 1832, la population blanche a diminué de 34 p. 100 (1), tandis que les affranchis (métis en grande partie) ont augmenté de 877 p. 100, et que la population esclave a augmenté de 25 p. 100. De 1832 à 1861, la population blanche a diminué de 7 p. 100, tandis que les métis ont augmenté de 102 p. 100, et que les nègres ont augmenté de 8 p. 100. De 1861 à 1871, la population blanche a diminué de 5 p. 100, tandis que les métis ont augmenté de 23 p. 100, et que les nègres ont augmenté de 13 p. 100.

Si nous considérons le mouvement décroissant de la population blanche au point de vue relatif, nous trouvons qu'en 1787, il y avait à la Jamaïque 1 blanc sur 12 habitants ; il n'y avait plus que 1 blanc sur 25 habitants en 1832, 1 blanc sur 31 habitants en 1861, et 1 blanc sur 38 habitants en 1871.

Dans les colonies que la France possède encore aux Antilles, la décadence de la population blanche, pendant la seconde moitié du dix-neuvième siècle, est incomparablement plus

(1) Voici quelques chiffres sur la population de la Jamaïque à différentes dates. Nous laissons de côté les nombreux coolies introduits depuis l'abolition de l'esclavage, et sans le travail desquels la population blanche aurait présenté une décroissance autrement rapide.

Années.	Blancs.	Affranchis (Métis.)	Esclaves (Nègres.)	Totaux
1787	23,000	4,093	256,000	283,093
1832	15,000	40,000	320,000	375,000
1861	13,816	81,065	346,374	441,255
1871	13,101	100,346	392,707	506,154

De 1861 à 1871, la population blanche a diminué de 715 individus, les métis ont augmenté de 19,281 individus, et les nègres de 46,333 individus.

accentuée que dans les Antilles anglaises. Nous avons vu qu'à la Guyane, il ne reste pas une soixantaine de *blancs français*. Quant au nombre de blancs qu'il y a encore à la Martinique et à la Guadeloupe, nous avons dit que les statistiques officielles ne donnent plus, depuis longtemps, d'indication à ce sujet. Même les trois gros volumes si complets des *Notices coloniales* publiées l'année dernière par la direction des colonies, volumes qui donnent le nombre des blancs établis à la Guyane, sont absolument muets sur cette question en ce qui concerne les Antilles. C'est cependant un détail qui est loin d'être sans importance. Parmi ceux qui ont habité les Antilles françaises, ou qui les ont visitées et les ont observées impartialement, personne, je crois, ne me contredira, si j'avance que la population blanche (ou pouvant passer pour telle) de la Martinique et de la Guadeloupe a diminué d'au moins 40 p. 100, dans le cours de ces quarante dernières années.

La population métisse et africaine a suivi le mouvement inverse. En effet, tandis que les blancs ont constamment diminué, la population totale (blancs, métis, nègres) de ces colonies a constamment progressé. Si nous prenons, par exemple, la population totale de la Martinique (1), nous trouvons que de 1767 à 1788, elle a augmenté (traite) de 16 p. 100; de 1788 à 1826, elle a augmenté (traite) de 3 p. 100; de 1826 à 1838, elle a augmenté (cessation de la traite) de 15 p. 100; de 1838 à 1867, elle a augmenté de 20 p. 100; de 1867 à 1877, elle a augmenté de 14 p. 100, de 1877 au 1er janvier 1884, elle a augmenté de 3 p. 100; enfin, du 1er janvier 1884 au 1er janvier 1885, elle a augmenté de 0,33 p. 100. De 1767 à 1885, la population totale

---

(1) Voici les chiffres de la population totale de la Martinique à différentes dates :

Années :	1767	1788	1826	1838	1867	1877	1884	1885
Popul. :	84.817	98.870	101.865	117.569	141.713	161.782	167.119	167.679

Nous devons faire remarquer que, quelques années après l'abolition de l'esclavage, la Martinique, comme toutes les autres colonies, a reçu quelques convois d'*immigrants africains*. Cette prétendue *immigration africaine* qui n'était autre chose que la résurrection de la *traite* sous un nom nouveau, a été supprimée par décision impériale, en 1859, à la suite d'une convention avec l'Angleterre. En outre, l'administration fait entrer dans ses statistiques, sans les distinguer de la population fixe, un certain nombre de coolies qui ont terminé leur engagement et tombent sous le régime de la liberté du travail. Mais ces deux causes d'erreur sont minimes et n'altèrent en rien l'exactitude du phénomène que nous signalons, à savoir : l'augmentation constamment progressive de la population de couleur.

de la Martinique a plus que doublé. De 1826 (cessation de la traite) à 1885, elle a augmenté de 64 p. 100. Malgré les deux causes d'erreur que nous avons indiquées, il est certain que c'est là une augmentation de beaucoup supérieure à l'augmentation de la population de la France. En effet, si on prend les chiffres du recensement de 1821 (32,569,000 habitants) et si on les compare aux chiffres de la population actuelle (38 millions en chiffres ronds), en faisant abstraction des annexions (Savoie et Nice) et des pertes (Alsace-Lorraine), qui se compensent, ou à peu près, on trouve que pendant cette période de 65 ans, la population de la France n'a augmenté que de 16 p. 100.

Tel est le phénomène général que présentent, depuis plus d'un siècle, les anciennes colonies à esclaves des Antilles, malgré l'immigration européenne incessante. Nous sommes loin de la multiplication de la race blanche suivant la loi de Malthus, comme aux États-Unis ou au Canada. Les théoriciens fantaisistes qui s'en tiennent à la conception philosophique des phénomènes biologiques, et aux yeux desquels le préjugé de couleur n'est qu'un détail insignifiant dont il n'y a pas lieu de s'occuper, nous diront qu'il faut attribuer ce phénomène au mélange des races ; mais tous ceux qui ont habité ces pays et qui les ont étudiés en observateurs coñsciencieux, peuvent affirmer qu'il n'en est rien. La fusion des races par les mariages ne se fait pas. Les blancs fixés dans le pays, propriétaires du sol, disparaissent sans se mêler. Il n'y a là, pour l'anthropologiste, qu'un phénomène de concurrence vitale. Un sentiment instinctif dont il faut tenir compte, sentiment indestructible, inhérent à la nature, non seulement de l'homme, mais aussi des animaux, s'oppose à la fusion des races.

Quelle que soit l'opinion que l'on ait au sujet du préjugé de couleur, on ne peut pas en faire abstraction, car il a un rôle physiologique d'une extrême importance au point de vue de la procréation humaine et de la perpétuation de l'espèce. Quant aux conséquences du préjugé de couleur, au point de vue social, nous n'avons pas à nous en occuper. Nous dirons, cependant, que la question anthropologique est le fond, le *substratum* de toutes les questions sociales et politiques qui s'agitent dans ces pays, y compris Haïti ; de même qu'elle est en Europe, mais d'une manière infiniment moins apparente, le *substratum* de toutes les luttes politiques et sociales. Si l'on fait abstraction du préjugé de couleur, préjugé qui est tout aussi vif chez les métis que chez les blancs, on a une idée radicalement fausse des luttes sociales de ces pays, ainsi que des phénomènes anthropologiques que présentent les Antilles, à savoir : la diminution progressive des blancs dans toutes ces colonies, et le retour des métis haïtiens au type nègre pur.

Il ne faut pas oublier que ces blancs ont possédé, jusque vers le milieu du dix-neuvième siècle, la terre et les esclaves. Il ne faut pas oublier, non plus, que depuis l'abolition de l'esclavage, ils sont restés seuls maîtres du sol, du capital et de tous les instruments de travail. En outre, ils ne résident pas, comme les nègres, d'une manière indéfinie dans le pays. Ils n'ont jamais abandonné la mère-patrie sans esprit de retour. Ils font de fréquents voyages en Europe, y font élever les enfants, ce qui a une importance capitale ; ils s'infusent, par des mariages en Europe ou avec les nouveaux venus, nés en Europe, le riche sang du pays d'origine ; de nouveaux colons sont sans cesse arrivés pour remplacer ceux qui succombaient, de sorte que la population blanche a été constamment alimentée par l'immigration européenne. Pour que cette population blanche ait pu atteindre, dans la seconde moitié du dix-huitième siècle, l'énorme proportion de 1 blanc pour 6 ou 7 nègres dans les colonies françaises et de 1 blanc pour 8 ou 9 nègres dans les colonies anglaises, il a fallu soumettre ces nègres à un régime tellement dur, que la population africaine, qui devait nourrir ces blancs, était tuée par le travail et succombait à la tâche. Bien qu'elle fût adaptée au milieu et que la disproportion des sexes n'existât pas (1), cette population ne pouvait équilibrer sa mortalité par sa natalité, et devait être sans cesse alimentée par la traite.

La population blanche des Antilles avait atteint, au dix-huitième siècle, une densité que ne comportaient pas les lois biologiques, et nous avons vu que, malgré l'esclavage, le nombre des blancs a présenté une diminution progressive, tant au point de vue absolu qu'au point de vue relatif. Si la population blanche , malgré l'apport incessant de sang européen

(1) D'après tous les chiffres cités par de Humboldt, Moreau de Jonnès, Leroy-Beaulieu, etc., et que je crois inutile de donner ici.

et les conditions que nous connaissons, ne pouvait se maintenir avec le régime de l'esclavage, elle devait fatalement entrer dans une décadence rapide avec le régime de la liberté du travail, bien qu'elle possédât seule le sol et tous les capitaux.

Dans les colonies anglaises, la population blanche lutte avec énergie, et si elle n'a pas tout à fait atteint, au dix-huitième siècle, une densité aussi forte que dans les colonies françaises, sa décroissance, au dix-neuvième siècle, est relativement lente. Il n'en est pas de même, comme nous l'avons dit, dans les colonies qui restent encore à la France dans la mer des Antilles : les blancs y diminuent à vue d'œil.

Depuis l'application effective du régime de la liberté du travail dans les colonies anglaises (1842), plus de 700.000 coolies ont été tirés de l'Inde pour être transportés au delà des mers, dans les colonies de plantations de l'Angleterre, et l'*immigration indienne* a remplacé la *traite africaine* dans la main-d'œuvre coloniale. Nous ne voulons pas dire qu'il n'y a aucune différence entre le système du *travail libre par l'immigration indienne* et le système de la *traite africaine et de l'esclavage*, tels qu'ils existaient au dix-septième et au dix-huitième siècles : ce serait certainement soutenir un fait inexact. Les coolies sont payés (une demi-livre, soit 12 fr. 50 par mois); l'*immigration indienne* est organisée par le gouvernement; elle est surveillée par les sociétés anti-esclavagistes d'Angleterre. Sans vouloir entrer dans de longues considérations sur cette grave question, nous prétendons seulement qu'au point de vue purement spéculatif de la thèse scientifique que nous soutenons, l'*immigration indienne* n'est que le succédané de la *traite africaine* : la *traite africaine* a seule permis à la population blanche des colonies de plantations de la zone torride d'arriver à la densité considérable qu'elle a atteinte ; l'*immigration indienne* seule lui permet de se maintenir (quoique d'une manière bien incomplète), et si l'*immigration indienne* n'existait pas, la population blanche, malgré sa situation absolument privilégiée, décroîtrait à vue d'œil.

Toutes les colonies anglaises des Antilles sont encore riches et prospères, et la différence saute aux yeux lorsqu'on les compare avec leurs voisines (1). Les colonies françaises n'ont reçu qu'un faible nombre de coolies, et l'*immigration indienne* y est aujourd'hui, pour des raisons diverses, à peu près complètement supprimée (2). En outre, il existe, dans ces colonies, des causes profondes et multiples de décadence, dont l'exposition et le développement sont complètement en dehors de notre sujet ; ces causes de décadence ont précipité, et doivent précipiter encore, le mouvement décroissant de la population blanche dans les Antilles françaises.

Quoique la décadence de la population blanche dans les Antilles anglaises soit, au dix-neuvième siècle, incomparablement moins rapide que dans les Antilles françaises, elle n'en est pas moins réelle, générale et constante. Les causes qui ont accéléré le mouvement décroissant de la population blanche dans les colonies françaises peuvent surgir, et surgiront fatalement un jour. Ainsi que l'a pressenti, il y a plus d'un demi-siècle, Alexandre de Humboldt (3), il n'est nullement douteux que la race blanche ne doive complètement disparaître un jour de ces pays, comme elle a déjà disparu d'Haïti, depuis près d'un siècle. Il n'y a là qu'une question de temps. Que d'événements qui auraient semblé impossibles, il y a un ou deux siècles, se sont accomplis, au siècle où nous sommes !

Nous avons déjà dit ce qu'il faut penser de l'avenir des métis dans ces colonies à climat torride. Les métis, surtout les métis clairs, ne constituent que des produits artificiels, insuffisamment adaptés au milieu, dont la durée sera passagère. Leur développement n'est qu'un phénomène transitoire, et ne forme qu'une des phases de l'évolution anthropologique par laquelle doivent passer ces pays. Lorsqu'on réfléchit au mécanisme par lequel se sera accomplie, et s'est déjà accomplie en partie, la disparition de la race conquérante et dominatrice, on ne peut s'empêcher de reconnaître qu'il y a beau-

---

(1) Tous ceux qui ont fait le voyage de Cayenne par le paquebot, ont pu comparer, à 24 heures d'intervalle, les Guyanes anglaise, hollandaise et française. Le voyageur le moins observateur s'aperçoit, au premier coup d'œil, de la différence énorme qui existe entre la première et les deux autres. Ceux de nos compatriotes qui ont fait ce voyage, ne se sont certainement pas sentis bien fiers de la comparaison.

(2) L'immigration indienne est supprimée à la Guyane française, à la Réunion et à la Martinique ; elle existe encore à la Guadeloupe.

(3) Voir de Humboldt, *loc. cit.*, tome XI page 295.

coup de vrai dans les idées émises par M. de Gobineau, au sujet du croisement des races, dans son *Essai sur l'inégalité des races humaines;* seulement, ce que cet auteur considère comme la cause de la décadence des races conquérantes, n'est, à proprement parler, que le symptôme, le signe avant-coureur de la chute prochaine des empires.

X

Principe de la densité de la population européenne dans les colonies à climat torride. — Cochinchine française.

De toutes les recherches que nous venons d'exposer, se dégage une conclusion qu'on peut résumer de la manière suivante : les Européens n'ont jamais pu subsister, pour un temps limité, dans les climats torrides, qu'à l'état de minorité privilégiée au milieu des races indigènes. Ils ne peuvent vivre sans le travail de ces dernières. La densité de la population européenne (rapport du nombre des Européens au nombre des indigènes) a une connexion intime avec le régime auquel l'indigène est soumis.

Plus ce régime est dur, c'est-à-dire plus l'indigène travaille, plus, en revanche, le pays peut nourrir d'Européens, plus la colonie est florissante.... au point de vue des Européens, mais non au point de vue des indigènes. Aux yeux des Européens, Haïti était prospère au dix-huitième siècle, époque où cette colonie produisait et exportait beaucoup de sucre et de café, tandis qu'elle est misérable aujourd'hui où ses exportations sont tombées à un chiffre tout à fait dérisoire. Mais, aux yeux des nègres, les termes sont absolument renversés. Tout ce qui se rapporte à l'homme est relatif. Avec le régime de l'esclavage, la population européenne a pu atteindre une densité dont elle n'approchera jamais dans les colonies où les Européens n'exercent que la domination politique. Il existe, en effet, des différences considérables, à tous les points de vue, entre ces colonies et celles où les Européens ont exploité directement le travail des indigènes par l'esclavage. Les immigrants européens ne possèdent, aujourd'hui, ni le sol, ni les hommes, par droit de conquête, dans les colonies d'exploitation où ils n'exercent que la domination politique.

Dans les colonies d'exploitation où le régime est relativement dur, comme dans les Indes néerlandaises, où la monopolisation des cultures par l'État augmente le fonctionnarisme, où l'esclavage a été remplacé par le servage, et où l'indigène est assez fortement exploité, la densité de la population européenne a pu atteindre le chiffre assez considérable de 1 Européen pour 460 indigènes. La densité est beaucoup moindre dans les colonies de domination où le régime est plus libéral et où la liberté du travail est complète, bien que cette liberté du travail soit toute théorique, car, dans ces pays, de même qu'en Europe, la densité de la population indigène et la concurrence vitale ont depuis longtemps supprimé la liberté du travail, dans la pratique. Dans ces colonies de domination, comme l'Inde anglaise, la Cochinchine française (1), il est dou-

(1) Nous avons parlé de la densité de la population européenne dans les Indes néerlandaises, dans l'Inde anglaise et aux Philippines ; nous devons dire quelques mots de la Cochinchine française. D'après *l'Annuaire de la Cochinchine pour 1886 (Saïgon, Imprimerie coloniale, 1886)*, à la date du 1er janvier 1886, la population asiatique de la Cochinchine française est de 1.742.466 habitants. Ces Asiatiques se divisent en Asiatiques indigènes et Asiatiques étrangers. Parmi les Asiatiques indigènes, il y a 1.567.520 Annamites, 102.708 Cambodgiens, 8.423 Moïs et 4.743 Chams. Les Asiatiques étrangers comprennent 55.896 Chinois, 774 Malabars (Hindous), 2.350 Malais, 45 Tagals et 7 autres Asiatiques.
Les forces militaires de la Cochinchine se composent d'un régiment d'infanterie de marine, de deux batteries d'artillerie, d'un détachement de gendarmerie, et d'un régiment de tirailleurs annamites. Ce régiment indigène (y compris ses cadres européens) est entretenu par le budget colonial, tandis qu'au Sénégal, les troupes indigènes (deux bataillons de tirailleurs et une compagnie de conducteurs) sont entretenues par le budget métropolitain. La station locale, entretenue, comme les troupes européennes, par le budget de la métropole, se compose d'un ponton-stationnaire, de trois avisos, deux canonnières et cinq chaloupes-canonnières. Aucun document officiel ne donne le chiffre de l'effectif de ces diverses forces militaires. Bien que le nombre de compagnies composant l'effectif du régiment d'infanterie ait beaucoup varié, on peut admettre que toutes ces forces militaires réunies représentent environ 4200 hommes armés (Européens et indigènes), non compris les marins que nous laissons de côté.
. Combien y a-t-il d'Européens en Cochinchine, en dehors des troupes de

teux que la population européenne, vivant dans la colonie aux dépens de la colonie, puisse dépasser la proportion de 1 Européen pour 1,000 indigènes.

La presque totalité des Européens qui peuvent subsister

terre et de mer ? L'*Annuaire de la Cochinchine pour 1886* donne, pour la *population européenne ou assimilée*, non compris les troupes de terre et de mer, le chiffre de 1.982 *Français* et de 189 *étrangers;* total 2.171. Il ne faut pas croire qu'il y a 1.982 *Français* de France ; près de la moitié de ces *Français* ne sont que des *assimilés*, c'est-à-dire des électeurs provenant des établissements français de l'Inde, ou des Chinois naturalisés. Nous ne considérons ici le *Français* qu'au point de vue anthropologique, et l'électeur nous importe peu. Toutes les statistiques coloniales françaises, par suite de la manie ridicule qu'à l'administration de ne considérer les habitants qu'au point de vue électoral, et de donner le nom de *Français* à tous les électeurs, doivent être l'objet de la juste défiance de ceux qui y cherchent des documents anthropologiques. D'après le dernier volume des *Statistiques coloniales* (Paris, Imprimerie nationale, 1885), à la date du 1er janvier 1884, il y avait en Cochinchine, en dehors des troupes de terre et de mer, 1.073 Français des deux sexes et 91 Européens étrangers des deux sexes, soit 1164 Européens. Le mot *Français* est pris ici dans son acception ordinaire. Ces 1.073 Français se divisent en 763 individus du sexe masculin et 306 du sexe féminin. Sur les 763 individus du sexe masculin, il y a 151 enfants au-dessous de 14 ans. Sur les 306 individus du sexe féminin, il y en a 132 au-dessous de 14 ans. Les 91 Européens étrangers se divisent en 60 hommes et 31 femmes, dont 17 garçons et 14 filles au-dessous de 14 ans. Dans le courant de l'année 1883, la Cochinchine a reçu 87 immigrants européens des deux sexes (63 hommes et 24 femmes). Sur ces 87 immigrants, il y avait 72 Français et 15 étrangers.

Il y a donc, en Cochinchine, un peu plus d'un millier de Français civils, des deux sexes et de toute âge. Sur ce nombre, nous avons 612 individus du sexe masculin âgés de plus de quatorze ans. Ces chiffres comprennent les fonctionnaires civils et, d'après une estimation qui est plûtot en deçà qu'au delà de la vérité, environ les quatre cinquièmes de ces 612 adultes mâles sont des fonctionnaires civils. En somme, sur les 1.073 Français des deux sexes et de tout âge, présents en Cochinchine à la date du 1er janvier 1884, il y en avait 850, au moins, représentés par les fonctionnaires et leurs familles, c'est-à-dire vivant directement du budget.

D'après l'*Annuaire de la Cochinchine pour 1886*, dans la ville de Saïgon, qui a 16.600 habitants et une superficie de 405 hectares (sans les faubourgs), on comptait à la date du 1er janvier 1886, 1.108 Français, 54 Anglais, 51 Allemands, 13 Espagnols, 17 Portugais, 12 Suisses, 3 Hollandais, 25 Italiens, 1 Russes, 7 Belges, 366 Indiens sujets français, 5 Africains sujets français, 19 Chinois naturalisés et 4 Américains. Le restant de la population était asiatique. Les 1.108 Français se divisent en 577 hommes, 201 femmes et 330 enfants.

Dans sa déposition devant la commission des crédits du Tonkin, au mois de décembre dernier, le gouverneur de la Cochinchine, M. Thompson, a dit qu'il y avait, dans cette colonie, près de 1.800 électeurs dont 1.100 étaient des fonctionnaires civils. Plusieurs journaux de Paris ont cru qu'il y avait 1.800 *Français* (de France) adultes, et ont poussé l'ignorance des choses coloniales jusqu'à trouver que ce chiffre était peu considérable, tandis que c'est un chiffre énorme, si on considère que la Cochinchine n'a pas deux millions d'indigènes. La vérité est que, parmi ces 1.800 électeurs, il n'y en a guère plus d'un tiers (moins de 650) qui soient des *Français*, si on donne à ce mot son sens usuel, sans jouer sur l'équivoque électorale.

Le nombre des Européens de nationalité étrangère était en décroissance il y a quelques années, car un certain nombre d'entre eux se font naturaliser, mais leur nombre a augmenté dans le courant de l'année dernière. En 1881, il y en avait 189, hommes, femmes, enfants (*Notices statistiques, Paris, 1883*). Au 1er

dans ces colonies, pour un temps limité et dans des conditions
de vie artificielle, vivent de l'impôt prélevé sur les indigènes,
c'est-à-dire du budget, soit directement (fonctionnaires), soit
indirectement, aux dépens des fonctionnaires (commerce, professions diverses). Le nombre de ces Européens sera toujours
très restreint, parce que ces colonies sont pauvres, bien qu'on

janvier 1884, il y en avait 91 (*Statistiques coloniales, Paris 1885*). Au 1er janvier
1885, il y en avait 78 (*Annuaire de la Cochinchine pour 1885*). Au 1er janvier
1886, il y en avait 189 (*Annuaire de la Cochinchine pour 1886*).

En admettant le chiffre rond de 1.300 Européens de tout âge et des deux
sexes, Français et étrangers, fonctionnaires et simples particuliers, et en y
ajoutant les Européens militaires, y compris les cadres du régiment de tirailleurs, les officiers du commissariat, les médecins, etc., dont le total peut être
estimé à 2.300 hommes, on arrive au chiffre de 3.600 Européens, militaires et
civils, ce qui donne la proportion de 1 Européen pour 484 Asiatiques.

L'auteur d'un travail récent sur les colonies françaises, que sa situation officielle aurait dû empêcher de commettre une aussi grossière erreur, non de
fait, mais d'interprétation, a comparé le nombre des Français en Cochinchine
au nombre des Anglais dans l'Inde, proportionnellement à la population indigène, et en a conclu que les Anglais étaient de moins bons colonisateurs que
les Français. Nous avons déjà dit qu'on peut prouver tout ce qu'on veut avec
des statistiques considérées d'une manière abstraite. La statistique nous démontre que les Français sont des colonisateurs trois ou quatre fois supérieurs
aux Anglais : il s'agit seulement de savoir si la conclusion qu'on tire des statistiques est juste. Or, ici, elle ne l'est pas, car les données statistiques qu'on
compare ne sont pas comparables, et voici pourquoi : tous les Anglais qui sont
dans l'Inde (militaires, civils, négociants, etc.) vivent dans la colonie aux dépens de la colonie. L'Inde entretient tous ses fonctionnaires (y compris l'armée
et la marine). Elle a un budget des dépenses de plus d'un milliard et demi
(66.274.000 livres, dans le budget de 1884). Son budget de la guerre dépasse
400 millions et était de plus de 550 millions en 1880 (guerre de l'Afghanistan).
Il n'en est pas de même en Cochinchine : c'est le budget métropolitain qui
entretient les troupes européennes et la marine. Le budget des dépenses de la
Cochinchine n'est que de 25 à 28 millions de francs (4.990.090 piastres en 1884,
5.696.628 piastres en 1885, et 5.624.191 piastres en 1886). La colonie paie le
régiment indigène, y compris les officiers ; l'entretien de ce régiment lui coûte
plus de douze cent mille francs (252.922 piastres en 1884). Nous avons dit
que c'est le budget métropolitain qui entretient les troupes européennes, lesquelles, d'ailleurs, pour des troupes coloniales, coûtent à l'État le moins cher
possible, puisqu'elles sont composées de soldats du recrutement et non de
volontaires, comme les armées de l'Inde anglaise et des Indes néerlandaises.
Outre l'entretien des troupes européennes et de la marine, le Trésor métropolitain dépense, en Cochinchine, un peu plus de trois millions (Gouvernement,
Trésor, états-majors généraux et des places, gendarmerie coloniale, commissariat, vivres, hôpitaux, matériel, etc.). Ces dépenses vont en diminuant : en 1881,
elles montaient à plus de quatre millions et demi ; dans le budget de 1885,
elles sont de 3.038.595 fr. Aujourd'hui, c'est la colonie qui paye le service de
la justice. D'un autre côté, il faut tenir compte que le budget colonial rem-
bourse au Trésor métropolitain la somme de deux millions (411.214 piastres).
Sans entrer dans les détails des recherches que j'ai faites à ce sujet, détails
qui seraient déplacés ici, on peut admettre, en tenant compte de tout, qu'il y a,
en Cochinchine, environ 1.600 Européens, des deux sexes et de tout âge, Français et étrangers, fonctionnaires, militaires, civils, négociants, simples particuliers, etc. qui ne coûtent rien à la métropole et vivent dans la colonie aux
dépens de la colonie. Les autres Européens (marine, troupes) sont entretenus
en Cochinchine par le budget métropolitain. En faisant une division, on trouve
qu'il faut environ 1.088 indigènes pour nourrir un Européen.

répète sans cesse que ce sont des pays riches. Ces colonies sont riches, relativement aux contrées habitées par les peuplades misérables de l'Afrique et de l'Océanie, mais elles sont pauvres, relativement à l'Europe. Pour les races adaptées aux climats torrides, les besoins de la vie sont beaucoup moindres que pour les Européens dans les climats tempérés; dans ces

Nous avons dit que, dans les colonies à esclaves, à l'époque la plus florissante de leur histoire, il fallait 8 ou 9 nègres pour nourrir un Anglais, tandis qu'il suffisait de 5 à 6 nègres pour nourrir un Français. De même, dans les colonies de domination , il faut un peu moins d'indigènes pour nourrir un Français que pour nourrir un Anglais. On sait, en effet, que les fonctionnaires coloniaux anglais sont, en général, plus largement rétribués que les fonctionnaires français. Nous devons ajouter aussi que le nombre d'indigènes nécessaires pour nourrir un Anglais dans l'Inde devrait être un peu diminué, car, en bonne économie, il faudrait faire entrer en ligne de compte l'effectif européen de la marine coloniale qui est entretenu par le budget de l'Inde.

Il est absolument indispensable de faire intervenir les questions budgétaires dans les problèmes de cette espèce, même lorsqu'on ne veut considérer les phénomènes qu'au point de vue anthropologique, sinon on arrive à des conclusions erronées. A ne considérer les faits que d'une façon abstraite, on pourrait croire que la Guyane française est une colonie très prospère, puisqu'il y a, avec les transportés, plusieurs milliers d'Européens qui y vivent, et qu'il y a, à côté d'eux, relativement peu de nègres. La conclusion serait évidemment fausse, car tous les Européens qui resident à la Guyane française y sont entretenus par le budget métropolitain; la Guyane française est une colonie absolument misérable, et la France serait bien à plaindre, si elle avait, dans les mêmes conditions, une colonie possédant autant d'Européens que le Canada ou seulement la Nouvelle-Zélande. Il ne faut pas croire que tous les fonctionnaires civils des colonies françaises vivent aux dépens de la colonie dans laquelle ils résident. C'est le budget métropolitain qui entretient la plupart des fonctionnaires civils, depuis les gouverneurs jusqu'aux juges de paix. Les dépenses de cet ordre montent à plus de trente millions. Dans le budget de 1885, indépendamment des dépenses occasionnées par les troupes et les stations navales des colonies, qui sont partout à la charge de l'État, le Trésor métropolitain (budget de la marine, service colonial) dépense dans les colonies 34.720.805 fr. Ce sont là des dépenses normales, régulières. Les affaires du Tonkin et de Madagascar sont tout à fait à part.

Pour terminer ces considérations, nous ferons remarquer qu'aux Indes néerlandaises, sur 30 soldats, il y a à peu près 15 Européens et 15 indigènes; dans l'Inde anglaise, sur 30 soldats, il y a 10 Européens et 20 indigènes; dans la Cochinchine française, sur 30 soldats, il y a à peu près 16 Européens et 14 indigènes. Abstraction faite des questions budgétaires, la situation de l'Inde anglaise et de la Cochinchine française peut être résumée de la manière suivante: en prenant les chiffres correspondants au 1er janvier 1884, on trouve qu'il y a, en Cochinchine, trente soldats (16 Européens et 14 indigènes) pour protéger un peu plus de huit (8,2) Européens civils des deux sexes et de tout âge, Français et étrangers, fonctionnaires civils ou bien négociants, simples particuliers, etc., contre 12.185 Asiatiques. Sur ces huit (8,2) Européens, il n'y en a pas tout à fait un (0,6) qui soit étranger; mais la proportion des étrangers était très sensiblement augmentée à la date du 1er janvier 1886. Les Européens français sont au nombre d'un peu plus de sept (7,6), et, parmi eux, six au moins, sont des fonctionnaires civils ou des membres de leurs familles. Dans l'Inde anglaise, il y a trente soldats (10 Européens et 20 indigènes) pour protéger dix Européens civils, des deux sexes et de tout âge, contre 31.515 Asiatiques. Sur ces dix Européens, la proportion des fonctionnaires civils n'est vraisemblablement pas de beaucoup inférieure à la proportion que présente la Cochinchine française.

contrées, le climat restreint l'activité musculaire de l'homme, qui seule crée la richesse. L'Inde anglaise directement soumise, qui est sillonnée de chemins de fer et qui, après plus d'un siècle de domination européenne, est certainement arrivée à l'apogée de sa prospérité, fournit proportionnellement sept ou huit fois moins d'impôt que l'Angleterre. La Cochinchine française fournit proportionnellement six fois moins d'impôt que la France, en basant le calcul uniquement sur la comparaison du budget colonial et du budget de l'État français, abstraction faite du budget des départements et des communes.

L'Européen ne peut vivre que dans des conditions de vie artificielle, à l'abri des éléments du climat; c'est dire qu'il n'y a pas de place, dans ces colonies, pour les Européens qui travaillent manuellement et qui, dans la lutte pour la vie, n'ont d'autres armes que leurs bras. Dans les colonies anglaises, l'Européen qui ne possède rien, qui arrive sans capitaux, avec la pensée de subsister par son travail, en dehors des conditions de vie artificielle et de confort sans lesquelles les Européens ne peuvent résister, se trouve sur le même pied que le travailleur indigène, et la lutte entre eux n'est pas égale. Dans les colonies françaises, l'Européen qui ne possède rien a un avantage sur l'indigène : il est électeur, tandis que ce dernier ne l'est pas encore, si ce n'est dans les colonies anciennes. Mais l'avantage que possède l'Européen, au point de vue politique, ne compense pas l'avantage que possède l'indigène, au point de vue pathologique.

Les conquérants européens ne peuvent se passer du concours des indigènes : c'est là, comme nous l'avons vu, une sauvegarde qui protège l'existence des races des climats torrides. Si cette sauvegarde n'existait pas, ces races seraient condamnées à disparaître devant les flots d'Européens qui déborderaient sur leurs pays, et surtout devant la marée sans cesse montante de leurs descendants ; elles succomberaient dans la lutte pour la vie, dont le champ est agrandi de jour en jour par les progrès immenses de la navigation. Heureusement pour ces races, les conditions de la lutte entre elles et les Européens ne sont pas égales, grâce à la non-adaptation de ces derniers au climat. La nature se charge de limiter le nombre des immigrants étrangers et de refréner leur multiplication sur place.

XI

Du rôle de la pathologie des races dans les grands faits de l'histoire. — Variations des races humaines. — Variabilité de l'homme.

Que d'événements dans l'histoire du monde, que de phénomènes dans les migrations des peuples et les luttes des races,
ne reconnaissent d'autres causes que les différences pathologiques qui, tout autant que les différences physiques, séparent
les divers types humains ! Combien de conquérants ont disparu,
combien d'empires se sont écroulés, par suite du défaut d'harmonie entre l'organisation physique de l'envahisseur étranger
et son nouveau milieu !

Si le blanc avait la même immunité que le nègre vis-à-vis de
la fièvre jaune, la France posséderait encore, à l'heure actuelle,
la plus grande et la plus belle de ses colonies des Antilles,
Haïti, cette ancienne terre française qui, dans le courant de ce
siècle, a été le théâtre des luttes féroces des nègres entre eux
et a bu plus de sang que de sueur. N'est-ce pas uniquement
aux différences pathologiques des deux races en présence
qu'est dû le désastre de l'armée du général Leclerc, presque
anéantie par la fièvre jaune ? « A peine l'armée commençait-
« elle à s'établir à Saint-Domingue, dit un historien des plus
« autorisés, qu'un fléau, fréquent dans ces régions, vint frapper

« les nobles soldats de l'armée du Rhin et de l'Égypte.....
« Vingt généraux furent enlevés presque en même temps; les
« officiers et les soldats succombaient par milliers..... Quinze
« mille hommes au moins périrent en deux mois... De trente à
« trente-deux mille hommes envoyés par la métropole, il en
« restait à la fin sept ou huit mille (1). » La fièvre jaune avait
plus fait pour le triomphe des nègres que l'armée de Dessalines
et des autres prétendus héros de l'indépendance haïtienne.

L'histoire de l'humanité n'est, en somme, que l'histoire des
migrations et des luttes des hommes. Les caractères pathologiques des races ont joué, dans les grands phénomènes de
l'histoire un rôle immense qui n'a que trop souvent échappé
à l'observation des historiens. Sans entrer dans des détails
qui nous entraîneraient beaucoup trop loin, nous ferons remarquer que les émigrants germains qui, au quatrième et au cinquième siècle, sont partis du nord de l'Allemagne et ont mis
fin à la domination romaine en Occident, ont laissé des descendants qui ont eu des destinées bien différentes. En Angleterre
et dans le nord de la France, la race pure des Anglo-Saxons
et des Francs est loin de s'être éteinte : ses rejetons existent à
l'heure actuelle, avec tous les caractères anthropologiques
des anciens conquérants. Mais où sont les descendants des Germains aux yeux bleus, aux cheveux pâles, à la peau blanche
et rosée, qui ont conquis le nord de l'Afrique, l'Espagne, l'Italie et le midi de la France? Il n'est rien resté du sang germain
en Italie et en Afrique, pas même des métis. Les Lombards,
les Goths et les Vandales ont succombé dans la lutte contre le
climat et contre les hommes; ils ont disparu sans laisser de
trace appréciable. Il ne fallut pas plus d'un siècle pour qu'il
fût impossible de trouver un Goth en Italie, et il en fallut bien
moins pour que les Vandales disparussent d'Afrique.

L'action du climat a joué, dans l'extermination des Vandales,
un plus grand rôle que l'armée de Bélisaire. Lorsque le général de Justinien passa en Afrique, à la tête de cinq mille mauvais soldats grecs, il ne trouva devant lui que quelques rares
descendants des Vandales, rejetons de la deuxième ou de la
troisième génération, déchus physiologiquement et peut-être

(1) Thiers. — *Histoire du Consulat et de l'Empire*, tome IV, page 364.

physiquement, petits-fils dégénérés de leurs valeureux grands-pères.

En Espagne, on ne trouvait plus, au bout d'un siècle, un Visigoth de race pure. Les conquérants n'étaient plus représentés que par des métis qui, dans la suite des siècles, se sont de plus en plus écartés du type germain pour se rapprocher du type indigène pur, de même que les métis haïtiens s'éloignent de plus en plus du type blanc et retournent au type nègre.

Aussi loin que s'étend le champ de notre observation, c'est-à-dire aussi haut que remontent dans le passé les annales de l'histoire de l'humanité, les migrations humaines ont partout abouti à des résultats identiques qui peuvent se résumer de la manière suivante. Lorsque les déplacements se sont faits en longitude, et que les émigrants n'ont pas changé sensiblement de milieu climatérique, la migration humaine a pu s'opérer en masse : la race la plus forte a supprimé, totalement ou partiellement, en la refoulant, la race la plus faible ; elle a subsisté par ses seules forces dans le pays conquis. Telles sont la migration anglo-saxonne en Grande-Bretagne, la migration des Arabes dans le nord de l'Afrique, la migration européenne dans le nord de l'Amérique. Au contraire, lorsque les déplacements se sont faits en latitude, et que les émigrants ont changé sensiblement de milieu climatérique, si la migration s'est faite en masse, le nouveau climat n'a pas tardé à éclaircir les rangs des envahisseurs étrangers, et les conquérants n'ont bientôt formé qu'une minorité dominatrice, faisant travailler pour eux les indigènes, c'est-à-dire vivant en partie à l'abri des éléments du climat. Les vainqueurs ont dû se contenter d'asservir les vaincus. Telles sont les migrations des Barbares qui ont mis fin à la domination romaine en occident, les migrations des nombreux conquérants dont les empires ont tour à tour surgi et disparu en Asie, les colonies modernes de domination et de plantations.

Ces races conquérantes ont lutté pour se maintenir pures (préjugé de race, de caste, de couleur), mais partout la race pure a disparu au bout d'un laps de temps plus ou moins long, même lorsque sa migration vers le sud ne représentait qu'un écart isothermique de quatre ou cinq degrés. Que la race pure ait succombé sous les coups d'un nouveau conquérant, qu'elle ait succombé à la suite de révolutions politiques violentes, comme à Haïti, qu'elle ait disparu par suite de l'infiltration lente et progressive du sang indigène, comme chez les descendants des conquérants aryens de l'Inde ou chez les descendants des Visigoths en Espagne, peu importe, le résultat final est toujours le même, c'est-à-dire l'extinction de la race pure. Il ne faut pas croire que les races se sont volontairement métissées. Le préjugé de race, de caste, de couleur, chargé de maintenir la pureté de la race, a toujours et partout existé. Les races ont lutté pour se perpétuer. La disparition de la race pure n'est que l'effet de la sélection naturelle et de la concurrence vitale s'exerçant au profit des bâtards que la race pure avait créés autour d'elle.

La descendance des Visigoths en Espagne est représentée aujourd'hui par la vieille noblesse espagnole, par les *hidalgos* (*hijos de Godos,* fils des Goths, descendants des Goths). Les caractères anthropologiques des représentants de la noblesse espagnole actuelle se rapprochent infiniment plus des caractères anthropologiques de l'Espagnol vulgaire que de ceux de l'Allemand du nord. Peut-on soutenir que la descendance des Goths s'est maintenue pure par le préjugé de race et de caste, et qu'elle a varié seulement par l'action du climat? Non, car nous avons des preuves historiques que ces *hidalgos,* ces fils des anciens Goths, ne sont que des métis. La race a varié par l'immixtion progressive du sang indigène, par l'infiltration lente des bâtards dans les rangs des *hidalgos.* Cette immixtion du sang indigène n'est pas le résultat direct de l'adultère ; on peut dire du moins que l'adultère n'est qu'un mode tout à fait exceptionnel de métissage ; l'infiltration du sang indigène s'est opérée par un mécanisme un peu plus complexe, qu'il est très facile d'observer dans les pays où deux races à caractères anthropologiques très opposés ont donné naissance à de nombreux métis, par exemple aux Antilles.

C'est de la même manière qu'a varié la descendance des Aryens blancs qui ont conquis l'Inde, il y a plus de trois mille ans, et dont la descendance forme aujourd'hui les castes supérieures de ce pays. Et cependant, le préjugé de race et de caste a veillé, veille, et veillera à la pureté de la race tant qu'il existera une différence anthropologique appréciable. La sélection naturelle a fait disparaître les rejetons de race pure ; ils ont été remplacés, d'abord, par des bâtards ne possédant qu'une dose de sang indigène tellement faible que le préjugé de couleur les a admis dans la caste fermée. D'une génération à l'autre, la variation due à l'infiltration du sang étranger a été imperceptible, de sorte que la race a cru rester pure. Mais ce lent travail de métissage a fini, dans la longue suite des siècles, par déterminer une variation considérable. Cette variation a suffi pour que ces castes supérieures, qui ne sont qu'une minorité aristocratique, pussent subsister, à l'abri des éléments du climat, en faisant travailler les masses profondes des castes inférieures adaptées au milieu, les Soudras, les Hindous « à peau noire ».

Tout ce que nous avons dit de la descendance des Visigoths en Espagne, s'applique également à la descendance des Francs, c'est-à-dire à la vieille noblesse française, dans la plus grande partie de la France, bien que l'écart isothermique dont il s'agit ici soit beaucoup plus faible.

Les caractères anthropologiques des races sont des conditions d'adaptation au climat dans lequel elles ont vécu et se sont perpétuées depuis les temps les plus reculés. Lorsqu'une race a changé sensiblement de milieu climatérique, ses caractères anthropologiques n'étant plus en harmonie avec son nouveau milieu, il lui a fallu s'adapter en subissant une modification physique, une variation, ou bien disparaître. Tous les faits historiques démontrent que lorsque les grandes migrations humaines se sont faites en latitude, la race migratrice ne s'est jamais perpétuée et maintenue indéfiniment, dans son nouveau milieu climatérique, avec les mêmes caractères anthropologiques qu'elle possédait dans son pays d'origine. Si la descendance de cette race n'a pas disparu, elle a sûrement varié. Lorsque la descendance a semblé se maintenir pure, au milieu des races indigènes, par le préjugé de race, de caste, de couleur, on peut être certain que la variation qu'elle a fatalement présentée, n'est que l'effet d'un lent travail de métissage à travers les siècles.

Certes, le préjugé de couleur et de caste a toujours lutté énergiquement pour maintenir la pureté de la race. On n'a jamais vu un Soudra « à peau noire » des castes inférieures de l'Inde, épouser la fille d'un brahmane et être admis dans la caste fermée; on n'a jamais vu, au siècle dernier ou au siècle où nous sommes, un nègre épouser la fille de son maître, et être ensuite admis dans sa famille ainsi que dans la société des blancs ; on n'a jamais vu, non plus, au sixième ou au septième siècle, un Espagnol d'extraction vulgaire, aux cheveux noirs et à la peau foncée, épouser la blonde fille d'un hidalgo et entrer de plain-pied dans la noblesse gothique. Ce sont là des faits de métissage brutal que le préjugé de race ne pouvait pas tolérer. Mais, quelque vif qu'ait été le préjugé de couleur et de caste, la sélection naturelle, au détriment des rejetons de race pure, a amené peu à peu, par dose infinitésimale, l'infiltration lente et progressive du sang indigène. Nous avons des preuves historiques de ces phéno- mènes ; du reste, l'observation attentive de ce qui se passe actuellement sous nos yeux, aux Antilles, ne permet pas de douter que lorsqu'une race a changé de milieu climatérique, et s'est maintenue à l'état de minorité aristocratique au milieu de races indigènes possédant des caractères anthropologiques différents, la descendance de cette race a varié uniquement de la manière que nous venons d'indiquer.

On peut donc affirmer qu'aussi loin que s'étend dans le passé le champ de notre observation, toutes les variations présentées par la descendance des races qui ont changé de latitude et de climat, ne sont que des variations dues au métissage lent et progressif. Si, à l'heure actuelle, le Juif allemand diffère (ce qui est probable) du Juif algérien, c'est que l'un ou l'autre, ou plutôt l'un et l'autre sont métissés, plus ou moins fortement, par l'infiltration du sang étranger qui les entoure. La sélection naturelle n'a laissé subsister que les métis qui étaient mieux adaptés au milieu, et qui seuls ont représenté la race, laquelle s'est maintenue par les traditions et la religion. Si les races conquérantes et aristocratiques n'ont pu se préserver de l'infiltration du sang étranger des races qui les entouraient, à plus forte raison en est-il de même pour les races qui se trouvaient dans des conditions moins favorables.

Les races n'ont donc jamais varié autrement que par le métissage. Il ne faut pas oublier que ces races migratrices ont toujours été entourées d'autres races, et que partout la lutte contre le climat s'est compliquée de la lutte contre l'homme. En outre, nous ferons remarquer que le champ de notre observation est bien restreint, et que les annales de l'histoire de l'humanité ne remontent pas bien haut dans le passé. Que savons-nous de l'histoire des hommes qui vivaient sur notre globe il y a trois ou quatre mille ans? Dans quel sens se sont faites leurs migrations sur la surface de notre planète? Si l'homme est variable (ce dont il n'est pas permis de douter), s'il a pu varier par la seule action du milieu, en dehors du métissage, il a fallu une série énorme de générations pour qu'une variation appréciable ait pu être acquise et fixée d'une manière permanente. Or, qu'est-ce qu'un millier d'années? En fixant à vingt-cinq ans la durée d'une génération humaine, ce qui est certainement un minimum, on trouve qu'un millier d'années suffisent à peine pour que quarante générations d'hommes aient le temps de se succéder sur la terre : c'est bien peu pour déterminer et fixer une variation permanente, même légère.

Pour pouvoir soutenir que l'homme a varié en dehors du métissage et par la seule action du climat, il faudrait qu'une race, dans ses migrations en latitude, eût trouvé la terre vide, qu'elle eût lutté seule contre le climat, qu'elle eût survécu, et que sa descendance eût présenté une variation au bout d'un certain nombre de générations. Or, c'est là un phénomène qui ne s'est jamais produit, aussi loin que s'étend dans le passé le champ de notre observation. Lors de toutes les grandes migrations en latitude dont nous connaissons l'histoire, la race migratrice a trouvé d'autres races ayant des caractères anthropologiques différents, et elle a vécu à l'état de minorité au milieu de ces races. Partout et toujours la terre contenait des hommes.

A l'époque où se sont produites les anciennes migrations du peuple juif, l'Égypte et les autres contrées que ce peuple a parcourues n'étaient pas vides. Du reste, ces migrations du peuple juif ne dépassent pas trois ou quatre degrés de latitude et n'ont aucune importance. A l'époque, peut-être plus reculée encore, où se sont produites les grandes migrations aryennes, il y avait également des hommes dans les contrées où les conquérants aryens se sont établis : l'Inde et l'Europe avaient des habitants.

L'époque à laquelle se sont produites les migrations aryennes, qui ont vraisemblablement duré pendant des siècles, n'est pas déterminée. Les Rig-Védas, livres sacrés de l'Inde, ne portent pas de date et ne donnent pas d'indications précises. Ces livres ne sont qu'un recueil de poèmes lyriques, au nombre de 1017, contenant 10,580 vers dans lesquels sont célébrés les exploits de la race conquérante, du noble Aryen blanc qui a soumis « l'homme à peau noire ». On estime que la migration aryenne s'est produite de quinze cents à deux mille ans avant l'ère chrétienne. Il y a, par conséquent, de trente à quarante siècles que des hommes blancs, venus du plateau central de l'Asie, ont envahi l'Inde et l'Europe. Dans l'Inde, ils ont trouvé des hommes à peau noire, tels que ceux qui existent aujourd'hui, et au milieu desquels les descendants de ces Aryens, lentement et insensiblement métissés à travers la longue série des siècles, se maintiennent encore en formant les castes supérieures du pays.

A la même époque, l'Europe n'était pas plus vide que l'Inde. Il y avait certainement des hommes, de même qu'il y avait des hommes dans les Gaules à l'époque de l'invasion romaine, il y a dix-neuf siècles, ou à l'époque de l'invasion franque, il y a quatorze siècles. Si, à cette époque reculée, il y avait dans l'Inde des hommes à la peau noire et aux cheveux lisses, absolument semblables à ceux qui forment aujourd'hui les masses populaires du pays, il y avait, en Europe, des hommes blonds en Allemagne et en Scandinavie, des hommes bruns en Italie et en Espagne. Il est non moins certain, bien que nous n'en ayons aucun témoignage écrit, qu'à cette même époque éloignée, il y avait des nègres en Afrique et des hommes rouges en Amérique. D'où venaient ces divers types humains? Leurs migrations antérieures s'étaient-elles faites du nord au sud ou du sud au nord? Ils ne nous l'ont pas dit, et nous n'en savons rien.

On peut donc affirmer que, aussi haut qu'il est possible de remonter dans le passé de l'humanité, jamais on n'a vu une race, changeant de milieu climatérique, varier autrement que par le métissage. Partout la lutte contre le climat s'est compliquée de la lutte contre l'homme et de la concurrence vitale des métis que la race étrangère avait créés autour d'elle. Il est impossible, je ne dis pas de démontrer, mais d'admettre, que, aussi loin que s'étend le champ de l'observation historique, une race a présenté quelque part une variation permanente et appréciable, due à la seule influence du climat, en

dehors du métissage. En effet, il faut considérer que les vagues
connaissances historiques que nous possédons sur les plus
anciennes migrations de l'humanité, ne remontent pas au delà
de trois à quatre mille ans, c'est-à-dire au delà de cent vingt
à cent cinquante générations d'hommes, ce qui est un laps de
temps bien court pour déterminer et fixer une variation permanente.

Mais, s'il n'existe pas de preuve historique de la variabilité
de l'homme par la seule influence du milieu, en dehors du
métissage, il est cependant certain que l'homme est variable.
Quelle que soit l'opinion que l'on professe au sujet de l'origine
de l'homme, on est obligé d'admettre sa variabilité par la
seule action du milieu. Le transformisme a pour dogme le
principe de la variabilité indéfinie des êtres vivants. Le monogénisme est également obligé d'admettre, à contre-cœur peut-
être, que l'homme est variable.

La théorie monogéniste est née parmi les hommes à une
époque où ils ne connaissaient rien de la planète sur laquelle
vit l'humanité; ils n'avaient ni parcouru les terres, ni traversé
les mers; ils ignoraient même l'existence d'autres hommes
ayant des caractères anthropologiques différents des leurs, et
chaque race a naturellement fait le premier homme à son
image. Le monogénisme moderne, pour faire concorder la
théorie avec les faits, est obligé de s'appuyer sur la variabilité
de l'homme. Le monogénisme nie qu'un loup ait pu devenir
un chien, parce que ces deux types représentent deux espèces
différentes; mais il est obligé d'admettre que la différence
considérable que présentent, d'une part, le Scandinave au
facies orthognathe, à la peau blanche, aux cheveux pâles et
lisses, et, d'autre part, le nègre de l'Afrique équatoriale, au
facies prognathe, à la peau noire, aux cheveux crépus, ne
constitue qu'une variation due à l'action du milieu, bien que
cette différence physique ne soit certes pas moindre que celle
qui sépare le loup du chien.

XII

L'acclimatement. — Les troupes coloniales.

La variabilité de l'homme par la seule action du milieu doit donc être admise; mais elle n'est pas démontrée par les faits, et nous n'en avons aucune preuve d'ordre historique. On n'a jamais vu les races qui ont changé de milieu climatérique varier autrement que par le métissage. Par conséquent, on peut dire que l'*acclimatement* n'existe pas, si par *acclimatement* on entend, comme on le fait d'habitude, l'adaptation à un climat nouveau, assurée par une variation physique permanente que l'individu et sa descendance ont acquise par la seule action du climat, en dehors du métissage. Le mot *acclimatement* n'a une signification que dans les colonies de l'Amérique inter-tropicale; il s'agit ici, non pas d'une variation permanente, mais seulement d'une variation passagère et d'ordre patholo-gique, qui met l'Européen et sa descendance à l'abri d'une seule des maladies de ces pays. Mais, dans les contrées de la zone torride où la fièvre jaune n'existe pas, le mot *acclima-tement* n'a pas de sens. Dans l'Inde, dans l'Indo-Chine, dans les archipels de la Malaisie, un Européen *acclimaté* n'est qu'un homme anémié, c'est-à-dire un homme malade. Il convient de faire bien remarquer que cette variation, à laquelle on donne le nom d'*acclimatement*, est simplement passagère et d'ordre pathologique. Le créole anglais des Antilles, s'il est de race pure (1), n'a pas la moindre tendance à acquérir les caractères anthropologiques du nègre ou du Peau-Rouge, pas même ceux de l'Arabe, de l'Italien ou de l'Espagnol. Sa peau n'a pas acquis de granulations pigmentaires, ses cheveux n'ont pas changé de couleur, l'odeur de sa sueur n'a pas varié. La pâleur de son teint, qui constitue toute la variation qu'il a subie, n'est qu'un phénomène d'ordre pathologique. Les Anglais malades qui n'ont pas quitté l'Angleterre, les malheureux de Londres qui, n'ayant pas leurs repas quotidiens assurés, meurent de misère physiologique, présentent cette variation au même degré que lui. Il en est de même du nègre qui a vécu plusieurs années en Europe : il a pris la teinte qu'il possède dans son pays lorsqu'il est malade. Si le créole anglais retourne en Angleterre, au bout de peu de temps on ne s'apercevra plus qu'il est créole, et ses enfants nés en Angleterre ressembleront à tous les enfants anglais.

(1) Nous disons : *s'il est de race pure;* car, dans ces pays, beaucoup de *blancs,* considérés comme tels au point de vue social, et même quelquefois *au point de vue de l'état civil,* ne sont pas de race pure et sont métissés à un faible degré. Un anthropologiste qui n'est pas habitué à ces nuances extrêmement délicates, ne s'en aperçoit pas. Dans ces cas de métissage infinitésimal, il peut arriver que la variation soit absolument nulle au point de vue du pigment cutané, même dans les endroits, bien connus des créoles, où le pigment ne disparaît presque jamais. La variation, *due au métissage,* peut ne porter que sur un point particulier; elle peut s'accuser, par exemple, par un léger prognathisme ou bien par une différence dans l'odeur de la sueur. Ce sont des faits de ce genre qu'on a cités comme des variations *dues à l'action du milieu.* Il faut être un anthropologiste doué d'une forte dose de naïveté, pour oser avancer des arguments basés sur d'aussi grossières erreurs de faits, qui font sourire tous ceux qui ont habité ces pays, car ils savent de quelle manière s'acquièrent les variations de cette espèce. Ces variations sont sûrement dues au métissage, *même lorsque les registres de l'état civil tendent à prouver le contraire.*

Quant à la variation que présente le nègre en Europe, en perdant une partie de son pigment, elle est purement pathologique; plus cette variation s'accentue, c'est-à-dire plus le nègre *s'acclimate,* plus il tombe dans le marasme, plus il est en état d'opportunité morbide vis-à-vis des causes pathogènes, plus il a de chances de succomber à une pneumonie ou d'être envahi par le bacille tuberculeux. Ce serait l'inverse qui se produirait si cette variation assurait son adaptation au milieu.

Il est curieux de constater que ceux qui invoquent des faits de ce genre comme des preuves de la variabilité de l'homme sous l'influence du milieu, sont des monogénistes qui proclament la fixité, l'immutabilité morphologique des êtres vivants, et n'admettent que la variabilité de l'homme, le plus complexe et, par conséquent, le moins variable, à coup sûr, de tous les êtres vivants. Si une ou deux générations suffisent, chez l'homme, pour déterminer une variation permanente, quelque légère qu'elle soit, il suffira de quelques douzaines de générations pour qu'un Scandinave puisse se changer en nègre. Nous ne voyons pas pourquoi il en faudrait davantage pour qu'un loup puisse se changer en chien, s'il est soumis aux mêmes conditions mésologiques que ce dernier. Jamais les partisans les plus osés du transformisme n'ont poussé aussi loin la théorie de l'évolution et de la variabilité des êtres vivants. Il y a un facteur que les transformistes font intervenir : c'est le temps.

Le mot *acclimatement* a donc un sens anthropologique et un sens médical. Dans son sens anthropologique, l'*acclimatement* est l'adaptation au milieu, assurée par une variation physique permanente, acquise par la seule action du climat, en dehors du métissage, et l'acclimatement est un phénomène qui n'existe pas. Dans son sens médical, l'*acclimatement* est l'immunité contre la fièvre jaune, conférée à l'Européen par un séjour antérieur dans le pays. La variation qui assure cette immunité est d'ordre pathologique. Le principe infectieux de la fièvre jaune recherche le riche sang de l'Européen bien portant : il a peu d'affinité pour le sang appauvri de l'Européen anémié. Si on envoyait dans un foyer de typhus amaril, un groupe d'Européens atteints de cachexie avancée et de misère physiologique profonde, la maladie épidémique serait pour eux beaucoup plus bénigne que pour un groupe d'individus jeunes, vigoureux et bien portants. La fièvre jaune épargnerait ces cachectiques tout autant que des acclimatés.

La théorie de l'*acclimatement* est née au dix-septième siècle, à l'époque où un courant considérable d'émigration européenne s'est porté vers les Antilles. Généralisant le fait tout particulier de l'immunité relative contre la fièvre jaune, conférée par le séjour dans le pays, on a donné au mot *acclimatement* son sens anthropologique, tel que nous l'avons défini. Ce sophisme grossier est encore vivace aujourd'hui, et la théorie de l'*acclimatement* est admise, par les idées philosophiques courantes, comme une vérité démontrée. La variation pathologique qui assure à l'Européen l'immunité relative contre la fièvre jaune, ne le met pas à l'abri des autres maladies. Au contraire, plus cette variation s'accentue, c'est-à-dire plus l'Européen *s'acclimate*, plus il est en état d'opportunité morbide vis-à-vis de toutes les autres causes pathogènes, plus il a de chances de succomber, plus il s'approche de l'extinction finale de sa race. Les transportés européens qui ont huit ou dix ans de séjour à la Guyane, sont *acclimatés*; la fièvre jaune est le dernier de leurs soucis. Mais leur *acclimatement* ne les empêche pas de mourir de cachexie avec des rates de plus de deux kilogs; leur *acclimatement* n'empêche pas non plus leurs descendants d'être frappés de dégénérescence, et leur race de s'éteindre dès la première génération.

La théorie de l'*acclimatement* se rattache à la conception

générale et philosophique de la vie des Européens aux colonies. On ne considère que la lutte contre le climat, abstraction faite de toutes les autres conditions. Or, la vie des Européens aux colonies est un phénomène beaucoup plus complexe. Nous avons montré que cette manière philosophique et abstraite de concevoir la vie des Européens aux colonies est radicalement fausse ; nous ajouterons même qu'elle est absurde et ridicule. L'Européen qui émigre dans les climats torrides possède des caractères anthropologiques qui ne sont pas en harmonie avec le milieu dans lequel il va vivre. Nous l'avons comparé à une plante transportée hors de son habitat. On n'*acclimate* pas, dans le Nord de l'Europe, les orangers et les bananiers : on les fait vivre d'une vie artificielle, à l'aide de beaucoup de soins et de beaucoup d'argent. Il en est absolument de même pour l'homme.

Dans les colonies de la zone torride, plus les Européens seront à l'abri des éléments du climat, plus leur vie sera artificielle, plus ils auront de soins, de confort, de bien-être, plus aussi leur résistance au climat sera longue et plus leur mortalité sera faible. Ils succomberont vite, s'ils vivent d'une vie naturelle, comme les nègres et les indigènes dont les caractères anthropologiques sont en harmonie avec le milieu, de même que des bananiers succomberaient vite, s'ils vivaient d'une vie naturelle comme des pommiers, en Normandie. Si l'Européen qui vit dans les climats torrides est un négociant, plus il gagnera de l'argent, plus il pourra se procurer de confort et de bien-être, plus aussi il aura en sa faveur des éléments de résistance au climat. Il en sera de même si l'Européen est un fonctionnaire : plus son grade sera élevé, moins il sera exposé aux causes pathogènes. Si on laissait des troupes pendant un certain nombre d'années dans les colonies à climat torride, la mortalité des soldats serait beaucoup plus forte que celle des officiers, parce que ces derniers vivent dans de meilleures conditions de confort et d'hygiène. Si on faisait séjourner les troupes françaises aussi longtemps que les troupes anglaises dans les colonies de la zone torride, la mortalité des troupes françaises serait de beaucoup supérieure à celle des troupes anglaises, parce que les troupes que la France envoie aux colonies sont composées de jeunes soldats du recrutement, et que ces troupes coûtent beaucoup moins cher et, par suite, ont moins de bien-être que les troupes anglaises, lesquelles sont dans des conditions différentes.

Il y aurait beaucoup à dire sur cette question de l'envoi aux colonies de jeunes soldats du recrutement. Les entreprises coloniales dans les climats torrides ne sont, pour les individus comme pour les nations, que des affaires commerciales, bonnes ou mauvaises, suivant certaines conditions que nous examinerons tout à l'heure. Le soldat du recrutement a pour fonction de défendre sa patrie, c'est-à-dire le sol qui l'a nourri. Les colonies de la zone torride ne sont pas sa patrie, et il n'a rien à y faire. Si on a besoin de soldats aux colonies, il faut les payer; il faut faire appel à des volontaires pour la formation des troupes coloniales. Le système de l'envoi de troupes du recrutement dans les colonies à climat torride, sans aucune compensation, est très économique au point de vue budgétaire, mais très discutable au point de vue de la justice sociale. L'Européen qui va vivre dans les climats torrides, même pour un temps très limité, ne le fait pas sans danger pour sa vie et sans inconvénient pour sa santé; s'il n'en meurt pas toujours, sa santé en est toujours plus ou moins atteinte. Ceux qui prétendent le contraire trompent leurs semblables ou se trompent eux-mêmes. Quelle est la mortalité des jeunes soldats du recrutement que la France envoie aux colonies? Quelle est la proportion de ceux qu'on est obligé de rapatrier, avant l'expiration de leur temps de séjour réglementaire? Parmi ces derniers, un certain nombre succombent, soit à bord des transports, soit en France. Les gouvernements étrangers qui ont des colonies et qui n'y envoient que des troupes composées de volontaires, publient les statistiques des décès supportés par leurs troupes coloniales. Aucun des nombreux gouvernements qui se sont succédé en France, au dix-neuvième siècle, n'a daigné rompre le silence à ce sujet. Depuis le ministère de l'amiral Rigault de Genouilly (1867), le gouvernement publie chaque année un gros volume de statistiques sur la *transportation à la Guyane et à la Nouvelle-Calédonie*. On donne à la France de nombreux détails sur ses forçats; on lui apprend leur mortalité et leur morbidité. Quant à ses soldats du recrutement envoyés aux colonies, on a toujours gardé le silence le plus profond à ce sujet.

Si, dans les colonies françaises, la mortalité et la morbidité des troupes sont de beaucoup supérieures à la mortalité et à la morbidité des troupes coloniales anglaises (ce qui n'est pas douteux, car ces troupes sont dans d'autres conditions et coûtent plus cher que les jeunes soldats du recrutement que la France envoie aux colonies), n'y a-t-il rien à faire pour diminuer cette mortalité et cette morbidité? On manque de terme de comparaison, puisque tous les gouvernements se sont tus sur cette question, et que personne en France, ni dans le parlement, ni dans le pays, ne s'en est jamais inquiété. Quand on s'occupe des troupes des colonies, les phrases sonores et les fleurs de rhétorique suffisent. On peut beaucoup pour diminuer la mortalité, et surtout la morbidité des troupes aux colonies. La mortalité du contingent anglais de l'armée de l'Inde, qui a été très élevée au siècle dernier et dans la première moitié de ce siècle, a été ramenée à un chiffre qui n'est pas sensiblement supérieur à celui de la mortalité de la plupart des armées européennes en Europe, et qui est même inférieur à la mortalité du contingent indigène de l'armée de l'Inde (1). Les conditions climatériques de l'Inde n'ont pas changé, et les Anglais ne se sont pas acclimatés, car les soldats sont sans cesse renouvelés : ce sont les conditions hygiéniques des troupes qui ont été améliorées. Le soldat anglais a beaucoup de bien-être, peu de travail, peu d'exercice, pas de corvées pénibles : les gardes au soleil, les corvées fatigantes, tout cela revient à l'armée indigène; les troupes anglaises ne sont là que pour faire acte de présence, s'exposer le moins possible aux causes pathogènes, et conserver leur vigueur pour se battre lorsqu'il le faut.

Il ne faut pas croire que l'énorme mortalité par maladies qu'a subie l'armée française au Tonkin est une de ces fatalités inéluctables contre lesquelles on ne peut rien. Lorsqu'on parle du sang français versé au Tonkin, on fait une figure de rhétorique et on se paie de mots, comme toujours, car près des

(1) Mortalité des soldats anglais dans l'Inde, d'après Francis Galton.

1854.	6,90 p. 100
1861-65.	2,93 —
1866-70.	2,74 —
1871-75.	1,85 —
1876.	1,53 —
1877.	1,27 —

La mortalité de l'armée indigène, en 1877, a été de 1,33 p. 100.

quatre cinquièmes des soldats français qui sont restés au
Tonkin y sont morts de maladies (1). Ce n'est pas le feu de
l'ennemi qui les a tués : ce sont les conditions hygiéniques in-
suffisantes dans lesquelles se sont trouvées ces jeunes troupes
du recrutement qui n'étaient ni faites, ni organisées pour aller
aux colonies. Si les troupes anglaises avaient fait la même

(1) D'après les chiffres communiqués par le gouvernement à la commission
des crédits du Tonkin (rapport de la sous-commission militaire, fait par
M. Ballue et lu à la séance de la commission, le 8 décembre 1885), de 1883 au
27 novembre 1885, il a été envoyé au Tonkin 33,980 hommes du ministère de
la guerre. De ce nombre, il fallait retrancher 374 hommes morts du feu de
l'ennemi, 715 morts des suites de blessures, 14 disparus, 2,580 morts de maladies et 1,416 morts du choléra; total 5,099. Ces chiffres sont empruntés au
journal *le Temps*. La plupart des journaux donnent comme total 5,100 et augmentent d'une unité le nombre des morts de maladies, soit 2,581. On sait que
le *Journal officiel* ne donne pas les comptes rendus des séances des commissions parlementaires. En outre, le nombre d'hommes rapatriés comme malades,
de février 1884 à novembre 1885, était de 6,640, à savoir : 125 officiers et
6,515 soldats; ils ont fourni 292 décès pendant la traversée. Quelques membres
de la commission ont contesté la sincérité absolue de ces chiffres. Le gouvernement les a communiqués en bloc et non avec la division par corps, comme
il serait de son devoir de le faire, non pas une fois en passant, mais d'une
manière régulière. Il ressort de la déposition du général Brière de l'Isle (séance
du 30 novembre) que dans l'espace de quatre mois, de mai à octobre
1885, la
mauvaise saison et le choléra ont causé 3,000 décès dans le corps expédition-
naire du Tonkin. On sait que, à l'inverse de la fièvre jaune qui tue les individus les plus robustes et les plus vigoureux, le choléra supprime les organismes affaiblis, les hommes anémiés ou cachectiques; par conséquent, les
conditions hygiéniques et l'état général de la santé ont une énorme influence
sur la mortalité par choléra. Cette maladie est même moins redoutable pour
les Européens bien portants que pour les indigènes asiatiques.

Les chiffres cités plus haut ne se rapportent qu'aux troupes du ministère de
la guerre. Il faut y ajouter les décès supportés par l'infanterie et l'artillerie de
marine. Nous laissons de côté les équipages de la station locale du Tonkin et
de l'escadre de l'Extrême-Orient (escadre de l'amiral Courbet). En outre, il ne
s'agit ici que du Tonkin. A Formose, les troupes et les compagnies de débarquement de l'escadre ont été plus éprouvées encore qu'au Tonkin, par le choléra
et les fièvres.

Le nombre des malades rapatriés mérite d'attirer l'attention. D'après la déposition de M. Rochard, inspecteur général du service de santé de la marine
(séance du 2 décembre), du 1ᵉʳ janvier 1884 au mois de novembre 1885, à bord
des trois transports de l'Etat : *Aveyron, Annamite, Shamrock*, on a enregistré
308 décès. Le transport du commerce *Château-Yquem*, affrété par le gouvernement, a eu 74 décès en une seule traversée (choléra à bord). Parmi ces malades
rapatriés, dont on perd la trace en France, combien sont atteints d'affections
chroniques du tube digestif ou du foie, auxquelles ils sont destinés à succomber, après avoir traîné plus ou moins longtemps !

Les malades rapatriés sont nombreux et doivent intervenir dans les statistiques. Un bataillon de marins-fusiliers, commandé par M. Laguerre, capitaine
de frégate, est parti de France pour le Tonkin vers la fin de l'année 1883 ; il
a été ensuite envoyé directement à Madagascar, et est rentré en France au
commencement de cette année. Ce bataillon avait environ 600 hommes en
partant, et il en possédait à peu près le même nombre lorsqu'il est rentré en
France, mais nous tenons de source certaine que, pendant cette période (un
peu plus de deux ans), plus de 1,200 hommes ont passé par ce bataillon. Il y
avait eu un certain nombre de décès, mais la grande majorité avait été rapa-
triée comme malade. Quant au nombre d'hommes tués par le feu de l'ennemi,
il est tellement insignifiant qu'il n'y a pas lieu d'en tenir compte.

campagne, leur mortalité par maladies n'aurait pas été la
même. En Crimée, la mortalité par maladies de l'armée anglaise a été de beaucoup inférieure à celle de l'armée française; à plus forte raison en est-il ainsi dans les climats torrides, car les troupes coloniales de l'Angleterre coûtent beaucoup plus cher, et sont dans d'autres conditions hygiéniques
que celles des troupes du recrutement que la France envoie
aux colonies, et surtout des troupes qu'elle a envoyées au
Tonkin. Nous serions entraîné trop loin, s'il nous fallait entrer
dans les détails, à tous les points de vue, des conditions hygiéniques des jeunes soldats du recrutement au Tonkin. Des
conditions qui sont hygiéniques pour des troupes en Europe
ne le sont pas dans les climats torrides : une même somme de
confort et de bien-être qui suffit au soldat en France, n'est
pas suffisante pour un Européen aux colonies. Les Français
n'ont, sur toutes choses, que des idées générales et philosophiques, nées de l'esprit classique et de l'ignorance du monde
extérieur. Qu'il s'agisse d'hygiène ou de politique, il leur faut
des principes absolus comme point de départ : ce qui est vrai
et bon en France, doit être vrai et bon partout ailleurs. Le
pantalon de drap rouge et la capote du soldat ne constituent
pas un mauvais habillement pour les troupes en France : il
n'y a pas de raison pour qu'il en soit autrement au Tonkin (1).
L'application de ces idées générales, en politique, a amené la
perte (Haïti) ou la décadence irrémédiable de leurs anciennes
colonies : ils seront toujours et partout les victimes de leurs
idées générales et de leurs principes abstraits.

On voit que lorsqu'on y regarde de près, la vie des Européens dans les climats torrides ne se réduit pas à la lutte
contre le climat, considérée d'une manière abstraite. Le phénomène est complexe et doit être envisagé sous sa forme concrète. L'Européen ne s'acclimate pas, en s'adaptant au milieu :
il résiste plus ou moins, suivant qu'il est plus ou moins exposé

(1) *Commission des crédits du Tonkin. — Séance du 2 décembre 1885. — Déposition de M. Martin-Dupont, médecin principal de la marine.*
M. DU BODAN. — Dans quelles conditions étaient les troupes au point de
vue de l'habillement?
M. MARTIN-DUPONT. — Les troupes de la marine étaient dans de bonnes
conditions ; les troupes de l'armée de terre ont longtemps conservé l'uniforme
français et étaient trop chargées de vêtements.
(Journal des Débats.)

aux éléments meurtriers du climat avec lequel son organisme n'est pas en harmonie. Comme une plante exotique hors de son habitat, on le fait vivre d'une vie artificielle : voilà à quoi se réduit l'acclimatement. Tout ce qui se débite sur cette question de l'acclimatement, n'est que de la phraséologie vide de sens. La variation que le climat imprime à l'organisme de l'Européen est d'ordre pathologique ; plus cette variation sera lente, c'est-à-dire *moins il s'acclimatera*, plus aussi sa résistance sera longue et plus sa mortalité sera faible. Au contraire, plus l'Européen sera soumis à l'action des éléments du climat, plus cette variation s'accentuera, c'est-à-dire *plus il s'acclimatera*, plus aussi la durée de sa résistance diminuera et plus sa mortalité sera élevée.

Les races dont les caractères anthropologiques ne sont pas en harmonie avec le milieu où elles vivent, ne peuvent pas s'adapter au climat : elles luttent contre le climat à armes inégales avec les races indigènes qui les entourent ; mais, grâce aux conditions de vie artificielle, il peut se faire, et il arrive même souvent, que la race non adaptée au milieu présente une mortalité inférieure à la mortalité de la race indigène dont les caractères anthropologiques sont en harmonie avec le climat. La mortalité des planteurs des Antilles a toujours été moindre que celle de leurs esclaves. La mortalité des soldats anglais, dans l'Inde, a été ramenée à un chiffre inférieur à celui de la mortalité de l'armée indigène. Il en est de même pour les espèces végétales : on peut faire vivre, à Paris, des plantes exotiques qui présentent une mortalité inférieure à la mortalité des plantes qui vivent d'une vie naturelle en rase campagne. Dans ces conditions de vie artificielle, la variation que subit l'organisme de l'Européen vivant à l'abri des éléments du climat, est très lente, mais elle va toujours en s'aggravant avec le temps sur l'individu, et de génération en génération sur la descendance. Si les individus ayant émigré à l'état d'adultes bien constitués meurent peu, les rejetons, nés dans le pays, sont de plus en plus rares, de plus en plus faibles, de moins en moins vivaces, tandis que la race adaptée au milieu ne subit pas de variation pathologique progressive ; elle peut supporter une mortalité très forte, car sa natalité s'élève en même temps et comble automatiquement les vides, à mesure qu'ils se produisent.

Une race qui émigre ne peut prospérer qu'à la condition
de ne pas subir de variation dans son nouveau milieu, c'est-
à-dire à la condition de *ne pas s'acclimater*. En quoi consiste
l'acclimatement de la race anglo-saxonne ou germaine dans
les États-Unis du Nord? Où est la variation que ces races ont
subie? Quel est l'anthropologiste qui saura distinguer un
Anglais pur sang d'un Yankee de la cinquième ou de la
dixième génération, si tous les ascendants de ce Yankee
sont de race anglaise? Quel est l'anthropologiste qui, aux
Antilles, saura distinguer un nègre né dans le pays, d'un
nègre né en Afrique? Et ainsi de suite, pour les Franco-Canadiens et les Normands français, les Espagnols de la Plata et
ceux d'Espagne. Au contraire, il n'est pas besoin d'être un
anthropologiste bien expert pour distinguer, aux Antilles ou
dans l'Inde, un Anglais né dans le pays et ne l'ayant jamais
quitté, d'un Anglais qui arrive d'Angleterre : l'un est *acclimaté*, l'autre ne l'est pas.

XIII

L'Algérie. — Son avenir. — Migrations anciennes et migrations modernes.

Telle est la force de la routine, des idées préconçues et des doctrines courantes, que même des anthropologistes qui proclament que jamais une race n'a présenté une variation permanente, acquise par la seule action du climat, admettent, par une étrange contradiction, la possibilité de l'acclimatement. Ces anthropologistes admettent qu'une race qui émigre sans changer sensiblement de milieu climatérique prospère et se perpétue sans varier. Ils admettent également que, si une race subit un changement brusque et considérable de milieu climatérique, par exemple, si elle passe des climats tempérés dans les climats torrides en franchissant la zone des climats chauds, la variation physique que cette race devra acquérir pour s'adapter au milieu est trop considérable ; comme la nature ne fait pas de sauts, cette race ne peut s'acclimater et doit disparaître, si elle est maintenue indéfiniment dans le nouveau milieu avec lequel son organisation n'est pas en harmonie. Mais, disent ces anthropologistes, si le changement de climat se fait peu à peu, si la différence entre l'ancien et le nouveau milieu est peu considérable, il est possible que la race migratrice s'adapte au nouveau climat, en subissant une variation légère.

C'est là un phénomène qui ne peut pas se produire, parce qu'il existe une cause qui s'oppose aux variations, cause dont il faut tenir compte, et dont on fait abstraction, lorsqu'on admet la possibilité de l'acclimatement. Quelle est cette cause qui s'oppose aux variations? Cette cause n'est autre chose que la concurrence vitale des types anthropologiques existants et des types anthropologiques nouveaux créés par les croisements ethniques. Dans les migrations humaines, tout ne se réduit pas à la lutte contre le climat, considérée d'une manière abstraite. Partout et toujours, la lutte contre le climat se complique de la lutte contre les races indigènes, ou contre les métis, ou contre une autre race étrangère mieux adaptée au milieu. La race dont les caractères anthropologiques ne sont pas complètement en harmonie avec le climat, ne peut pas prospérer, *parce qu'elle doit s'acclimater*. La mortalité des immigrants peut être très faible : cela ne signifie absolument rien. Cette race ne peut pas prospérer par l'excès de sa natalité; sa descendance ne peut pas se développer, si cette descendance doit varier. Cette race ne peut se maintenir que par l'immigration incessante, et si toute immigration venait à cesser, loin de se développer, cette race irait toujours en diminuant et marcherait vers l'extinction. Quelque lente que soit la variation que cette race est obligée de subir, cette variation est l'effet d'une action constante, et elle va sans cesse en s'aggravant; les rejetons deviennent de plus en plus rares et de moins en moins vivaces. Leur vigueur et leur aptitude au travail diminuent d'une manière progressive; ils doivent fatalement succomber et céder la place aux types anthropologiques mieux adaptés qu'eux au climat. Le phénomène qui se produit ici est absolument le même que lorsqu'une race passe des climats tempérés dans les climats torrides, mais comme il ne s'agit que d'une faible différence isothermique entre l'ancien et le nouveau climat, le phénomène se produit d'une manière beaucoup plus lente. Au lieu d'une ou deux générations, il en faut quatre ou cinq pour que le résultat de l'expérience apparaisse nettement. Pour développer complètement notre pensée, nous allons prendre l'exemple des Français en Algérie.

Ce sont les hommes qui travaillent, qui fournissent l'activité musculaire en affrontant les éléments du climat, qu'il faut surtout considérer, car ce sont eux qui forment les masses populaires, et sans eux, les autres classes sociales ne peuvent subsister. En France, où le Français est adapté au milieu, on peut constater que les hommes qui fournissent le plus d'activité musculaire, qui affrontent les éléments du climat, qui travaillent en plein air à la campagne, sont bien plus vigoureux et moins souvent anémiques que ceux qui vivent à l'ombre et sans travail musculaire dans les grandes villes, bien que ces derniers aient, d'une manière générale, plus de bien-être et une meilleure alimentation. Il n'en est pas de même en Algérie, où le Français est incomplètement adapté au milieu. Si on considère, en Algérie, le Français qui vit constamment à l'ombre dans les villes, avec un certain confort et sans travail musculaire pénible, la variation que le climat imprime, après un long séjour, à l'individu et à sa descendance, est à peine perceptible. Mais cette variation est beaucoup plus appréciable chez le Français qui travaille en affrontant les éléments du climat. Au bout de la dixième ou de la quinzième année de séjour, le climat aura certainement imprimé à son organisme une variation pathologique. Sa vigueur physique aura diminué, ainsi que sa résistance aux causes pathogènes. Ce devrait être l'inverse, s'il s'adaptait au milieu, c'est-à-dire s'il s'acclimatait réellement. Cette variation pathologique, légère sur l'individu, doit s'aggraver de génération en génération sur la descendance. Les rejetons, qui seront de moins en moins vigoureux et aptes au travail musculaire, auront à côté d'eux la concurrence vitale d'autres rejetons indigènes ou étrangers qui n'auront pas subi de variation pathologique et auront conservé toute leur vigueur. L'avantage sera en faveur de ces derniers; les représentants de la race affaiblie par le climat diminueront de plus en plus et disparaîtront peu à peu, par le jeu de la sélection naturelle et de la concurrence vitale.

En 1876, il y avait en Algérie 156.365 Français (sans l'armée) et 155.072 Européens étrangers (Espagnols, Italiens, Maltais). L'armée des fonctionnaires civils, très nombreuse, comme chacun sait, constitue une fraction notable du nombre des Français établis en Algérie. En outre, les Algériens considérés comme Français au point de vue politique, ne sont pas tous des Français au point de vue anthropologique, car la population française algérienne s'accroît, en partie, par la naturalisation des étrangers et surtout par la naturalisation de leurs enfants, nés en Algérie. En supposant qu'ils fussent tous de sang français, on trouve qu'en 1876 les Français représentaient environ la moitié de la population européenne d'Algérie. Si, dans deux ou trois siècles, l'Algérie possède trois ou quatre millions d'habitants de race européenne (ce qui n'est pas un phénomène improbable), il ne faut pas croire que les Algériens ayant les caractères anthropologiques moyens des Français, représenteront la moitié de la population, comme aujourd'hui. La descendance des Français ne s'acclimatera pas ; elle ne variera pas physiquement ; leurs cheveux châtains ne deviendront pas noirs ; leur peau blanche n'acquerra pas la teinte brune de la peau des Maltais, des Andaloux ou des Siciliens. Lorsque la sélection naturelle et la concurrence vitale seront entrées en jeu pendant sept ou huit générations, et même beaucoup moins, les rejetons des Français disparaîtront devant les rejetons étrangers mieux adaptés qu'eux au climat, et, dans deux ou trois siècles, le type général de l'Algérien de race européenne se rapprochera du type espagnol, sicilien, maltais, avec ses caractères anthropologiques les plus prononcés. Il est facile de distinguer un Français d'un Andaloux, d'un Sicilien et d'un Maltais. Au lieu de représenter la moitié de la population européenne, comme aujourd'hui, les habitants de l'Algérie possédant les caractères anthropologiques moyens des Français, n'en représenteront qu'une faible portion. On les trouvera surtout dans les villes, exerçant des professions sédentaires, à l'abri des éléments du climat. On n'en trouvera pas beaucoup dont les ascendants n'auront jamais quitté le pays depuis le milieu du XIXᵉ siècle, tandis qu'il n'en sera pas de même pour les représentants des types anthropologiques mieux adaptés au climat. La race française ne se maintiendra que par l'immigration incessante et aura toujours une natalité très faible, tandis que les étrangers se multiplieront sur place et auront toujours une natalité beaucoup plus forte. Les habitants de l'Algérie seront peut-être des Français au point de vue politique, mais les masses populaires ne seront pas de sang français. On les distinguera facilement des Français de France, tandis qu'à l'heure actuelle, les Français qui constituent la moitié de la population européenne d'Algérie ne se distinguent pas de leurs compatriotes de la métropole.

Malgré tous les sacrifices qu'a faits et que fera encore la France, pour établir des colons français, des agriculteurs de sang français en Algérie, le phénomène que nous indiquons est inévitable. Nous ajouterons même que la nécessité d'avoir recours au système de la *colonisation officielle*, qui a imposé et imposera encore de lourdes charges au budget métropolitain, constitue la preuve la plus évidente que le travail, en Algérie, est plus pénible, plus dur, plus anémiant, plus malsain pour le Français que pour ses concurrents espagnols, siciliens, maltais. Ces derniers n'ont pas besoin des secours de la *colonisation officielle* pour affluer et prospérer. Les descendants de ces colons français disparaîtront peu à peu devant la concurrence vitale des rejetons de sang étranger, mieux adaptés qu'eux au milieu. L'Algérie n'est certainement pas destinée, comme on le croit généralement, à devenir une colonie de peuplement pour la race française. Dans deux ou trois siècles, sur les trois ou quatre millions d'Algériens de race européenne, il y aura évidemment un certain nombre d'habitants de sang français, mais ils ne formeront pas les masses populaires, la grosse majorité, comme les Normands français au Canada, les Anglo-Saxons et les Allemands dans l'Amérique du Nord. Quant à la descendance des Alsaciens blonds qu'on a établis comme agriculteurs en Algérie, au bout de trois ou quatre générations, et même moins, on ne la trouvera plus, avec ses caractères anthropologiques actuels, dans les villages où ces Alsaciens vivent aujourd'hui. Cette descendance ne se sera pas acclimatée ; elle n'aura pas varié physiquement : elle aura disparu, comme l'a prédit le Dr Bertillon, par le jeu de la sélection naturelle et de la concurrence vitale.

Jamais une race ne s'est *acclimatée*, c'est-à-dire n'a acquis une variation permanente par la seule action du climat, puisque nous avons vu que jamais une race n'a varié autrement que par le métissage. Si une race, dans sa migration, n'a pas changé sensiblement de milieu climatérique, et si, en outre, cette race a été plus forte, plus vivace, mieux armée dans la lutte, que la race qu'elle a trouvée devant elle, la race immigrante a prospéré sans varier physiquement. Comme exemples, nous citerons les Anglo-Saxons en Grande-Bretagne, les Arabes dans le nord de l'Afrique, les Européens dans l'Amérique du Nord, les Espagnols à la Plata et au Mexique, la race nègre aux Antilles, etc. Ces races n'avaient pas à subir de variation physique, puisqu'elles ne changeaient pas sensiblement de milieu climatérique. Au contraire, si une race, dans sa migration, a changé sensiblement de milieu climatérique, elle a résisté pendant un temps plus ou moins long, suivant l'écart isothermique représenté par l'ancien et le nouveau climat, et aussi suivant les conditions plus ou moins favorables dans lesquelles cette race a vécu. La résistance a pu durer des siècles, mais la race non adaptée au milieu a toujours disparu par le jeu de la sélection naturelle et de la concurrence vitale, soit de ses métis, soit de la race indigène, soit d'une autre race étrangère. La race disparue n'a plus été représentée que par des métis. Ces métis, d'abord très rapprochés de la race pure disparue, s'en sont de plus en plus écartés dans la suite des siècles, pour se rapprocher peu à peu de la race pure adaptée au milieu. Comme exemples, nous citerons les descendants aryens des castes supérieures de l'Inde, les hidalgos d'Espagne, les métis haïtiens, etc. Les représentants de la race pure, aussi bien que les métis, ont toujours lutté pour subsister (préjugé de couleur, de caste). La rapidité suivant laquelle s'est opérée la variation par le croisement de retour des métis vers le type indigène pur, est en relation avec le milieu social. Ce retour des métis vers le type pur est rapide à Haïti, tandis qu'il a été extrêmement lent dans l'Inde. Mais rien ne prouve que les castes supérieures de l'Inde doivent éternellement subsister. Pour ces castes aristocratiques et privilégiées, incomplètement adaptées au milieu, la déchéance sociale doit fatalement amener la décadence et la disparition de la race.

Dans l'état actuel du monde *par suite de la concurrence vitale des types anthropologiques existants et des types anthropologiques nouveaux créés par les croisements ethniques,* les races humaines ne peuvent pas varier pour s'adapter au milieu en changeant de climat. Jamais une race ne s'acclimatera, c'est-à-dire n'acquerra une variation physique permanente, par la seule action du climat. Il ne faut pas considérer les migrations humaines à un point de vue abstrait, et tenir compte uniquement de la lutte contre le climat; il faut envisager les phénomènes sous leur forme concrète, réelle, les voir tels qu'ils sont dans la pratique, et ne pas oublier un fait très important, à savoir que partout et toujours, dans le passé, dans le présent, comme dans l'avenir, la lutte contre le climat est doublée de la lutte contre les hommes. C'est pour cela que les conditions des migrations actuelles diffèrent considérablement des conditions des migrations du passé. Les progrès immenses de la navigation constituent un élément nouveau qui est intervenu dans la question.

Lors des migrations anciennes, les émigrants n'étaient plus reliés à leur pays d'origine; leurs descendants, qui devaient se maintenir par leurs propres forces, lutter contre le milieu et les hommes, étaient de plus en plus affaiblis, d'une génération à l'autre, par l'action du climat. Au contraire, les colonies modernes sont rattachées à leur métropole par des liens politiques, et ceux qui maintiennent par la force la domination de la race immigrante, c'est-à-dire les soldats, sont sans cesse renouvelés. C'est là un fait d'une importance immense. Il faut considérer les hommes tels qu'ils sont, et non tels que nous les dépeignent les théoriciens sentimentaux et fantaisistes. On se fait d'étranges illusions, si on se figure que les races indigènes des colonies, avec leurs caractères anthropologiques différents, peuvent être *assimilées,* et que les Européens peuvent se maintenir autrement que par la force, dans ces pays où ils ne sont qu'une infime minorité. Le jour où ils voudraient sérieusement cesser de se faire craindre et appliquer intégralement le principe de l'assimilation, ils ne tarderaient pas à disparaître. Si on essayait, en Algérie, en Cochinchine, aux Antilles, de retirer les troupes et les avisos de guerre, pendant seulement quinze jours, on verrait quelle influence aurait cette mesure sur le sort des Européens civils.

C'est grâce aux liens politiques qui ont rattaché les colonies à leur métropole, c'est grâce au renouvellement incessant de ceux qui ont maintenu par la force la domination de la race immigrante, que dans les colonies d'exploitation à climat torride, et même à climat chaud, les Européens se sont maintenus pendant des siècles et pourront se maintenir longtemps encore, dans les conditions dont nous avons longuement parlé. Si, au commencement du dix-neuvième siècle, les blancs des Antilles s'étaient trouvés tout à coup dans la situation des Vandales en Afrique, si tous les liens et toutes les communications avec l'Europe avaient été rompus, si tout courant d'immigration et d'émigration avait cessé subitement, si les soldats, chargés de protéger les colons, avaient dû se recruter exclusivement dans le pays, il y a longtemps qu'il n'existerait plus un seul blanc aux Antilles. Ils auraient succombé dans la lutte contre le climat et contre la race qui les entoure. Si les 400,000 Européens qui sont actuellement en Algérie étaient placés tout à coup dans la même situation que les Vandales, il n'est pas difficile de prédire quel serait leur sort. Ils ne conserveraient pas longtemps la domination politique sur la race vivace qui est à leurs côtés; leur nombre décroîtrait rapidement et le résultat final de la lutte des races ne serait certainement pas en leur faveur.

On voit combien le problème de la colonisation est complexe; la question du climat, quelle que soit son importance, n'est qu'un des éléments du problème.

XIV

Conception philosophique et conception scientifique des colonies. — Conséquences. — La politique coloniale. — Résumé des conclusions générales.

De la notion exacte de l'influence des différents climats sur la race européenne, et de la connaissance des divers éléments qui compliquent le problème colonial, découle la conception scientifique d'une colonie. Cette conception, basée sur les leçons de l'expérience, sur l'étude des faits soigneusement observés et scientifiquement interprétés, n'est pas absolue, générale et abstraite : elle diffère suivant les latitudes et suivant les climats.

On peut considérer comme surabondamment démontré que toutes les entreprises coloniales ayant pour base l'émigration en masse des Européens dans les régions à climat torride, et même dans beaucoup de régions à climat chaud, leur séjour illimité dans le pays, et leur subsistance par le travail en dehors du concours d'autres races, sont condamnées à échouer. Des entreprises de ce genre ne peuvent aboutir qu'à des désastres, comme l'expédition de Kourou, en 1764, ou à un avortement à échéance un peu retardée (d'autant plus retardée que l'entreprise sera plus onéreuse pour ceux qui en feront les frais), comme la transportation et la colonisation pénitentiaire à la Guyane, qui n'ont abouti à rien et ont coûté en pure perte, si on tient compte de toutes les dépenses, beaucoup plus de 150 millions au budget de la France.

De la conception scientifique d'une colonie découlent bien des conséquences à tous les points de vue, conséquences dont l'exposition et le développement sont en dehors de notre sujet. Les lois qui régissent les phénomènes se rapportant à l'homme et aux collectivités humaines, sont tout aussi positives que celles qui régissent les phénomènes présentés par la matière brute. Ce n'est jamais impunément qu'on a pu aller à l'encontre des lois biologiques.

On arrive à des idées fausses, en théorie, à des résultats désastreux, dans la pratique, lorsque, dans toutes les questions qui ont l'homme pour objet, on part de principes généraux et abstraits. Dans le système colonial de la France, lequel a la centralisation comme méthode, l'assimilation des colonies à la métropole comme moyen et comme doctrine, il n'est pas dificile de voir combien tout découle des principes abstraits et des idées philosophiques. La fondation de colonies de peuplement dans les climats torrides, la colonisation pénitentiaire à la Guyane, l'entreprise du chemin de fer du Haut-Sénégal, pour ne citer que quelques faits, n'ont-elles pas comme point de départ les idées philosophiques générales, la conception abstraite de l'homme et le principe de son cosmopolitisme? Ces œuvres ont englouti les millions du budget métropolitain, sans parler des hommes, et ont donné néant comme résultat! Au Maroni, après trente ans de colonisation pénitentiaire, après des dépenses budgétaires énormes, on est aussi avancé qu'au premier jour. On est beaucoup moins avancé qu'on ne l'était il y a quinze ou dix-huit ans. En 1868 et 1869, il y avait plus de 1000 concessionnaires : aujourd'hui, il n'y en a pas 400, dont le quart à peine est marié. Il y a, à l'heure actuelle, comme à l'époque de la fondation de la colonie, des concessionnaires qui sont entretenus par l'État, reçoivent la ration, coûtent annuellement, l'un dans l'autre, de deux à trois mille francs par tête au budget, passent une bonne partie de leur temps à l'hôpital, meurent au bout de quelques années et sont remplacés par d'autres qui imitent leurs prédécesseurs. Dans deux siècles, à moins qu'on n'abolisse le système, cet état de choses n'aura pas changé. Ces colons sont arrivés à donner quelques rares rejetons qui constituent des spécimens curieux de tératologie humaine, et dont l'aîné, à l'âge de vingt ans et trois mois, mesurait 1^m,28 et pesait 28 kilogs.

L'absurdité du principe sur lequel reposent les entreprises du genre de celles dont nous venons de parler ne saute pas aux yeux, parce qu'on ne les exécute que sur une petite échelle. Leurs conséquences n'attirent pas l'attention : après trente ans de colonisation pénitentiaire, les trois ou quatre cents colons du Maroni coûtent annuellement aux contribuables à peine un peu plus d'un million, et cela passe inaperçu dans le budget de la France. Il faudrait exécuter toutes ces entreprises coloniales sur une vaste échelle ; il faudrait renouveler l'expédition de Kourou ; il faudrait fonder, aux frais de l'État, de grandes colonies de peuplement à la Guyane, au Sénégal, au Gabon, au Congo, à Madagascar, qui sont autant de lieux favorables à la multiplication rapide de la race blanche et parfaitement choisis comme colonies de peuplement. L'État devrait transporter dans ces pays et y installer à ses frais trente ou quarante mille colons des deux sexes, qui, en se multipliant sur place, donneraient, dans un siècle d'ici, des colonies prospères où les travailleurs français se compteraient par millions, comme au Canada. Ce n'est pas la place qui manque : la Guyane française, qui n'a que 25,000 habitants, est grande à elle seule comme le tiers ou la la moitié de la France. Il faudrait également reprendre, aux frais du budget métropolitain, le chemin de fer du Haut-Sénégal, abandonné depuis quelques années, et construire, en outre, quelques milliers de kilomètres de voie ferrée au Gabon, au Congo et sur quelques autres points qui manquent absolument de chemins de fer, et où le besoin s'en fait sentir tout autant que dans le Haut-Sénégal. Nous n'avons au Maroni que trois ou quatre cents colons, ce qui n'est vraiment pas digne d'un grand pays comme la France. Il faudrait que le budget s'empressât d'en entretenir trois ou quatre cent mille, dans les mêmes conditions, sinon Saint-Laurent du Maroni ne deviendra pas un nouveau Sydney, comme on l'a prédit.

Si l'État se lançait dans une pareille politique coloniale, si on faisait en grand ce qu'on ne fait que sur une échelle tout à fait réduite, la fausseté des principes sur lesquels ces entreprises reposent ne tarderait pas à se révéler, du moins aux yeux des contribuables. En effet, aux yeux des théoriciens à idées philosophiques, le principe du cosmopolitisme de l'homme, né de l'esprit classique, ne serait pas atteint par les résultats désastreux de toutes ces entreprises : les échecs seraient imputés aux fautes des hommes, à l'*administration*, à la paresse, à l'ivrognerie, aux vices des colons, et non aux lois de la nature.

Il en est de la doctrine de l'assimilation des colonies à la métropole, comme de la colonisation pénitentiaire du Maroni : la fausseté du principe abstrait sur lequel elle repose ne se révèle pas, parce qu'on est loin d'appliquer cette doctrine d'une manière générale, et surtout d'une manière intégrale. Comme pour la colonisation pénitentiaire, on n'a procédé que sur une très petite échelle dans la pratique. De toutes les nombreuses conséquences de l'assimilation, nous prendrons la plus simple, la plus élémentaire, la plus facile à appliquer, et nous ajouterons, la plus juste, la plus logique, la plus irréfutable, lorsqu'on part des principes philosophiques abstraits, je veux parler de la représentation des colonies dans le parlement de la métropole. Si l'Angleterre, qui a un empire colonial de plus de trois cent millions d'habitants, appliquait ce système au même degré que la France, il se produirait le même phénomène que pour la colonisation pénitentiaire élevée à la hauteur d'une vaste institution : les plus aveugles pourraient apprécier la valeur du principe. La population de l'Angleterre, de l'Écosse et de l'Irlande, ne monte qu'à 36 millions d'habitants : il en résulterait que les représentants du Royaume-Uni formeraient à peine un peu plus de la dixième partie du Parlement de l'empire britannique. Au lieu de faire la loi, les Anglais la subiraient ; les nègres et les Hindous commanderaient ; les Anglais n'auraient qu'à obéir, et l'empire britannique aurait vécu. Nous ne faisons que constater les conclusions qui découlent de la logique rigoureuse des faits positifs. Mais, comme nous ne faisons pas ici une œuvre de controverse politique, comme nous n'avons d'autre but que la recherche de la vérité scientifique et que tout le reste nous importe peu, nous n'insisterons pas sur ce sujet, car, si nous voulions examiner toutes les conséquences de la doctrine de l'assimilation, et exposer la situation privilégiée autant qu'absurde, que crée aux colonies l'application *partielle* de l'assimilation, nous serions obligé de toucher à des questions délicates.

Les Européens, quels qu'ils soient, ont beau proclamer qu'ils apportent aux races inférieures des climats torrides l'affranchissement, l'émancipation et la civilisation, toute cette phraséologie creuse, hypocrite, mensongère, ne tient pas debout devant l'examen des faits, surtout lorsqu'on les étudie de près et sur place. C'est dans leur propre intérêt, et non dans l'intérêt de ces races, qu'ils fondent des colonies d'exploitation dans la zone torride. Dans ces pays, malsains pour eux, les Européens viennent, non pas pour affranchir les races indigènes, mais pour les asservir; ils viennent s'emparer de la domination politique, lever les impôts et s'en adjuger les piastres, car tous vivent uniquement du budget, directement ou indirectement, et ne peuvent vivre autrement. Ils ne peuvent s'établir et se maintenir dans ces pays que par la force, grâce à la supériorité de leur armement. La population européenne, dont les fonctionnaires constituent la très grande majorité, serait beaucoup moins dense, si les Européens ne possédaient pas la domination politique, et ils ne posséderaient pas la domination politique, si leur armement était le même que celui des races indigènes. Dans le monde latin, au quatrième et au cinquième siècle, on a donné aux conquérants le nom de *barbares;* aujourd'hui, les conquérants s'intitulent eux-mêmes des *civilisateurs;* mais, aux yeux de l'observateur impartial, le phénomène est absolument le même : le fort asservit le faible, et il en sera toujours ainsi. La fraternité des hommes ne peut pas exister dans la réalité de la vie, car elle est en opposition avec les lois biologiques les plus positives. Non seulement les hommes, mais toutes les espèces végétales et animales, tout ce qui vit, a lutté, lutte et luttera. La lutte peut changer de forme : du terrain de la force brutale elle peut passer sur le terrain économique. En Europe, bien que l'ère du canon perfectionné et du fusil à répétition ne soit pas définitivement close, cette transformation de la lutte a une tendance à s'accentuer. Mais le phénomène est le même, et il sera éternel.

En séjournant dans les climats torrides, les Européens font violence aux lois de la nature, de même qu'on fait violence aux lois biologiques, en faisant vivre dans nos climats des bananiers ou des orangers. Comme ces végétaux exotiques, les Européens ne peuvent vivre que d'une vie artificielle, car leurs caractères anthropologiques ne sont pas en harmonie avec les climats torrides. S'ils s'établissaient sur des terres inhabitées, ils ne pourraient subsister seuls par leurs propres forces, et la nature les ferait vite disparaître. Dans ces régions, les Européens ne sont pas les égaux du nègre, de l'Hindou, de l'Indo-Chinois, du Malais, devant le climat et devant la pathologie : cette inégalité est inhérente à leurs caractères anthropologiques. Qu'ils le veuillent ou non, les Européens ne peuvent subsister dans les climats torrides qu'à l'état de dominateurs, par la force et par le privilège : les lois de la nature ne leur permettent pas de s'y maintenir autrement. Avec l'assimilation, surtout avec l'assimilation appliquée intégralement, ils doivent disparaître de ces pays, lentement ou brusquement, suivant les circonstances, et il ne peut pas en être autrement.

On a beaucoup discuté, en France, dans ces derniers temps, pour savoir si ce qu'on appelle la *politique coloniale* est un bien ou un mal pour un État moderne. Les uns ont soutenu que la politique coloniale n'était qu'un leurre et une cause de ruine, d'autres ont été d'avis que la politique coloniale était un élément nécessaire de la prospérité d'une grande nation. On pourra discuter longtemps encore avant d'arriver à une solution absolue, car la question n'en comporte pas. Il en est de même d'une foule de questions, telles que la question de la meilleure forme de gouvernement, de la meilleure religion, etc., sur lesquelles les hommes discuteront toujours sans s'entendre, et argumenteront éternellement sans se convaincre les uns les autres, car toutes ces questions sont relatives et ne peuvent comporter de solution absolue, devant la science positive et la raison pure. La solution de ces questions varie suivant une foule de conditions. Si nous prenons, par exemple, la question de la religion, les Italiens, les Espagnols, les Français, sont convaincus que le catholicisme est la seule véritable incarnation du christianisme, tandis que les Allemands, les Anglais, sont convaincus, de leur côté, que leur religion est la seule conforme à la vraie doctrine du Christ et de l'Évangile. Si nous prenons la question de la meilleure forme de gouvernement, la solution varie d'un pays à l'autre, devant la conscience des individus et des nations ; elle varie avec le temps (et quelquefois dans un laps de temps très court) devant la conscience, non seulement des mêmes individus, mais des mêmes masses, des mêmes nations. Dans une même nation, la solution de cette question varie devant la conscience et la raison des individus, suivant leur éducation, suivant la classe sociale à laquelle ils appartiennent, suivant leurs traditions de famille, etc. On pourrait multiplier les exemples, car toutes les questions qui ont l'homme pour objet sont dans le même cas. Les hygiénistes pourraient discuter à perte de vue, sans jamais s'entendre, s'ils avaient à décider quel est, au point de vue absolu, le vêtement le plus hygiénique pour l'homme : la solution de cette question n'est que relative ; car un vêtement qui est hygiénique en été ne l'est pas en hiver; un vêtement qui est hygiénique au mois de janvier pour un Français, ne l'est pas, à la même époque, pour un nègre du Gabon. La question de la politique coloniale ne comporte donc pas de solution absolue et générale : sa solution est toute relative.

Il est hors de doute que l'expansion d'un peuple au delà de ses frontières est un signe de la vigueur de la race qui agrandit ainsi sa place au soleil sur notre globe. Bien que l'émigration enlève nécessairement des adultes jeunes et vigoureux, la fondation de colonies de peuplement où les émigrants européens subsistent par leurs propres forces, travaillent et se multiplient, n'est pas une cause d'affaiblissement pour la nation qui fournit ces émigrants. Sa population ne diminue pas, car la natalité, qui est toujours réprimée par des causes multiples, s'élève automatiquement et comble les vides faits par l'émigration, à mesure qu'ils se produisent. Un mouvement régulier d'émigration ne contrarie nullement la marche ascensionnelle de la population d'une nation européenne. Loin d'être une force perdue pour la mère-patrie, ceux de ses enfants qui ont trouvé à subsister par leurs propres forces sur une autre terre, constituent, au contraire, une force nouvelle qui n'existerait pas sans l'émigration. L'excès de la natalité qui, par un mouvement naturel et automatique, a comblé les vides faits par l'émigration, ne se serait pas produit, car le vieux pays n'aurait pu nourrir tous ces enfants, s'il n'en avait déversé une partie sur une terre nouvelle. La vieille Angleterre ne pourrait pas nourrir tous les individus de sang anglais qui existent à l'heure actuelle, s'ils étaient restés renfermés dans leur île. On répète souvent que les Français n'émigrent pas et ne sont pas des colonisateurs, *parce que* ils produisent peu d'enfants, c'est-à-dire *parce que* la natalité de la France est faible, tandis que les Anglais et les Allemands émigrent *parce que* leur natalité est plus élevée. Cette proposition, qui a été plus d'une fois énoncée à la tribune des assemblées politiques et qu'on trouve dans les livres des économistes les plus distingués, exprime une idée fausse. Ce qu'on prend pour la cause n'est que l'effet du phénomène. Pour avoir l'expression exacte de la vérité, il faut renverser la relation des termes de la proposition : la natalité de la France est faible, parce que les Français émigrent très peu ; la natalité de l'Angleterre et de l'Allemagne est plus élevée, parce que ces deux peuples émigrent davantage. Les relations et les échanges qui s'établissent entre une colonie de peuplement et sa métropole, et qui sont assurés à cette dernière par les affinités ethniques, les traditions, les liens du sang et de la langue, même lorsque les liens politiques sont rompus, ne sont pas sans avantages pour la nation colonisatrice qui a ainsi augmenté le nombre des représentants de sa race sur notre globe.

Dans les colonies d'exploitation, les Européens ne peuvent subsister qu'à l'état de minorité infime au milieu des races indigènes, dans des conditions particulières et pour un temps limité ; ils ne peuvent être le bras qui exécute, mais seulement la tête qui dirige ; il n'y a pas de place dans ces pays pour les Européens qui travaillent de leurs mains pour vivre ; ces contrées à climat torride, loin d'être des terres qui produisent des hommes de race blanche, comme les colonies de peuplement de la zone tempérée, sont, au contraire, des terres qui dévorent les Européens. Et cependant, les colonies de cette espèce sont loin de n'exercer aucune action sur le prestige de la nation qui les possède, sur l'influence de son pavillon dans le monde, sur le développement de sa marine, de son commerce, de son industrie, de sa richesse.

Il ne faut pas, néanmoins, trop exagérer, comme on le fait souvent, l'influence des colonies d'exploitation sur le développement de l'industrie et du commerce européens : il faut se rappeler que même les plus riches de ces colonies de la zone torride, ne sont que des pays très pauvres relativement à l'Europe. Le climat restreint, dans ces régions, l'activité musculaire de l'homme ; ces races produisent peu et consomment peu. En outre, il ne faut pas que les sacrifices que ces colonies imposent aux nations européennes dépassent les avantages que ces dernières peuvent en retirer. Ce sont là des circonstances qui peuvent se présenter. Nous ferons remarquer que les économistes ont donné aux colonies de cette espèce le nom assez juste de colonies d'*exploitation*. En effet, (et il faut bien le dire catégoriquement, car c'est l'exacte vérité) la colonisation dans les climats torrides est pour les Européens un métier d'*exploiteurs*, sinon elle devient forcément un métier de dupes. On ne peut appliquer aux nations colonisatrices que l'une ou l'autre de ces deux épithètes. Pour que les colonies d'exploitation soient avantageuses, il faut être l'*exploiteur* et non pas l'*exploité*.

Qu'il s'agisse de colonies de peuplement ou de colonies d'exploitation, ce sont là des faits qu'aucun économiste ne saurait raisonnablement contester et qui sautent aux yeux de tout homme sensé. La fondation d'une colonie de peuplement où les émigrants européens travaillent et subsistent par leurs propres forces, sans rien coûter à la métropole, est pour une nation européenne une entreprise dont l'utilité, le profit, l'intérêt, les avantages, au point de vue matériel, sont indéniables. Il en est de même pour les colonies de domination où le budget local entretient tous les services publics (y compris l'armée et la marine), où les Européens qui sont dans la colonie vivent tous aux dépens de la colonie, directement ou indirectement, sans rien coûter à la métropole, où les colonisateurs européens, comme les Anglais dans l'Inde et surtout les Hollandais en Malaisie, loin de mériter l'épithète de dupes, sont absolument dignes de l'épithète opposée.

Ces faits sont vrais d'une manière absolue : ils sont aussi certains qu'il est certain que deux et deux font quatre. L'homme qui les contesterait manquerait de jugement; deux hommes ne peuvent pas être d'avis différent, à moins que l'un des deux ne soit privé de sens commun, car la solution de la question est absolue, positive, devant la raison humaine. Toutefois, si ces faits sont incontestables devant la raison de chacun, il est évident que l'*appréciation* de ces faits peut varier devant la conscience des individus. Dans les colonies de peuplement, les Européens qui travaillent et subsistent par leurs propres forces, dépossèdent, refoulent et suppriment une race plus faible qu'eux (Peaux-Rouges, Maoris, etc.). Dans les climats torrides, plus la colonie est florissante et prospère au point de vue des Européens, plus le nègre ou l'indigène est exploité (servage, esclavage). L'appréciation de ces faits peut varier, et ici deux hommes peuvent être d'avis différent, sans que l'un des deux soit privé de sens commun, car la solution de la question n'est pas absolue devant la raison et la conscience humaines : elle est relative. Si l'appréciation de ces faits peut varier suivant les individus, cela prouve uniquement que le sentiment de la justice n'est pas un sentiment absolu : ce sentiment est relatif et varie, non seulement avec la latitude, comme l'hygiène et la morale, mais encore suivant beaucoup d'autres conditions. Les Américains des États-Unis du Sud n'avaient pas, il y a vingt-cinq ans, et n'ont certainement pas, à l'heure actuelle, sur la question de l'esclavage, les mêmes idées de justice et de droit que les Américains du Nord et les Européens. Ce qui est juste devant la raison et la conscience des uns, ne l'est pas devant la raison et la conscience des autres. Les deux partis politiques qui, à l'heure actuelle, discutent en Angleterre sur l'importante question qui passionne les esprits dans ce pays, sont, chacun de leur côté, convaincus de la justice de leur cause. Toutes les fois que les hommes ont lutté, de quelque manière que ce soit, chaque camp, chaque parti, a été également convaincu de la justice de sa cause, et cette conviction, également profonde, également sincère d'un côté que de l'autre, ne constitue pas autre chose qu'une variation du sentiment de la justice devant la conscience et la raison des hommes.

La politique coloniale dont nous venons de parler, découle de la conception scientifique des colonies et du principe du non-cosmopolitisme de l'homme. Mais il existe une autre politique coloniale, qui découle de la conception philosophique des colonies, de la conception abstraite de l'homme et du principe de son cosmopolitisme. Cette politique coloniale se traduit par la fondation de colonies de peuplement dans les climats torrides où la colonisation, qu'elle soit libre ou pénitentiaire, donne, au point de vue budgétaire, les beaux résultats dont nous avons parlé. Nous avons démontré que les colons de cette espèce, livrés à leurs seules forces et obligés de subsister par leur travail, sont condamnés, de par les lois de la nature, à disparaître immédiatement. Pour se donner le luxe d'en avoir trois ou quatre cents, dont le quart à peine est marié, il faut les renouveler sans cesse et les entretenir *indéfiniment* aux frais de la métropole. Lorsqu'on tient compte du prix de revient d'un colon, on trouve que la métropole colonisatrice serait à plaindre, si les habitants de ses colonies de peuplement dans les climats torrides se comptaient par millions ou par centaines de mille. Cette politique coloniale se traduit également par des entreprises de chemins de fer fantastiques qui engloutissent, absolument en pure perte, les hommes et les millions du budget métropolitain. Cette politique coloniale peut se traduire encore par la fondation de colonies d'exploitation où l'on ne joue que le rôle de dupes, où c'est le budget métropolitain qui entretient tous les fonctionnaires, et où l'on est beaucoup moins *exploiteur* qu'*exploité*. Les hommes d'État qui chercheraient dans des entreprises coloniales de ce genre, souvent renouvelées et exécutées sur une vaste échelle, les éléments de la prospérité d'une nation, seraient gravement dans l'erreur et leur politique coloniale aboutirait vite à la ruine de la nation dont le budget ferait les frais de toutes ces entreprises.

Il n'entre pas dans nos idées de considérer cette question immense de la colonisation à tous les points de vue auxquels il resterait encore à l'envisager. Nous nous sommes astreints à ne la considérer qu'au point de vue purement biologique et anthropologique. Sur toutes les questions que soulève ce grand phénomène de l'émigration européenne, telles que le cosmopolitisme de l'homme, les conditions de la vie des Européens dans les climats torrides, l'avenir des métis, l'acclimatement, etc., l'analyse scientifique des faits nous a conduit à des conclusions diamétralement opposées aux idées philosophiques qui ont cours sur ces questions. Nous terminerons en résumant ces conclusions de la manière suivante :

1° De même que le plus grand nombre des végétaux et des animaux, l'homme, le plus complexe des êtres vivants, n'est pas cosmopolite. Il ne lui est pas permis de changer impunément de latitude et de climat.

2° Une collectivité humaine, considérée dans son ensemble, ne peut subsister sans dépenser une certaine somme d'activité mus-

culaire et sans s'exposer, dans une certaine mesure, à l'action des éléments du climat.

3° Une collectivité européenne passant des climats tempérés dans les climats torrides, en franchissant la zone des climats chauds qui représente un écart isothermique de dix degrés, est incapable de fournir la somme d'activité musculaire nécessaire pour sa subsistance ; elle est incapable d'affronter les éléments redoutables du climat qu'il lui faudrait affronter pour vivre par ses propres forces en formant un organisme social à elle seule. La nature fait disparaître rapidement les Européens vivant dans ces conditions. Ce fait est irrévocablement jugé par l'expérience.

4° Les Européens vivant dans les climats torrides d'une vie artificielle, à l'abri des éléments du climat, à l'état de minorité privilégiée au milieu des races indigènes, peuvent subsister pendant un temps plus ou moins long. Mais les caractères anthropologiques des Européens ne sont pas en harmonie avec ce milieu, et l'action du climat sur leur organisme est une action constante ; elle s'aggrave avec le temps sur l'individu, de génération en génération sur la descendance. La résistance de la race blanche, maintenue indéfiniment dans les climats torrides, serait limitée à un très petit nombre de générations, dans les meilleures conditions de vie artificielle. Ce sont là des faits exceptionnels qu'il ne faut pas généraliser.

5° La haute température continue du milieu ambiant est le principal facteur de la pathogénie de l'anémie à laquelle l'Européen ne peut échapper, dans les climats torrides. L'anémie, dont le développement progressif est en rapport avec les conditions de la vie de l'Européen, met l'obstacle le plus sûr, le plus inéluctable, à la migration des races des climats tempérés dans les climats torrides, et joue un rôle immense dans les phénomènes biologiques généraux.

6° Le travail musculaire est un facteur secondaire sérieux de la pathogénie de l'anémie. Le travail musculaire a, par conséquent, une influence considérable sur le développement progressif de cet état de déchéance physiologique et, par suite, sur la durée de la résistance de la race européenne.

7° *Les nègres et les races adaptées aux climats torrides échappent à l'anémie, grâce à des particularités anatomo-physiologiques qui sont autant de caractères ethniques, et par un mécanisme physiologique que l'analyse scientifique n'est pas impuissante à expliquer.*

8° *Les races des climats torrides sont protégées par leurs caractères pathologiques, contre l'envahissement de leur habitat et la concurrence vitale des races des climats tempérés mieux armées qu'elles dans la lutte pour la vie. Dans l'état actuel du monde, les races des climats torrides seraient condamnées à disparaître, si les lois de la nature ne préservaient pas leur existence.*

9° *Les Européens ne seront jamais qu'à l'état de minorité infime au milieu des races indigènes des climats torrides. Les races de ces climats ne peuvent pas disparaître, ni devant les Européens, ni devant leurs métis. Les métis peuvent disparaître. Ils diminueraient rapidement, si les Européens perdaient la domination politique (Haïti). Ils disparaîtraient sûrement, par le jeu de la sélection naturelle et de la concurrence vitale, si tout apport nouveau de sang européen venait à cesser complètement.*

10° *Les caractères physiques des races des climats torrides, d'où dérivent des caractères physiologiques et pathologiques qui sont particuliers à ces races, constituent des conditions d'adaptation à leur milieu. La variation que l'action des climats torrides imprime aux Européens et à leur descendance, n'est qu'une variation passagère et pathologique, aboutissant fatalement à l'extinction de la race, et non une variation permanente et physiologique, déterminant l'adaptation de la race au nouveau milieu climatérique. Aussi loin que s'étend le champ de notre observation dans le passé de l'humanité, jamais une race, changeant de latitude et de climat, n'a présenté une variation permanente et physiologique due à l'action du milieu. L'acclimatement n'existe pas : jamais une race ne s'est acclimatée et, dans l'état actuel du monde, jamais une race ne s'acclimatera.*

TABLE

TABLE ALPHABÉTIQUE DES MATIÈRES

Paris. — Impr. G. Rougier et Cie, rue Cassette, 1.